Cepheid

세페이드

2F 지구과학 (상)

★ ★ ★ ★ ★

세페이드 시리즈의 구성

이제 편안하게 과학공부를 즐길 수 있습니다.

1F
중등과학 기초
물리학 · 화학 (초5~중1)

2F
중등과학 완성
물 · 화 · 생 · 지 (중1~3)

3F
고등과학 Ⅰ
물 · 화 · 생 · 지 (중2~고3)

4F
고등과학 Ⅱ
물 · 화 · 생 · 지 (중3~고3)

5F
실전 문제 풀이
물 · 화 · 생 · 지 (중3~고3)

세페이드
모의고사

세페이드
고등 통합과학

세페이드
고등학교 물리학 Ⅰ

세페이드

2F 지구과학 (상)

창의력과학의 대표 브랜드

과학 학습의 지평을 넓히다!

단계별 과학 학습

창의력과학 세페이드 시리즈!

Structure

단원별 내용 구성

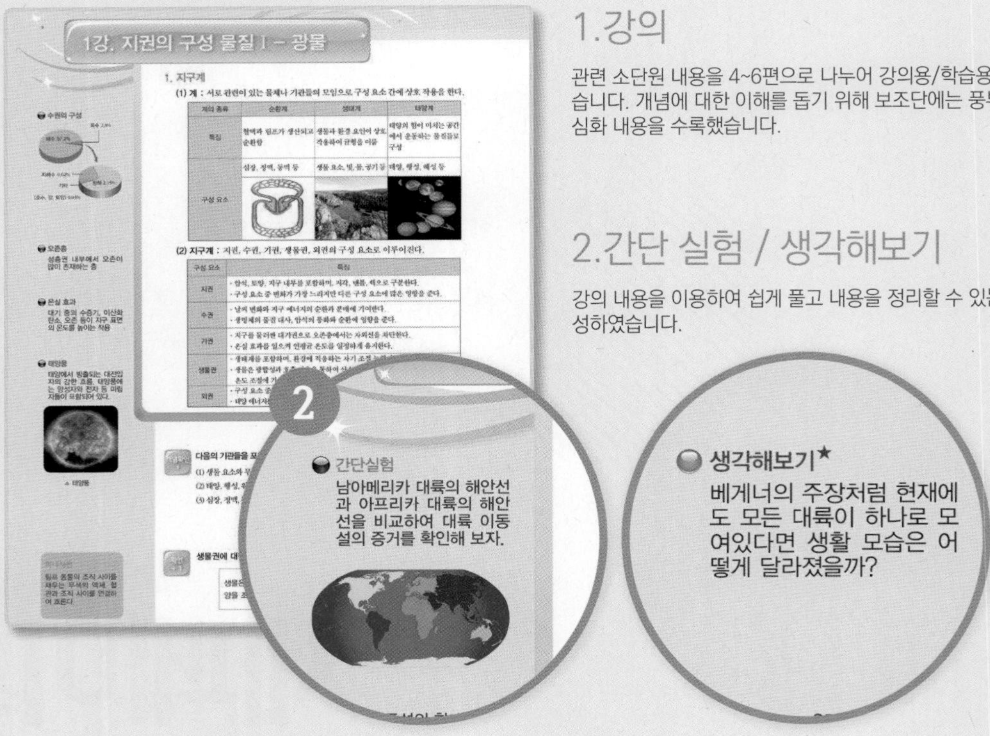

1.강의

관련 소단원 내용을 4~6편으로 나누어 강의용/학습용으로 구성했습니다. 개념에 대한 이해를 돕기 위해 보조단에는 풍부한 자료와 심화 내용을 수록했습니다.

2.간단 실험 / 생각해보기

강의 내용을 이용하여 쉽게 풀고 내용을 정리할 수 있는 문제로 구성하였습니다.

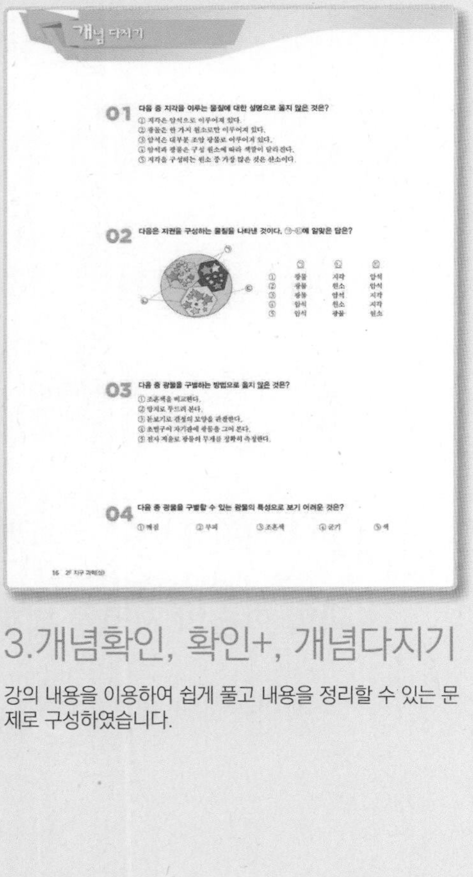

3.개념확인, 확인+, 개념다지기

강의 내용을 이용하여 쉽게 풀고 내용을 정리할 수 있는 문제로 구성하였습니다.

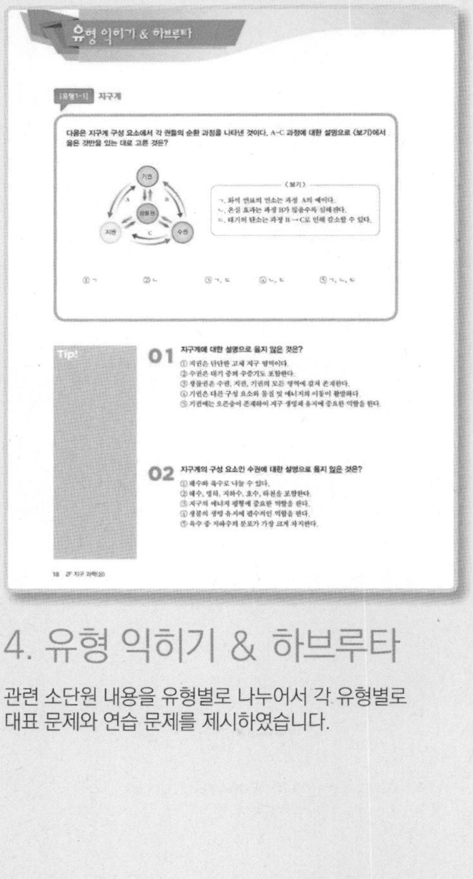

4. 유형 익히기 & 하브루타

관련 소단원 내용을 유형별로 나누어서 각 유형별로 대표 문제와 연습 문제를 제시하였습니다.

단계별 학습으로 가장 효과적인 자기주도학습이 가능합니다. 새로운 문제에 도전해 보세요!

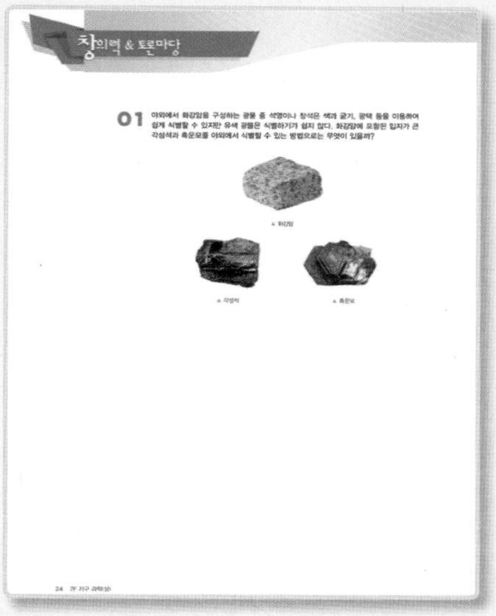

5.창의력 & 토론 마당

관련 소단원 내용에 관련된 창의력 문제를 풍부하게 제시하여 창의력을 향상시킴과 동시에 질문을 자연스럽게 이끌어 낼 수 있도록 하였고, 관련 주제에 대한 토론이 가능하도록 하였습니다.

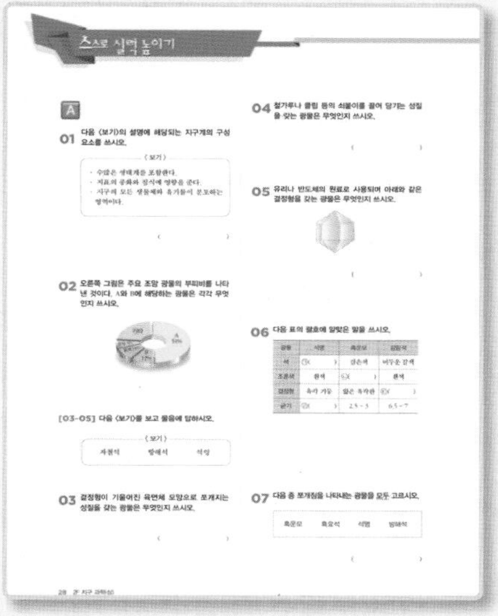

6.스스로 실력 높이기

학습한 내용에 대한 복습 문제를 오답문제와 같이 충분한 양을 제공하였습니다. 연장 학습이 가능할 것입니다.

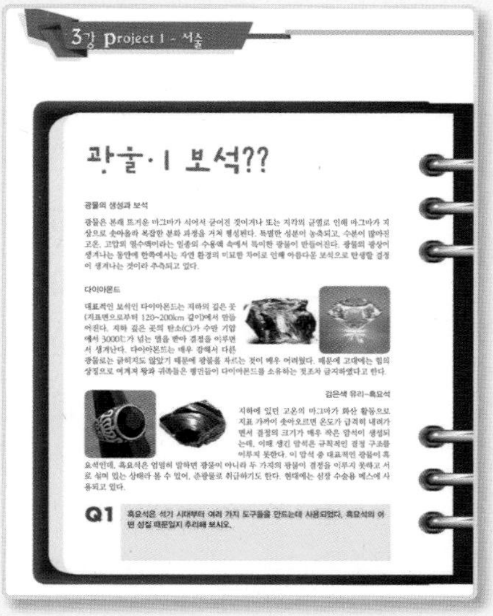

7.Project

대단원이 마무리될 때마다 충분한 읽기자료를 제공하여 서술형/논술형 문제에 답하도록 하였고, 단원의 주요 실험을 할 수 있도록 하였습니다. 융합형 문제가 같이 제시되므로 STEAM 활동이 가능할 것입니다.

CONTENTS | 목차

2F 지구과학(상)

2F 지구과학(하)

V

VI

I

지권의 구성

단단한 지구는 무엇으로 이루어져 있을까?

1강. 지권의 구성 물질 Ⅰ – 광물

1. 지구계

(1) 계 : 서로 관련이 있는 물체나 기관들의 모임으로 구성 요소 간에 상호 작용을 한다.

계의 종류	순환계	생태계	태양계
특징	혈액과 림프가 생산되고 순환함	생물과 환경 요인이 상호 작용하여 균형을 이룸	태양의 힘이 미치는 공간에서 운동하는 물질들로 구성
구성 요소	심장, 정맥, 동맥 등	생물 요소, 빛, 물, 공기 등	태양, 행성, 혜성 등
	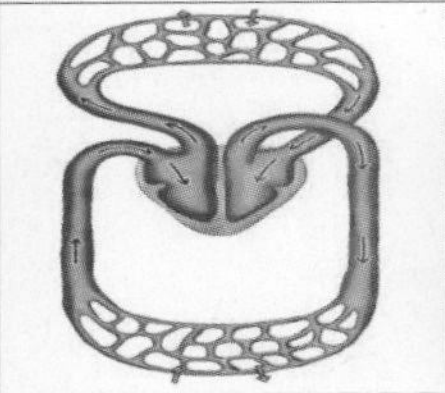		

(2) 지구계 : 지권, 수권, 기권, 생물권, 외권의 구성 요소로 이루어진다.

구성 요소	특징
지권	· 암석, 토양, 지구 내부를 포함하며, 지각, 맨틀, 핵으로 구분한다. · 구성 요소 중 변화가 가장 느리지만 다른 구성 요소에 많은 영향을 준다.
수권	· 날씨 변화와 지구 에너지의 순환과 분배에 기여한다. · 생명체의 물질 대사, 암석의 풍화와 순환에 영향을 준다.
기권	· 지구를 둘러싼 대기권으로 오존층에서는 자외선을 차단한다. · 온실 효과를 일으켜 연평균 온도를 일정하게 유지한다.
생물권	· 생태계를 포함하며, 환경에 적응하는 자기 조절 능력이 있다. · 생물은 광합성과 호흡 작용을 통하여 산소와 이산화 탄소의 양을 조절하여 지구 온도 조절에 기여한다.
외권	· 구성 요소 중 가장 바깥 영역에 해당한다. · 태양 에너지를 지구 내부로 공급하며, 지구 자기장은 태양풍과 우주선을 막아준다.

수권의 구성

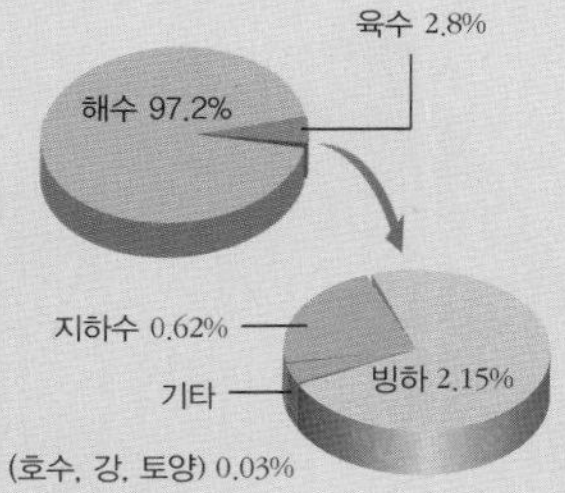

오존층
성층권 내부에서 오존이 많이 존재하는 층

온실 효과
대기 중의 수증기, 이산화 탄소, 오존 등이 지구 표면의 온도를 높이는 작용

태양풍
태양에서 방출되는 대전입자의 강한 흐름, 태양풍에는 양성자와 전자 등 미립자들이 포함되어 있다.

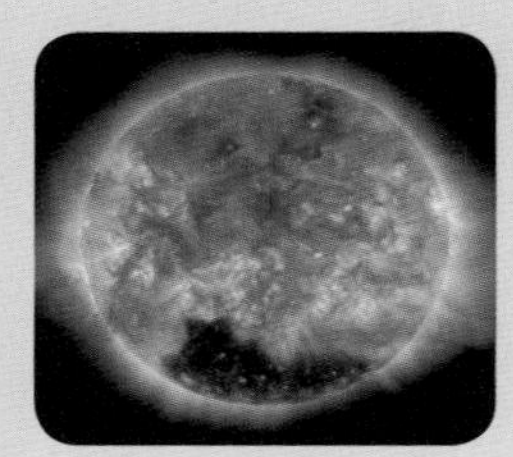

▲ 태양풍

개념확인 1 다음의 기관들을 포함시키는 계는 무엇인지 쓰시오.

(1) 생물 요소와 무기적 환경 요인 ( )

(2) 태양, 행성, 위성, 소행성, 혜성 등 ( )

(3) 심장, 정맥, 동맥 등 ( )

확인 +1 생물권에 대한 설명에서 빈칸에 알맞은 답을 쓰시오.

> 생물은 광합성과 호흡 작용을 통하여 ( )와 ( )의 양을 조절하여 지구 온도 조절에 기여한다.

미니사전
림프 동물의 조직 사이를 채우는 무색의 액체. 혈관과 조직 사이를 연결하여 흐른다.

2. 지각의 구성

(1) 지각의 구성 물질 : 지각은 암석으로 구성되어 있고, 암석은 광물로 이루어져 있으며, 광물은 여러 가지 원소로 이루어져 있다.

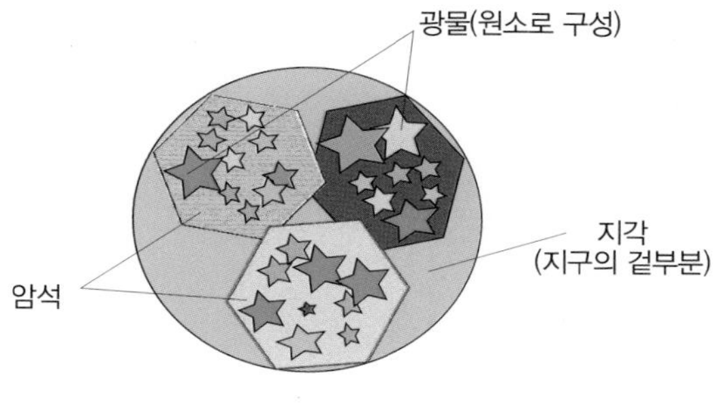

▲ 지각의 구성 물질

(2) 지각을 구성하는 8대 원소 : 지각을 구성하는 원소 중 질량의 합이 지각 전체 질량의 98% 이상을 차지하는 원소들을 지각 구성 8대 원소라고 한다.

산소	〉	규소	〉	알루미늄	〉	철	〉	칼슘	〉	나트륨	〉	칼륨	〉	마그네슘
O	〉	Si	〉	Al	〉	Fe	〉	Ca	〉	Na	〉	K	〉	Mg

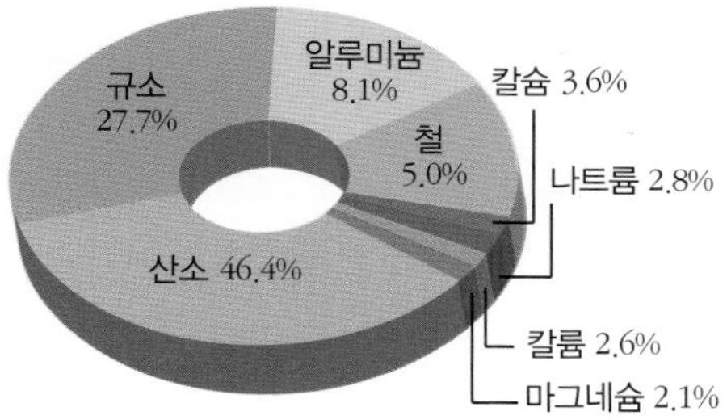

지구 전체를 구성하는 주요 원소

철 > 산소 > 규소 > 마그네슘 > 니켈 > 황

인체를 구성하는 주요 원소

산소(O), 탄소(C), 수소(H), 질소(N)

생각해보기★

지각의 구성 원소 중 가장 질량비가 가장 큰 것은 산소이다. 왜 그럴까?

정답 및 해설 02쪽

개념확인 2 다음 그림은 지권의 구성 물질을 나타낸 것이다. ㉠ ~ ㉢에 알맞은 답이 무엇인지 쓰시오.

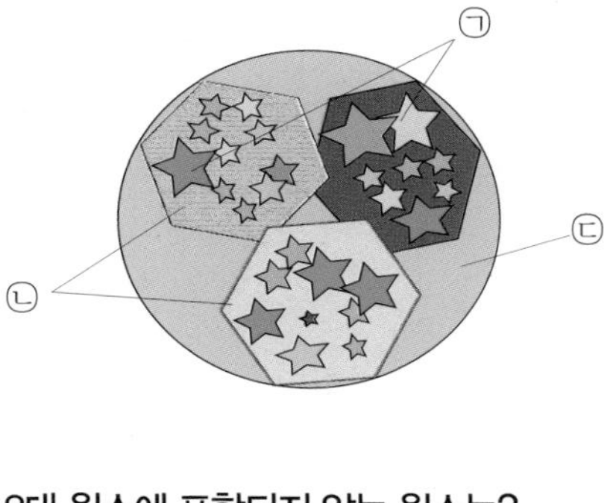

확인 + 2 지각을 구성하는 8대 원소에 포함되지 않는 원소는?

① 규소　② 나트륨　③ 산소　④ 칼륨　⑤ 황

미니사전

지각 [地 땅 殼 껍질] 단단한 암석으로 이루어진 지구의 가장 겉 부분

원소 [元 으뜸 素 희다] 더 이상 분해되지 않는 물질을 이루는 기본 성분

3. 광물의 성질 1

(1) 색 : 광물마다 나타나는 고유한 겉보기 색깔이 있다.

광물	석영	장석	흑운모	황	감람석
모양				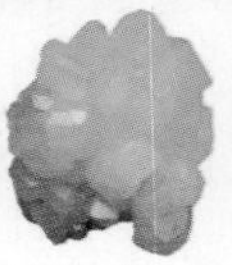	
색	무색	흰색, 옅은 분홍색	검은색	노란색	황록색

(2) 조흔색 : 광물을 조흔판에 긁었을 때 나타나는 가루의 색이다. 광물의 종류가 다르면 겉보기 색이 같더라도 조흔색은 다르게 나타난다.

광물	금	황철석	황동석
모양			
색	노란색		
조흔색	노란색	검은색	녹흑색
광물	자철석	적철석	흑운모
모양		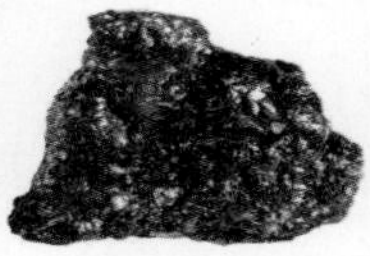	
색	검은색		
조흔색	검은색	붉은색	흰색

광물인 것과 광물이 아닌 것

· 광물
자연에서 만들어지는 결정이 있는 고체로서 암석의 기본 성분이 된다. 예외적으로 수은은 액체지만 광물로 취급한다.

· 광물이 아닌 것
결정이 없는 고체(유리 등), 석탄과 석유(유기물), 천연 가스(기체)등을 들 수 있다.

▲ 여러 가지 광물

조흔판

흰색의 초벌구이 자기판으로, 광물을 긁었을 때 가루의 색이 나타난다.

▲ 조흔판

미니사전

조흔판 [條 곁가지 痕 흔적 판] 흰색의 초벌구이 자기판으로, 광물을 긁었을 때 나뭇가지 모양으로 흔적이 남는다.

개념확인 3 다음 표의 ㉠~㉢에 알맞은 색을 쓰시오.

광물	석영	장석	흑운모	황	감람석
색	㉠(　　　)	흰색, 옅은 분홍색	㉡(　　　)	노란색	㉢(　　　)

확인 + 3 광물을 조흔판에 긁었을 때 나타나는 가루의 색을 무엇이라 하는가?

4. 광물의 성질 2

(3) 굳기 : 광물의 단단한 정도로 광물마다 굳기가 다르다.

① 광물의 굳기 비교 : 두 광물을 서로 대고 긁었을 때, 긁히는 광물은 긁히지 않는 광물보다 굳기가 작다.

② 모스 굳기계 : 모스가 표준 광물 10개의 굳기 순서를 상대적으로 정한 것이다.

굳기	1	2	3	4	5	6	7	8	9	10
표준광물	활석	석고	방해석	형석	인회석	정장석	석영	황옥	강옥	금강석
물질의 굳기	2.5 손톱	3.5 동전	4.5 쇠못	5.5 유리	6.5 조흔판					

(4) 쪼개짐과 깨짐 : 쪼개짐이 나타나는 광물과 깨짐이 나타나는 광물로 나눈다.

성질	쪼개짐			깨짐	
뜻	일정한 방향으로 평탄한 면을 보이면서 갈라지는 성질			일정한 모양 없이 부서지는 성질	
광물	흑운모	방해석	방연석	흑요석	석영
			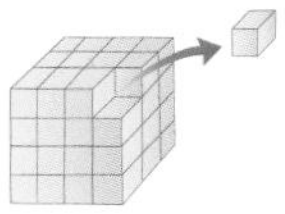		
	얇은 판	기울어진 육면체	직각 육면체	깨짐	깨짐

모스(1775~1839)

독일의 광물학자, 결정학자

광물마다 굳기가 다른 이유

광물의 굳기는 광물을 구성하는 원자의 배열 상태에 따라 달라진다. 흑연과 금강석은 모두 탄소 원자로 되어 있으나 원자의 결합 방식이 달라 굳기에서 큰 차이를 보인다.

광물의 결합력과 쪼개짐, 깨짐

광물들이 쪼개짐이 나타나는 이유는 특정한 방향으로 분자끼리 매우 약한 결합을 하기 때문이다. 운모는 한 방향, 정장석과 휘석 등은 두 방향, 방해석은 세 방향으로 약한 결합을 하고 있다. 한편, 석영, 석류석, 감람석, 흑요석 등은 쪼개짐이 나타나지 않는데, 이러한 광물들은 사방으로 고르게 결합하기 때문이다.

정답 및 해설 02쪽

개념확인 4 다음 〈보기〉 중 쪼개짐이 나타나는 광물만을 있는 대로 골라 기호로 답하시오.

〈 보기 〉

ㄱ. 흑운모　ㄴ. 방해석　ㄷ. 황동석　ㄹ. 자철석　ㅁ. 방연석

확인 + 4 다음은 모스 굳기계를 나타낸 것이다. ㉠~㉣에 알맞은 광물을 쓰시오.

굳기	2	4	6	10
표준 광물	㉠	㉡	㉢	㉣

㉠(　　　　)　㉡(　　　　)　㉢(　　　　)　㉣(　　　　)

간단실험
방해석의 성질
준비물 : 방해석, 염산
① 방해석의 결정을 통하여 물체의 상이 두개로 보이는지 관찰한다.
② 방해석과 염산을 반응시켜 거품이 일어나는 것을 관찰한다.

방해석의 복굴절

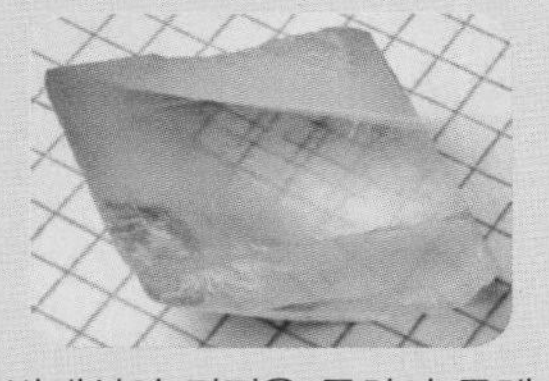

방해석의 결정을 통하여 물체를 보면 물체의 상이 두개로 보이는데 이러한 현상을 복굴절이라 한다. 이는 방해석을 통과한 빛이 둘로 나누어지기 때문이다. 이렇게 나누어지는 이유는 진행하는 방향에 따라 빛의 속도가 차이나기 때문이다.

미니사전
절연체 [絕 끊다 緣 인연 體 몸] 다전기나 열을 전달하지 않는 물질. 유리, 흑운모, 솜, 석면 등

연마제 [練 익히다 摩 갈마 劑 약 짓다] 단단한 물질을 가는데 쓰이는 물질

5. 광물의 성질 3

(5) 결정형 : 자연 상태에서 광물에는 고유의 규칙적인 겉모양이 나타난다.

광물	석영	장석	흑운모	금강석	방해석	감람석
결정형		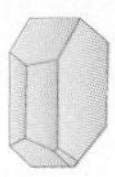			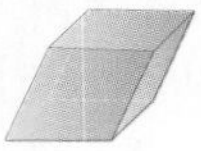	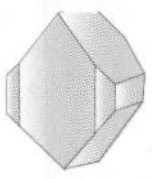
						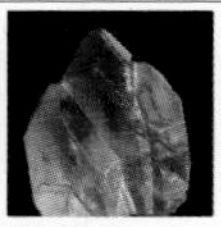
	육각 기둥	두꺼운 판	육각 판	정팔면체	마름모 꼴	짧은 기둥

(6) 그 밖의 성질

자성	염산 반응	복굴절
철가루나 클립 등의 쇠붙이를 끌어당기는 성질이다. → 자철석	염산과 반응하여 거품이 발생하는 성질이다. → 방해석	광물 내부에서 빛이 두 갈래로 갈라지는 현상이다. → 방해석

(7) 광물을 이용하는 예

광물	이용	광물	이용
석영(규소)	유리, 반도체, 태양 전지판 등	장석	도자기, 주방 타일등
황동석(구리)	동전, 전선 등	흑운모	전기 다리미의 절연체
적철석(철)	자동차, 선박, 건축 등	흑연	연필심 등
금강석	보석, 암석이나 연마제 등	활석	화장품, 종이 등

개념확인 5

다음의 광물의 성질과 알맞은 설명에 각각 선을 연결하시오.

(1) 자성 · · A. 반응하면 거품이 발생한다.
(2) 염산 반응 · · B. 광물 내부에서 빛이 두 갈래로 갈라진다.
(3) 복굴절 · · C. 철가루나 클립 등의 쇠붙이를 끌어당긴다.

확인 + 5

다음의 결정형에 해당하는 광물 ㉠~㉢의 이름을 쓰시오.

광물	㉠	장석	㉡	금강석	㉢	감람석
결정형	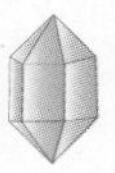	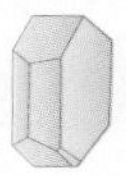			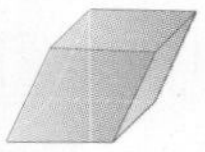	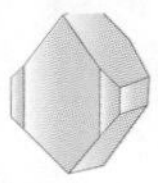

㉠(　　　) ㉡(　　　) ㉢(　　　)

6. 조암 광물

(1) 조암 광물

① 종류 : 장석, 석영, 흑운모, 각섬석, 휘석, 감람석 등. 자연계에는 30여 종의 조암 광물이 있다.
② 부피비 : 장석 〉 석영 〉 휘석 〉 운모 〉 기타
③ 주요 구성 원소 : 산소 · 규소(90%), 그 외에 철, 마그네슘 등

광물	밝은 색 조암 광물	어두운 색 조암 광물
밝고 어두운 이유	철과 마그네슘을 거의 포함하지 않는다	철과 마그네슘을 많이 포함한다
밀도	작다	무거운 원소를 포함하므로 크다
종류	석영, 장석	흑운모, 각섬석, 휘석, 감람석

(2) 주요 조암 광물의 특징

광물	석영	장석	흑운모	각섬석	휘석	감람석
결정형						
	육각 기둥	두꺼운 판	얇은 육각판	가는 기둥	짧은 기둥	짧은 기둥
색	무색, 흰색	흰색, 분홍색	검은색	어두운 녹색, 갈색	어두운 녹색	황록색
조흔색	흰색	흰색	흰색	흰색, 엷은 녹색	흰색, 엷은 녹색	흰색
쪼개짐	없음(깨짐)	두꺼운판모양	얇은 판 모양	기둥 모양	기둥 모양	없음(깨짐)
굳기	7	6 ~ 6.5	2.5 ~ 3	5 ~ 6	5 ~ 6.5	6.5 ~ 7

주요 조암 광물의 부피비

생각해보기★★
철과 마그네슘을 포함한 광물은 왜 어두울까?

정답 및 해설 02쪽

개념확인 6 다음 중 조암 광물에 대한 설명으로 옳은 것만을 있는 대로 고르시오.

① 조암 광물 중 석영의 부피비가 가장 크다.
② 지구상의 광물 중 조암 광물은 약 30가지이다.
③ 조암 광물은 공통으로 산소와 규소를 포함한다.
④ 철과 마그네슘이 많이 포함된 광물일수록 가볍다.
⑤ 산소와 규소가 많이 포함된 광물일수록 어두운 색을 띤다.

확인 + 6 다음 〈보기〉는 여러 가지 조암 광물이다. 물음에 답하시오.

〈 보기 〉
ㄱ. 석영 ㄴ. 장석 ㄷ. 휘석 ㄹ. 감람석 ㅁ. 각섬석

(1) 밝은 색 광물의 기호를 모두 쓰시오.(2개)
(2) 철과 마그네슘을 많이 포함하는 광물을 모두 쓰시오.(3개)
(3) 도자기의 원료로 이용되는 광물은 무엇인가?

미니사전
조암광물 [造 만들다 巖 바위 -광물] 암석을 구성하는 주요 광물. 석영, 장석, 운모, 각섬석, 휘석, 감람석, 방해석 등이 포함된다.

개념 다지기

01 다음 중 지각을 이루는 물질에 대한 설명으로 옳지 <u>않은</u> 것은?

① 지각은 암석으로 이루어져 있다.
② 광물은 한 가지 원소로만 이루어져 있다.
③ 암석은 대부분 조암 광물로 이루어져 있다.
④ 암석과 광물은 구성 원소에 따라 색깔이 달라진다.
⑤ 지각을 구성하는 원소 중 가장 많은 것은 산소이다.

02 다음은 지권을 구성하는 물질을 나타낸 것이다. ㉠~㉢에 알맞은 답은?

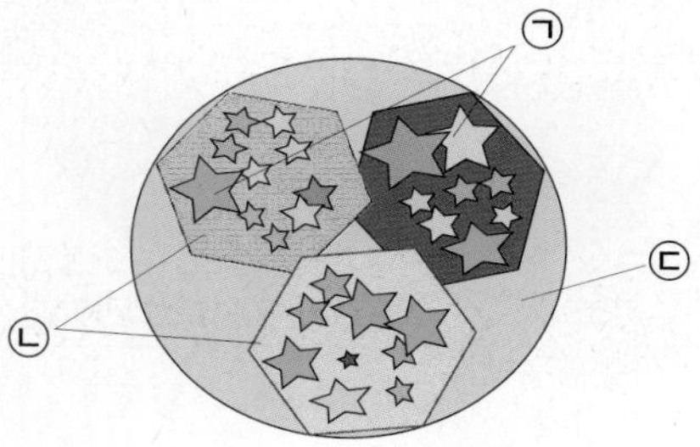

	㉠	㉡	㉢
①	광물	지각	암석
②	광물	원소	암석
③	광물	암석	지각
④	암석	원소	지각
⑤	암석	광물	원소

03 다음 중 광물을 구별하는 방법으로 옳지 <u>않은</u> 것은?

① 조흔색을 비교한다.
② 망치로 두드려 본다.
③ 돋보기로 결정의 모양을 관찰한다.
④ 초벌구이 자기판에 광물을 그어 본다.
⑤ 전자 저울로 광물의 무게를 정확히 측정한다.

04 다음 중 광물을 구별할 수 있는 광물의 특성으로 보기 어려운 것은?

① 깨짐 ② 부피 ③ 조흔색 ④ 굳기 ⑤ 색

정답 및 해설 02쪽

05

광물을 초벌구이 자기판(조흔판)에 그었더니 그림과 같이 붉은색 금이 그어졌다. 이 광물에 해당되는 것으로 옳은 것은?

① 금 ② 자철석
③ 황동석 ④ 흑운모
⑤ 적철석

06

다음 중 석영과 방해석을 구별하는 방법으로 적당한 것은?

① 망치로 두드려 본다.
② 색깔을 비교해 본다.
③ 쇠붙이를 가까이 가져가 본다.
④ 전자 저울로 광물의 무게를 측정한다.
⑤ 눈금 실린더에 광물을 넣어 부피를 측정한다.

07

다음 중 광물과 결정형을 바르게 짝지은 것은?

①
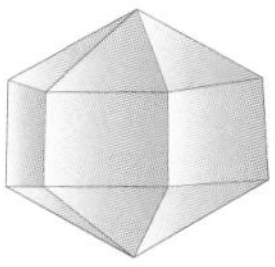
▲ 금강석

②
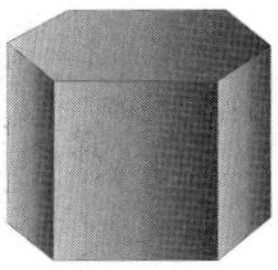
▲ 석영

③
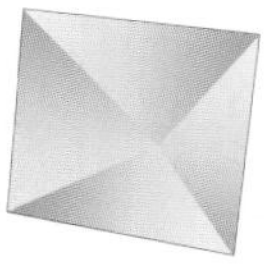
▲ 방해석

④
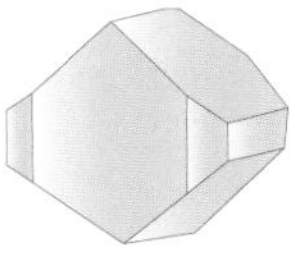
▲ 감람석

⑤
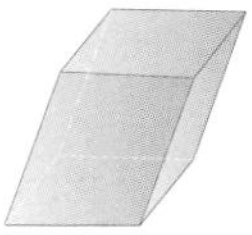
▲ 장석

08

다음은 조암 광물을 (가), (나) 두 가지로 분류한 표이다. 조암 광물을 아래의 표와 같이 분류한 기준은?

구분	(가)	(나)
조암 광물	석영, 장석	흑운모, 휘석, 각섬석, 감람석

① 색 ② 결정형 ③ 조흔색
④ 굳기 ⑤ 염산과의 반응

유형 익히기 & 하브루타

[유형1-1] **지구계**

다음은 지구계 구성 요소에서 각 권들의 순환 과정을 나타낸 것이다. A~C 과정에 대한 설명으로 〈보기〉에서 옳은 것만을 있는 대로 고른 것은?

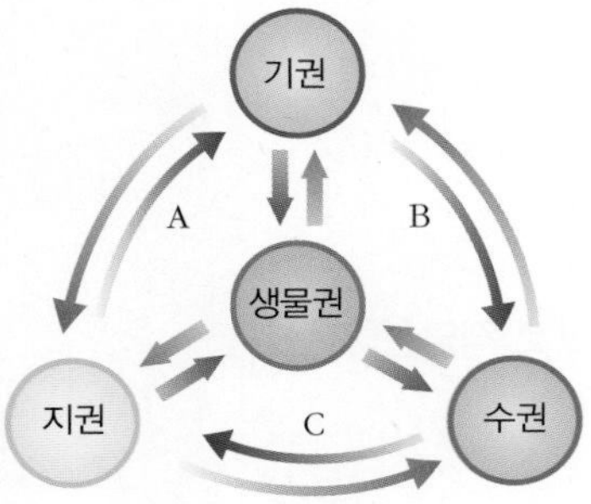

〈 보기 〉

ㄱ. 화석 연료의 연소는 과정 A의 예이다.
ㄴ. 온실 효과는 과정 B가 많을수록 심해진다.
ㄷ. 대기의 탄소는 과정 B → C로 인해 감소할 수 있다.

① ㄱ ② ㄴ ③ ㄱ, ㄷ ④ ㄴ, ㄷ ⑤ ㄱ, ㄴ, ㄷ

Tip!

01 지구계에 대한 설명으로 옳지 <u>않은</u> 것은?

① 지권은 단단한 고체 지구 영역이다.
② 수권은 대기 중의 수증기도 포함한다.
③ 생물권은 수권, 지권, 기권의 모든 영역에 걸쳐 존재한다.
④ 기권은 다른 구성 요소와 물질 및 에너지의 이동이 활발하다.
⑤ 기권에는 오존층이 존재하여 지구 생명체 유지에 중요한 역할을 한다.

02 지구계의 구성 요소인 수권에 대한 설명으로 옳지 <u>않은</u> 것은?

① 해수와 육수로 나눌 수 있다.
② 해수, 빙하, 지하수, 호수, 하천을 포함한다.
③ 지구의 에너지 평형에 중요한 역할을 한다.
④ 생물의 생명 유지에 필수적인 역할을 한다.
⑤ 육수 중 지하수의 분포가 가장 크게 차지한다.

정답 및 해설 02쪽

[유형1-2] 지권의 구성

그림은 지권을 구성하는 원소의 질량비를 나타낸 것이다. A, B에 해당하는 원소를 바르게 짝지은 것은?

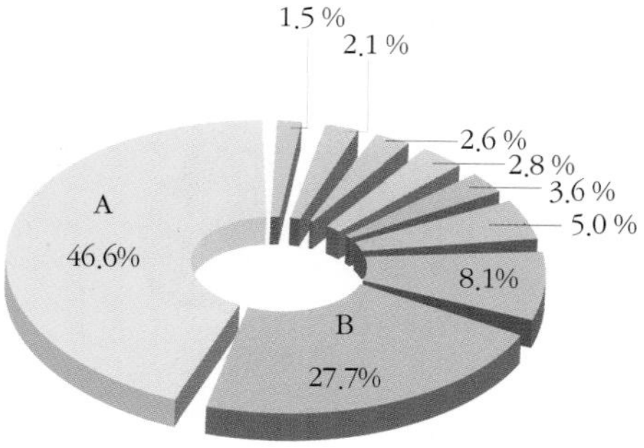

	A	B		A	B
①	규소	산소	②	규소	알루미늄
③	산소	알루미늄	④	산소	규소
⑤	철	알루미늄			

03 지각을 이루는 물질에 대한 설명으로 옳지 않은 것은?

① 지각을 이루는 주된 물질은 암석이다.
② 암석을 이루는 구성 단위는 원소이다.
③ 광물은 암석을 이루는 기본 알갱이이다.
④ 광물은 한 종류 이상의 원소로 되어 있다.
⑤ 8개의 구성 원소가 지각 전체 부피의 98% 이상을 차지한다.

04 광물을 구별할 수 있는 성질이 아닌 것은?

① 색 ② 굳기 ③ 질량 ④ 쪼개짐 ⑤ 조흔색

Tip!

유형 익히기 & 하브루타

[유형1-3] 광물의 성질1

다음 광물들은 모두 겉보기 색이 노란색이다. 이 광물들을 구별하기 위한 가장 옳은 방법은?

▲ 금 ▲ 황동석 ▲ 황철석

① 망치로 두드려 본다.
② 묽은 염산을 떨어뜨려 본다.
③ 초벌구이 자기판에 그어 본다.
④ 쇠붙이를 가까이 가져가 본다.
⑤ 광물끼리 서로 맞대고 긁어 본다.

Tip!

05 다음 〈보기〉 중 광물의 겉보기 색과 조흔색이 같은 광물만을 있는 대로 고른 것은?

〈 보기 〉

ㄱ. 금	ㄴ. 자철석	ㄷ. 적철석
ㄹ. 흑운모	ㅁ. 황동석	ㅂ. 황철석

① ㄱ, ㄴ ② ㄱ, ㄷ ③ ㄴ, ㄹ
④ ㄷ, ㅁ ⑤ ㅁ, ㅂ

06 조흔색에 따라 광물들을 (가) 금, 황철석, 황동석, (나) 자철석, 적철석, 흑운모로 나눌 수 있다. (가)와 (나)는 각각 어떤 겉보기색을 나타내는가?

① 붉은색, 검은색 ② 붉은색, 노란색 ③ 노란색, 푸른색
④ 노란색, 검은색 ⑤ 푸른색, 검은색

정답 및 해설 02쪽

[유형1-4] 광물의 성질2

다음은 광물 A, B의 특성을 나타낸 것이다. 광물 A, B를 구별하려고 할 때 적절한 방법으로 옳은 것만을 있는 대로 고르시오.

광물	색	조흔색	굳기	쪼개짐/깨짐
A	흰색	흰색	6	두꺼운 판 모양
B	어두운 녹색	흰색	6	가는 기둥 모양

① 색을 관찰한다.
② 망치로 두드려 본다.
③ 서로 대고 긁어 본다.
④ 조흔판에 긁어 본다.
⑤ 묽은 염산을 떨어뜨려 본다.

07

다음은 모스 굳기계와 여러 가지 물질의 굳기를 나타낸 것이다. 이에 대한 설명으로 옳지 않은 것은?

1	2	3	4	5	6	7	8	9	10
활석	석고	방해석	㉠	인회석	정장석	㉡	황옥	강옥	㉢

① ㉡의 조흔색을 확인할 수 없다.
② 정장석은 방해석보다 2배 단단하다.
③ 쇠못으로 방해석에 흠집을 낼 수 있다.
④ ㉠는 형석, ㉡는 석영, ㉢는 금강석이다.
⑤ 손톱으로 긁었을 때 활석에 흠집이 생긴다.

08

광물의 성질에 대한 설명으로 옳은 것은?

① 모든 광물은 쪼개짐이 나타난다.
② 광물의 색과 조흔색은 항상 같다.
③ 광물의 굳기는 광물의 크기에 비례한다.
④ 광물에 가장 많이 포함된 원소는 철이다.
⑤ 광물의 특성을 이용하여 광물을 구별할 수 있다.

Tip!

유형 익히기 & 하브루타

[유형1-5] 광물의 성질3

다음 〈보기〉와 같은 성질을 갖는 광물은 어떠한 결정형을 보이는가?

〈 보기 〉

조암 광물 중 가장 많은 부피를 차지하며, 도자기의 원료로 사용된다. 광물의 색은 흰색을 띠며 쪼개짐의 성질을 보인다.

①
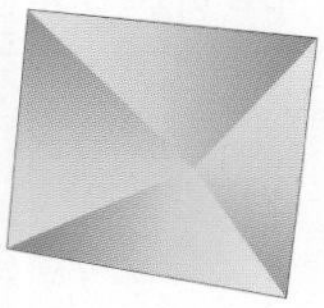

②
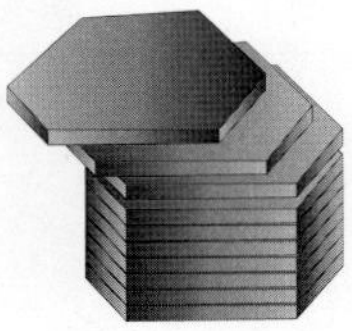

③
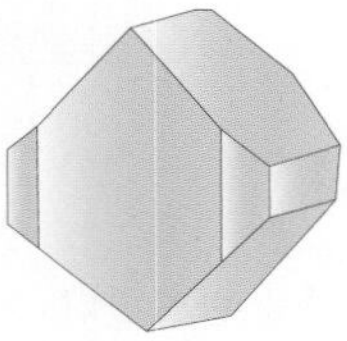

④
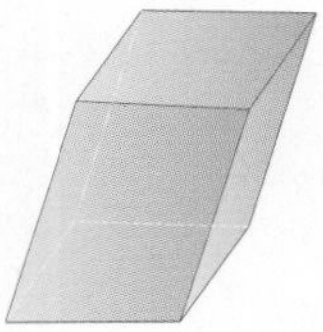

⑤
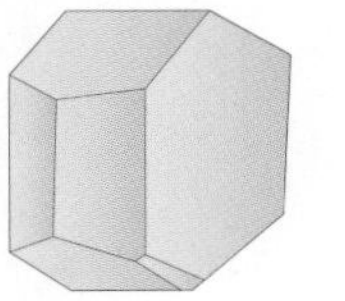

09 다음 중 광물과 광물을 이용하는 예가 <u>아닌</u> 것은?

① 흑연 - 연필심
② 황동석 - 동전, 전선
③ 장석 - 도자기, 주방 타일
④ 활석 - 반도체, 태양 전자판
⑤ 적철석 - 자동차, 선박, 건축

10 다음은 광물을 구별하기 위한 여러 가지 탐구 활동을 나타낸 것이다. 광물의 특성을 이용하여 구별하기 위한 방법으로 적절하지 <u>않은</u> 것은?

①
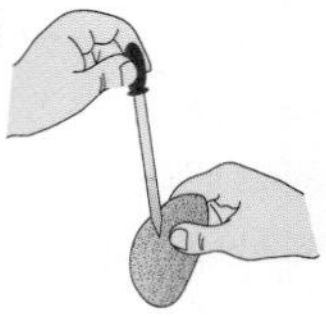

②

③

④
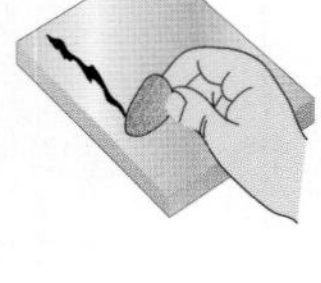

⑤
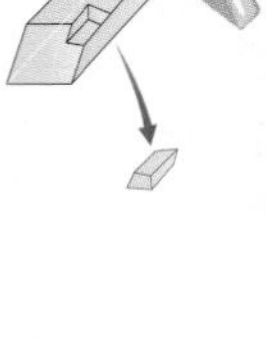

정답 및 해설 02쪽

[유형1-6] 조암 광물

다음 그림은 조암 광물의 부피비를 나타낸 것이다. 이에 대한 설명으로 옳지 않은 것은?

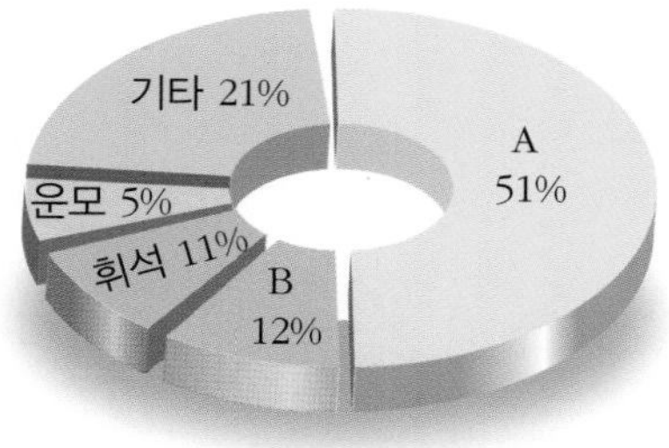

① A는 장석, B는 석영이다.
② A, B는 밝은색을 나타낸다.
③ A, B 둘 다 밀도가 가볍다.
④ A는 도자기, 주방 타일 등으로 쓰인다.
⑤ A, B 둘 다 철과 마그네슘을 많이 포함한다.

11 다음 표는 방해석과 석영의 여러 가지 성질을 조사한 것이다. 방해석과 석영을 구별하기 위해 적절한 방법으로 옳지 않은 것은?

	방해석	석영
색깔	무색 투명	무색 투명
결정형	기울어진 육면체	육각 기둥
굳기	3	7
기타	쪼개짐	깨짐

① 서로 문질러 본다.
② 망치로 두드려 본다.
③ 육안으로 색을 비교한다.
④ 날카로운 칼로 쪼개짐을 살펴본다.
⑤ 묽은 염산과의 반응성을 관찰한다.

12 다음 〈보기〉의 조암 광물 중 쪼개짐을 나타내는 광물만을 있는 대로 고른 것은?

〈 보기 〉
ㄱ. 석영 ㄴ. 방해석
ㄷ. 흑요석 ㄹ. 흑운모

① ㄱ, ㄴ
② ㄱ, ㄷ
③ ㄱ, ㄹ
④ ㄴ, ㄷ
⑤ ㄴ, ㄹ

창의력 & 토론마당

01 야외에서 화강암을 구성하는 광물 중 석영이나 장석은 색과 굳기, 광택 등을 이용하여 쉽게 식별할 수 있지만 유색 광물은 식별하기가 쉽지 않다. 화강암에 포함된 입자가 큰 각섬석과 흑운모를 야외에서 식별할 수 있는 방법으로는 무엇이 있을까?

▲ 화강암

▲ 각섬석

▲ 흑운모

정답 및 해설 03쪽

02

다음 그림은 모양과 색이 다른 두 석영 표본으로 표에 특징을 간단히 정리하였다. (단, 표에서 '자형'은 광물 특유의 결정을 잘 갖추며 성장한 광물의 모양이며, '타형'은 광물 특유의 결정형을 갖추지 못한 모습을 뜻한다.)

(가)

(나)

광물	결정 모양	색
(가)	자형	보라색
(나)	타형	회색

(1) 왜 두 석영은 서로 다른 색을 나타내는가?

(2) 왜 (나)는 타형 모양의 석영을 나타내는가?

03 다음은 아이슬란드의 화산 폭발에 대한 설명이다.

아이슬란드 정부 관계자는 아이슬란드에서 다섯 번째로 규모가 큰 빙하인 아야피아야플라유르큘(Eyjafjallajokull) 지하에서 연기와 용암이 분출되기 시작했다고 밝혔다. 화산 활동으로 항공기들의 이착륙이 연기돼 아이슬란드와 유럽의 공항에 여행객 약 1,300명의 발이 한때 묶이기도 했다.
아이슬란드는 화산 활동이 활발한 지역에 위치하고 있어 지난 1963년 이후 화산이 21차례 폭발했으며 지난 2004년 이후는 주춤한 상태였다. 현지 지질 전문가들은 이번 폭발이 얼마나 오래갈지 예측하기 힘들다고 밝혔다.

(1) 이 현상은 어떤 지구계 구성 요소 사이의 상호 작용인가?

(2) 지구계의 상호 작용에서 이와 유사한 현상을 서술하시오.

정답 및 해설 03쪽

04 그림은 광물이 생활에 사용되는 예이다. 그림의 물품은 어떤 광물을 재료로 하여 만들었을지 빈칸 안에 광물의 이름을 적으시오.

물품	유리 	다리미의 절연체 	연마제 
이용 광물	(A)	(B)	(C)
물품	시멘트 	도자기 	철 구조물 
이용 광물	(D)	(E)	(F)

스스로 실력 높이기

A

01 다음 〈보기〉의 설명에 해당되는 지구계의 구성 요소를 쓰시오.

〈 보기 〉
- 수많은 생태계를 포함한다.
- 지표의 풍화와 침식에 영향을 준다.
- 지구의 모든 생물체와 유기물이 분포하는 영역이다.

(　　　　　　　　)

02 오른쪽 그림은 주요 조암 광물의 부피비를 나타낸 것이다. A와 B에 해당하는 광물은 각각 무엇인지 쓰시오.

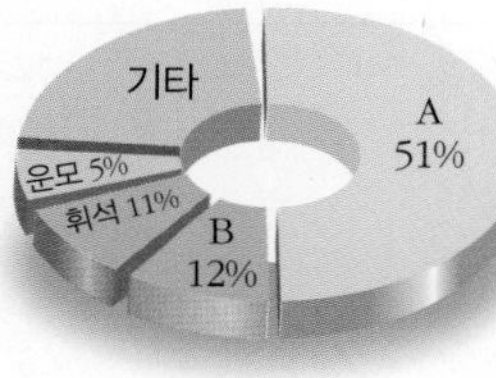

[03~05] 다음 〈보기〉를 보고 물음에 답하시오.

〈 보기 〉

자철석　　방해석　　석영

03 결정형이 기울어진 육면체 모양으로 쪼개지는 성질을 갖는 광물은 무엇인지 쓰시오.

(　　　　　　　　)

04 철가루나 클립 등의 쇠붙이를 끌어 당기는 성질을 갖는 광물은 무엇인지 쓰시오.

(　　　　　　　　)

05 유리나 반도체의 원료로 사용되며 아래와 같은 결정형을 갖는 광물은 무엇인지 쓰시오.

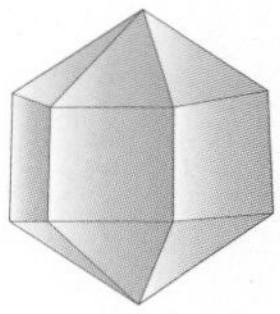

(　　　　　　　　)

06 다음 표의 괄호에 알맞은 말을 쓰시오.

광물	석영	흑운모	감람석
색	㉠(　　　)	검은색	어두운 갈색
조흔색	흰색	㉡(　　　)	흰색
결정형	육각 기둥	얇은 육각판	㉢(　　　)
굳기	㉣(　　　)	2.5 ~ 3	6.5 ~ 7

07 다음 중 쪼개짐을 나타내는 광물을 <u>모두</u> 고르시오.

흑운모　　흑요석　　석영　　방해석

(　　　　　　　　)

정답 및 해설 04쪽

[08~10] 다음 〈보기〉를 보고 물음에 답하시오.

〈 보기 〉

석영	장석	흑운모
감람석	휘석	각섬석

08 조암 광물 중 가장 많은 부피를 차지하고 있는 광물은 무엇인가?

( )

09 〈보기〉의 광물들을 밝은 색을 띠는 광물과 어두운 색을 띠는 광물로 분류하시오.

㉠ 밝은 색을 띠는 광물 :
㉡ 어두운 색을 띠는 광물 :

10 광물이 어두운 색을 띠게 하는 대표적인 원소 두 가지를 쓰시오.

( )

B

11 다음 중 지구계를 구성하는 구성 요소의 특징에 대한 설명으로 옳지 <u>않은</u> 것은?

① 기권은 기온 분포에 따라 구분할 수 있다.
② 생물권은 지권, 수권과 공간적으로 겹쳐 있다.
③ 지권은 지각, 맨틀, 외핵, 내핵으로 구분할 수 있다.
④ 외권은 지구를 둘러싸고 있는 지구 대기권을 말한다.
⑤ 생물권은 인간을 포함한 지구 상의 모든 생물을 포함한다.

12 다음 〈보기〉에서 지구계에 대한 설명으로 옳은 것만을 있는 대로 고른 것은?

〈 보기 〉

ㄱ. 구성 요소들 간의 물질 교환은 없다.
ㄴ. 구성 요소들은 독립된 영역으로 존재한다.
ㄷ. 지구 생성 이후 끊임없이 변화해 왔다.

① ㄱ ② ㄴ ③ ㄷ
④ ㄱ, ㄴ ⑤ ㄴ, ㄷ

13 다음 광물의 특성에 대한 설명으로 옳지 <u>않은</u> 것은?

① 석영의 밀도는 다른 조암 광물에 비해 크다.
② 자철석은 겉보기 색과 조흔색이 같다.
③ 자철석은 철가루를 끌어당기는 성질이 있다.
④ 방해석에 염산을 떨어뜨리면 거품이 발생한다.
⑤ 흑운모와 각섬석에는 철과 마그네슘이 많이 포함되어 있다.

14 광물의 이름과 결정형을 옳게 짝지은 것은?

①
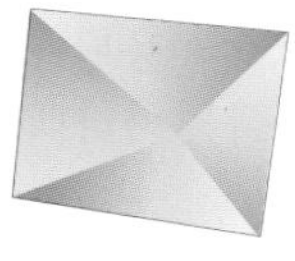
▲ 석영

②
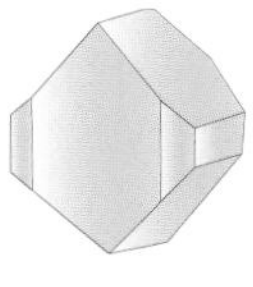
▲ 금강석

③
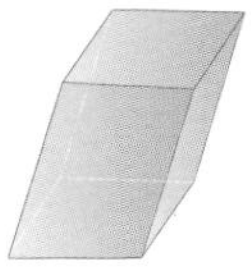
▲ 방해석

④

▲ 감람석

⑤
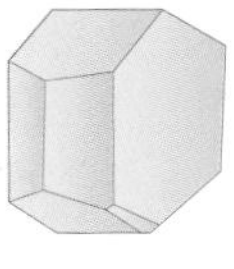
▲ 흑운모

15 광물에 힘을 가했을 때, 그림과 같이 쪼개지는 광물에 대한 설명으로 옳은 것만을 있는 대로 고르시오.

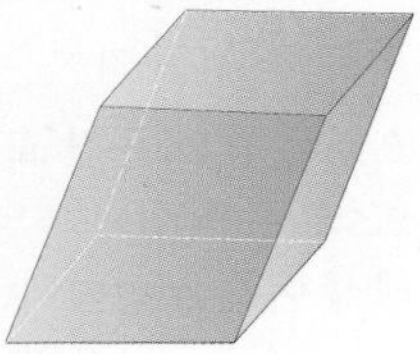

① 모스 굳기가 7이다.
② 자석을 가까이 하면 붙는다.
③ 단단하여 조흔색을 관찰할 수 없다.
④ 묽은 염산과 반응하여 기포가 발생한다.
⑤ 물체 위에 올려놓으면 물체가 두 개로 보인다.

16 그림은 어떤 광물의 결정형을 나타낸 것이다. 이 광물에 대한 설명으로 옳지 <u>않은</u> 것은?

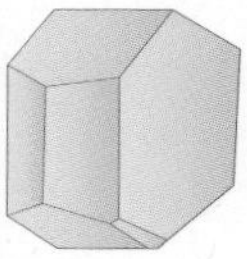

① 이 광물의 가루색은 흰색이다.
② 판상 쪼개짐이 나타나지 않는다.
③ 이 광물의 모스 굳기는 6~6.5이다.
④ 도자기, 주방 타일 등으로 이용된다.
⑤ 겉보기 색은 흰색, 분홍색을 나타낸다.

17 다음 중 조암 광물에 대한 설명으로 옳지 <u>않은</u> 것은?

① 흑운모와 각섬석은 주요 조암 광물이다.
② 석영, 휘석, 각섬석은 밝은 색 광물이다.
③ 가장 많은 부피비를 가진 것은 장석이다.
④ 철과 마그네슘을 포함한 광물은 색이 어둡다.
⑤ 석영이나 장석은 휘석이나 감람석보다 가볍다.

18 다음 보기는 어떤 광물의 성질을 조사한 결과이다. 이 광물의 결정형은 무엇인가?

〈 보기 〉

· 모스 굳기는 6.5 ~ 7이다.
· 어두운 색을 나타내며, 조흔색은 흰색이다.
· 망치로 두드리면 쪼개지지 않고 깨진다.

①

②
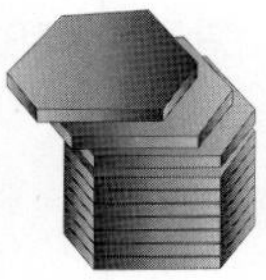

③
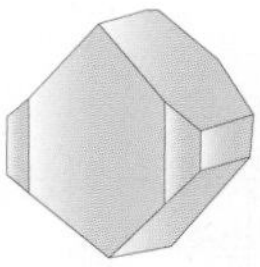

④
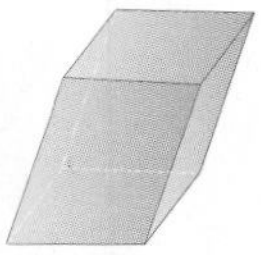

⑤
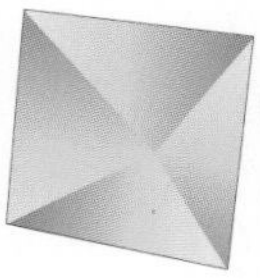

19 다음 〈보기〉의 광물들이 가지는 공통되는 특성에 대한 설명으로 적절하지 <u>않은</u> 것은?

〈 보기 〉

ㄱ. 장석	ㄴ. 흑운모
ㄷ. 각섬석	ㄹ. 감람석

① 조암 광물이다.
② 쪼개짐을 보인다.
③ 산소를 포함한다.
④ 규소를 포함한다.
⑤ 조흔색이 모두 같다.

정답 및 해설 04쪽

20 다음 〈보기〉와 같은 특성을 가진 조암 광물은 무엇인가?

〈 보기 〉

· 어두운 색을 띤다.
· 얇은 판 모양으로 쪼개진다.
· 전기를 잘 통하지 않아 절연체로 사용된다.

① 석영　② 장석
③ 흑운모　④ 감람석
⑤ 휘석

C

21 그림은 지구계 구성 요소 사이의 상호 작용을 나타낸 것이다. A, B, C 에 해당하는 예를 〈보기〉에서 찾아 쓰시오.

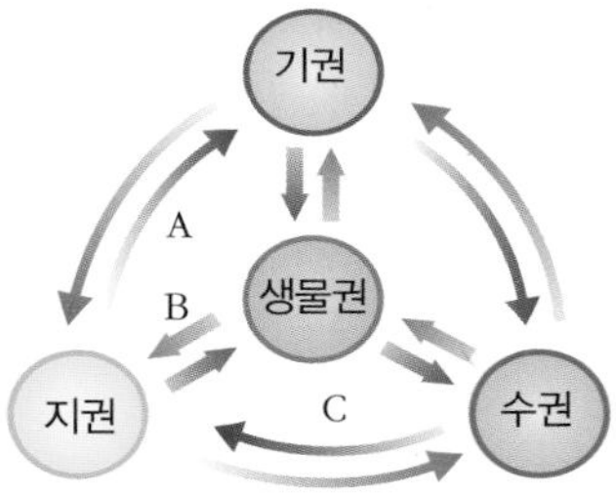

〈 보기 〉

ㄱ. 생물의 유해가 묻혀 석유가 된다.
ㄴ. 바닷가의 바위가 파도에 의해 깎인다.
ㄷ. 화산재가 햇빛을 차단해 기온이 하강한다.

A : (　　　)　B : (　　　)　C : (　　　)

22 다음 그림은 화강암을 구성하는 광물을 나타낸 것이다. 광물 A, B, C에 대한 설명으로 옳지 않은 것은?

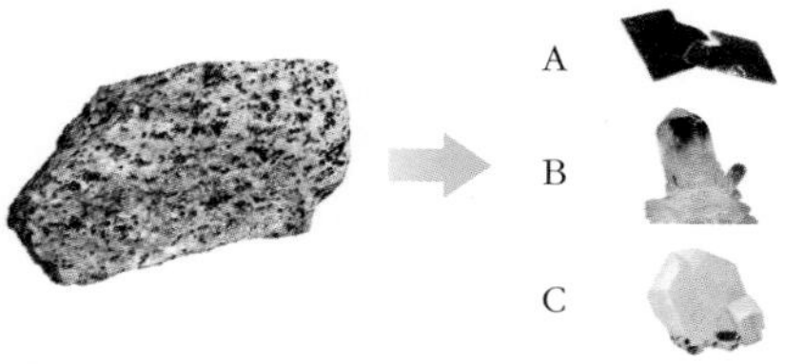

① A는 흑운모로 쪼개짐이 있다.
② B는 석영으로 유리의 재료로 쓰인다.
③ C는 장석으로 얇은 판 모양으로 쪼개진다.
④ B와 C는 주로 산소와 규소로 이루어져 있다.
⑤ B, C는 철과 마그네슘을 많이 포함하지 않는다.

23 다음 중 광물이 일상 생활에 쓰이는 용도를 바르게 연결하지 않은 것은?

① 흑연 - 연필
② 금강석 - 연마제
③ 운모 - 전기 절연체
④ 석영 - 유리, 반도체
⑤ 황동석 - 자동차, 선박

24 다음 중 지권과 기권의 상호 작용에 해당하는 예는?

① 화산 폭발로 기온이 낮아졌다.
② 민들레 씨앗이 바람에 날려 이동한다.
③ 태양 복사 에너지가 지구 대기로 들어온다.
④ 태풍이 이동하여 북쪽 지역에 비를 뿌린다.
⑤ 흐르는 물이 암석을 녹여서 동굴을 형성한다.

25 여러 가지 광물들의 물리적 성질 중 옳지 <u>않은</u> 것은?

① 같은 원소로 이루어진 금강석과 흑연의 성질은 각각 다르다.
② 장석은 조암광물 중 부피비가 가장 크다.
③ 형석으로 석고을 문지르면 석고가 긁힌다.
④ 금강석과 방해석은 색으로 구분할 수 있다.
⑤ 방해석에 묽은 염산을 떨어뜨리면 이산화 탄소가 발생한다.

26 그림과 같이 어떤 광물을 철 위에 놓았더니 다음 그림과 같은 현상이 발생하였다. 이 광물은 무엇이고, 이러한 현상의 특징을 서술하시오.

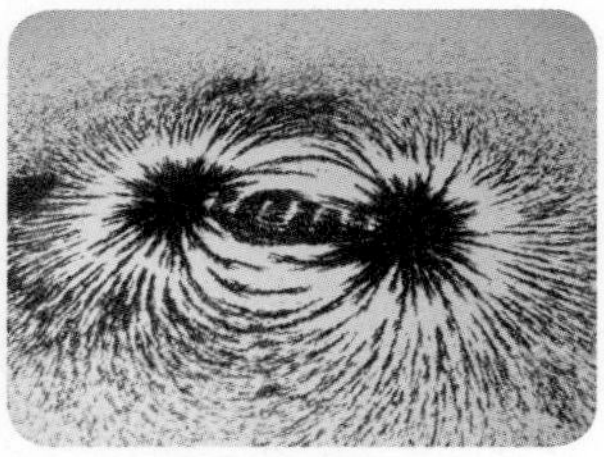

27 다음은 무색 투명한 두 광물의 사진이다. 이 두 광물을 구별하는 데 사용할 수 있는 광물의 특성 3가지와 그 특성에 따라 광물을 구별하는 방법에 대하여 설명하시오.

28 다음은 학생들이 광물을 구별하기 위한 실험을 하였다. 광물을 옳은 방법으로 구별하지 <u>않은</u> 학생의 이름과 그 이유를 서술하시오.

건창 : 방해석에 염산을 반응시켰다. 정호 : 자철석에 철가루를 뿌렸다. 해민 : 흑운모를 망치로 부셔보았다. 자욱 : 장석의 무게를 재봤다.

정답 및 해설 04쪽

29 조암 광물 중에서 흑운모, 각섬석, 휘석, 감람석은 석영, 장석보다 무겁고 어두운 색을 나타낸다. 그 이유를 서술하시오.

30 광물 중에서 흑운모, 방해석, 방연석은 쪼개짐이 나타나지만 흑요석, 석영은 쪼개짐이 나타나지 않는다. 쪼개짐이 나타나는 이유와 나타나지 않는 이유를 각각 서술하시오.

창의력 서술

31 광물, 암석, 토양은 지역별로 특별한 특성을 나타내는 경우가 많다. 이런 사실을 과학적으로 분석하면 무엇에 이용할 수 있을지 그 예를 쓰시오.

32 상상이는 과학 시간에 광물의 굳기를 알아보는 실험을 하였다. 이름을 알지 못하는 4개의 광물 A~D의 상대적인 굳기를 알아보기 위해 손톱, 유리, 동전을 이용하여 광물 A~D를 긁었더니 다음과 같은 결과가 나왔다.

광물	손톱	유리	동전
A	×	○	×
B	×	×	×
C	○	○	○
D	×	○	○

이러한 실험 결과가 나오기 위해서 A~D는 어떤 광물일지 모스 굳기계를 이용하여 서술하시오.

2강. 지권의 구성 물질 II - 암석

● 화성암의 결정 구조

▲ 조립질 조직

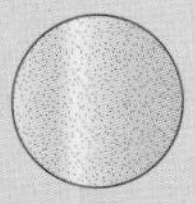

▲ 세립질 조직

화성암이 지표, 또는 지표 부근에서 빠르게 냉각되면 결정이 너무 작아서 거의 볼 수 없는데 이를 세립질 조직이라 한다. 거대한 마그마 덩어리가 지하 깊은 곳에서 냉각될 때는 조립질 조직을 보이는데 광물의 결정 크기가 크고 육안 식별이 가능하다. 대표적인 암석으로 세립질은 현무암, 조립질은 화강암이 있다.

● 현무암 표면의 구멍

현무암은 화산암으로 지표 부근에서 마그마가 급격하게 굳어져서 만들어진 세립질 구조를 갖는다. 이때 내부에서 가스가 빠져나가는 과정에서 표면에 구멍이 생긴다.

▲ 현무암 표면의 구멍

● 화성암의 분류

● 생각해보기★

현무암과 화강암 중에 어떤 암석이 더 단단할까?

미니사전

마그마(magma) 지구 내부에 액체 상태로 존재하는 고온의 물질

용암 [鎔 녹이다 巖 바위] 마그마가 지표로 분출되어 기체가 빠져나간 물질

1. 화성암

(1) 화성암 : 마그마나 용암이 식으면서 굳어져 생성된 암석이다.

(2) 화성암의 분류 : 지표 부근에서 마그마가 급히 냉각되어 생성된 화산암과 지하 깊은 곳에서 마그마가 천천히 냉각되어 생성된 심성암으로 분류한다.

구분	화산암	심성암
생성 위치	지표 부근	지하 깊은 곳
마그마의 냉각 속도(시간)	빠르다(짧다)	느리다(길다)
결정의 크기	작다(세립질)	크다(조립질)
포함되는 암석의 종류	현무암, 안산암, 유문암	반려암, 섬록암, 화강암

(3) 화성암의 분류표 : 광물 결정의 크기와 암석의 색깔에 따라 분류한다.

구분	입자 크기	어두운 색 ←→ 밝은 색		
화산암	(작다) ↑	현무암 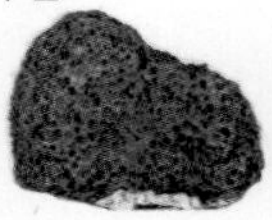	안산암 	유문암 
심성암	↓ (크다)	반려암 	섬록암 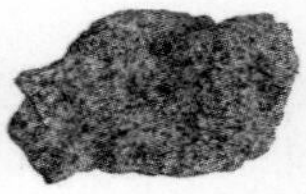	화강암 

(4) 현무암과 화강암의 비교

구분	현무암	화강암
특징	화산암(세립질)	심성암(조립질)
조암 광물	어두운 색 광물(감람석, 휘석) 많음	밝은 색 광물(석영, 장석) 많음
이용되는 곳	맷돌, 돌하르방 등	비석, 건물의 외벽 등

개념확인 1

다음은 화성암의 분류표이다. ㉠~㉣ 에 해당하는 암석을 쓰시오.

구분	입자 크기	어두운 색 ←→ 밝은 색		
화산암	(작다)	㉡( )	㉢( )	유문암
㉠( )	(크다)	반려암	섬록암	㉣( )

확인 +1

화강암에 해당하면 '화', 현무암에 해당하면 '현'이라고 쓰시오.

(1) 결정 크기가 작은 화산암에 속한다. ( )

(2) 석영과 장석이 많이 포함되어 있다. ( )

(3) 비석이나 건물의 외벽에 주로 쓰인다. ( )

2. 퇴적암

(1) 퇴적암 : 퇴적물이 바다나 호수 밑에 쌓인 후 굳어져 만들어진 암석이다.

(2) 퇴적암의 생성 과정

퇴적물의 운반 → 퇴적 → 다져짐 → 굳어짐 → 퇴적암의 생성

운반된 퇴적물이 쌓인다 / 쌓인 퇴적물의 무게 때문에 입자 사이의 간격이 좁아진다 / 물속에 녹아있던 광물 성분이 퇴적물 사이를 채워 퇴적물이 굳는다

(3) 퇴적암의 특징

① 층리 : 퇴적물이 쌓여서 만들어진 줄무늬 구조

② 화석 : 생물의 유해나 흔적이 지층 속에 남아 있는 것

(4) 퇴적암의 분류 : 구성 알갱이의 크기와 퇴적물의 종류에 따라 분류한다.

구분	구성 입자의 크기에 따라			퇴적물의 종류에 따라		
퇴적암	역암 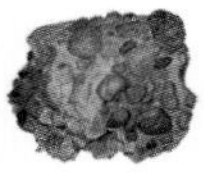	사암 	셰일 	응회암 	석회암 	암염 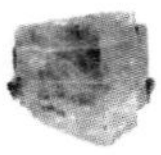
퇴적물	자갈, 모래, 진흙	모래, 진흙	진흙	화산재	석회질 물질	소금

● 퇴적암으로 알 수 있는 것

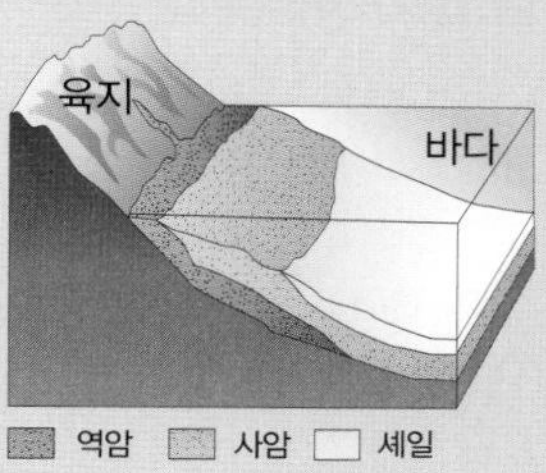

퇴적물 알갱이의 크기가 클수록 해안 가까이에 퇴적되고, 크기가 작을수록 해안에서 멀리까지 운반되어 퇴적되므로 해안선에서 떨어져 있던 곳이었는지 아닌지를 추정할 수 있다.

● 생각해보기★★

퇴적암은 어떻게 만들어지며, 만들어지기까지 얼마의 시간이 걸릴까?

정답 및 해설 05쪽

개념확인 2 다음 빈칸에 들어갈 알맞은 퇴적암의 특징을 쓰시오.

㉠ (   ) : 퇴적물이 쌓여서 만들어진 줄무늬 구조

㉡ (   ) : 생물의 유해나 흔적이 지층 속에 남아 있는 것

확인 + 2 다음 중 퇴적물과 퇴적암을 바르게 연결하시오.

(1) 화산재 · · A. 암염

(2) 석회질 물질 · · B. 석회암

(3) 소금 · · C. 응회암

미니사전

침전 [沈 가라앉다 澱 앙금] 액체 속에 있던 물질이 가라앉거나 엉겨 붙음

3. 변성암

(1) 변성암 : 암석이 높은 열과 압력을 받아 조직이 변하여 만들어진 암석이다.

원래 암석		변성암(변성 정도 : 낮다 → 높다)
화성암	화강암	—열, 압력→ 화강 편마암
퇴적암	셰일	—열, 압력→ 점판암 —열, 압력→ 편암 —열, 압력→ 편마암
		—열→ 혼펠스
	사암	—열→ 규암
	석회암	—열→ 대리암

(2) 변성암의 특징

① 엽리 : 압력에 의한 변성 과정에서 생기며 압력과 수직 방향으로 생기는 줄무늬 ㉠ 편암, 편마암

② 큰 결정 : 변성 과정에서 광물의 일부가 녹았다가 다시 굳어질 때 새로운 광물로 변하거나 큰 결정이 생긴다. →재결정 작용 ㉠ 규암, 대리암

③ 단단해짐 : 열에 의한 변성 과정 중에 매우 단단한 암석이 된다. ㉠ 혼펠스

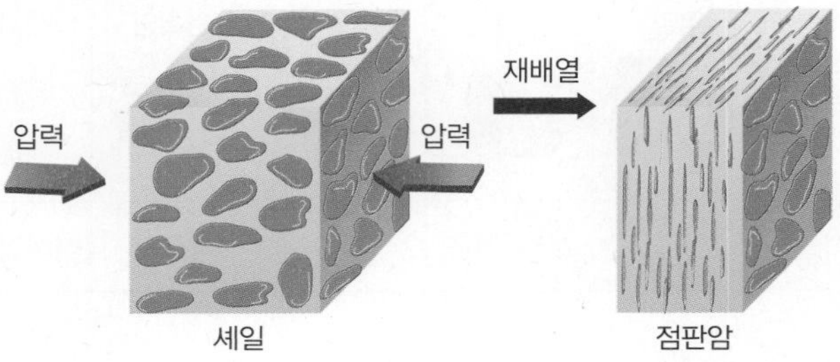

▲ 엽리가 생성되는 과정

● **엽리의 생성 과정**
광물들은 재결정될 때, 압력의 방향에 대체로 수직인 방향으로 배열을 보인다. 아래 사진의 편암과 편마암에서는 잘 발달된 엽리를 보인다. 편마암은 편암과는 달리 광물 결정이 큰 호상 구조를 띠는 것이 특징이다.

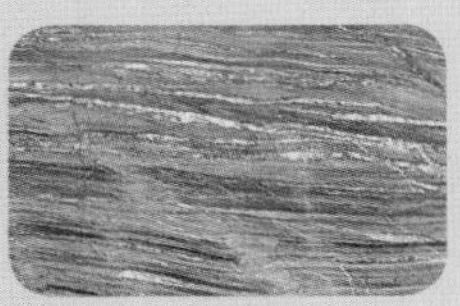

▲ 편암

▲ 편마암

● **혼펠스**
셰일이 압력의 영향을 거의 받지 않고 높은 열을 받아 만들어진 암석으로, 조직이 매우 치밀하고 단단하며 엽리가나타나지 않는다.

▲ 혼펠스

● **생각해보기★★★**
엽리는 모든 변성암에서 나타날까?

개념확인 3 **다음 〈보기〉의 ㉠, ㉡에 알맞은 말을 넣으시오.**

〈 보기 〉

암석이 높은 ㉠(　　　　)과 압력을 받아 성질이나 조직이 변하면 변성암이 된다. 암석이 압력을 받을 때 압력 방향과 수직인 방향으로 줄무늬 구조인 ㉡(　　　)가(이) 만들어지기도 한다.

확인 +3 **다음의 암석이 변성 작용을 받을 때 생성되는 변성암의 이름을 쓰시오.**

(1) 사암 → (　　　　)　　(2) 석회암 → (　　　　)

(3) 화강암 → (　　　　)　　(3) 셰일 → 점판암 → 편암 →(　　　　)

4. 암석의 순환과 이용

(1) 암석의 순환 : 암석은 생성된 후 그대로 있지 않고 오랜 세월에 걸쳐 주위 환경에 따라 끊임없이 다른 암석으로 변하며 순환한다.

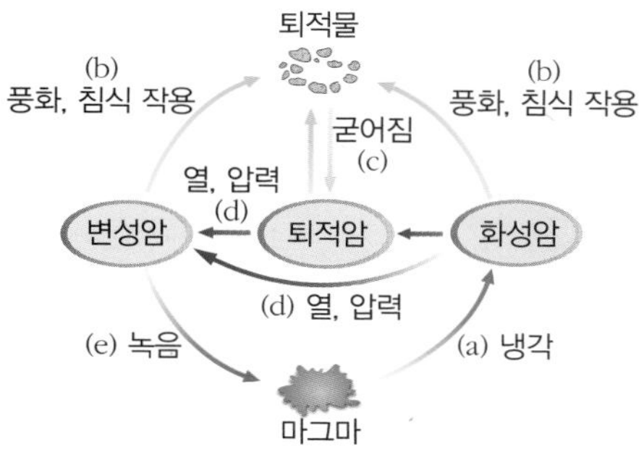

〈암석이 순환하는 예〉

(a) 마그마가 식는다(냉각). → 화성암
(b) 암석이 풍화, 침식 작용을 받는다. → 퇴적물
(c) 퇴적물이 다져지고 굳어진다. → 퇴적암
(d) 화성암과 퇴적암이 높은 열과 압력을 받는다. → 변성암
(e) 암석이 지하 깊은 곳에서 녹는다. → 마그마

(2) 암석의 이용 : 암석은 건축물이나 생활용품을 만드는 데 많이 이용된다.

암석	화강암	현무암	석회암
이용의 예	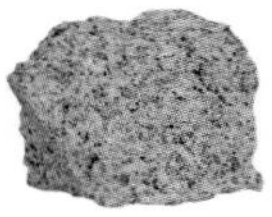		
	건물 외벽, 축대, 비석	맷돌, 돌하르방	지붕의 재료, 벼루
암석	규암	편마암	대리암
이용의 예			
	유리, 철 제련의 재료	정원석	조각상, 장식제

화성암, 화산암, 화강암 구별하기

- 화성암 : 마그마가 식어 굳어진 암석으로 마그마가 식는 위치에 따라 화산암(지표면)과 심성암(지하 깊은 곳)으로 나눈다.
- 화산암 : 화성암의 한 종류로 마그마가 지표면에서 빨리 식어 굳어진 암석으로 현무암, 안산암, 유문암이 이에 속한다.
- 화강암 : 화성암의 또다른 한 종류인 심성암에 속하며 지하 깊은 곳에서 천천히 식어 굳어진 암석

정답 및 해설 05쪽

개념확인 4 **암석의 순환에 대한 설명으로 옳은 것은 O표, 틀린 것은 X표 하시오.**

(1) 마그마는 암석이 지하 깊은 곳에서 녹은 것이다. ( )

(2) 화성암은 암석이 풍화, 침식 작용을 받아 생성된다. ( )

(3) 변성암은 화성암과 퇴적암이 높은 열과 압력을 받은 것이다. ( )

확인 + 4 **암석의 순환 과정을 나타낸 오른쪽 그림의 ㉠~㉢ 에 알맞은 암석의 이름을 쓰시오.**

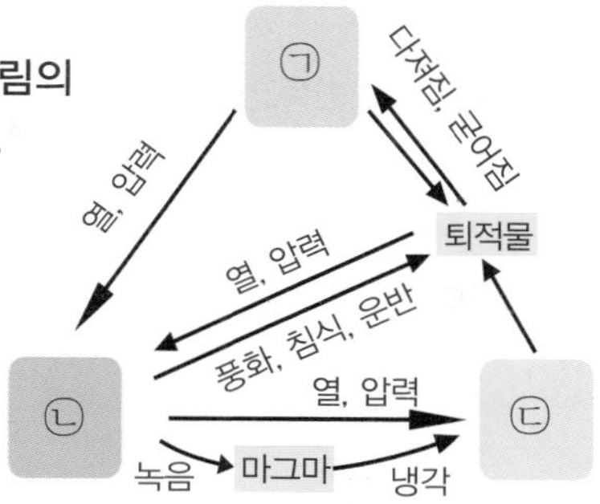

미니사전

축대 [築 쌓다 臺 돈대] 높이 쌓아 올린 터

맷돌 곡식을 압착하고 비비면서 껍질을 까거나 빻는 도구

벼루 먹물을 가는데 사용하는 도구

개념 다지기

01 다음 그림의 화산암, 심성암에 속하는 암석을 옳게 짝지은 것은?

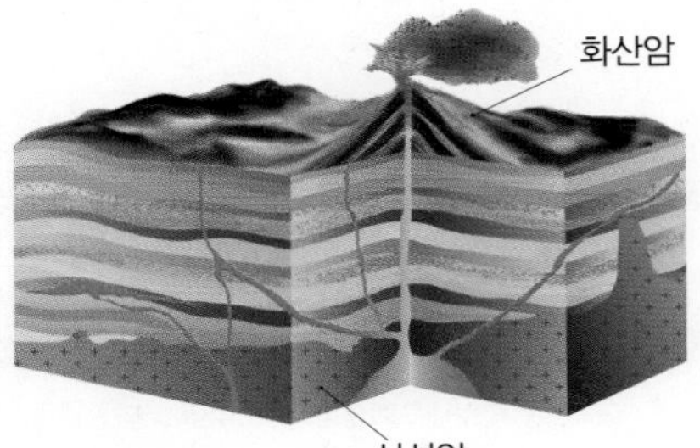

	화산암	심성암		화산암	심성암
①	현무암	화강암	②	섬록암	현무암
③	화강암	유문암	④	반려암	화강암
⑤	현무암	유문암			

02 화성암을 분류하는 기준으로 옳은 것만을 〈보기〉에서 있는 대로 고른 것은?

〈 보기 〉

ㄱ. 암석의 색　　ㄴ. 구성 광물의 결정 크기
ㄷ. 조흔색　　ㄹ. 암석의 굳기

① ㄱ, ㄴ　② ㄱ, ㄷ　③ ㄴ, ㄹ
④ ㄷ, ㄹ　⑤ ㄱ, ㄹ

03 다음 중 화강암과 현무암의 공통점으로 가장 적당한 것은?

① 화석을 포함한다.
② 암석의 색이 밝은 색이다.
③ 암석의 표면에서 많은 구멍이 있다.
④ 마그마가 식어서 굳어진 암석이다.
⑤ 구성 광물의 결정 크기가 매우 크다.

정답 및 해설 06쪽

04 다음 중 퇴적물과 그로부터 생성되는 퇴적암을 짝지은 것으로 옳지 않은 것은?

① 소금 - 암염
② 진흙 - 셰일
③ 화산재 - 석회암
④ 모래, 진흙 - 사암
⑤ 진흙, 모래, 자갈 - 역암

05 다음 〈보기〉의 암석들의 공통점으로 가장 적당한 것은?

〈 보기 〉

편마암　　규암　　대리암

① 결정이 작다.
② 층리가 있다.
③ 암석의 색깔이 어둡다.
④ 높은 열과 압력을 받아 만들어진다.
⑤ 암석 내부에서 화석이 발견되기도 한다.

06 그림은 암석의 순환 과정을 나타낸 것이다. A, B, C 에 해당하는 작용을 바르게 짝지은 것은?

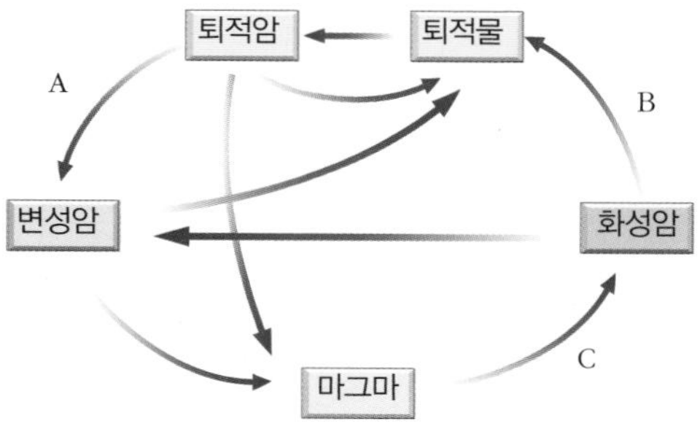

	A	B	C
①	다져짐	열과 압력	풍화 · 침식
②	풍화 · 침식	냉각	다져짐
③	열과 압력	풍화 · 침식	냉각
④	냉각	열과 압력	풍화 · 침식
⑤	냉각	풍화 · 침식	열과 압력

[유형2-1] 화성암

다음 (가), (나)는 우리 주변에서 쉽게 볼 수 있는 대표적인 화성암 사진이다. (가), (나)에 대한 설명으로 옳지 않은 것은?

(가)

(나)

① (가)는 심성암에 속한다.
② (가)는 (나)보다 결정 크기가 작다.
③ (가)는 (나)보다 석영을 많이 포함하고 있다.
④ (가)는 비석이나 건축물 외벽에 이용된다.
⑤ (나)는 맷돌이나 돌하르방을 만드는데 사용된다.

Tip!

01 암석을 화성암, 퇴적암, 변성암으로 분류하는 기준은 무엇인가?

① 암석의 생성 시간
② 구성 광물의 크기
③ 암석의 생성 장소
④ 암석의 생성 과정
⑤ 암석의 크기

02 화성암에 대한 설명으로 옳은 것은?

① 마그마의 냉각에 의해 생성된다.
② 화석을 포함하기도 하며 층리가 나타난다.
③ 유색 광물을 많이 포함할수록 밝은 색을 띤다.
④ 생성 과정에서 압력을 받아 줄무늬 구조를 보인다.
⑤ 구성 광물의 종류에 따라 화산암과 심성암으로 분류한다.

정답 및 해설 06쪽

[유형2-2] 퇴적암

다음의 퇴적물과 쌓여서 굳어진 퇴적암을 각각 바르게 연결하시오.

(1) 소금 ·	· (A) 응회암
(2) 석회질 물질 ·	· (B) 셰일
(3) 화산재 ·	· (C) 암염
(4) 진흙 ·	· (D) 역암
(5) 모래, 진흙 ·	· (E) 사암
(6) 자갈, 모래, 진흙 ·	· (F) 석회암

03 다음과 같은 특징을 나타내는 암석은?

· 암석 표면에 나란한 줄무늬가 나타난다.
· 암석 내부에서 화석이 발견되기도 한다.

① 사암 ② 대리암 ③ 규암
④ 현무암 ⑤ 반려암

04 다음 〈보기〉의 내용은 암석에서 관찰되는 특징들을 나열한 것이다. 퇴적암에서만 볼 수 있는 특징만을 있는 대로 고른 것은?

〈 보기 〉

ㄱ. 엽리 ㄴ. 화석 ㄷ. 층리 ㄹ. 기공

① ㄱ, ㄴ ② ㄱ, ㄷ ③ ㄱ, ㄹ
④ ㄴ, ㄷ ⑤ ㄷ, ㄹ

Tip!

[유형2-3] 변성암

다음 표는 원래의 암석과 변성 원인에 따라 변성암을 분류한 것이다. 빈칸 안에 들어갈 암석을 짝지은 것으로 옳지 <u>않은</u> 것은?

원래의 암석	변성 원인	변성암
셰일	열	①(　　　)
	열과 압력	점판암 → 편암 → ②(　　　)
③(　　　)	열	규암
석회암	열	④(　　　)
⑤(　　　)	열과 압력	화강편마암

① 혼펠스　② 편마암　③ 사암　④ 대리암　⑤ 현무암

05 다음 중 변성암에 대한 설명으로 옳은 것은?

① 물속에서 쌓여 생성된다.
② 색깔에 따라 구분할 수 있다.
③ 층리가 발달하며 화석이 발견된다.
④ 변성 전 암석보다 결정의 크기가 크다.
⑤ 암석 표면에 기체가 빠져나간 구멍이 있다.

06 다음 두 암석에 대한 설명으로 옳지 <u>않은</u> 것은?

석회암	대리암

① 석회암에서는 화석이 발견되기도 한다.
② 석회암은 퇴적암, 대리암은 변성암이다.
③ 석회암이 높은 열을 받아서 대리암이 된다.
④ 석회암과 대리암의 광물 결정의 크기는 같다.
⑤ 두 암석은 염산과 반응하여 기체를 발생시킨다.

정답 및 해설 06쪽

[유형2-4] 암석의 순환과 이용

다음의 그림 (가)는 암석의 순환 과정을, (나)는 지구 환경 요소의 상호 작용 중 일부를 나타낸 것이다. 이에 대한 설명으로 옳지 않은 것은?

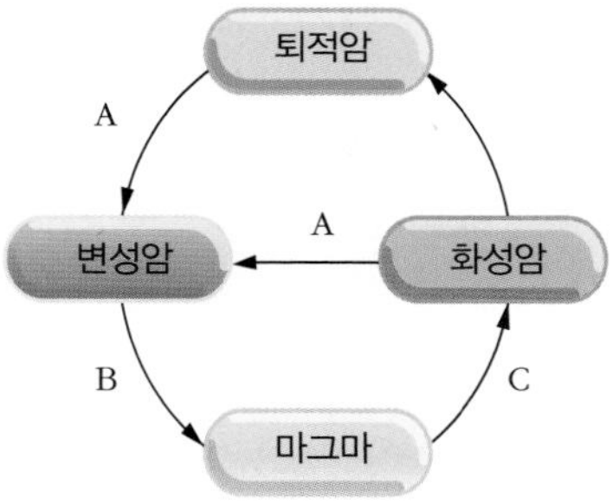

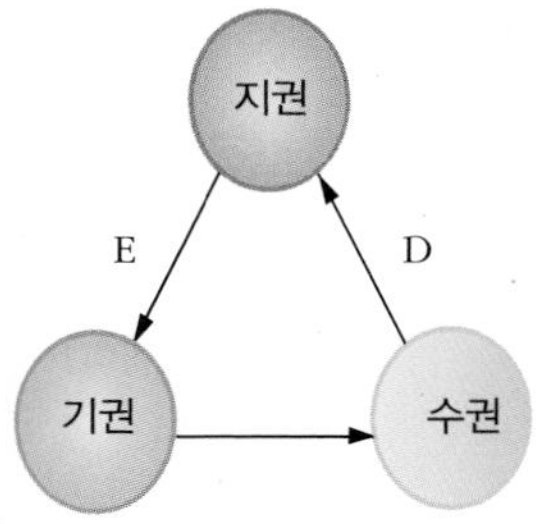

① A는 높은 열과 압력에 의한 것이다.
② B는 풍화, 침식 작용에 의한 것이다.
③ C는 냉각에 의해 이루어진다.
④ D 과정으로 바다에서 석회암이 만들어진다.
⑤ E 과정에는 석탄, 석유의 연소가 있다.

07 다음 암석과 그 용도를 잘못 짝지은 것은?

① 화강암 - 건물 외벽, 축대
② 현무암 - 맷돌, 돌하르방
③ 석회암 - 조각상, 장식제
④ 편마암 - 정원석
⑤ 규암 - 유리, 철 제련의 재료

08 생성 원인이 같은 암석끼리 옳게 짝지은 것은?

① 셰일, 역암
② 대리암, 사암
③ 편마암, 현무암
④ 현무암, 역암
⑤ 화강암, 석회암

창의력 & 토론마당

01 아래 사진은 인도 아그라 지방에 있는 타지마할 궁전이다. 타지마할 궁전은 주로 대리석으로 이루어져 있다.

(1) 어떻게 대리석이 사진처럼 아름다운 무늬를 가지게 되었을까?

(2) 대리석은 건축물의 외장용으로 적당하지 않다. 그 이유를 서술하시오.

정답 및 해설 07쪽

02 다음은 산과 강가의 암석이다. 계곡의 위에서 아래로 내려오면서 돌을 관찰하면 윗부분의 돌들은 계곡 아랫부분의 돌보다 대체로 크고 모가 나 있으며 표면이 거칠고 크기가 다른 돌들이 섞여 있다. 이런 현상이 나타나게 되는 원인은 무엇일까?

▲ 산에 있는 암석

▲ 강에 있는 암석

03

다음 그림은 어느 지층의 단면도로 화강암과 주변 퇴적암의 경계에서는 열에 의한 변성 작용의 흔적이 나타났다. 퇴적암은 처음에 마그마와 접촉하고 있었을 것으로 추정된다.

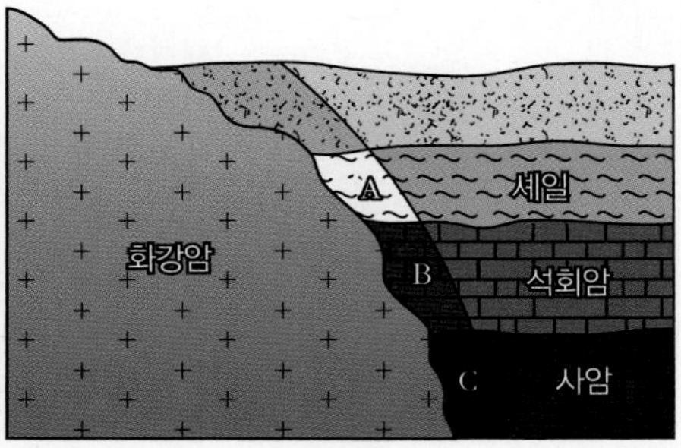

(1) A~C 지점에서 발견될 수 있는 암석을 각각 쓰시오.

(2) A~C 지점에서 발견될 수 있는 암석의 특징에 대해 서술하시오.

정답 및 해설 07쪽

04 다음은 여러가지 퇴적 구조를 나타낸 그림이다. 다음의 물음에 답하시오.

건열▶
건조한 기후 환경이었음을 나타냄

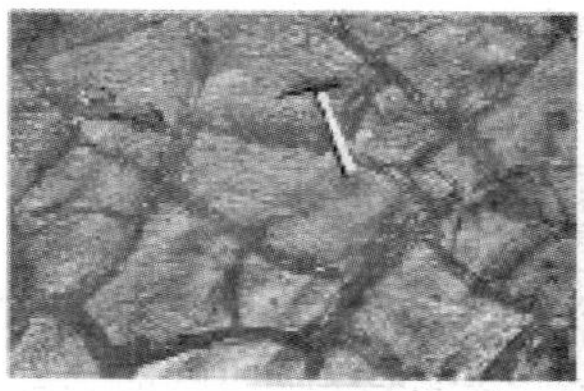

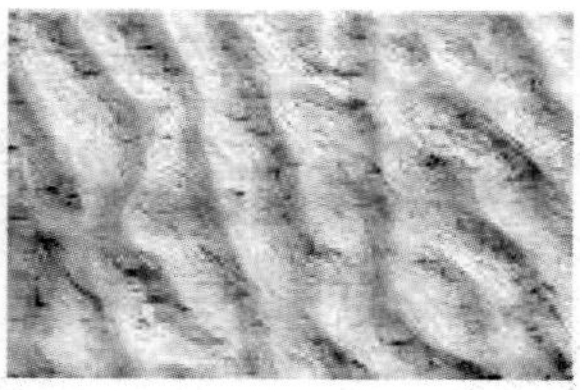

◀연흔
얕은 물속이나 바람에 의하여 생성됨

사층리▶
바람이나 물에 의해 퇴적물이 이동할 때 생성됨

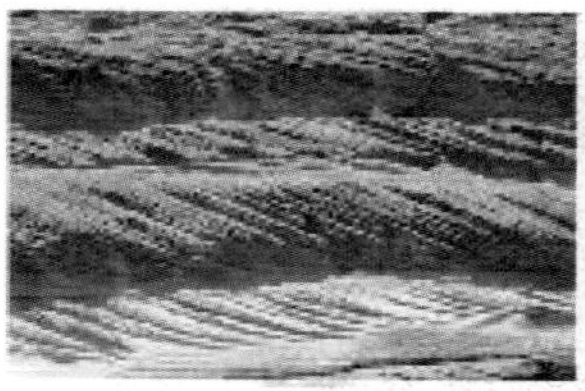

◀점이층리
다양한 크기의 입자들이 섞인 퇴적물이 쌓일 때 생성됨

(1) 퇴적암에서는 화석이 발견되고 화성암에서는 발견되지 않는 이유는 무엇인가?

(2) 퇴적물은 지표면의 풍화, 침식, 운반, 퇴적 환경을 반영하여 생성되므로 여러 가지 퇴적 구조와 함께 나타난다. 퇴적 환경을 반영하는 퇴적 구조에는 어떤 것들이 있을까?

스스로 실력 높이기

A

[01~04] 다음 〈보기〉를 보고 아래의 물음에 답하시오.

〈 보기 〉

화성암　　유문암　　변성암　　대리암

01 마그마나 용암이 냉각되어 굳어진 암석을 통칭하여 무엇이라 하는가?

(　　　　)

02 결정의 크기가 작고 석영, 장석을 많이 포함하여 밝은색을 띠는 화산암의 일종을 무엇이라 하는가?

(　　　　)

03 기존의 암석이 높은 열과 압력을 받아 성질이나 조직이 변하여 생성된 암석을 통칭하여 무엇이라 하는가?

(　　　　)

04 석회암은 변성 작용을 받으면 어떤 암석이 되는가?

(　　　　)

05 암석의 순환 과정을 나타낸 아래 그림에서 A~C에 알맞은 암석의 종류를 쓰시오.

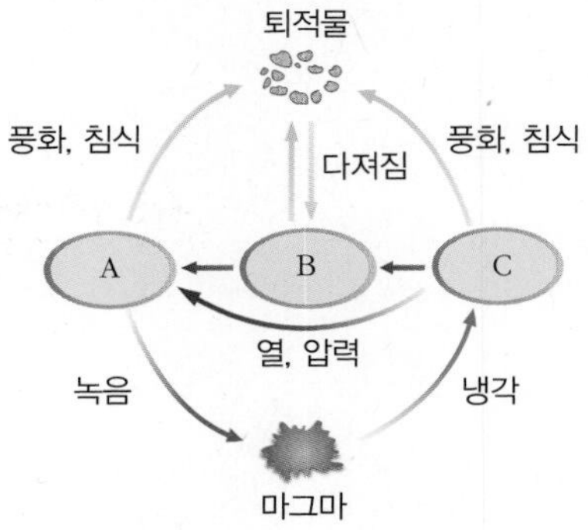

A : (　　　)　B : (　　　)　C : (　　　)

06 A와 B에서 만들어진 화성암의 종류를 각각 무엇이라고 하는지 쓰시오.

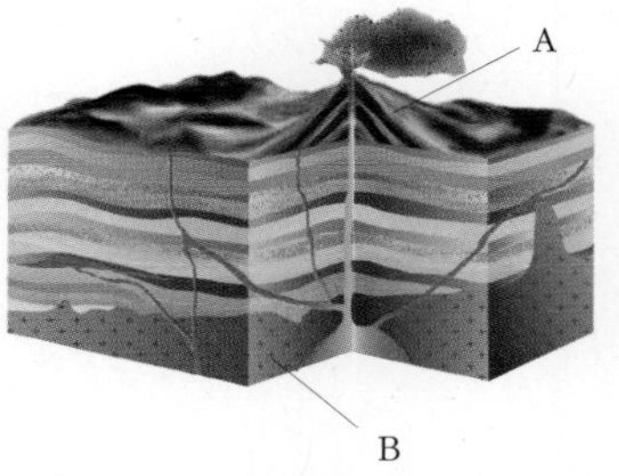

정답 및 해설 07쪽

07 다음 중 퇴적물과 퇴적암을 바르게 연결하시오.

(1) 화산재 · · (a) 암염

(2) 석회질 물질 · · (b) 석회암

(3) 소금 · · (c) 응회암

08 퇴적암이 생성되는 과정을 순서대로 나열하시오.

(가) 퇴적 작용	(나) 굳어짐
(다) 다져짐	(라) 풍화, 침식, 운반 작용

09 다음 변성암과 변성 작용 이전의 암석을 바르게 연결하시오.

(1) 사암 · · ⓐ 편마암

(2) 석회암 · · ⓑ 점판암

(3) 셰일 · · ⓒ 대리암

(4) 화강암 · · ⓓ 규암

10 암석을 화성암, 퇴적암, 변성암으로 분류하는 기준은 무엇인가?

( )

B

11 다음 표는 화성암을 분류한 것이다. 아래의 표에서 화성암을 분류하는 기준이 되는 (가)와 (나)를 옳게 짝지은 것은?

구분 기준	(나)		
(가)	현무암	안산암	유문암
	반려암	섬록암	화강암

	(가)	(나)
①	암석의 생성 장소	마그마의 냉각 속도
②	결정의 크기	마그마의 냉각 속도
③	결정의 크기	암석의 색
④	암석의 생성 장소	결정의 크기
⑤	암석의 색	암석의 생성 장소

12 아래 그림은 화성암을 분류하여 나타낸 것이다. (가)~(라)에 해당하는 암석을 바르게 짝지은 것은?

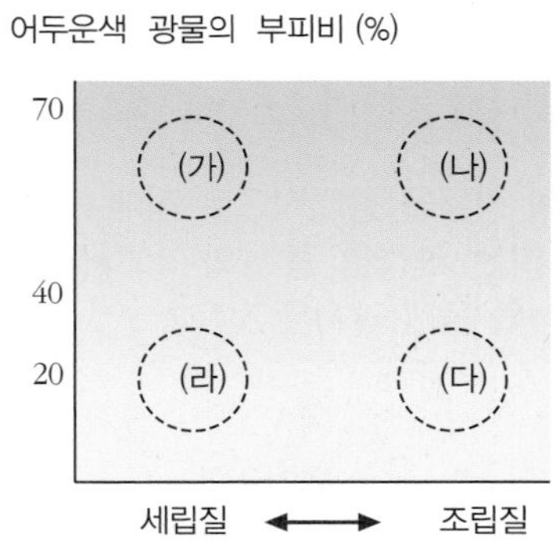

① (가) - 유문암 ② (나) - 현무암

③ (다) - 화강암 ④ (라) - 반려암

⑤ (라) - 섬록암

[13~14] 아래의 그림은 화성암의 생성 위치를 나타낸 것이다.

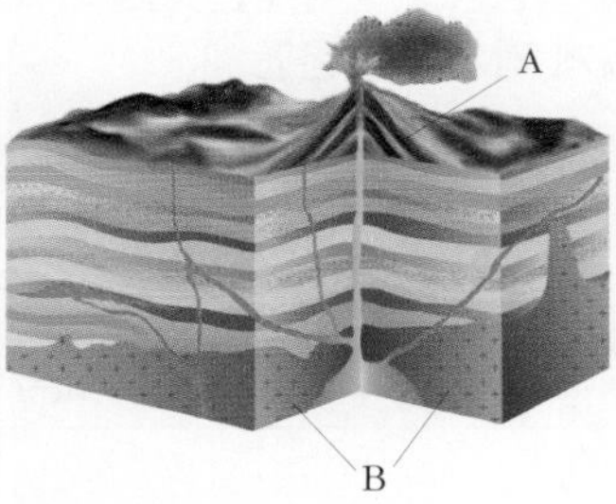

13 A와 B에서 화성암을 구성하는 알갱이의 크기가 다른 이유는 무엇인가?

① 마그마의 종류가 다르기 때문에
② 마그마의 색깔이 다르기 때문에
③ 마그마의 성분이 다르기 때문에
④ 암석의 생성 시기가 다르기 때문에
⑤ 마그마의 냉각 속도가 다르기 때문에

14 유색 광물을 상대적으로 적게 포함하여 밝은 색을 띠는 화성암 중 A와 B에서 생성될 수 있는 암석을 옳게 짝지은 것은?

	A	B
①	유문암	화강암
②	유문암	반려암
③	현무암	반려암
④	현무암	화강암
⑤	안산암	섬록암

15 다음은 세가지 퇴적암을 나타낸 그림이다. 퇴적암을 분류하는 기준으로 적합한 것은?

① 알갱이의 색 ② 퇴적된 장소
③ 열을 받은 정도 ④ 알갱이의 크기
⑤ 퇴적물이 굳는 속도

16 다음은 응회암의 모습이다. 이 암석이 주로 발견되는 장소로 추정되는 곳은?

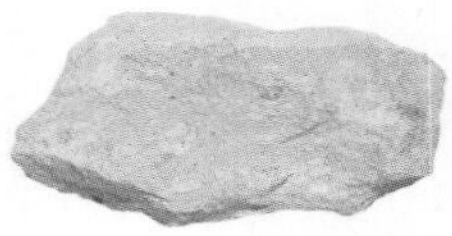

① 건조한 사막 지역
② 기온이 낮은 극지방
③ 해안에서 먼 깊은 바다 밑
④ 화산 활동이 있었던 주변 지역
⑤ 육지에서 가까운 얕은 바다 밑

17 다음 중 퇴적물과 퇴적암을 바르게 연결하지 않은 것은?

① 셰일 - 진흙
② 사암 - 모래
③ 역암 - 자갈, 모래, 진흙
④ 석회암 - 소금
⑤ 응회암 - 화산재

정답 및 해설 07쪽

18 다음 표의 A~E에 알맞은 말을 바르게 짝지은 것은?

원래 암석		변성암(변성정도 : 낮다→높다)
화성암	화강암	————→ A
퇴적암	B	→ 점판암 → C → 편마암
	사암	————→ D
	E	————→ 대리암

① A - 각섬암　② B - 역암
③ C - 편암　④ D - 혼펠스
⑤ E - 응회암

19 다음 그림은 퇴적암, 변성암, 화성암을 순서없이 나타낸 것이다. (가)~(다)에 대한 설명으로 옳은 것은?

(가)　(나)　(다)

① (가)는 화산 지역에서 주로 만들어진다.
② (나)는 화석이 발견될 가능성이 가장 높다.
③ (나)의 줄무늬는 열을 받아서 생긴 것이다.
④ (다)는 지표면 부근에서 만들어진 암석이다.
⑤ (가), (나), (다) 암석의 생성 원인은 모두 다르다.

20 화성암을 분류하는 기준으로 옳은 것만을 〈보기〉에서 있는 대로 고른 것은?

〈 보기 〉
ㄱ. 암석의 색　ㄴ. 구성 광물의 결정 크기
ㄷ. 조흔색　ㄹ. 암석의 굳기

① ㄱ, ㄴ　② ㄱ, ㄷ　③ ㄴ, ㄹ
④ ㄷ, ㄹ　⑤ ㄱ, ㄹ

C

[21~22] 다음은 지역을 답사하여 암석의 특징을 기록한 표이다.

암석		특징
A		· 밝은 색을 나타낸다 · 알갱이 크기가 크다
B	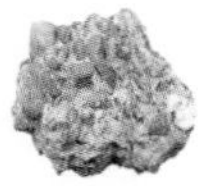	· 크고 작은 자갈과 모래 입자들이 모여 있다 · 층은 보이지 않는다
C		· 밝고 어두운 색의 광물이 교대로 띠를 이룬다 · 줄무늬의 휘어진 구조가 보인다
D		· 검은색으로 구멍이 뚫려 있다 · 알갱이가 작다
E		· 화산재가 쌓여서 만들어졌다 · 회색이나 검은색을 나타낸다

21 화석이 나올 가능성이 있는 암석만을 있는 대로 골라 기호를 쓰시오.

22 E는 제주도 용머리 해안에서 발견된 암석의 특징을 설명한 것이다. 이 암석은 무엇인가?

① 편마암　② 현무암
③ 대리암　④ 석회암
⑤ 응회암

23 다음은 세 암석의 표본을 관찰하여 특징을 나타낸 것이다. 암석 A~C의 이름을 바르게 짝지은 것은?

〈 보기 〉

A. 압력을 받아 광물이 배열된 흔적이 나타나며, 밝고 어두운 색의 줄무늬 구조가 관찰된다.
B. 어두운 색을 띠며 구성 광물 알갱이의 육안 관찰이 힘들고 표면에서 기체가 빠져나간 흔적이 보인다.
C. 구성 광물에서 모래 알갱이가 관찰되며 조개껍질 화석을 포함하고 있다.

	A	B	C
①	편마암	화강암	셰일
②	사암	현무암	규암
③	규암	셰일	편마암
④	편마암	현무암	사암
⑤	셰일	규암	화강암

[24~25] 다음 그림은 물중탕으로 스테아르산을 녹인 후 결정을 생성시키는 실험이다.

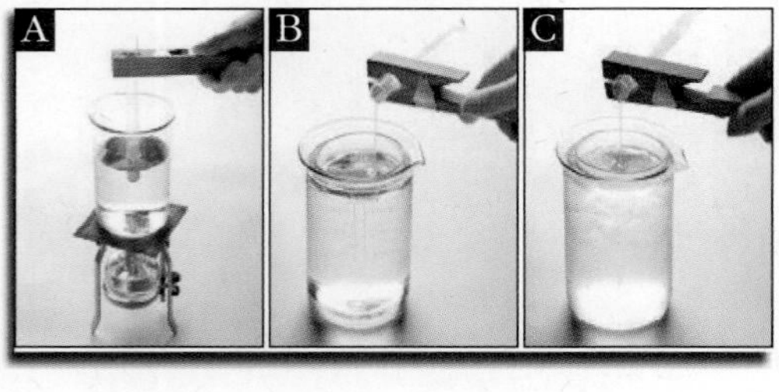

실험 과정
A. 스테아르산을 가열하여 녹인다.
B. 더운물에 떠 있는 비커에 녹은 스테아르산을 부어서 관찰한다.
C. 얼음물에 떠 있는 비커에 녹은 스테아르산을 부어서 관찰한다.

24 위 실험과 화성암의 생성 과정과의 관계에 대한 설명으로 옳은 것만을 있는 대로 고르시오.

① A의 녹은 스테아르산은 마그마에 비유된다.
② 스테아르산의 냉각 속도는 B가 C보다 빠르다.
③ 생성되는 결정의 크기는 B가 C보다 크다.
④ B에서 굳은 스테아르산은 화산암에 비유된다.
⑤ C에서 굳은 스테아르산은 심성암에 비유된다.

25 C와 같은 과정으로 만들어진 암석 중 밝은 색을 나타내는 것과 어두운 색을 나타내는 암석을 차례로 나열한 것은?

① 현무암, 섬록암　② 유문암, 현무암
③ 화강암, 반려암　④ 화강암, 현무암
⑤ 유문암, 반려암

[26~27] 그림은 변성암을 분류하는 과정이다.

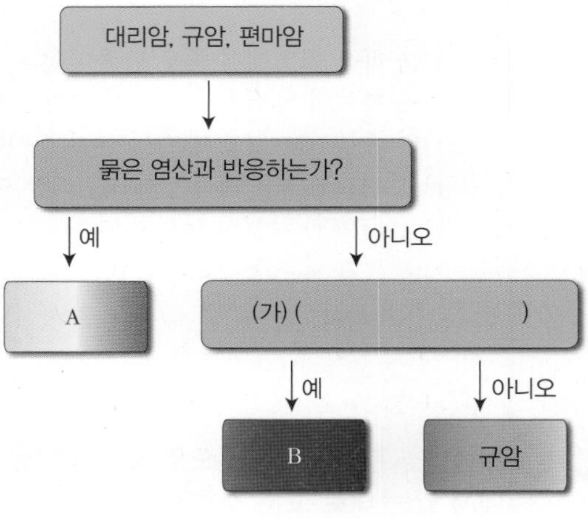

26 (가)에 들어갈 적절한 조건을 쓰시오.

27 위 흐름도에 맞는 암석 A, B의 이름을 쓰시오.

정답 및 해설 07쪽

28 그림은 금강석과 석영의 모습이다. 금강석과 석영은 색이 같은데, 두 광물을 구별할 수 있는 두 가지 방법을 서술하시오.

▲ 금강석

▲ 석영

29 다음 그림은 원래의 암석이 변성암으로 바뀐 모습을 나타낸 것이다. 오른쪽 변성암에서 볼 수 있는 평행한 줄무늬를 무엇이라 하는가? 그리고 이와 같은 줄무늬 구조가 나타나는 원인은 무엇인가?

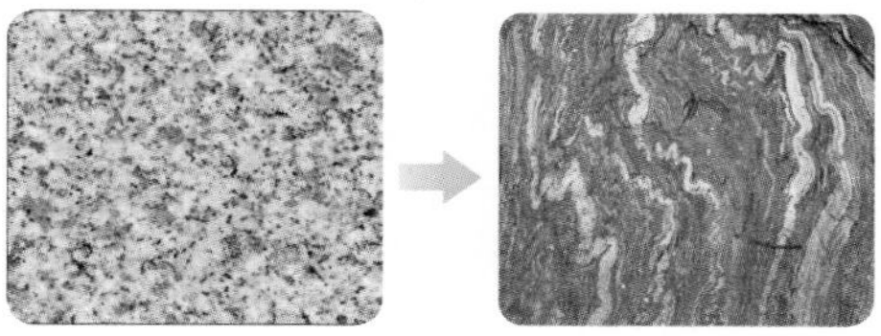

30 다음 그림은 시골에서 흔히 볼 수 있는 맷돌 모습이다. 맷돌은 어떤 암석을 이용하여 만든 것인지 쓰고, 그 암석을 사용하는 이유를 서술하시오.

창의력 서술

31 다음 〈보기〉는 경기도 전곡 지역에서 발굴된 구석기 시대의 주먹도끼를 관찰하여 얻은 결과이다.

〈 보기 〉

- 날카롭게 깨진 면이 관찰된다.
- 조직이 치밀하고 단단하다.
- 주로 재결정된 석영으로 구성되어 있다.

관찰 결과로 보아 주먹도끼의 재료로 볼 수 있는 암석은 무엇인지 서술하시오.

32 퇴적암과 변성암에는 광물 입자들이 나란하게 배열된 줄무늬가 발달되어 있다. 퇴적암과 변성암에서 볼 수 있는 줄무늬의 명칭을 쓰고 생성 과정을 서술하시오.

광물의 보석??

광물의 생성과 보석

광물은 본래 뜨거운 마그마가 식어서 굳어진 것이거나 또는 지각의 균열로 인해 마그마가 지상으로 솟아올라 복잡한 분화 과정을 거쳐 형성된다. 특별한 성분이 농축되고, 수분이 많아진 고온, 고압의 열수액이라는 일종의 수용액 속에서 특이한 광물이 만들어진다. 광물의 광상이 생겨나는 동안에 한쪽에서는 자연 환경의 미묘한 차이로 인해 아름다운 보석으로 탄생할 결정이 생겨나는 것이라 추측되고 있다.

다이아몬드

대표적인 보석인 다이아몬드는 지하의 깊은 곳(지표면으로부터 120~200km 깊이)에서 만들어진다. 지하 깊은 곳의 탄소(C)가 수만 기압에서 3000℃가 넘는 열을 받아 결정을 이루면서 생겨난다. 다이아몬드는 매우 강해서 다른 광물로는 긁히지도 않았기 때문에 광물을 자르는 것이 매우 어려웠다. 때문에 고대에는 힘의 상징으로 여겨져 왕과 귀족들은 평민들이 다이아몬드를 소유하는 것조차 금지하였다고 한다.

검은색 유리-흑요석

지하에 있던 고온의 마그마가 화산 활동으로 지표 가까이 솟아오르면 온도가 급격히 내려가면서 결정의 크기가 매우 작은 암석이 생성되는데, 이때 생긴 암석은 규칙적인 결정 구조를 이루지 못한다. 이 암석 중 대표적인 광물이 흑요석인데, 흑요석은 엄밀히 말하면 광물이 아니라 두 가지의 광물이 결정을 이루지 못하고 서로 섞여 있는 상태라 볼 수 있어, 준광물로 취급하기도 한다. 현대에는 심장 수술용 메스에 사용되고 있다.

Q1 **흑요석은 석기 시대부터 여러 가지 도구들을 만드는데 사용되었다. 흑요석의 어떤 성질 때문일지 추리해 보시오.**

정답 및 해설 09쪽

에메랄드

지하 깊은 곳에 있던 높은 온도의 각종 광물 성분이 상승해서 틈이 큰 암석 사이에서 결정체를 만드는 경우가 있는데 그 모태가 되는 암석이 결정 편암류와 퇴적암 등이다. 그 암석에 포함된 에메랄드는 운모 편암, 점판암, 석회암 등에서 발견되고 있다. 보석으로의 가치가 매우 높아 인공적으로 만드는 연구를 하였는데, 2차 세계대전 직전에 성공하여 현재는 미국 등지에서 고온 고압의 수용액에서 결정을 키워서 합성 에메랄드를 만들고 있다.

자수정 등

마그마 속의 무거운 광물이 먼저 분리되고 나면 마그마 속의 수분이 늘어나면서 유동성도 좋아지고 압력도 높아지면서 여러 물질이 녹아내린다. 이 상태로 바위의 균열 틈 속으로 들어가면 온도가 점점 내려가면서 여러 가지 결정이 만들어지는 과정에서 다양한 보석이 채집되는데 자수정, 토르말린, 가네트, 아쿠아마린, 토파즈 등이다.

루비

마그마가 퇴적암과 접촉하는 과정에서 온도가 높아지면서 새로운 광물이 만들어진다. 루비는 석회암과 화강암의 접촉으로 생겨난 광물이 침식작용을 받고 강바닥에 퇴적되면서 생겨난 것으로 보고 있다.

Q2 **다이아몬드, 흑요석, 에메랄드가 생성된 깊이를 서로 비교하여 부등호로 나타내고, 그렇게 생각한 근거를 제시하시오.**

Project 1 - 탐구

[탐구-1] 광물 구별하기

준비물 광물 표본, 조흔판, 돋보기, 망치, 염산, 클립, 못

실험 과정

(1) 색과 조흔색

흑운모, 자철석, 적철석과 황동석, 황철석의 겉보기 색과 조흔판에 긁었을 때의 색을 비교한다.

(2) 결정형

돋보기로 석영, 흑운모, 방해석, 황철석의 겉모양을 관찰한다.

(3) 쪼개짐/깨짐

흑운모는 손으로 한 층을 벗겨 보고, 방해석과 석영, 흑요석은 망치로 두드려 본다.

(4) 굳기

석영, 활석, 방해석을 서로 대고 긁어 어느 광물이 긁히는지를 관찰한다.

(5) 염산과의 반응

석영과 방해석에 묽은 염산을 떨어뜨려 본다.

(6) 자성

흑운모, 자철석, 황철석에 클립과 못을 가까이 가져가 본다.

정답 및 해설 09쪽

탐구 결과

관찰 결과를 표에 기록해 보자.

(1) 색과 조흔색

광물	색	조흔색
흑운모		
자철석		
적철석		

광물	색	조흔색
황동석		
황철석		

(2) 결정형

광물	석영	흑운모	방해석	황철석
결정형				

(3) 쪼개짐/깨짐

광물	흑운모	방해석	석영	흑요석
쪼개짐/ 깨짐				

(4) 굳기

석영과 방해석	
활석과 방해석	
석영과 활석	

굳기 비교 :

(5) 염산과의 반응

광물	
석영	
방해석	

(6) 자성

광물	흑운모	자철석	황철석
자성 유무			

탐구 문제

1. 광물의 성질에 대한 설명으로 옳은 것은?

① 방해석과 석영은 모두 묽은 염산과 반응한다.
② 적철석과 자철석은 조흔색으로 구별할 수 있다.
③ 황동석과 황철석은 겉보기 색으로 구별할 수 있다.
④ 석영, 방해석, 활석 중 활석의 모스 굳기가 가장 크다.
⑤ 흑운모와 황철석은 정육면체 모양의 결정형을 가진다.

2. 위 실험 결과에 대하여 다음 물음에 답하시오.

(1) 석영의 조흔색을 알 수 없는 이유는?

(2) 석영과 방해석을 서로 구별할 수 있는 광물의 특성을 모두 쓰시오.

(3) 형석과 방해석을 동전으로 긁었더니 형석은 긁히지 않았고 방해석에는 흠집이 생겼다. 동전, 형석, 방해석을 굳기가 큰 것부터 순서대로 쓰시오.

Project 1 - 탐구

[탐구-2] 암석과 조암광물

1. 암석의 관찰

① 돋보기를 사용하여 아래 그림과 같이 7개의 암석 표본 A ~ G의 표면을 자세히 관찰하고 각 암석의 특징을 표로 정리한다.

② 관찰 결과 정리된 암석의 특징들을 기준으로 각 암석을 분류하고 이름을 파악한다.

2. 화강암과 반려암 속의 조암 광물 찾기

(1) 화강암의 조암 광물

① 돋보기를 사용하여 화강암을 이루고 있는 광물을 관찰하여 각 광물들의 특징과 광물의 종류를 알아본다.
② 유성펜으로 각 광물을 다른 색으로 칠하여 화강암을 구성하는 광물들의 상대적인 부피비를 구해 본다.

(2) 반려암의 조암 광물

① 돋보기를 사용하여 반려암을 이루고 있는 광물을 관찰하여 각 광물들의 특징과 광물의 종류를 알아본다.
② 반려암을 구성하는 광물들의 밝기를 관찰한다.

정답 및 해설 10쪽

탐구 결과

관찰 결과를 표에 기록해 보자.

1. 암석의 관찰

광물	특징	암석 이름
A		
B		
C		
D		
E		
F		
G		

2. 화강암과 반려암 속의 조암 광물 찾기

(1) 화강암의 조암 광물

a	
b	
c	

(2) 반려암의 조암 광물

d	
e	
f	

탐구 문제

1. 암석 A~G를 생성 원인에 따라 분류하시오.

2. 다음 물음에 답하시오.

(1) 화강암의 주된 조암 광물 세 가지(a, b, c)는 무엇인지 각각 쓰시오.

(2) 반려암의 주된 조암 광물 세 가지(d, e, f)는 무엇인지 각각 쓰시오.

(3) 화강암과 반려암을 구성하는 주된 조암 광물을 밝은 색 조암 광물과 어두운 색 조암 광물로 나눠 보시오.

II 지권의 변화

SCIENC

지구는 처음에 생성된 모습 그대로 일까?

4강. 지구 내부 구조

1. 지구 내부 조사 방법

(1) 직접적인 방법

▲ 시추법

드릴로 땅에 구멍을 뚫어 지구 내부 물질을 직접 채취하여 조사하는 방법

▲ 화산 분출물 조사 방법

지구 내부의 암석이 녹은 화산 분출물을 조사하는 방법

(2) 간접적인 방법

▲ 운석 분석 방법

태양계 생성 초기의 물질이 보존된 운석을 분석하는 방법

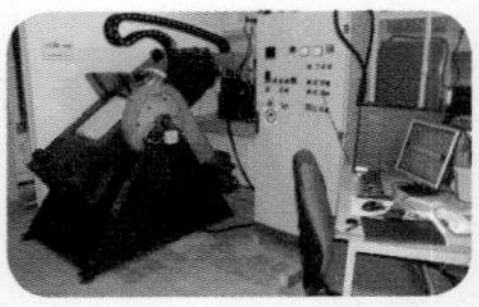
▲ 고온 · 고압 실험 방법

실험실에서 지구 내부와 비슷한 상태로 만들어서 실험하는 방법

▲ 지진파 분석 방법

지진이 발생할 때 전달되는 지진파를 분석하는 방법

▲ 중력 측정 방법

중력 측정을 통해 지하에 분포하는 물질의 밀도 분포를 분석하는 방법

> 지구 내부를 조사하는 가장 효과적인 방법 → 지진파 분석 방법

시추법의 한계
지구 내부로 들어갈수록 온도와 압력이 높아지기 때문에 현재 기술로는 최대 약 13km까지만 뚫을 수 있다.

화산 분출물 조사 방법의 한계
약 200km 깊이까지의 물질까지만 알 수 있다.

생각해보기★

현재 기술로는 시추법을 이용하여 최대 약 13km까지만 지각을 뚫을 수 있다. 지구의 반지름은 6400km이다. 만일 사과를 지구에 빗대어 본다면 약 13km는 사과의 어느 정도 깊이에 해당이 될까?

개념확인 1 다음 〈보기〉는 지구 내부를 조사하는 방법이다. 직접적인 조사 방법과 간접적인 조사 방법으로 나누어 보자.

〈 보기 〉
ㄱ. 운석 분석 방법　ㄴ. 고온 · 고압 실험 방법　ㄷ. 시추법
ㄹ. 중력 측정 방법　ㅁ. 화산 분출물 조사 방법　ㅂ. 지진파 분석 방법

(1) 직접적인 조사 방법 (　　　　　　　　)
(2) 간접적인 조사 방법 (　　　　　　　　)

확인 +1 지구 내부 구조를 조사하는 방법으로 가장 효과적인 방법은?

① 시추법　② 운석 분석 방법　③ 지진파 분석 방법
④ 중력 측정 방법　⑤ 화산 분출물 조사 방법

미니사전
운석 [隕 떨어지다 石 돌] 우주 공간으로부터 지표로 떨어진 암석

2. 지진과 지진파

(1) **지진** : 지구 내부의 에너지가 지표로 나와 땅이 흔들리는 현상이다.

(2) **지진파** : 땅속에서 지진이 발생하였을 때 지구 내부와 지표면을 따라 모든 방향으로 퍼져 나가는 진동을 말한다. 지진파는 지구 내부의 물질 상태나 종류에 따라 반사되거나 굴절하면서 속도가 변한다.

	P 파 (종파 , Primary wave)	S 파 (횡파 , Secondary wave)
속도	빠르다 (약 7~8km/s)	P 파보다 느리다 (약 3~4km/s)
진폭	작다	크다
통과 물질	고체 , 액체 , 기체	고체
진행 모습	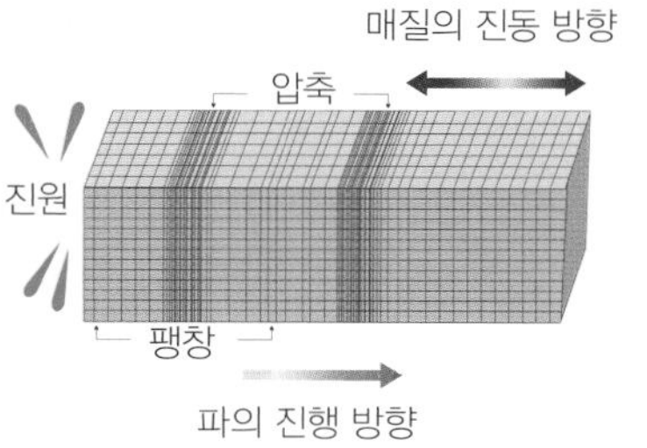	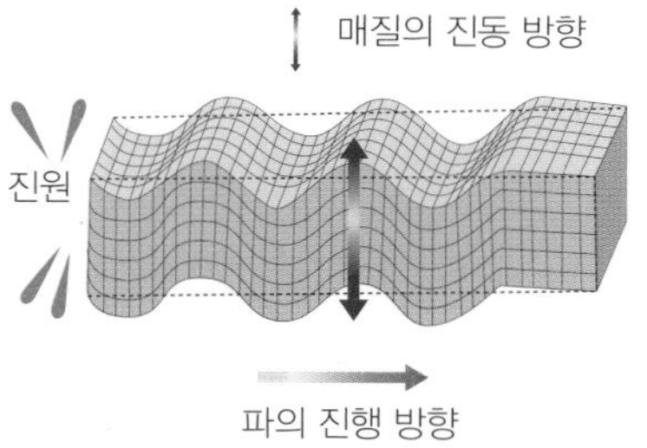

(3) **지진파의 기록**

① 전파 속도가 빠른 P파가 먼저 기록된 후, S파가 나중에 기록된다.

② PS시 : P파가 도착한 후부터 S파가 도착할 때까지의 시간 차이

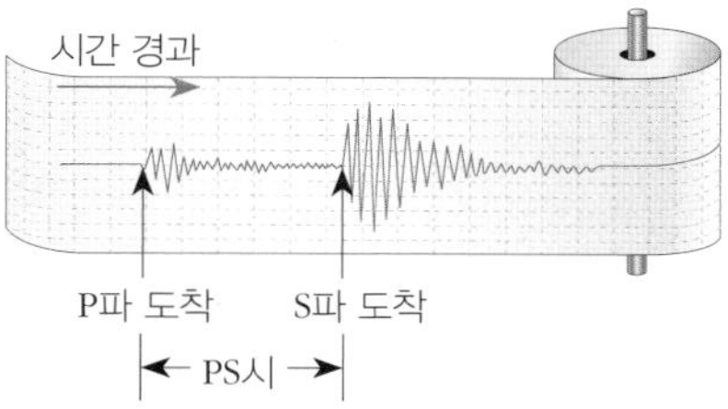

● 진원과 진앙

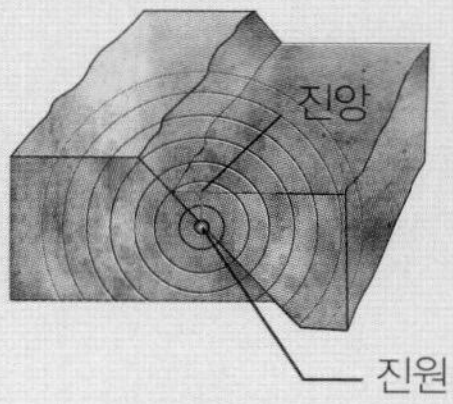

진원 : 지진이 발생한 곳
진앙 : 진원 바로 위의 지표면의 지점

● L파(표면파)

지표면을 따라 전달되는 지진파

● 지진계

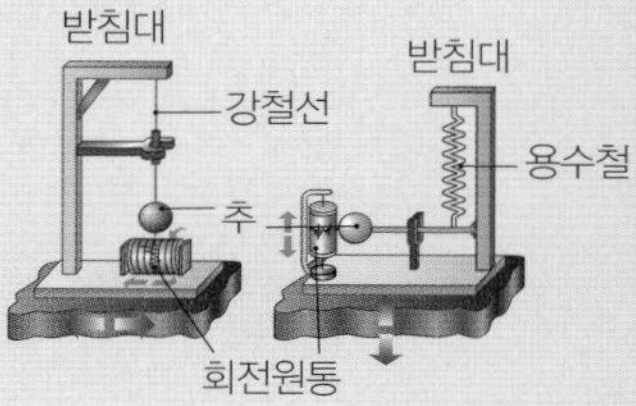

▲ 수평동 지진계 ▲ 수직동 지진계

지면이 흔들리면 받침대는 흔들리지만 무거운 추는 관성에 의해서 원래 자리에 있으려하는 원리를 이용하여 지면의 진동을 기록한다.

정답 및 해설 11쪽

개념확인 2 **다음은 지진파의 기록에 대한 설명이다. 빈칸에 알맞은 말을 쓰시오.**

> 지진파의 기록 시 전파 속도가 빠른 (　　)파가 먼저 기록된 후, (　　)파가 나중에 기록된다. 이때 (　　)파가 도착한 후부터 (　　)파가 도착할 때까지의 시간 차이를 (　　)시 라고 한다.

확인 + 2 **다음 중 P파에 대한 설명으로 옳은 것은?**

① 횡파이다.
② 진폭이 작다.
③ S파보다 느리다.
④ 고체만 통과한다.
⑤ 파의 진행 방향과 매질의 진동 방향이 수직이다.

● 생각해보기★★

P파와 S파 중 S파가 더 큰 피해를 주는 이유는 무엇일까?

미니사전

매질 [媒 중매 質 바탕] 파동을 전달시키는 물질

관성 [慣 익숙하다 性 성질] 물체가 힘을 받지 않는 한 정지 또는 등속도 운동의 상태를 유지하려는 성질

3. 지구 내부 구조 1

(1) 지구 내부에서 지진파가 전달되는 모습 : 지진파는 물질의 종류나 상태에 따라 전파 속도가 달라지고, 서로 다른 물질의 경계면에서는 굴절하거나 반사한다.

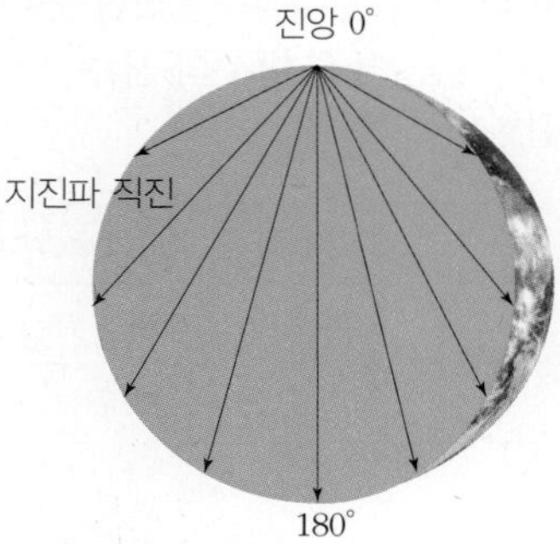

▲ 지구 내부가 한 물질로 구성

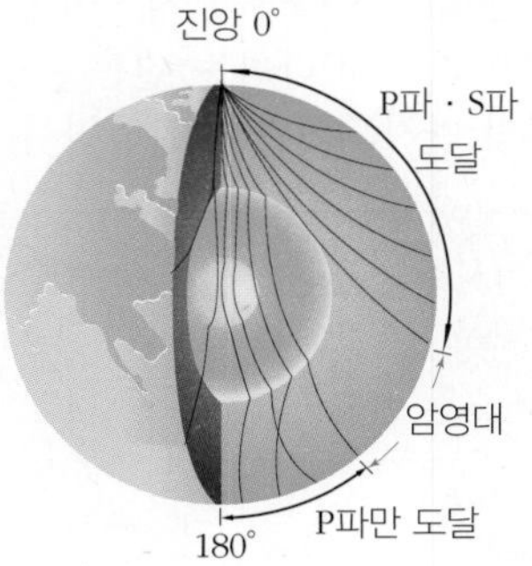

▲ 실제 지구 내부

(2) 지구 내부에서 지진파의 속도 : 지진파는 성질이 다른 매질의 경계면에서 속도가 급격히 달라진다.

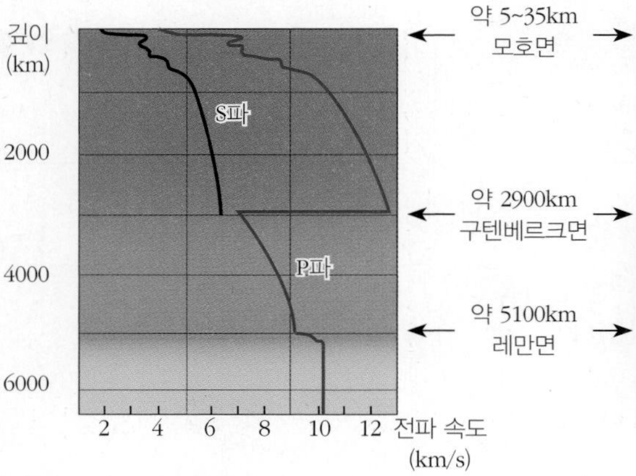

▲ 깊이에 따른 지진파의 속도 변화

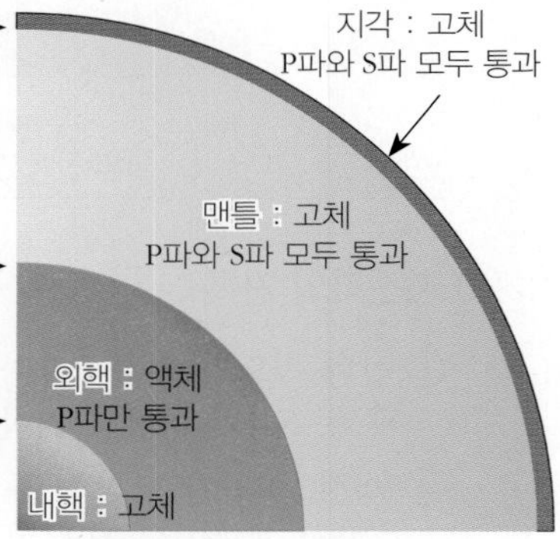

▲ 지구의 내부 구조

암영대

지진파가 도달하지 못하는 지역이다. 진앙으로부터 각거리 103° ~ 142° 되는 곳으로 맨틀과 외핵의 경계면에서의 지진파 굴절로 인해 파가 도달할 수 없다.

지구 내부의 물리적 특성

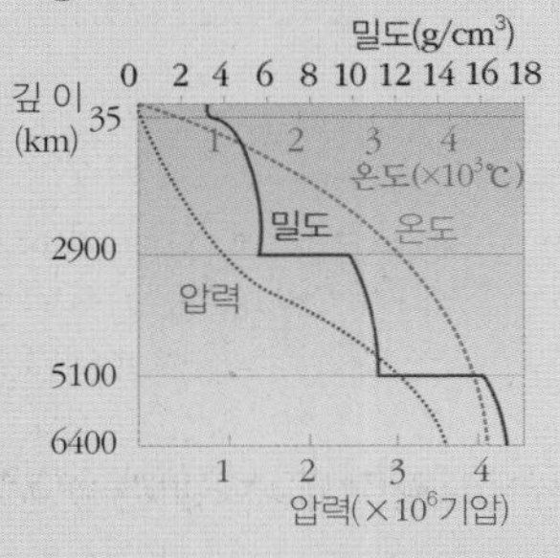

밀도 : 지구 중심으로 갈수록 완만히 증가하다가 층의 경계에서 계단식으로 급격히 증가한다.

압력 : 지구 중심으로 갈수록 증가하여 지구 중심에서 약 350만 기압이 된다.

온도 : 지구 중심으로 갈수록 온도가 증가하여 지구 중심부의 온도는 약 6000℃가 된다.

생각해보기★★★

P파와 S파가 지구 내부에서 고체만 통과할 수 있다면 암영대의 크기는 어떻게 변할까?

개념확인 3 오른쪽 그래프는 지구 내부의 각 층과 지진파의 속도 변화를 나타낸 것이다. 다음 물음에 각각 답하시오.

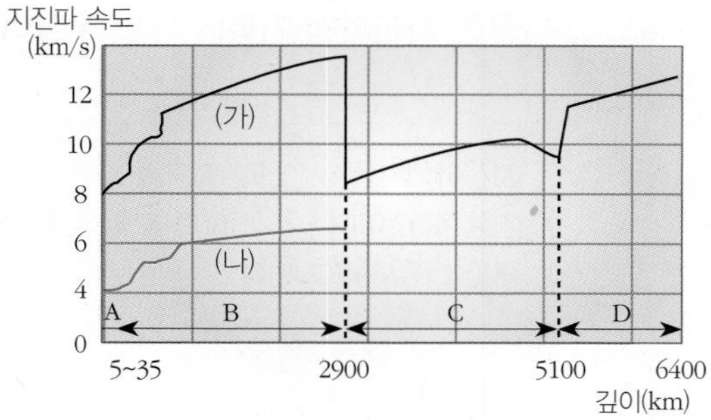

(1) (가)와 (나) 중 P파를 나타낸 것은?

(2) A~D 중 액체로 이루어진 층은?

확인+3 지진파가 지구 내부 물질을 통과할 때 물질의 종류나 상태에 따라 달라지는 것은?

① 지진파의 모양 ② 지진파의 종류 ③ 지진파의 방향
④ 지진파의 속도 ⑤ 지진파의 진폭

미니사전

밀도 [密 빽빽하다 度 단위] 어떤 물질의 단위 부피당 질량

4. 지구 내부 구조 2

(3) 지구 내부의 층상 구조 : 지진파의 속도가 급변하는 부분을 경계로 지각, 맨틀, 외핵, 내핵으로 구분한다.

대륙 지각	평균 두께 약 35km이고, 밀도가 작은 화강암질 암석으로 이루어져 있다.
해양 지각	평균 두께 약 5km이고, 밀도가 큰 현무암질 암석으로 이루어져 있다.
모호면	지각과 맨틀의 경계면을 말하며 지진파의 속도가 갑자기 빨라진다. 모호로비치치 불연속면이라고도 한다.

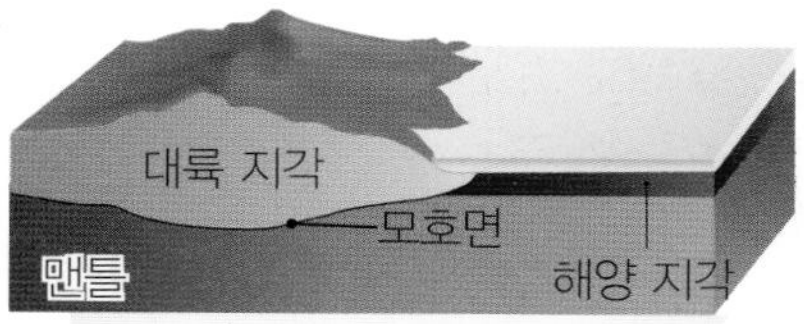

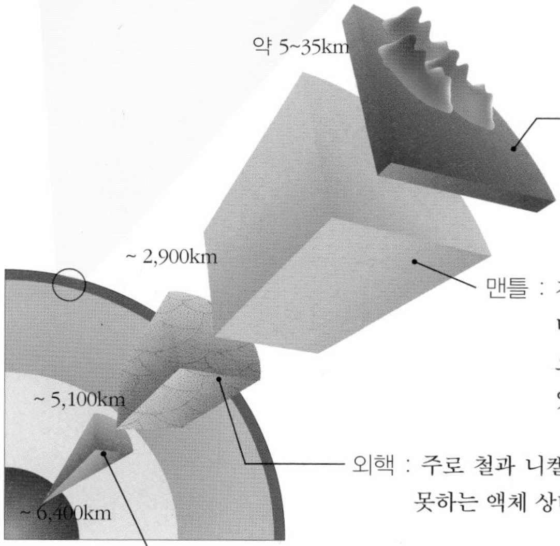

지각 : 지표에서 모호면까지로, 단단한 암석으로 되어 있다.

맨틀 : 지구 전체 부피의 80% 이상을 차지하며 지각보다 무거운 감람암질의 암석으로 이루어져 있다. 주로 고체로 되어 있으나, 상부는 유동성이 있다.

외핵 : 주로 철과 니켈로 구성되어 있으며, S파가 통과하지 못하는 액체 상태이다.

내핵 : 지구 중심 부분으로 주로 철과 니켈로 구성되어 있으며, 온도와 압력이 매우 높아 고체 상태이다.

지구 내부의 층상 구조에 따른 구성 물질 차이

구성 원소	구조
산소, 규소	지각, 맨틀
철, 니켈	핵

지구가 처음 생성될 무렵에 지구 전체가 거의 녹아 있는 마그마 상태였다. 이때 무거운 철 성분의 마그마는 아래로 가라앉아 핵을 형성하였고, 상대적으로 가벼운 산소, 규소 성분의 마그마는 위로 떠올라 맨틀과 지각을 형성하여 층상 구조를 이루게 되었다.

지구 내부의 층상 구조에 따른 밀도 차이

내핵 〉 외핵 〉 맨틀 〉 해양 지각 〉 대륙 지각

지구 내부의 층상 구조에 따른 두께 차이

맨틀 〉 외핵 〉 내핵 〉 대륙 지각 〉 해양 지각

생각해보기★★★★

맨틀의 상부는 유동성이 있는 고체로 되어 있다. 우리가 알고 있는 고체는 흐르지 않고 딱딱하게 고정된 형태를 갖고 있다. 그렇다면 맨틀 고체는 어떻게 유동성을 띠는 것일까?

정답 및 해설 **11쪽**

개념확인 4 **다음 그림은 지각의 구조를 나타낸 것이다. 각 기호에 해당하는 명칭을 각각 쓰시오.**

(가) (　　　　　　　)
(나) (　　　　　　　)
(다) (　　　　　　　)

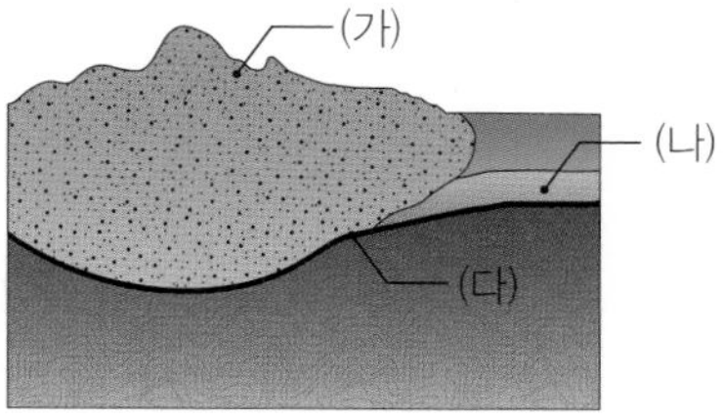

확인+4 **다음 그림은 지구 내부의 층상 구조를 나타낸 것이다. 각 구간의 명칭을 바르게 나타낸 것은?**

	A	B	C	D
①	지각	맨틀	외핵	내핵
②	지각	외핵	내핵	맨틀
③	맨틀	지각	외핵	내핵
④	내핵	외핵	맨틀	지각
⑤	외핵	지각	맨틀	내핵

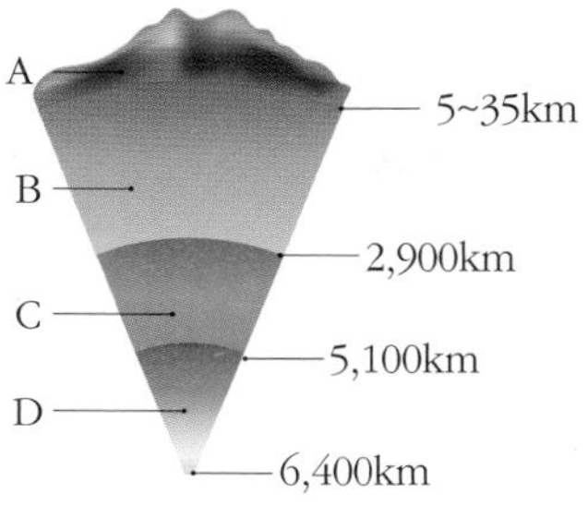

미니사전

유동성 [流 흐르다 動 움직이다 性 성질] 액체와 같이 흘러 움직이는 성질

층상 [層 층 狀 형상] 지층의 구조, 겹치거나 층을 이룬 모양

개념 다지기

01 지구 내부 구조를 조사하는 방법으로 가장 효과적으로 이용되는 것은?

① 운석의 성분을 분석한다.
② 지진파를 기록하여 분석한다.
③ 화산 분출물을 조사하여 분석한다.
④ 지구 내부의 중력을 측정하여 분석한다.
⑤ 땅에 구멍을 뚫어 지구 내부 물질을 채취하여 분석한다.

02 오른쪽 그림은 땅속에서 지진이 발생할 때의 모습이다. 이에 대한 설명 중 옳은 것은?

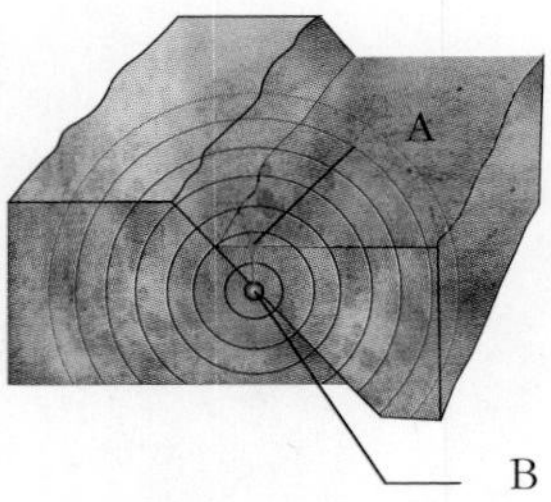

① A는 진원이다.
② B는 진앙이다.
③ A에 가장 먼저 도달하는 지진파는 S파이다.
④ 지진파는 지표면 중 A에 가장 먼저 도달한다.
⑤ A에서 발생한 진동이 B로 전달되는 것이 지진이다.

03 그림 (가)는 지진계의 구조를, 그림 (나)는 이 지진계에서 기록된 지진파의 모습을 나타낸 것이다. 이에 대한 설명으로 옳은 것은?

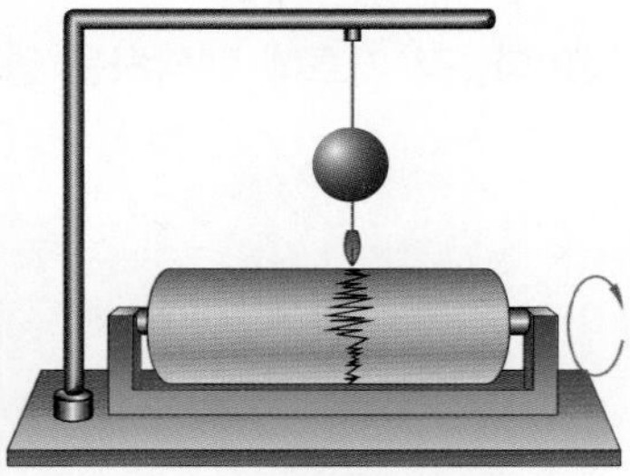

(가)

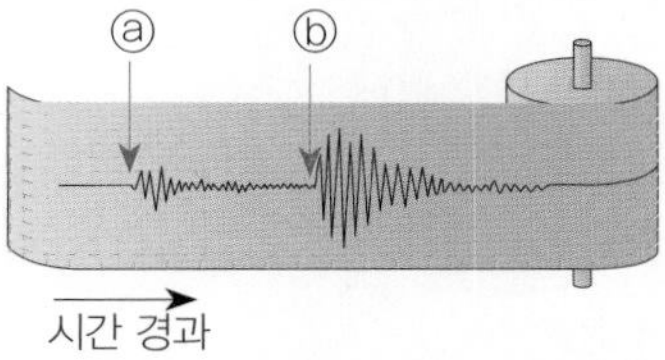

(나)

① ⓐ 지점은 S파의 기록이 시작되는 부분이다.
② ⓑ 지점은 P파의 기록이 시작되는 부분이다.
③ (가) 지진계는 추의 관성에 의해 지면의 진동이 기록된다.
④ 진원에서 관측소까지 멀어질수록 ⓐ와 ⓑ의 시간 차이가 짧아진다.
⑤ ⓐ 지점에서 기록이 시작된 지진파의 속도가 ⓑ 지점에서 기록이 시작된 지진파의 속도보다 더 느리다.

정답 및 해설 11쪽

04

지구 내부의 층상 구조를 나눌 때 기준이 되는 것은?

① 지진파의 속도 ② 지각 구성 물질 ③ 지진파의 진폭
④ 지진파의 종류 ⑤ 각 층의 밀도

05

오른쪽 그래프는 지구 내부의 깊이에 따른 지진파의 속도 변화를 나타낸 것이다. 이에 대한 설명으로 옳은 것은?

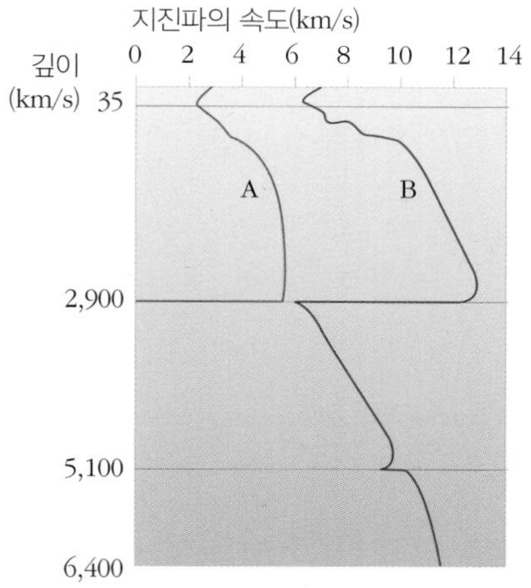

① A는 P파, B는 S파이다.
② 그래프를 통해 지구 내부 구조를 알 수 없다.
③ 지하 2,900~5,100km 구간은 액체 상태이다.
④ 지하로 갈수록 지진파의 속도는 계속 증가한다.
⑤ 지진파의 속도 변화를 통해 지구 내부는 2개의 층으로 구분될 수 있다.

06

오른쪽 그림은 지구 내부의 층상 구조를 나타낸 것이다. 각 구간에 대한 설명으로 옳지 <u>않은</u> 것은?

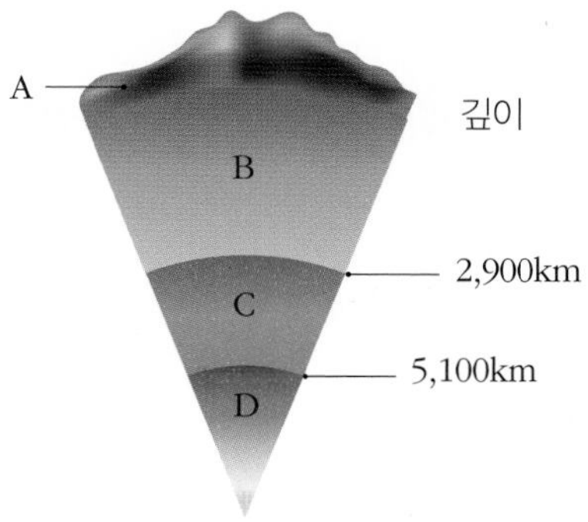

① A구간은 대륙 지각과 해양 지각으로 이루어져 있다.
② B구간은 주로 고체로 되어 있으나 상부는 유동성이 있다.
③ C구간은 P파와 S파가 모두 통과하는 액체 상태이다.
④ D구간은 내핵이다.
⑤ A~D 구간 중 가장 큰 부피를 차지하는 것은 B구간 이다.

[유형4-1] 지구 내부 구조 조사 방법

다음은 지구 내부를 조사하는 방법들 중 한 가지에 대한 설명이다. 어떤 조사 방법을 설명한 것인가?

- 지표면에 드릴로 직접 구멍을 뚫고 지구 내부의 물질을 채취하여 조사한다.
- 지구 내부로 들어갈수록 온도와 압력이 높아지기 때문에 현재 기술로는 최대 약 13km까지만 뚫을 수 있다.

① 시추법 ② 운석 분석 방법 ③ 중력 측정 방법
④ 지진파 분석 방법 ⑤ 화산 분출물 조사 방법

Tip!

01 지구의 내부 구조를 조사하는 방법으로 가장 효과적인 것은?

① 운석을 수집하여 분석한다.
② 화산 분출물을 수집하여 분석한다.
③ 인공위성에서 찍은 지구 사진을 분석한다.
④ 지진 관측소에서 관측한 지진파를 분석한다.
⑤ 지표면을 직접 파서 채취한 물질을 분석한다.

02 다음 중 지구 내부를 조사하는 방법으로 적당하지 않은 것을 <u>모두</u> 고르시오.(2개)

① 인공 위성으로 지구 사진을 찍어 분석한다.
② 지진이 발생할 때 전달되는 지진파를 분석한다.
③ 화산 폭발시 나온 분출물을 수집하여 분석한다.
④ 드릴로 땅을 뚫어 지구 내부 물질을 채취하여 조사한다.
⑤ 바다 속으로 잠수정을 타고 직접 들어가 해저를 관찰한다.

정답 및 해설 12쪽

[유형4-2] 지진과 지진파

다음 그림 (가)와 (나)는 지진파의 진행 모습을 나타낸 것이다. 지진파 (가)와 (나)에 대한 설명으로 옳지 않은 것은?

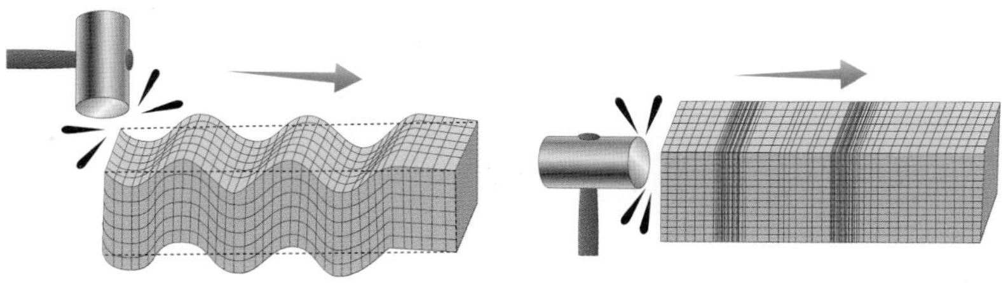

(가)　　　　　　(나)

		(가)	(나)
①	명칭	S파	P파
②	전파 속도	느리다	빠르다
③	통과 물질	고체	고체, 액체, 기체
④	파동의 종류	종파	횡파
⑤	파동의 진폭	크다	작다

03

다음 그림은 관측소에서 지진을 기록한 것이다. 이에 대한 설명으로 옳은 것은?

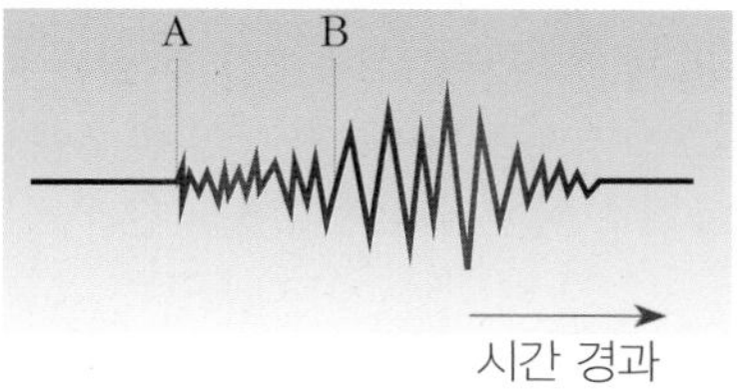

① 지진파 A의 속도가 B보다 느리다.
② 지진파 A는 고체 물질만 통과할 수 있다.
③ 지진파 B는 진행 방향과 매질의 진동 방향이 수직이다.
④ 지진파 B는 진폭이 작고 속도가 느려서 피해가 더 크다.
⑤ 진원 거리가 멀수록 지진파 A와 B의 도착 시간의 차이가 짧아진다.

04

지진파의 성질에 대한 설명으로 옳지 않은 것은?

① 고체 물질은 모든 지진파가 통과할 수 있다.
② 서로 다른 물질 사이의 경계면에서 반사한다.
③ 서로 다른 물질 사이의 경계면에서 굴절한다.
④ 고체, 액체, 기체에서의 전달 속도가 각각 다르다.
⑤ 지진파의 진행 방향과 매질의 진동 방향이 항상 같다.

[유형4-3] 지구 내부 구조 1

오른쪽 그림은 진원에서 지구 내부로 지진파가 전달되는 모습을 지구 단면 그림으로 나타낸 것이다. 이에 대한 설명 중 옳은 것은?

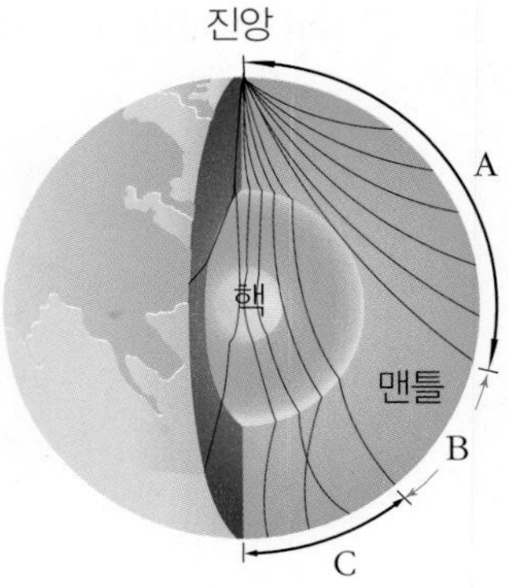

① A지역에는 P파만이 도달한다.
② B지역에는 도달하는 지진파가 없다.
③ C지역에는 P파와 S파가 모두 도달한다.
④ P파는 A, B, C 모든 지역에 도달한다.
⑤ 층의 경계면에서 모든 지진파는 굴절을 한다.

Tip!

05 **진원으로부터 지구 내부로 지진파가 전달되는 모습에 대한 설명으로 옳지 <u>않은</u> 것은?**

① 지진파는 지구 내부의 각 층마다 진행 속도가 다르다.
② 암영대는 지구 내부를 통과한 지진파가 도달할 수 없는 지역이다.
③ 지진파는 지구 내부의 층의 경계를 통과하는 동안 반사와 굴절을 한다.
④ 지구 내부가 한 가지 물질로 이루어져 있다면 지진파는 직진만 할 것이다.
⑤ 진원으로부터 각거리가 암영대보다 큰 지역의 지표면에는 P파가 도달할 수 없다.

06

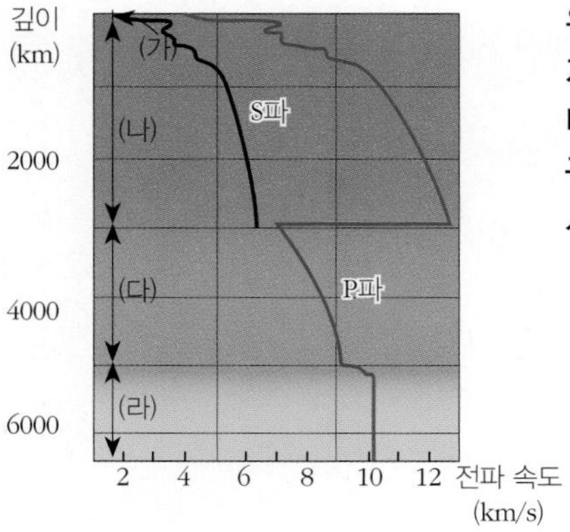

왼쪽 그래프는 지구 내부에서 지진파의 전파 속도 분포를 나타낸 곡선이다. 지구 내부 구조 (가) ~ (라)의 명칭을 쓰시오.

(가) (　　　　　　　　)
(나) (　　　　　　　　)
(다) (　　　　　　　　)
(라) (　　　　　　　　)

정답 및 해설 12쪽

[유형4-4] 지구 내부 구조 2

오른쪽 그림은 지구 내부의 층상 구조를 나타낸 것이다. 각 구간에 대한 설명으로 옳은 것은?

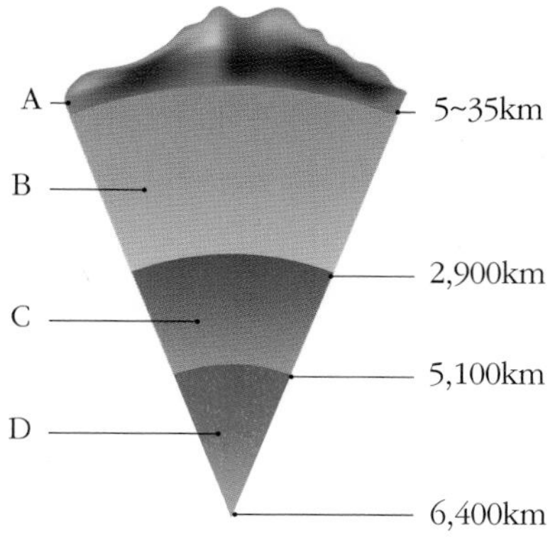

① A구간은 철과 니켈로 이루어져 있다.
② B구간은 지구 내부에서 부피가 가장 크다.
③ C구간은 지진파인 P파와 S파가 모두 통과한다.
④ D구간은 고온 · 고압의 액체 상태로 되어 있다.
⑤ 지진파의 파장이 급변하는 부분을 경계로 지각, 맨틀, 외핵, 내핵으로 구분한다.

07 다음 그림은 지각과 맨틀의 구조를 나타낸 것이다. 이에 대한 설명으로 옳은 것은?

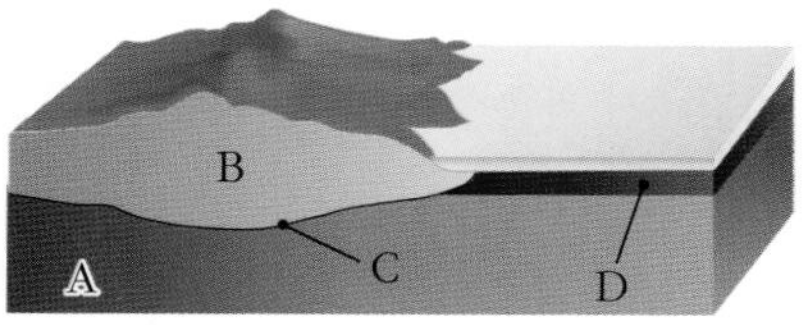

① A의 밀도가 B의 밀도보다 크다.
② B는 현무암질 암석으로 이루어져 있다.
③ C에서 지진파의 속도가 갑자기 느려진다.
④ D는 주로 철과 니켈로 구성되어 있다.
⑤ A, B, C, D를 합쳐서 지각이라고 한다.

08 다음 그림은 지구 내부의 층상 구조를 나타낸 것이다. 각 층의 밀도의 크기를 바르게 비교한 것은?

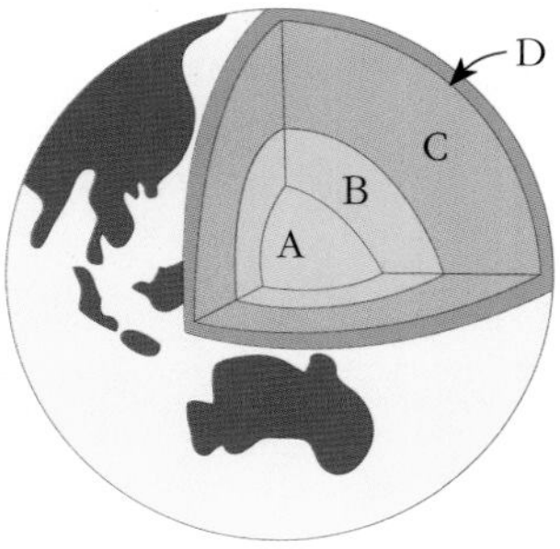

① A = B = C = D
② A 〉 B 〉 C 〉 D
③ A 〉 C 〉 B 〉 D
④ C 〉 B 〉 A 〉 D
⑤ D 〉 C 〉 B 〉 A

01 다음 그림은 진원으로부터 각 관측소에 도달하는 지진파의 전파 경로와, A, B 각 관측소에서 관측한 지진 기록의 결과를 그래프로 나타낸 것이다. A지점에서 진원까지의 거리는 80km이다.

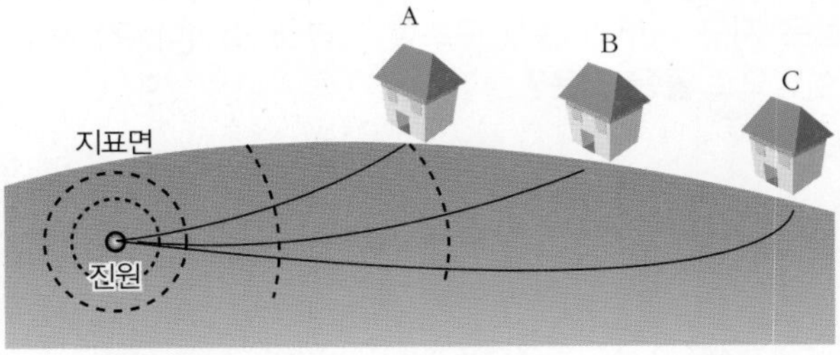

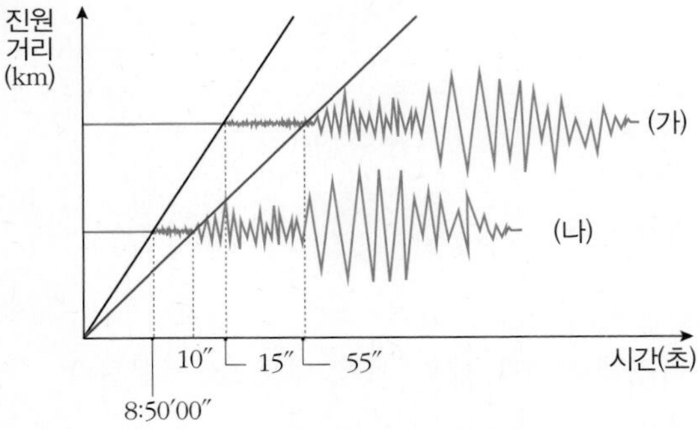

8:50′00″은 8시 50분 00초를 의미한다.

▲ A, B 관측소에서 관측한 지진 기록 결과 그래프

	파동	진폭	전파 속도	통과 매질	피해 정도
P 파	종파	작다	6~8km/s	고체 , 액체 , 기체	작다
S 파	횡파	중간	3~4km/s	고체	중간
L 파	표면파	크다	2~3km/s	지표면을 따라 전파	크다

▲ 지진파의 종류와 특징

(1) A지점에서 관측한 지진 기록과 B지점에서 관측한 지진 기록을 바르게 짝지어 보시오.

(2) A지점과 B지점에서의 PS시를 각각 구해 보시오.

(3) B지점과 진원과의 거리를 구해 보시오.

(4) C지점의 관측소에서는 어떠한 지진파도 관측이 되지 않았다. 그 이유에 대하여 자신의 생각을 서술하시오.

정답 및 해설 13쪽

02

지구의 중심에는 철을 주성분으로 하는 핵이 있다. 핵은 다시 고체인 내핵과 액체인 외핵으로 구분된다. 핵은 형성 당시에는 액체였는데, 핵이 식어감에 따라 고체의 철이 석출되고, 무거운 철이 중심으로 가라앉아서 내핵을 구성했다고 추측하고 있다. 내핵의 온도는 대략 5000℃이고, 외핵의 온도는 3000~5000℃로 추정된다. 다음 그래프는 지구 내부의 밀도와 온도, 압력을 나타낸 것이다.

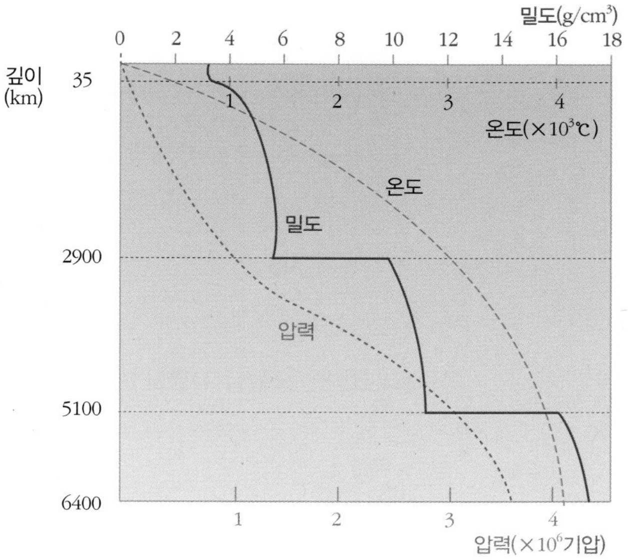

(1) 우리가 알고 있는 대부분의 물질은 온도가 높아질수록 녹아서 액체가 된다. 하지만 온도가 더 높은 내핵은 고체이지만, 외핵은 액체 상태이다. 그 이유에 대하여 주어진 그래프를 참고로 하여 설명하시오.

(2) 마그마란 지하에 존재하는 녹은 암석을 말한다. 고온을 유지한 맨틀 물질이 상승하면서 녹아서 액체 상태의 마그마가 되는 것이다. 그렇다면 맨틀 하부의 깊은 곳에서도 마그마의 생성이 가능할까?

03 다음은 서기 132년 중국의 장형(Zhang Heng, 張衡)에 의하여 만들어진 세계 최초의 지진 예측 기구인 '후풍지동의'와 그에 대한 설명이다.

이 기구는 지름이 약 2 m인 청동으로 만든 용기 바깥쪽에 머리를 아래로 향한 용 8마리가 구슬을 모두 입에 물고 사면 팔방으로 부착되어 있으며 그 용 아래에 8 마리의 개구리가 입을 벌리고 나란하게 배열되어 있다. 지진이 발생하면 발생하는 방향 쪽 용의 입에서 구슬이 개구리의 입안으로 떨어지면서 '딸랑'하고 지진 경보를 울리게 된다.

▲ 후풍지동의

아래의 그림은 오늘날 사용하고 있는 지진계의 모습이다.

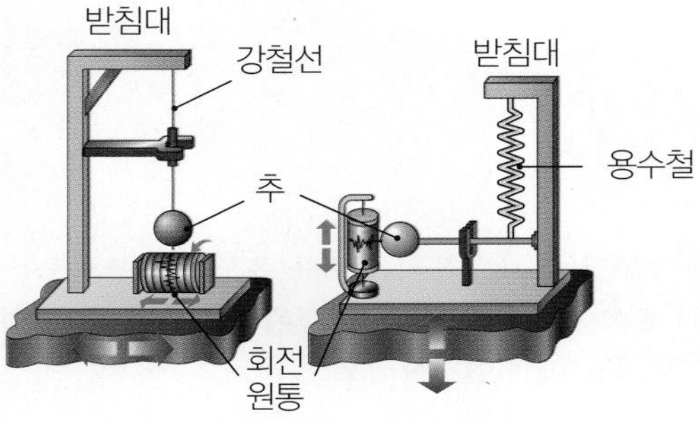

▲ 수평동 지진계 ▲ 수직동 지진계

지진계는 무거운 추가 끈이나 스프링에 달려 있다. 지진이 일어나면 지진계의 받침대는 흔들리지만 무거운 추는 원래 자리에 있으려 하기 때문에 지진계에 진동이 기록되는 것이다. 지진 관측소에서는 두 대의 수평동 지진계와 한 대의 수직동 지진계를 설치하여 지진파를 입체적으로 기록한다.

'후풍지동의'와 오늘날 사용하고 있는 지진계를 비교하여 공통점과 차이점을 서술하시오.

정답 및 해설 13쪽

04

다음 그림 (가)는 지구 내부에서 지진파가 전파되는 모습이고, 그림 (나)는 같은 크기의 지구에서 외핵의 두께가 증가하여 그만큼 맨틀의 두께가 감소한 경우의 모습을 나타낸 것이다.

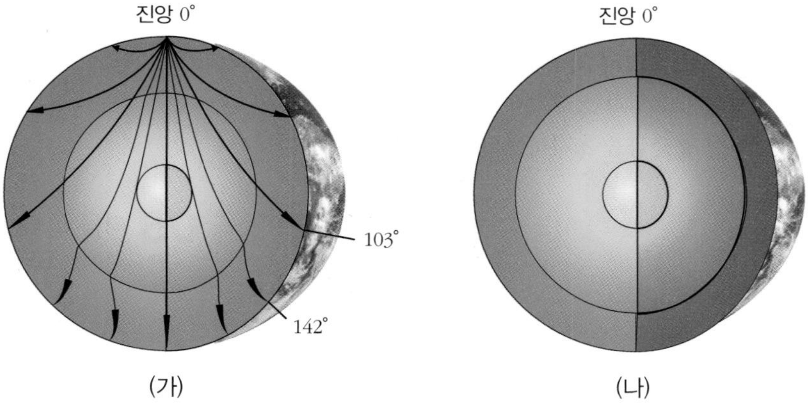

(1) 그림 (나)와 같이 지구 내부가 변화했을 때 암영대의 각도 변화를 설명하시오.

(2) 1969년 7월 20일 미국 항공 우주국 NASA에서 쏘아 올린 아폴로 11호가 달에 착륙하면서 달표면에 월진계를 설치하였다. 월진계란 지구의 지진계와 같은 달의 지진계이다. 그렇다면 과학자들이 월진계를 설치한 이유는 무엇일지 서술하시오.

▲ 우주인들의 달 탐사 모습

스스로 실력 높이기

A

01 다음 지구 내부 조사 방법들 중 직접적인 방법에는 '직', 간접적인 방법에는 '간'을 쓰시오.

(1) 드릴로 땅에 구멍을 뚫어 지구 내부 물질을 조사하는 방법 (   )

(2) 실험실 내에서 지구 내부와 비슷한 상태로 만들어서 실험하는 방법 (   )

(3) 화산 분출물을 조사하는 방법 (   )

02 지구 내부 구조에 대한 설명으로 옳은 것은 O표, 옳지 않은 것은 X표 하시오.

(1) 지진파는 성질이 다른 매질의 경계면에서 속도가 급격히 달라진다. (   )

(2) 진앙으로부터 발생한 지진파가 도달하지 못하는 지역은 없다. (   )

(3) 맨틀은 지구 부피의 약 80% 이상을 차지하며, 주로 고체로 되어 있다. (   )

03 다음 그림은 지구 내부를 조사하는 방법이다. 이에 대한 설명으로 옳은 것은?

(가) 지진파 분석 방법 (나) 화산 분출물 조사 방법

① (가)는 직접적인 조사 방법이다.
② (나)는 간접적인 조사 방법이다.
③ (가)는 지각부터 맨틀까지의 정보만을 조사할 수 있다.
④ (나)는 내핵의 정보를 확실하게 알 수 있는 조사 방법이다.
⑤ (가)는 지구 내부를 조사하는 가장 효과적인 방법이다.

04 다음 지진파에 대한 설명들 중 P파에 대한 설명에는 'P', S파에 대한 설명에는 'S'를 쓰시오.

(1) 속도가 가장 빠르다. (   )

(2) 고체 물질만 통과할 수 있다. (   )

(3) 지진파의 진행 방향과 매질의 진동 방향이 수직이다. (   )

05 다음 그림은 지진이 발생하는 것을 나타낸 것이다. A, B의 명칭을 쓰시오.

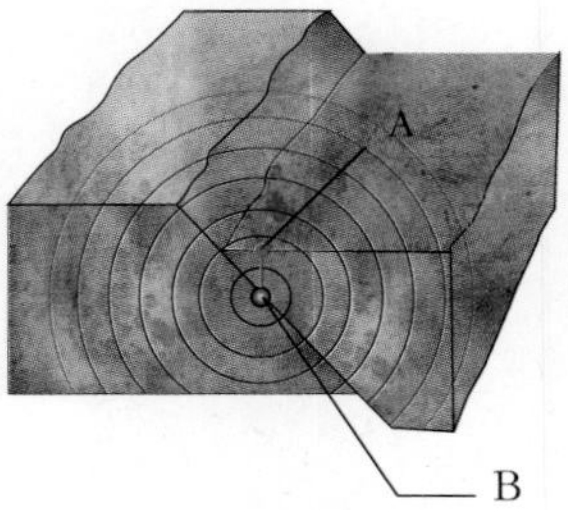

A (   ) B (   )

06 다음 그림은 지진 관측소에 기록된 지진파를 나타낸 것이다. 지진파 (가)와 (나)는 각각 어떤 지진파인가?

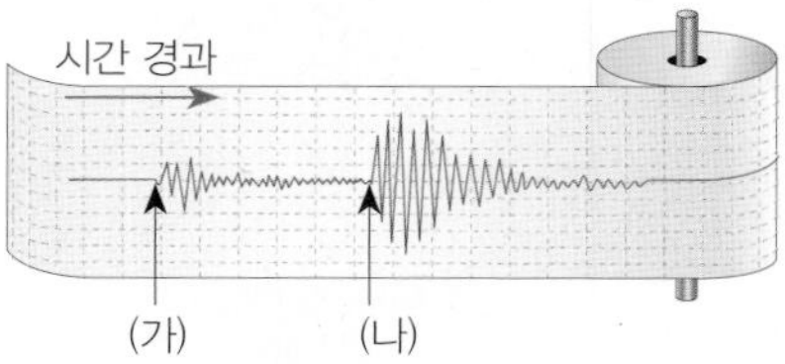

(가)(   )파 (나) (   )파

07 지진파에 설명으로 옳지 않은 것은?

① P파보다 S파의 진폭이 더 크다.
② P파보다 S파의 속도가 더 빠르다.
③ 지진파는 에너지가 전달되는 과정이다.
④ P파는 고체, 액체, 기체를 모두 통과한다.
⑤ P파는 고체를 통과할 때 속도가 가장 빠르다.

정답 및 해설 13쪽

08 지구 내부가 그림과 같이 네 개의 층으로 되어 있다는 사실을 알 수 있었던 방법은 무엇인가?

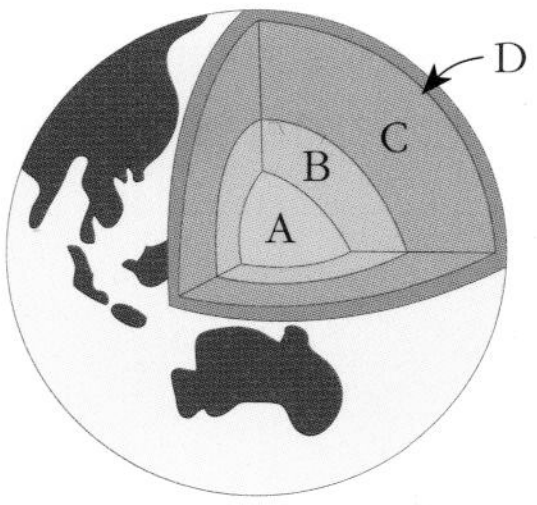

① 시추법
② 화산 분출물 조사 방법
③ 운석 분석 방법
④ 지진파 분석 방법
⑤ 고온 · 고압 실험 방법

09 지각에 대한 설명으로 옳은 것은 O표, 옳지 않은 것은 X표 하시오.

(1) 대륙 지각이 해양 지각보다 얇다. ( )

(2) 해양 지각의 밀도가 대륙 지각의 밀도보다 크다. ( )

(3) 지각을 구성하는 주요 물질은 산소와 규소이다 ( )

10 다음에서 설명하고 있는 층의 이름을 쓰시오.

· 지구 전체 부피의 80% 이상을 차지한다.
· 지각보다 무거운 감람암질 암석으로 이루어져 있다.
· 주로 고체로 되어 있다.

( )

B

11 지진에 대한 설명으로 옳지 않은 것은?

① 지진계를 이용하여 지진을 분석한다.
② 지진이 발생한 곳을 진원이라고 한다.
③ 지구 내부의 에너지가 지표로 나와 땅이 흔들리는 현상이다.
④ 지진이 발생한 곳의 바로 위의 지표면의 지점을 진앙이라고 한다.
⑤ 땅속에서 지진이 발생하였을 때 지구 내부로만 지진파가 퍼져 나간다.

12 다음 그림은 지진파가 진행하는 모습을 나타낸 것이다. 이에 대한 설명으로 옳은 것은?

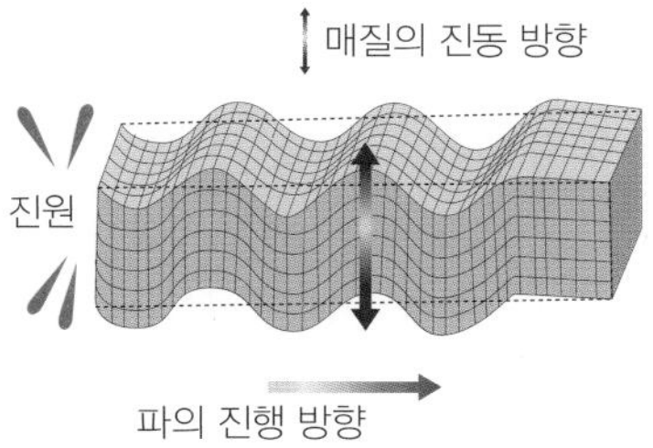

① 종파인 S파이다.
② P파보다 느리다.
③ 진폭이 작아 피해 정도가 크다.
④ 고체와 기체만 통과할 수 있다.
⑤ 지표면을 따라 전달되는 지진파이다.

13 다음 그림은 관측소에서 기록한 지진 기록계의 모습이다. (가)와 (나)에 해당하는 지진파에 대한 설명으로 옳은 것은?

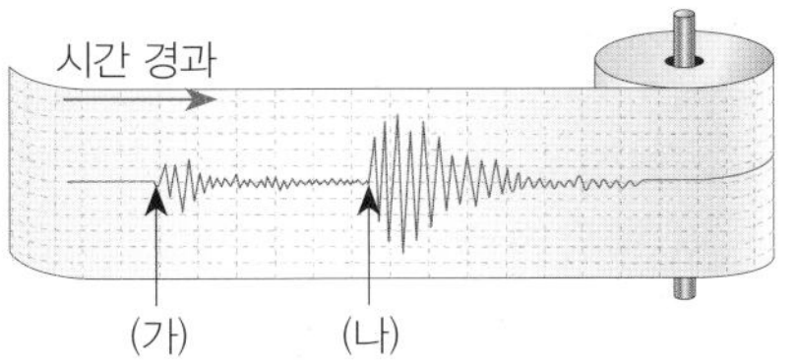

	(가)	(나)
① 속도	빠르다	느리다
② 진폭	크다	작다
③ 통과 물질	고체	고체, 액체, 기체
④ 파동의 종류	횡파	종파
⑤ 파의 진행 방향	매질의 진동 방향과 수직	매질의 진동 방향과 평행

14 지진파를 이용하여 알아낼 수 있는 정보가 <u>아닌</u> 것은?

① 암영대 ② 지각 생성 시기
③ 모호면 ④ 지구 내부 구조
⑤ 지각의 두께

15 지구를 오른쪽 그림과 같이 삶은 달걀에 비유할 때 각각에 해당하는 지구의 내부 구조를 쓰시오. (외핵과 내핵은 핵으로 표시하시오.)

흰자위 : ( )
노른자위 : ( )
달걀 껍질 : ( )

16 다음 괄호 안에 알맞은 말을 쓰시오.

> 진앙으로부터 각거리 103° ~ 142° 되는 곳으로 지진파가 도달하지 못하는 지역을 ( )라고 한다.

17 오른쪽 그림은 지구 내부에서 지진파가 전달되는 모습이다. (가)와 (나) 지역에 도달하는 지진파의 종류가 바르게 짝지어진 것은?

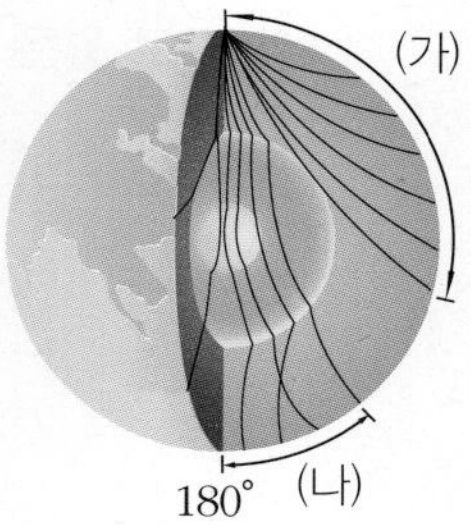

	(가)	(나)
①	P파	S파
②	S파	P파
③	P파, S파	P파
④	P파, S파	S파
⑤	P파, S파	P파, S파

18 다음에서 설명하는 것은 무엇인지 세 글자로 쓰시오.

> 지구 내부에서 지각과 맨틀의 경계면으로 지진파의 속도가 갑자기 빨라지는 불연속면이다.

( )

19 다음 그림은 지각의 구조를 나타낸 것이다. 이에 대한 설명으로 옳은 것은?

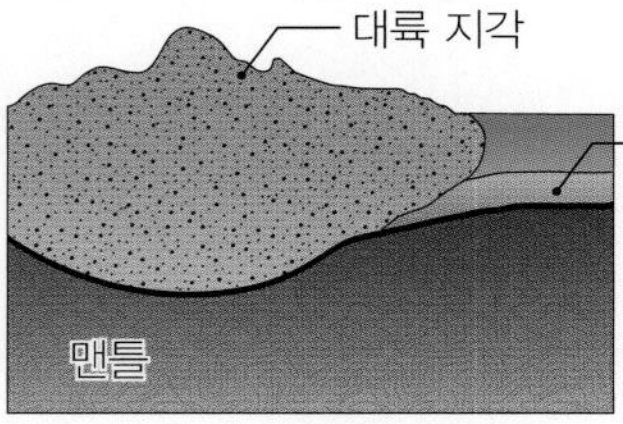

① 대륙 지각이 해양 지각보다 얇다.
② 대륙 지각의 평균 두께는 약 5km이다.
③ 맨틀은 지각보다 밀도가 큰 물질로 되어 있다.
④ 지각과 맨틀의 주요 구성 물질은 철과 니켈이다.
⑤ 지진파의 전달 속도는 맨틀보다 지각에서 더 빠르다.

20 다음 그림은 지구 내부의 층상 구조를 나타낸 것이다. 각 층에 대한 설명으로 옳은 것은?

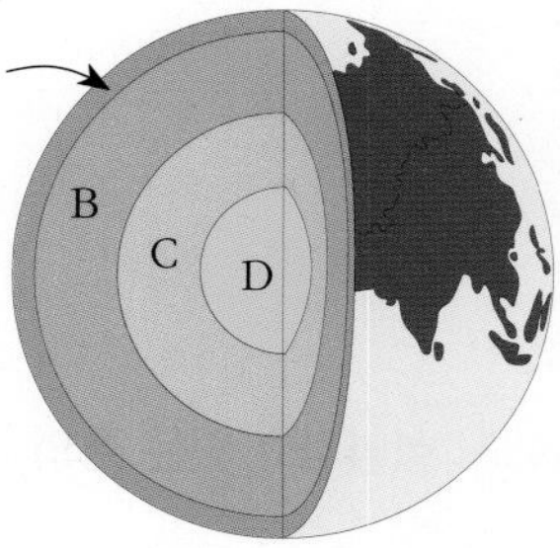

① 각 층의 밀도는 A 〉 B 〉 C 〉 D 이다.
② 각 층의 두께는 D 〉 C 〉 B 〉 A 이다.
③ B는 A보다 무거운 감람암질의 암석으로 이루어져 있다.
④ C는 액체 상태로 지진파가 모두 통과할 수 있다.
⑤ D는 온도와 압력이 매우 높아 기체 상태로 되어 있다.

정답 및 해설 13쪽

C

[21~22] 다음 그림은 우리나라의 지진 관측소의 위치를 나타낸 것이다. 다음 물음에 답하시오.

21 지진이 그림과 같은 위치에서 발생하였을 때 최초로 지진파가 기록되는 관측소는 어디일까?

① 백령도　② 서울　③ 충주
④ 광주　⑤ 부산

22 지진이 그림과 같은 위치에서 발생하였을 때 전파된 P파가 기록된 후 다시 S파가 기록이 될 때까지 그 시간 간격이 가장 긴 관측소는 어디일까?

① 백령도　② 서울　③ 충주
④ 광주　⑤ 부산

[23~24] 다음 그래프는 지구 내부의 깊이에 따른 지진파의 속도 변화를 나타낸 것이다. 다음 물음에 답하시오.

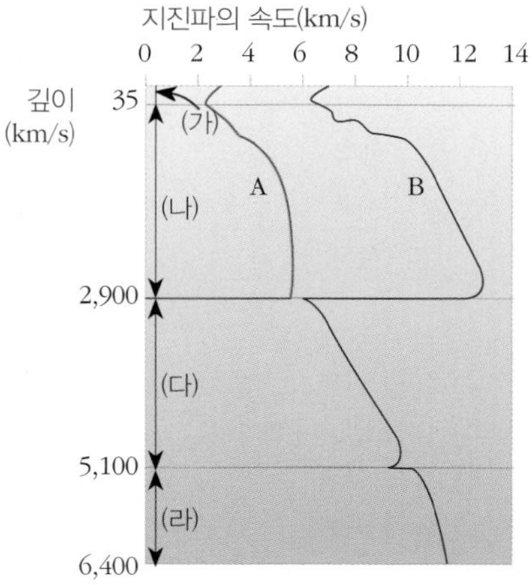

23 위의 그래프를 통해 알 수 있는 사실이 아닌 것은?

① 각 층의 두께를 알 수 있다.
② 각 층의 구성 물질을 알 수 있다.
③ 지진파의 전파 속도가 갑자기 변하는 경계면은 3군데이다.
④ 지구 내부의 구조가 4개의 층으로 이루어져 있음을 알 수 있다.
⑤ 지진파의 속도가 외핵에서 지구 내부로 갈수록 빨라지는 것을 알 수 있다.

24 (다) 구간에서 지진파 A가 전달되지 않는 것으로 보아 알 수 있는 사실은 무엇인가?

① (다)구간의 밀도가 가장 큰 것을 알 수 있다.
② (다)구간의 부피가 가장 큰 것을 알 수 있다.
③ (다)구간의 온도가 가장 높은 것을 알 수 있다.
④ (다)구간의 압력이 가장 낮은 것을 알 수 있다.
⑤ (다)구간의 물질의 상태가 다른 것을 알 수 있다.

25 다음 표는 지구 내부 구조의 특징을 정리한 것이다. 각 빈칸에 들어갈 말을 바르게 짝지은 것은?

구분	구성 물질	물질의 상태
대륙 지각	산소, 규소	고체
해양 지각	산소, 규소	고체
맨틀	(가)	고체
외핵	(나)	(다)
내핵	철, 니켈	(라)

① (가) 철, 니켈
② (가) 산소, 니켈
③ (나) 철, 니켈
④ (다) 고체
⑤ (라) 액체

26 지구 내부를 조사하는 방법 중 시추법은 현재 기술로는 약 13km까지의 내부 구조만 알 수 있다는 한계가 있다. 그 이유는 무엇일까?

27 지구 내부 구조를 알기 위해 지진파를 분석하는 방법이 가장 효과적인 이유를 서술하시오.

28 관측소와 지진이 발생한 지점과의 거리가 멀어질수록 PS시는 어떻게 달라질까?

정답 및 해설 13쪽

29 그림은 수평동 지진계의 구조를 나타낸 것이다. 지진 관측에 더 유리한 것은 추가 무거울 때일까 가벼울 때일까? 그 이유와 함께 서술하시오.

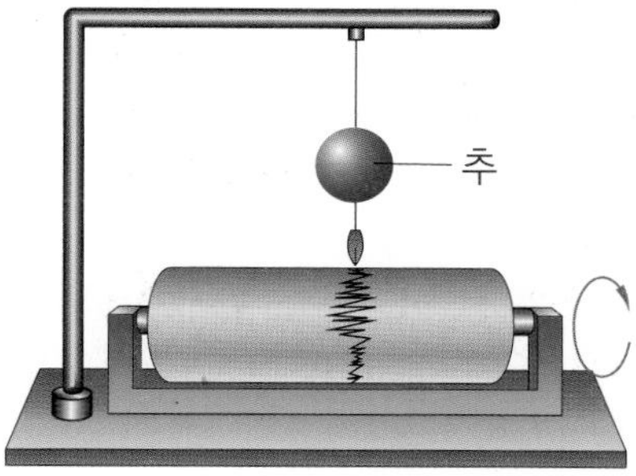

30 그림은 지구 내부의 층상 구조를 나타낸 것이다. 지진파의 속도 변화가 가장 큰 구간에 대하여 이유와 함께 서술하시오.

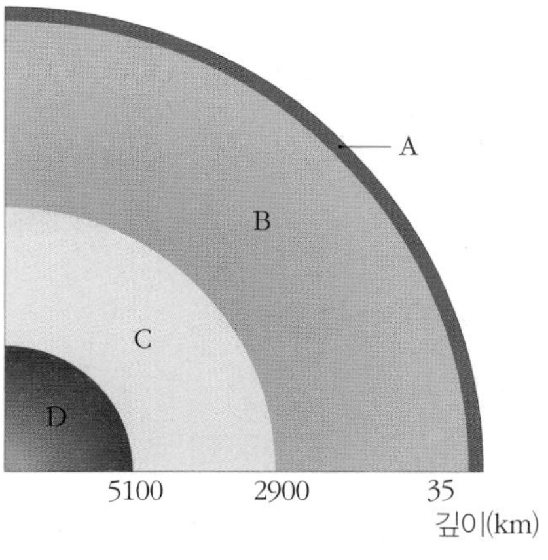

창의력 서술

31 다음 〈보기〉의 물리량 중에서 맨틀에서 외핵으로 들어갈 때 경계면에서 불연속적으로 변하는 물리량과 값이 증가하는 물리량을 각각 고르고 어떻게 변하는지 서술하시오.

〈 보기 〉

ㄱ. P파의 속도　　ㄴ. S 파의 속도
ㄷ. 온도　　ㄹ. 압력
ㅁ. 밀도

32 다음 그림은 지구 내부에서 깊이에 따른 지진파의 속도 분포를 나타낸 것이다. A, B 지진파로부터 알 수 있는 사실은 무엇인지 서술하시오.

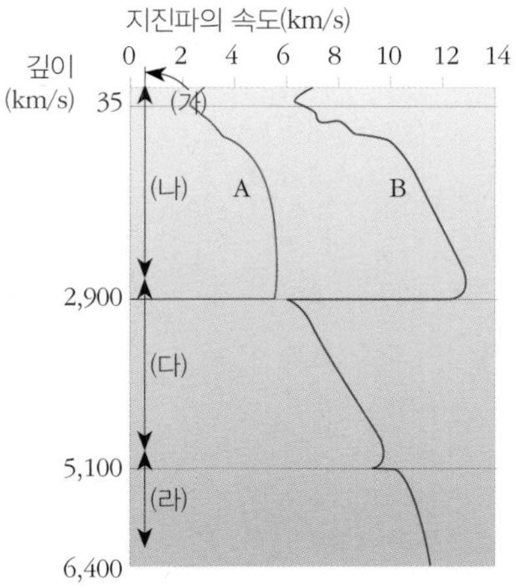

5강. 지권의 변화

1. 판 구조론의 발달 과정 1

(1) 판 구조론이 나오기 까지의 학설들

1912년 대륙 이동설 → 1928년 맨틀 대류설 → 1962년 해저 확장설 → 1960년대 후반 판 구조론

(2) 대륙 이동설

① 대륙 이동설 : 베게너(1912년)는 약 3억년 전에는 판게아라는 초대륙으로 모든 대륙들이 하나로 모여 있다가 약 2억년 전부터 분리되면서 이동하여 현재와 같은 대륙 분포를 이루었다고 주장하였다.

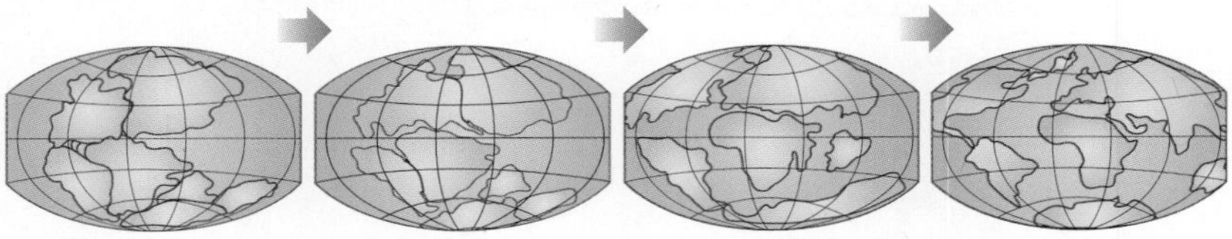

② 대륙 이동설의 증거

해안선의 일치	빙하의 흔적	지질 구조의 연속성	같은 종류의 화석 발견
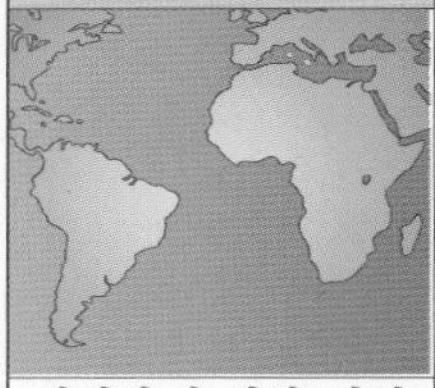	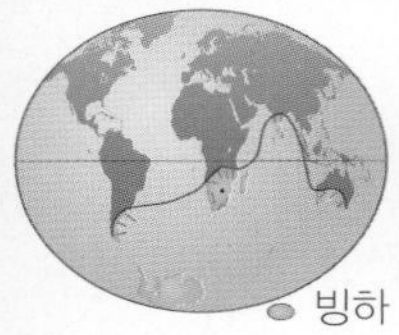	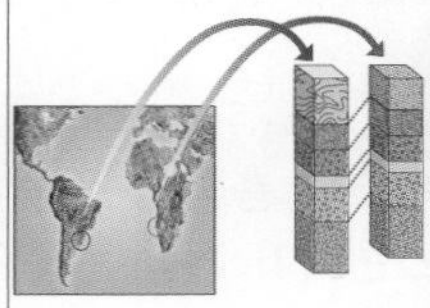	
대서양에 접한 남아메리카 대륙과 아프리카 대륙의 해안선이 잘 들어맞음	현재 열대나 온대에 속하는 남아메리카, 호주, 아프리카 대륙에서 빙하의 흔적이 발견됨	떨어져 있는 대서양 양 대륙의 산맥이 연결되고 같은 지질 구조가 나타남	인도, 아프리카, 남아메리카, 호주에 동시대에 살았던 고생물 화석이 분포함

개념확인 1 판 구조론이 나오기까지의 학설을 순서대로 쓰시오.

1912년 (가) → 1928년 (나) → 1962년 (다) → 1960년~ 판 구조론

(가) (   ),   (나) (   ),   (다) (   )

확인 +1 대륙 이동설의 증거가 아닌 것은?

① 해양 지각 위의 퇴적물 두께가 점점 두꺼워진다.
② 대서양 양 대륙의 산맥에 같은 지질 구조가 나타난다.
③ 남아메리카와 아프리카 대륙에서 빙하의 흔적이 발견된다.
④ 남아메리카 대륙과 아프리카 대륙의 해안선이 잘 들어맞는다.
⑤ 인도와 아프리카에 동시대에 살았던 고생물 화석이 분포한다.

간단실험
남아메리카 대륙의 해안선과 아프리카 대륙의 해안선을 비교하여 대륙 이동설의 증거를 확인해 보자.

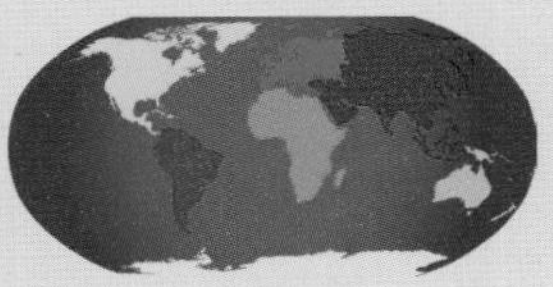

대륙 이동설의 한계
대륙을 이동시키는 원동력에 대한 근본적인 원인을 제시하지 못하였다.

글로소프테리스
고생대 말~중생대 초에 초대륙 판게아 남반구에서 살았던 고사리과 식물

메소사우루스
대륙 이동설을 뒷받침했던 2억 8천만년 전의 수생 파충류로 브라질과 아프리카 남쪽에서 발견됨

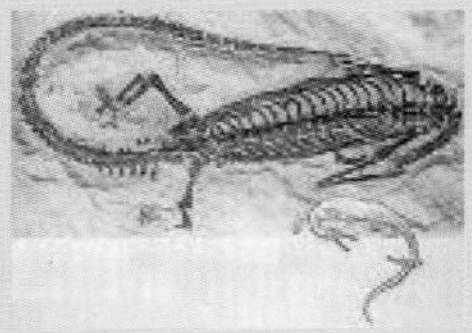

글로소프테리스와 메소사우루스 화석 분포

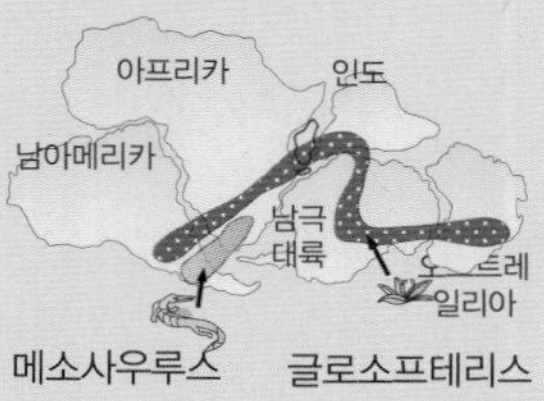

생각해보기★
베게너의 주장처럼 현재에도 모든 대륙이 하나로 모여있다면 생활 모습은 어떻게 달라졌을까?

2. 판 구조론의 발달 과정 2

(3) 맨틀 대류설 : 홈스(1928년)는 지구 내부의 뜨거운 열에 의해 맨틀이 가열되어 대류가 일어나면서 대륙이 이동한다고 주장하였다.

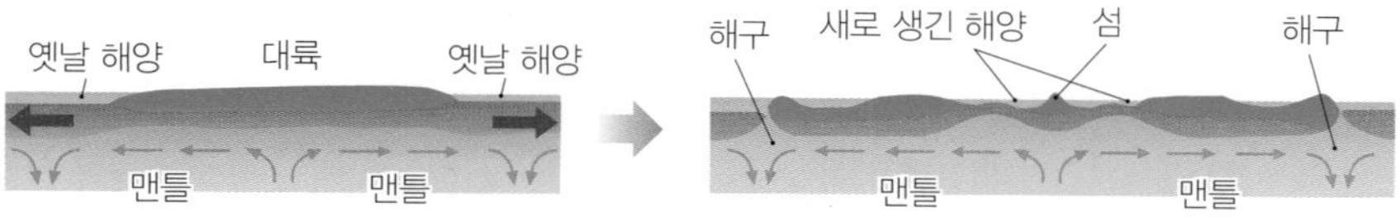

(4) 해저 확장설 : 헤스(1962년)는 해령에서 새로운 해양 지각이 만들어져 양옆으로 이동하면서 해저가 점점 넓어지고, 해구에서 소멸한다고 주장하였다.

(5) 판 구조론 : 지구의 표면은 움직이는 크고 작은 10여 개의 판으로 이루어져 있으며, 판은 맨틀 대류에 의해 서서히 움직이면서 판과 판의 경계에서 지각 변동이 활발하게 일어난다.

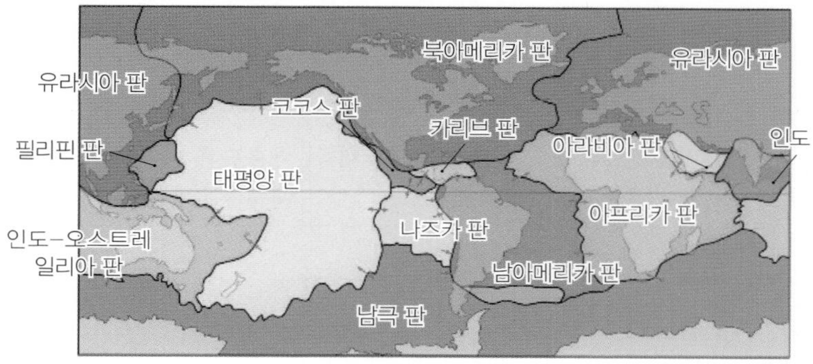

▲ 판의 분포와 경계

● **해저 확장설의 증거**

해령으로부터 양쪽으로 멀어짐에 따라 암석의 나이가 점점 많아지며, 해양 지각 위의 퇴적물의 두께가 점점 두꺼워진다.

● **해양 지각의 나이 분포**

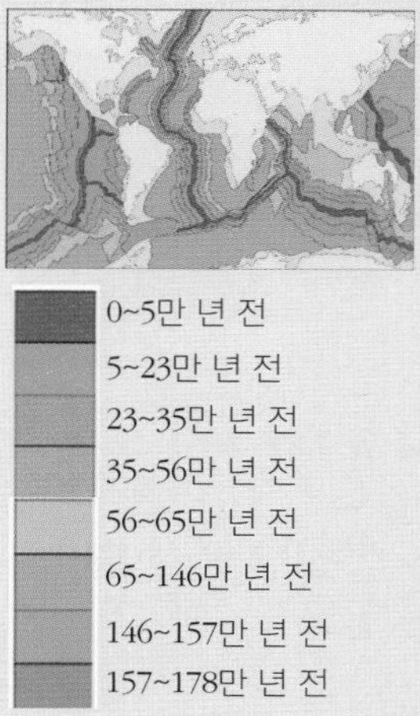

● **판 구조론의 성립 과정**

1960년대 말 해저 확장설은 대륙 이동설과 맨틀 대류설을 종합하는 판 구조론으로 발전하면서 지구상에서 일어나는 여러 가지 지각 변동을 설명할 수 있게 되었다.

정답 및 해설 15쪽

개념확인 2 다음은 지권의 변화에 대한 한 학설의 증거이다. 이 학설은 무엇인가?

- 해령으로부터 양쪽으로 멀어짐에 따라 암석의 나이가 점점 많아진다.
- 해양 지각 위의 퇴적물의 두께가 점점 두꺼워진다.

( )

확인+2 학설의 내용과 학설의 명칭을 바르게 연결하시오.

(1) 판구조론 •　　• ㉠ 맨틀 대류에 의해 대륙이 이동한다.

(2) 맨틀 대류설 •　　• ㉡ 해령에서 새로운 해양 지각이 만들어져서 양옆으로 이동한다.

(3) 해저 확장설 •　　• ㉢ 판들의 이동에 의해 여러 지질 현상이 일어난다.

미니사전

침강 [沈 가라앉다 降 내리다] 지각이 아래로 내려앉음

해구 [海 바다 溝 골짜기] 바다의 밑바닥이 골짜기처럼 길고 움푹하게 패어 들어간 지형

해령 [海 바다 嶺 산봉우리] 깊은 바다 밑에 산맥 모양으로 솟은 지형

열곡 [裂 갈라지다 谷 골짜기] 맨틀에서 올라오는 고온의 마그마에 의해 판이 갈라져 확장할 때 중심에 형성된 움푹 들어간 골짜기

● 대륙판과 해양판

판	밀도	두께
대륙판	작다	두껍다
해양판	크다	얇다

· 대륙판 : 대륙 지각을 포함한 판으로 유라시아 판, 아프리카 판 등이 있다.
· 해양판 : 해양 지각을 포함한 판으로 태평양 판, 필리핀 판 등이 있다.

● 마리아나 해구

태평양 북마리아나 제도의 동쪽에서 남북방향 2,550km의 길이로 뻗은 해구이다. 평균 너비 70km, 평균 수심 7,000~8,000m이며 세계에서 가장 깊은 바다를 포함하고 있다.

● 히말라야 산맥의 생성

남반구의 인도-오스트레일리아 판(대륙판)이 북상하여 유라시아 판(대륙판)과 충돌하여 거대한 습곡 산맥이 만들어졌다.

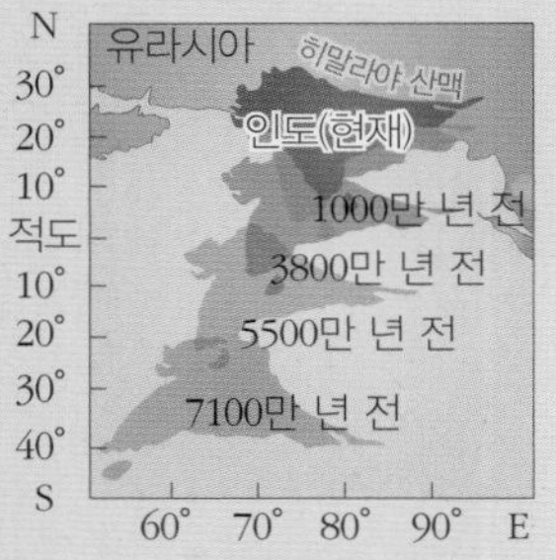

▲ 인도 대륙의 북상

미니사전

호상 열도 [弧 활 狀 모양 列 늘어서다 島 섬] 바다 가운데 활처럼 호를 그리며 배열된 섬들 예 일본

습곡 산맥 [褶 주름 曲 굽다] 지각에 수평 방향으로 강한 압력을 받아 물결 모양으로 구부러져 생긴 산맥

3. 판의 경계 1

(1) 판 : 지구의 겉부분을 둘러싸고 있는 지각과 맨틀의 윗부분(상부 맨틀)을 포함한 두께 약 100 km의 크고 작은 암석판을 말한다.

▲ 판의 구조

연약권	상부 맨틀이 부분적으로 녹아서 대류가 일어나는 부분
판의 종류	해양판(얇고 무거움)과 대륙판(두껍고 가벼움)
판 이동의 원동력	맨틀의 대류

(2) 판의 경계 : 판과 판의 경계에서는 지각 변동이 활발하게 일어난다.

(3) 수렴형 경계 : 두 판이 서로 가까워지면서 부딪치는 경계를 말한다.

구분	섭입형 경계	충돌형 경계
모습	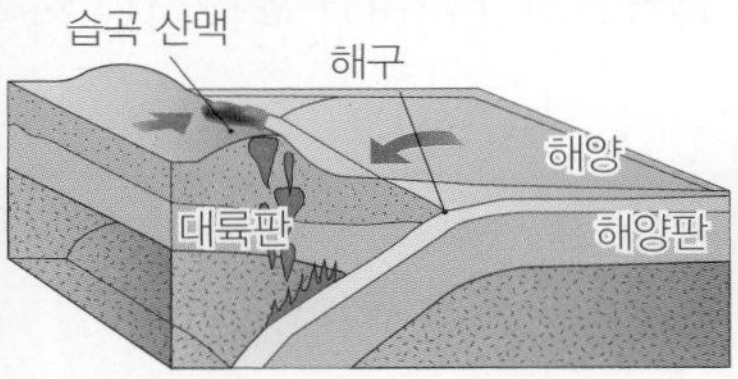	
특징	상대적으로 밀도가 큰 해양판이 대륙판 밑으로 비스듬히 들어감	대륙판과 대륙판이 충돌하여 산맥이 발생
발달 지형	해구, 호상 열도, 습곡 산맥	습곡 산맥
지각 변동	화산 활동, 지진	지진
예	안데스 산맥, 일본 해구, 마리아나 해구	히말라야 산맥, 알프스 산맥

개념확인 3

다음 중 판에 속하지 않는 것을 모두 고르시오.(2개)

① 해양 지각 ② 대륙 지각 ③ 연약권
④ 상부 맨틀 ⑤ 외핵

확인 + 3

수렴형 경계에 대한 설명이다. 각각을 바르게 연결하시오.

(1) 충돌형 경계 • • ㉠ 대륙판 밑으로 해양판이 비스듬히 들어가는 곳
(2) 섭입형 경계 • • ㉡ 대륙판과 대륙판이 충돌하여 산맥이 발생하는 곳

4. 판의 경계 2

(4) 발산형 경계 : 판과 판이 서로 반대 방향으로 멀어지는 경계를 말한다.

구분	해양판의 발산	대륙판의 발산
모습	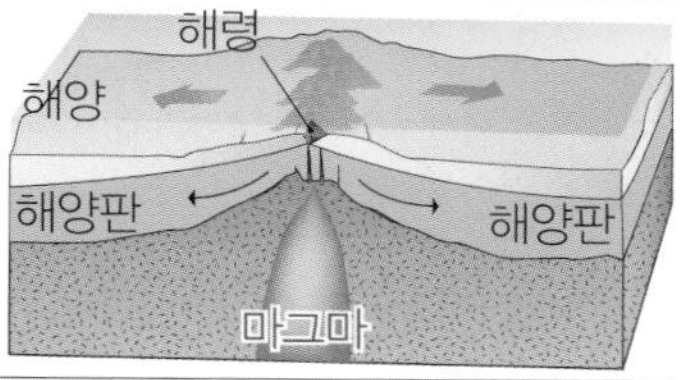	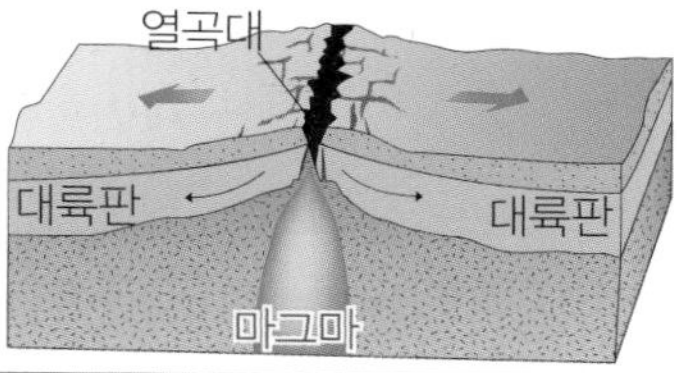
특징	바다 속에 해령이 형성되고, 새로운 해양 지각이 생성	대륙이 갈라지면서 열곡대가 형성
발달 지형	해령	열곡대
지각 변동	화산 활동, 지진	화산 활동, 지진
예	대서양 중앙 해령, 동태평양 해령	동아프리카 열곡대, 아이슬란드 열곡대

(5) 보존형 경계 : 판과 판이 서로 어긋나면서 반대 방향으로 이동하는 경계를 말한다.

구분	해양판과 해양판의 어긋남	해양판과 대륙판의 어긋남
모습	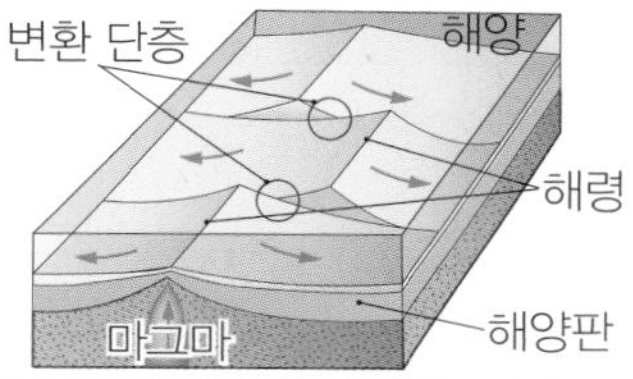	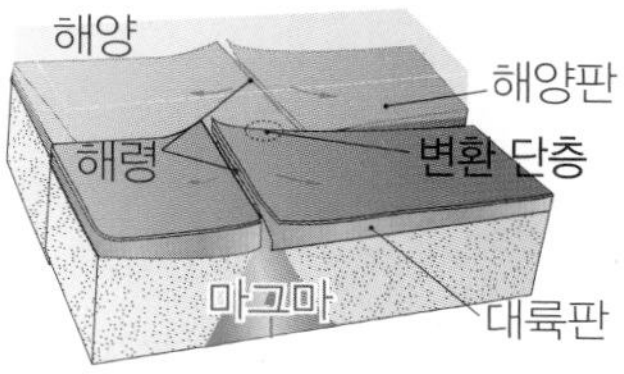
특징	· 판의 경계를 따라 두 판이 서로 다른 방향으로 이동 · 새로운 지각이 만들어지거나 없어지지 않음	
발달 지형	변환 단층	
지각 변동	지진	
예	케인 단열대	산안드레아스 단층

정답 및 해설 **15쪽**

개념확인 4 **다음 중 화산 활동이 일어나지 않는 경우를 <u>모두</u> 고르시오.**(2개)

① 해양판의 발산　　② 해양판끼리의 어긋남
③ 대륙판의 발산　　④ 섭입형 경계
⑤ 충돌형 경계

확인+4 **판의 경계에 대한 설명이다. 각각을 바르게 연결하시오.**

(1) 발산형 경계 •　　• ㉠ 판과 판이 서로 반대 방향으로 멀어지는 경계
(2) 보존형 경계 •　　• ㉡ 판과 판이 서로 어긋나면서 이동하는 경계

대서양 중앙 해령

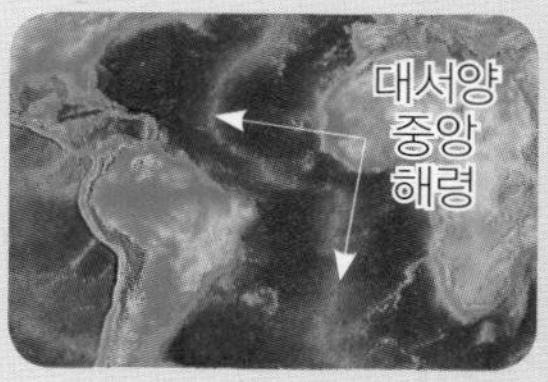

동아프리카 열곡대

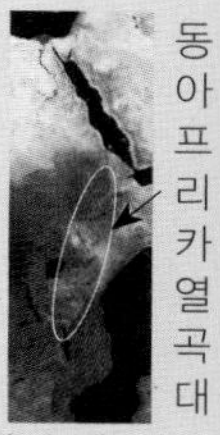

아프리카의 동쪽에서 발달된 이 열곡대를 중심으로 아프리카 판이 동과 서로 멀어지고 있다.

산안드레아스 단층

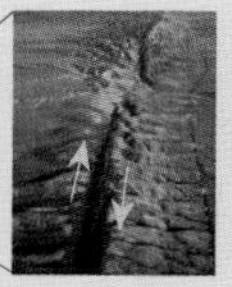

해양판인 태평양 판과 대륙판인 북아메리카 판이 서로 어긋나 이동하면서 생긴 단층이다. 미국의 태평양 연안 캘리포니아 주 남부에서 서부에 걸쳐서 약 1,300km에 달한다.

케인 단열대

대서양 중앙에 있는 중앙 해령에 존재하는 변환 단층대

미니사전

변환 단층 [變 변하다 換 바꾸다 斷 끊다 層 층] 대양의 중앙 해저 산맥을 가로지르는 단층

5. 화산 활동과 지진 1

(1) 화산 활동과 지진

화산 활동	지구 내부에서 만들어진 마그마가 지각의 약한 틈을 뚫고 지표로 나오면서 용암, 화산 가스, 화산재 등을 분출하는 현상
지진	지구 내부에서 생긴 진동이 사방으로 전달되는 현상으로 주로 지층이 끊어지거나(단층), 화산 활동이 일어날 때 발생

(2) 화산대와 지진대

▲ 전 세계 지진대와 화산대의 분포

화산대 : 화산 활동이 활발하게 일어나는 띠 모양의 지역

지진대 : 지진이 자주 발생하는 띠 모양의 지역

※ 화산대와 지진대는 거의 일치

① 환태평양 지역에서 전세계의 지진과 화산 활동의 60% 이상이 발생한다.

② 화산 활동과 지진은 판의 경계 지역에서 집중적으로 나타나며, 대륙 중심부에서는 지진과 화산 활동이 드물다.

③ 예 환태평양 화산대/지진대, 알프스-히말라야 화산대/지진대, 해령 화산대/지진대

우리나라 주변의 지각 변동

우리나라와 일본 주변에는 유라시아 판, 태평양 판, 필리핀 판이 분포한다. 우리나라는 일본에 비해 판의 경계에서 멀리 떨어져 있기 때문에 일본에 비해 화산 활동과 지진이 활발하지 않을 뿐 안정한 지역은 아니다.

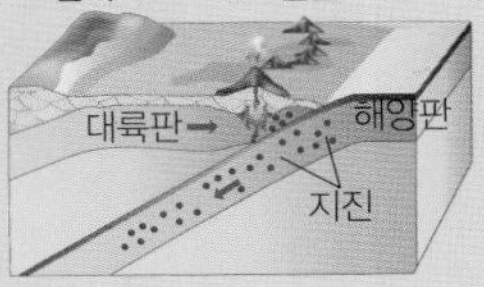

세계 지진 관측 시스템

www.iris.edu/seismon

실시간으로 전 세계의 지진을 관측하는 시스템이다.

판의 이동 속도

http://www.unavco.org/software/geodetic-utilities/plate-motion-calculator/plate-motion-calculator.html

특정 지역의 위도와 경도 값을 입력하면 판의 이동 속도를 알 수 있다.

개념확인 5 다음에서 설명하는 지각 현상은 무엇인가?

> 지구 내부에서 만들어진 마그마가 지각의 약한 틈을 뚫고 지표로 나오면서 용암, 가스, 재 등을 분출하는 현상을 말한다.

( )

확인 + 5 다음 빈칸에 알맞은 말을 순서대로 쓰시오.

> 화산 활동이 활발하게 일어나는 띠 모양의 지역을 ( )라고 하고, 지진이 자주 발생하는 띠 모양의 지역을 ( )라고 하며, 두 지역은 거의 일치한다.

미니사전

환태평양 [環 고리 太 크다 平 평평하다 洋 큰바다] 태평양을 둘러싸고 있는 지역

6. 화산 활동과 지진 2

(3) 화산 활동과 우리 생활

화산 활동에 의한 피해

▲ 화산재에 의한 피해

▲ 화산 이류에 의한 피해

· 화산재로 인한 피해 : 햇빛을 차단하여 지구의 평균 기온이 내려감, 지표수가 오염됨, 항공기 운항에 영향을 줌
· 용암으로 인한 피해 : 인명과 재산 피해, 농작물과 식생 피해
· 유독 가스로 인한 피해

화산 활동에 의한 혜택

· 화산 활동에 의해 생성된 유용한 광물 자원과 기름진 토양
· 땅속 열을 이용한 지열 발전
· 독특한 화산 지형과 온천 등으로 인한 관광 산업 발달

(4) 지진과 우리 생활

지진에 의한 피해

▲ 지진에 의한 붕괴

▲ 지진 해일에 의한 피해

· 지표면 진동으로 인한 구조물 붕괴에 의한 피해
· 지진 해일에 의한 해안 지대 인명과 재산 피해
· 산사태와 화재, 질병 등에 의한 이차적인 피해

지진에 의한 피해를 줄이기 위한 대책

· 건축물이나 구조물의 내진 설계 및 가스와 전기의 자동 차단 장치의 설치
· 지진 예보와 경보 시스템을 마련하고 지진 대처 방법을 숙지

지진의 진도와 규모

진도	지진이 발생할 때 사람의 느낌이나 주변 물체의 흔들리는 정도를 나타낸 것이다. 진도 Ⅰ, 진도 Ⅱ로 표기한다.
규모	지진이 발생할 때 나오는 실제 에너지를 나타낸 것이다. 규모 7.0 등으로 표기한다.

→ 일본 태평양 오가사와라 제도에서 규모 8.9의 강진이 발생했다. 그 여파로 870km떨어진 도쿄에서도 진도4의 흔들림이 감지되었다.

지진의 대처 방법

· 화재에 대비하여 가스 밸브를 잠그고, 문을 열어 출구를 확보한다.
· 건물이나 가로등, 전선 등에서 멀리 피하고 떨어지는 물체에 주의한다.
· 지진 발생시 엘리베이터는 이용하지 않는다.
· 테이블 밑으로 들어가거나 방석 등으로 머리를 보호한다.

정답 및 해설 15쪽

개념확인 6 다음 중 화산 활동으로 인한 이로운 점이 아닌 것은?

① 땅속 열을 이용한 지열 발전이 가능하다.
② 화산 활동으로 유용한 광물들이 생성된다.
③ 화산 활동으로 기름진 토양이 만들어진다.
④ 내진 설계에 의해 튼튼한 건물을 지을 수 있다.
⑤ 독특한 지형이 만들어져서 관광 산업이 발달한다.

확인 + 6 다음 중 지진과 관련이 없는 것은?

① 예방을 위해 내진 설계 건물을 짓는다.
② 땅속 열을 이용한 지열 발전이 가능하다.
③ 지진 발생시 엘리베이터는 이용하지 않는다.
④ 지표면 진동으로 구조물 붕괴에 의한 피해를 입는다.
⑤ 해일에 의해 해안 지대의 인명과 재산 피해를 입는다.

미니사전

화산 이류 [火 불 山 뫼 泥 진흙 流 흐르다] 화산 분출로 쌓인 화산재 등이 비 등의 영향으로 점성이 약해져서 흘러 내리는 현상

내진 설계 [耐 견디다 震 지진 -설계] 지진을 견디기 위한 건물이나 기계 등을 위한 계획

개념 다지기

01 다음 〈보기〉는 판 구조론이 나오기까지 등장했던 학설들이다. 순서대로 바르게 나열한 것은?

〈 보기 〉

ㄱ. 맨틀 대류설　　ㄴ. 해저 확장설
ㄷ. 대륙 이동설　　ㄹ. 판 구조론

① ㄱ - ㄴ - ㄷ - ㄹ　② ㄴ - ㄷ - ㄱ - ㄹ　③ ㄷ - ㄱ - ㄴ - ㄹ
④ ㄱ - ㄷ - ㄴ - ㄹ　⑤ ㄴ - ㄱ - ㄷ - ㄹ

02 오른쪽 그림은 메소사우르스와 글로소프테리스의 화석 분포를 나타낸 것이다. 이를 근거로 주장할 수 있는 학설은 무엇인가?

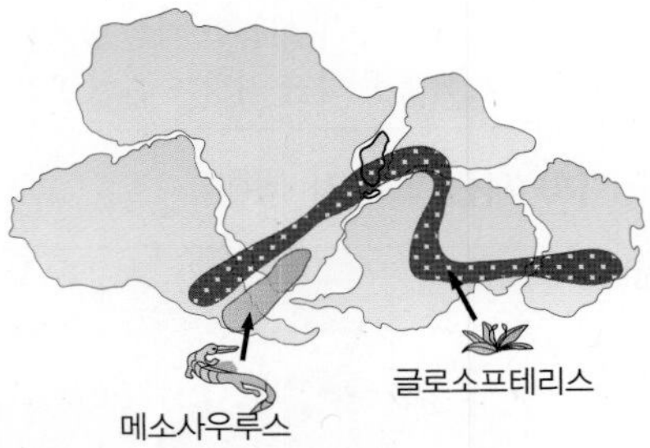

① 판 구조론　② 대륙 이동설
③ 맨틀 대류설　④ 해저 확장설
⑤ 우주 팽창설

03 오른쪽 그림은 대서양 중앙 해령을 나타낸 것이다. A에서 B로 갈수록 해저 퇴적물의 두께와 해저 암석의 나이의 변화가 바르게 짝지어진 것은?

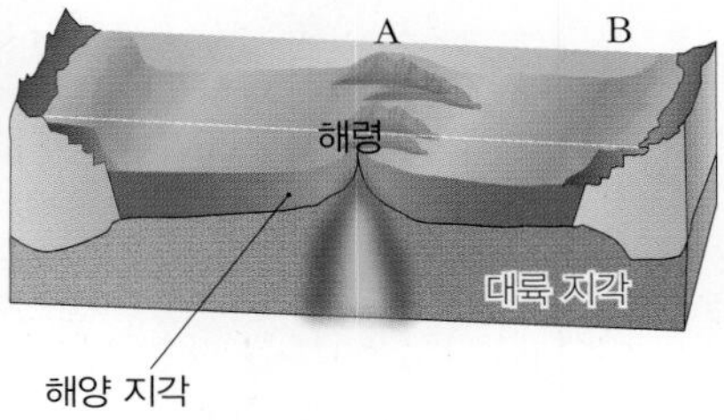

	퇴적물의 두께	암석의 나이
①	얇아진다	많아진다
②	얇아진다	적어진다
③	두꺼워진다	많아진다
④	두꺼워진다	적어진다
⑤	변함없다	변함없다

04 오른쪽 그림은 판의 구조이다. 각각에 대한 설명으로 옳은 것은?

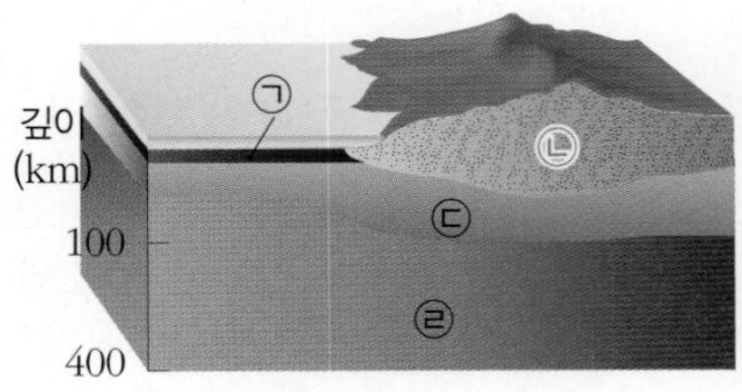

① ㉠은 얇고 가볍다.
② ㉡은 두껍고 무겁다.
③ ㉢은 지각의 일부이다.
④ ㉣은 대류가 일어나는 부분이다.
⑤ ㉠, ㉡, ㉢, ㉣을 합쳐서 판이라고 한다.

정답 및 해설 16쪽

05
다음 중 판 구조론에 대한 설명으로 옳지 않은 것은?

① 해양판이 대륙판보다 밀도가 크다.
② 판이 이동하는 원동력은 맨틀의 대류이다.
③ 지각 변동은 주로 판의 중심부에서 일어난다.
④ 지구 표면은 여러 개의 판으로 이루어져 있다.
⑤ 판은 지각과 맨틀의 일부를 포함한 것을 말한다.

06
판의 경계와 발달 지형이 바르게 짝지어진 것은?

① 발산형 경계 - 해구
② 발산형 경계 - 습곡 산맥
③ 수렴형 경계 - 해령
④ 수렴형 경계 - 열곡대
⑤ 보존형 경계 - 변환 단층

07
화산대와 지진대에 대한 설명으로 옳은 것은?

① 화산대와 지진대는 거의 일치한다.
② 지진대는 주로 해양 중심부에 분포한다.
③ 화산대는 주로 대륙 중심부에 분포한다.
④ 화산대와 지진대는 판의 중심부에 집중적으로 나타난다.
⑤ 환태평양 지역에서 지진과 화산 활동이 가장 적게 발생한다.

08
다음 중 지진이 났을 때의 대처 방법으로 바르지 않은 것은?

① 문을 열어 출구를 확보한다.
② 화재에 대비하여 가스 밸브를 잠근다.
③ 건물이나 가로등, 전선 등에서 멀리 피한다.
④ 테이블 밑으로 들어가거나 방석 등으로 머리를 보호한다.
⑤ 높은 건물에 엘리베이터를 타고 올라가서 구조대원을 기다린다.

유형 익히기 & 하브루타

[유형5-1] 판 구조론의 발달 과정 1

다음 그림은 대륙 이동설의 대륙 이동 과정을 나타낸 것이다. 오래된 것부터 시간 순서대로 나열한 것은?

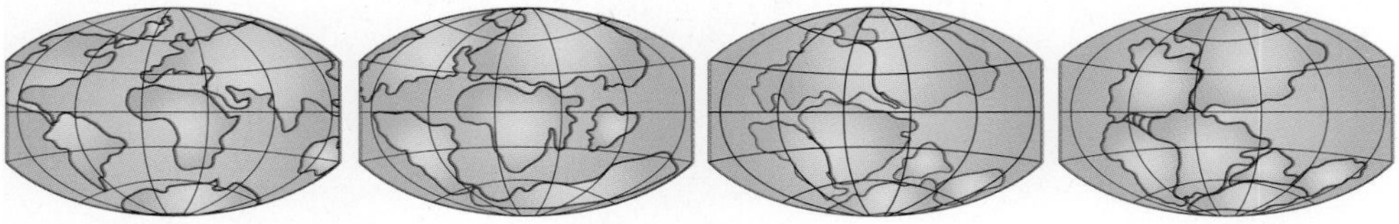

(가) (나) (다) (라)

① (가) - (나) - (다) - (라)
② (나) - (다) - (라) - (가)
③ (다) - (라) - (가) - (나)
④ (라) - (다) - (나) - (가)
⑤ (라) - (나) - (다) - (가)

Tip!

01 대륙 이동설의 한계는 무엇인가?

① 지구가 태양 주위를 돈다는 사실을 알지 못하였다.
② 맨틀이 고체지만 유동성이 있음을 증명하지 못하였다.
③ 현재 대륙의 모습과 3억 년 전 대륙의 모습이 거의 같다.
④ 지진파가 도달하지 않는 곳이 있음을 증명하지 못하였다.
⑤ 대륙을 이동시키는 원동력에 대한 근본적인 원인을 제시하지 못하였다.

02 대륙 이동설의 증거로 옳은 것은?

① 화산 활동과 지진은 판의 경계에서 주로 일어난다.
② 해양 지각 위의 퇴적물의 두께가 점점 두꺼워진다.
③ 해령으로부터 멀어질수록 암석의 나이가 많아진다.
④ 떨어져 있는 대서양 대륙의 산맥이 연결되고 같은 지질 구조가 나타난다.
⑤ 인도-오스트레일리아 판과 유라시아 판이 만나 히말라야 산맥이 만들어졌다.

정답 및 해설 16쪽

[유형5-2] 판 구조론의 발달 과정 2

다음은 해양 지각의 나이 분포를 나타낸 것이다. 이를 근거로 주장할 수 있는 학설은 무엇인가?

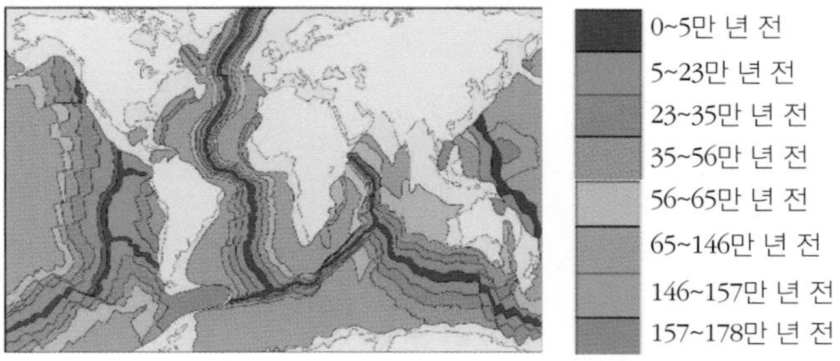

① 판 구조론 ② 대륙 이동설 ③ 맨틀 대류설
④ 해저 확장설 ⑤ 우주 팽창설

03

다음은 판 구조론이 나오기까지 제시된 여러 학설들의 주장 또는 증거이다. (가)~(다)에 들어갈 내용이 바르게 된 것은?

대륙 이동설	마주 보는 대륙의 해안선이 일치한다 .
맨틀 대류설	(가)
해저 확장설	(나)
판 구조론	(다)

① (가) 해령으로부터 멀어질수록 암석의 나이가 많아진다.
② (가) 해령에서 마그마가 분출하여 새로운 지각이 만들어진다.
③ (나) 지구 내부의 맨틀이 열에 의해 대류한다.
④ (나) 과거에는 모든 대륙이 하나의 땅덩어리로 이루어져 있었다.
⑤ (다) 지구의 겉 부분은 10여 개의 판으로 구성되어 있다.

04

지권의 변화에 대한 학설들을 발달 과정 순으로 바르게 나열한 것은?

① 대륙 이동설 → 해저 확장설 → 맨틀 대류설 → 판 구조론
② 대륙 이동설 → 맨틀 대류설 → 판 구조론 → 해저 확장설
③ 대륙 이동설 → 맨틀 대류설 → 해저 확장설 → 판 구조론
④ 대륙 이동설 → 판 구조론 → 해저 확장설 → 맨틀 대류설
⑤ 대륙 이동설 → 판 구조론 → 맨틀 대류설 → 해저 확장설

Tip!

유형 익히기 & 하브루타

[유형5-3] 판의 경계 1

다음 그림은 어느 판의 경계를 나타낸 것이다. 각각에 대한 설명으로 옳지 않은 것은?

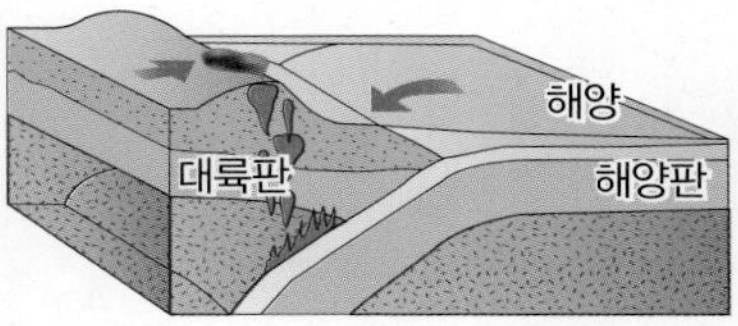

(가)

(나)

① (가)에서는 해구와 습곡 산맥이 발달한다.
② (가)는 상대적으로 밀도가 큰 해양판이 대륙판 밑으로 비스듬이 들어가고 있는 것이다.
③ (나)에서는 습곡 산맥이 발달한다.
④ (나)에서는 화산 활동과 지진이 활발하게 일어난다.
⑤ (가)와 (나)는 두 판이 서로 가까워지면서 부딪치는 경계이다.

05 다음 그림은 판의 구조이다. 다음 중 판에 포함되는 것끼리 바르게 짝지은 것은?

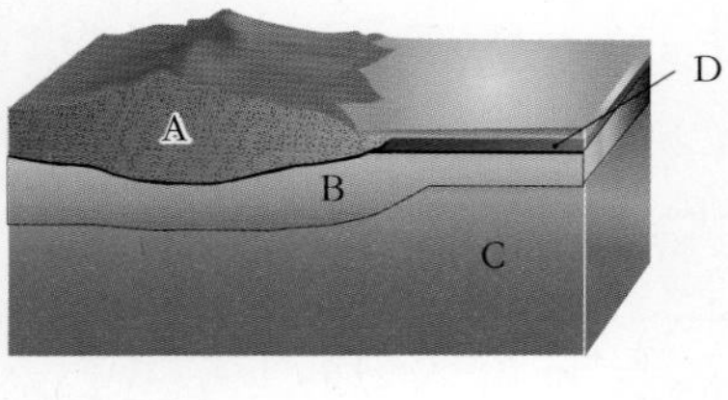

① A, B
② A, C
③ A, B, C
④ A, B, D
⑤ A, B, C, D

06 다음 그림은 마리아나 해구이다. 이에 대한 설명으로 옳은 것은?

① 대륙판이 발산하면서 발생한 곳이다.
② 해양판이 발산하면서 발생한 곳이다.
③ 대륙판과 대륙판이 만나서 발생한 곳이다.
④ 대륙판과 해양판이 만나는 섭입형 경계이다.
⑤ 판의 경계에 따라 두 판이 서로 어긋나면서 이동하는 경계이다.

정답 및 해설 16쪽

[유형5-4] 판의 경계 2

다음 그림은 어느 판의 경계를 나타낸 것이다. 이 경계에 대한 설명으로 옳은 것만을 〈보기〉에서 있는 대로 고른 것은?

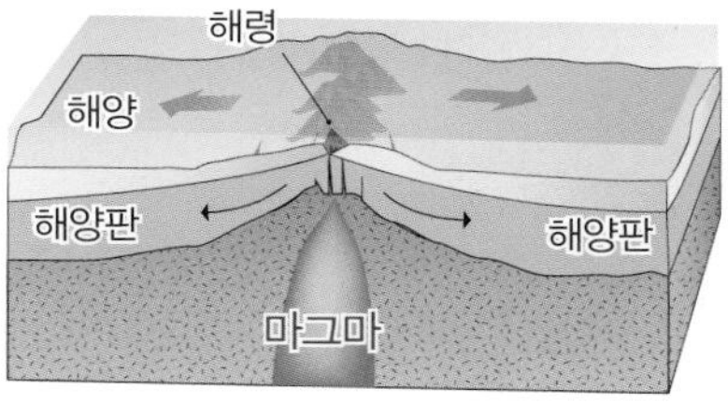

〈 보기 〉

ㄱ. 맨틀이 상승하는 곳이다.
ㄴ. 보존형 경계로 해령이 발달한다.
ㄷ. 새로운 해양 지각이 생성되는 곳이다.

① ㄱ ② ㄴ ③ ㄱ, ㄷ ④ ㄴ, ㄷ ⑤ ㄱ, ㄴ, ㄷ

07 다음 지형 중 발산형 경계에 해당하는 지역은?

① 
안데스 산맥

② 
마리아나 해구

③ 
히말라야 산맥

④ 
동아프리카 열곡대

⑤ 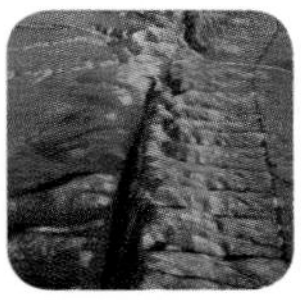
산안드레아스단층

08 다음 그림은 어느 판의 경계를 나타낸 것이다. 이 경계에 대한 설명으로 옳은 것만을 〈보기〉에서 있는 대로 고른 것은?

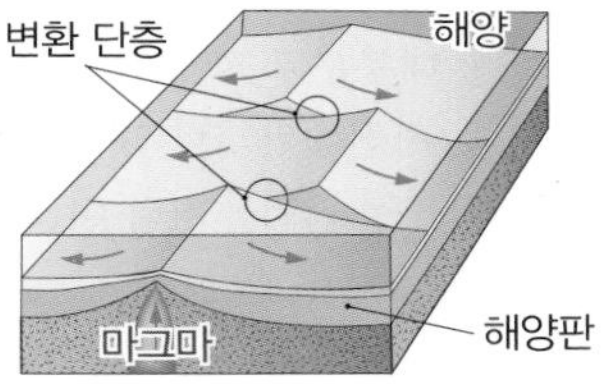

〈 보기 〉

ㄱ. 주변부에서 지진이 발생한다.
ㄴ. 수렴형 경계로 호상 열도가 발달한다.
ㄷ. 새로운 지각이 생성되는 곳이다.

① ㄱ ② ㄴ ③ ㄱ, ㄴ
④ ㄱ, ㄷ ⑤ ㄱ, ㄴ, ㄷ

[유형5-5] 화산 활동과 지진 1

다음 그림은 지진대와 화산대를 나타낸 것이다. 이에 대한 설명으로 옳지 않은 것은?

① 지진과 화산 활동 지역은 대부분 일치한다.
② 지진과 화산 활동은 판의 운동과 관련이 있다.
③ 지진 활동은 대륙의 중심부에서 가장 활발하다.
④ 화산 활동은 태평양 주변부에서 가장 활발하다.
⑤ 지진과 화산 발생 지역은 특정 지역에 띠 모양으로 분포한다.

09 다음 〈보기〉 중 화산대와 지진대에 대한 설명으로 옳은 것만을 있는 대로 고른 것은?

〈 보기 〉
ㄱ. 대부분 판의 중앙 부근에 위치한다.
ㄴ. 지진대와 화산대는 거의 일치한다.
ㄷ. 특정 지역을 따라 띠 모양으로 분포한다.

① ㄱ ② ㄴ ③ ㄱ, ㄴ
④ ㄴ, ㄷ ⑤ ㄱ, ㄴ, ㄷ

10 세계에서 지진과 화산 활동이 활발하게 일어나는 지역에 대한 설명으로 옳은 것은?

① 지진은 태평양 한가운데서 주로 발생한다.
② 화산과 지진은 주로 판의 경계에서 발생한다.
③ 화산대와 지진대는 전세계에 골고루 분포한다.
④ 해양판과 대륙판이 부딪칠 때만 지진과 화산 활동이 일어난다.
⑤ 일본에서 지진이 자주 일어나는 이유는 판의 중심부에 있기 때문이다.

정답 및 해설 16쪽

[유형5-6] 화산 활동과 지진 2

다음 그림은 지진으로 인한 피해 모습을 나타낸 것이다. 이러한 지진이 발생하였을 때 대처하는 방법으로 옳은 것은?

① 큰 건물 옆으로 대피한다.
② 몸을 지탱하기 위해 가로등을 붙잡고 있는다.
③ 안전한 집에서 문을 꼭 잠그고 구조대를 기다린다.
④ 테이블 밑으로 들어가거나 방석 등으로 머리를 보호한다.
⑤ 높은 건물에 있을 때는 엘리베이터를 이용하여 빠르게 내려간다.

11

다음 〈보기〉 중 화산 활동의 이로운 점만을 있는 대로 고른 것은?

〈 보기 〉

ㄱ. 화산재로 인해 지구의 평균 기온이 내려가서 환경이 갑자기 변한다.
ㄴ. 땅속 열을 이용하여 지열 발전을 할 수 있다.
ㄷ. 독특한 지형을 이용한 관광 산업이 발달할 수 있다.

① ㄱ　② ㄴ　③ ㄱ, ㄴ
④ ㄴ, ㄷ　⑤ ㄱ, ㄴ, ㄷ

12

지진이 자주 발생하는 지역에서 지진 피해를 최소화하기 위한 대책으로 적절하지 않은 것은?

① 건축물에 대각선 지지대를 설치한다.
② 건축물에 자동 소화 장치를 설치한다.
③ 송유관 연결 부위를 고무로 연결한다.
④ 주택의 지붕은 기와보다는 양철을 활용한다.
⑤ 주택은 철근 콘크리트보다 흙벽돌을 이용하여 짓는다.

창의력 & 토론마당

01 2015년 4월 25일 네팔 카트만두에서 규모 7.8의 지진이 발생하였다. 이번 지진으로 인한 사망자만 2,500여 명이 넘었고, 문화유적을 포함한 수많은 건물이 무너지고 도로가 두 동강 나는 등의 피해도 발생했다. 이번에 발생한 지진의 규모(7.8)는 1934년 카트만두 동부를 강타한 강진(규모 8.0 이상) 이후 81년 만에 최대였다. AP통신은 네팔 대지진이 2010년 1월 아이티에서 발생한 강진(규모 7.0)보다 16배 정도 강력하다고 보도했다. 이번 지진은 네팔 역사상 1934년 대지진 이후 최악의 참사로 기록됐다. 지진 전문가들은 그동안 수차례 네팔 지진의 가능성을 경고했었다. 2010년 아이티에서 대지진 참사가 일어나자 전문가들 사이에서는 네팔이 다음 희생자가 될 것이라는 전망이 퍼지기도 하였다.

(1) 위의 그림은 지진이 일어난 네팔 지도이다. 그림을 참고로 하여 네팔에서 지진이 발생한 원인을 판의 경계를 이용하여 설명해 보시오.

(2) 네팔에서 발생한 지진으로 인한 피해 규모가 컸던 이유에 대하여 네팔의 생활 모습과 발생한 지진의 특징을 이용하여 설명해 보시오.

정답 및 해설 17쪽

02 지진파 토모그래피란 지진파의 P파와 S파가 관측소에 도달하는 시간을 분석하여 지진파가 통과한 지층이나 지각 구조, 활성 단층을 찾을 수 있는 기술을 말한다. 맨틀의 온도가 높아 부분적으로 녹아서 액체가 된 곳에서는 지진파의 속도가 느려지는 점을 이용하여 맨틀 내부의 상태를 파악하는데 이용하고 있다. 다음 그림은 판의 분포 (가)와 백두산 지하 맨틀의 상태를 연구하는데 쓰이는 지진파 토모그래피 사진(나)이다. 오른쪽의 차가운 판(파란색 부분 ㉠)이 왼쪽 판(빨간색 부분 ㉡) 아래로 비스듬히 섭입하는 것을 확인할 수 있다. 이를 이용하여 백두산이 생성된 원인을 판과 판의 경계를 이용하여 설명해 보시오.

(가) 판의 분포와 경계

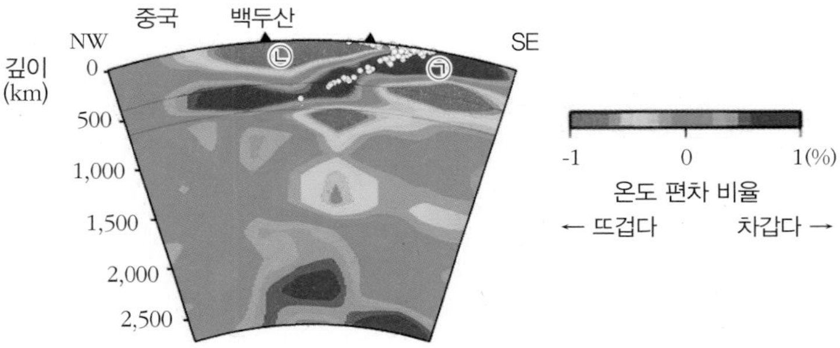

(나) 백두산 지진파 토모그래피

03 5000만년 전 시작된 판의 충돌로 형성된 히말라야 산맥에는 세계 최고봉인 에베레스트 산(8,848m)을 포함하여 해발 8,000m가 넘는 봉우리들이 14개나 있는 '세계의 지붕'이라고 할 수 있다. 총 길이 2,400km인 '히말라야'는 고대 산스크리트(梵語)의 눈[雪]을 뜻하는 히마(hima)와 거처를 뜻하는 알라야(alaya)의 2개 낱말이 결합된 복합어이다.

세계 최고봉인 에베레스트 산의 높이는 1952년 인도의 측량대가 측정한 값인 8,848m로 알고 있지만, 1975년 중국의 에베레스트 측량대가 측정한 결과 값은 약 13m 더 높은 8,861m이었다. 그렇다면 20년 동안 에베레스트 산의 높이가 높아진 이유에 대하여 판의 운동을 이용하여 설명해 보시오.

04 대륙 지각의 평균 나이는 약 20억 년으로 추정되는 반면에 가장 오래된 해양 지각의 나이는 2억 년을 넘지 않는다. 이제까지 알려진 바로는 42억 8,000만 년 전에는 대륙이 생성되기 시작하였다. 다음 그림은 해령에서 생성된 해양 지각과 대륙 지각이 충돌하는 그림이다. 이를 참고로 하여 대륙 지각과 해양 지각의 나이가 차이가 나는 이유에 대하여 서술해 보시오.

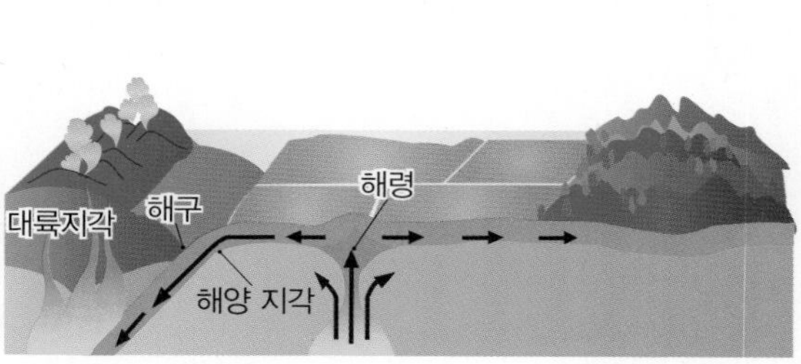

정답 및 해설 18쪽

05 다음 그림은 전 세계의 지진대를 나타낸 것이고, 표는 최근 발생한 두 곳의 지진 자료이다. 지진 A, B에 대하여 각각 판의 경계와 그 경계에서 발달하는 지형에 대하여 서술해 보시오.

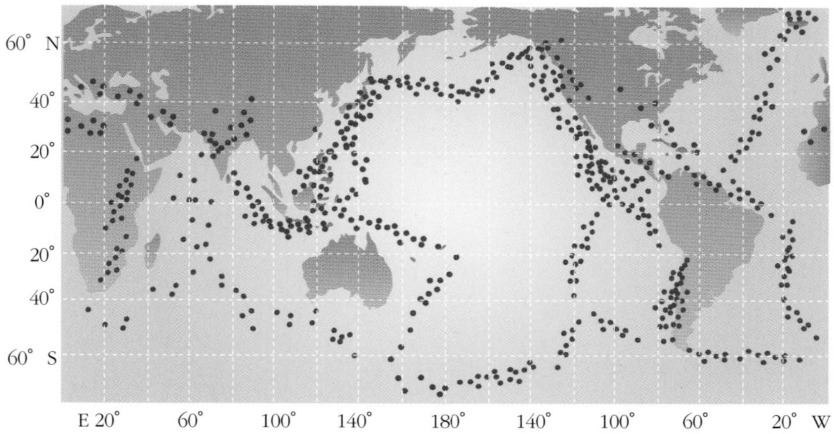

지진	발생 연도	규모	진앙의 위치	
A	2001	8.4	13.3° S	78.2° W
B	2015	7.8	27.4° N	85.2° E

스스로 실력 높이기

A

01 대륙 이동설의 증거로 옳은 것은 O표, 옳지 않은 것은 X표 하시오.

(1) 멀리 떨어져 있는 두 대륙의 생물 분포가 비슷하다. (　　)

(2) 멀리 떨어져 있는 두 대륙에서 동시대에 살았던 고생물 화석이 발견된다. (　　)

(3) 아프리카 대륙에서 빙하의 흔적이 발견 된다. (　　)

02 다음 빈칸에 알맞은 말을 순서대로 쓰시오.

> 1915년 베게너는 모든 대륙이라는 의미의 초대륙 (　　　　)을(를) 제안하였고, 이 초대륙이 현재와 같은 대륙 분포를 이루었다는 (　　　　)을(를) 주장하였다.

03 다음과 같이 주장하는 학설은 무엇인가?

> 맨틀 대류에 의해 맨틀이 상승하는 곳에서 대륙 지각이 갈라지면서 대륙이 이동하는 것이다.

(　　　　)

04 다음과 같이 주장하는 학설은 무엇인가?

> 중앙 해령 아래에서 뜨거운 맨틀 물질이 상승하여 좌우로 퍼져나가 새로운 해양 지각을 형성하는 것이다.

(　　　　)

05 판 구조론에 대한 설명으로 옳은 것은 O표, 옳지 않은 것은 X표 하시오.

(1) 지구의 겉부분은 하나의 거대한 판으로 이루어져 있다. (　　)

(2) 지구 표면의 크고 작은 판은 맨틀 대류에 의해서 서서히 움직인다. (　　)

(3) 대륙 이동설 → 맨틀 대류설 → 해저 확장설을 거쳐 정립되었다. (　　)

06 판의 특징에 대한 설명으로 옳은 것은 O표, 옳지 않은 것은 X표 하시오.

(1) 판은 지각으로만 구성된다. (　　)

(2) 판의 중심부에서는 지각 변동이 활발하게 일어난다. (　　)

(3) 상부 맨틀은 유동성이 있고, 대류가 일어나는 부분은 연약권이다. (　　)

07 다음 〈보기〉 중 판에 대한 설명으로 옳은 것만을 있는 대로 고른 것은?

> 〈 보기 〉
>
> ㄱ. 지구의 겉 부분을 둘러싸고 있는 암석판을 말한다.
> ㄴ. 해양판과 대륙판이 있다.
> ㄷ. 지구 중력에 의해 판이 이동한다.

① ㄱ, ㄴ　② ㄱ, ㄷ　③ ㄴ, ㄷ
④ ㄱ, ㄷ　⑤ ㄱ, ㄴ, ㄷ

정답 및 해설 18쪽

08 지각은 여러 개의 판으로 이루어져 있다. 이 판들이 만나는 부근에서 일어나는 지각 변동이 아닌 것은?

① 지진이 일어난다.
② 산맥이 만들어진다.
③ 단층이 만들어진다.
④ 화산 활동이 일어난다.
⑤ 퇴적암층이 두꺼워진다.

09 판의 경계에 대한 설명으로 옳은 것은 O표, 옳지 않은 것은 X표 하시오.

(1) 대륙판과 해양판이 충돌하면 해양판 밑으로 대륙판이 비스듬히 들어간다. ( )
(2) 보존형 경계에서는 화산 활동이 활발하게 일어난다. ( )
(3) 발산형 경계에서는 화산 활동이 활발하게 일어나지만 지진은 일어나지 않는다. ( )

10 다음에서 설명하는 것은 무엇인가?

지구 내부에서 생긴 진동이 사방으로 전달되는 현상으로 주로 지층이 끊어지거나 화산 활동이 일어날 때 발생한다.

( )

B

11 다음 그림은 판 구조론이 나오기까지의 학설을 순서대로 나열한 것이다. A에 대한 내용으로 옳은 것은?

① 지구 표면은 10여개의 판으로 이루어져 있다.
② 지구 내부의 열에 의한 맨틀의 대류로 대륙이 이동한다.
③ 과거에 판게아라는 초대륙으로 모든 대륙이 하나로 모여 있었다.
④ 해령에서 새로운 해양 지각이 만들어져서 양옆으로 이동한다.
⑤ 떨어져 있는 대서양 양 대륙의 산맥이 일치하는 것이 이 학설의 증거이다.

12 다음 그림은 맨틀 대류설에 대한 그림이다. 이에 대한 설명으로 옳은 것은?

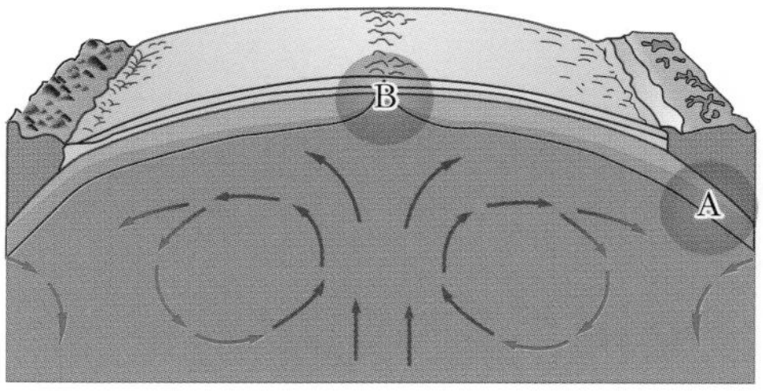

① A지점에서는 해령이 발달한다.
② A지점에서는 대륙 지각이 냉각되어 해양 지각 밑으로 들어가게 된다.
③ B지점에서는 지각이 상승한다.
④ B지점에서는 해구가 발달한다.
⑤ 지구 내부의 뜨거운 열에 의하여 맨틀이 대류하는 것이다.

13 다음 빈칸에 알맞은 말을 순서대로 쓰시오.

해양판과 해양판이 서로 반대 방향으로 멀어지면서 바다 속에 ( )이 형성되고, 대륙판과 대륙판이 서로 반대 방향으로 멀어지면서 ( )가 형성된다.

[14~16] 다음 그림은 두 판이 만나는 경계를 나타내는 것이다. 다음 물음에 답하시오.

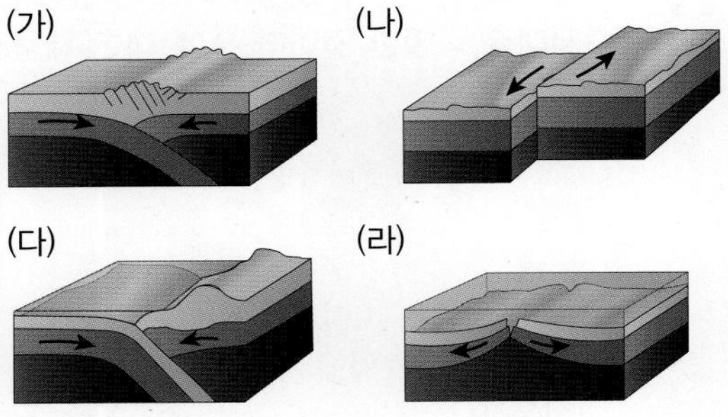

14 다음 중 새로운 지각이 형성되는 경계는?

① (가) ② (나) ③ (다)
④ (라) ⑤ 없다.

15 다음 중 지각이 소멸되는 경계를 모두 고른 것은?

① (가), (나) ② (나), (다) ③ (다), (라)
④ (가), (다) ⑤ (나), (라)

16 다음 중 마그마가 상승하는 경계를 옳게 고른 것은?

① (가), (나) ② (나), (다) ③ (다), (라)
④ (가), (다) ⑤ (나), (라)

17 오른쪽 그림은 히말라야 산맥이 형성되는 과정을 나타낸 것이다. 이에 대한 설명으로 옳지 <u>않은</u> 것은?

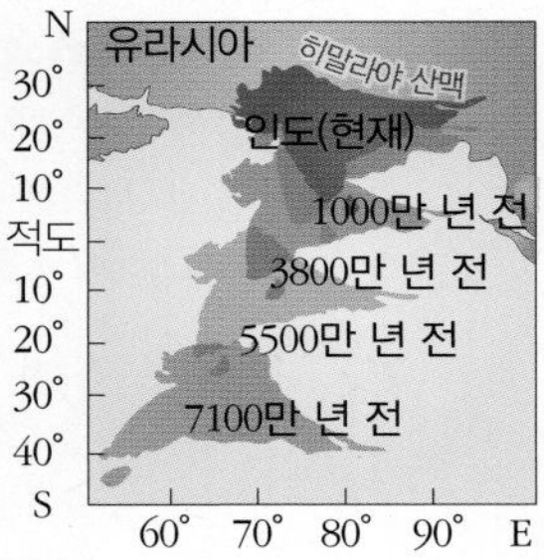

① 인도 대륙이 북상하였다.
② 해양판과 대륙판이 충돌하였다.
③ 충돌형 경계에서 발생한 산맥이다.
④ 두 판이 충돌하여 습곡 산맥인 히말라야 산맥이 형성되었다.
⑤ 남반구의 인도-오스트레일리아 판이 북상하여 유라시아 판과 충돌하였다.

18 오른쪽 그림은 안데스 산맥을 나타낸 것이다. 이와 관련된 설명으로 옳은 것은?

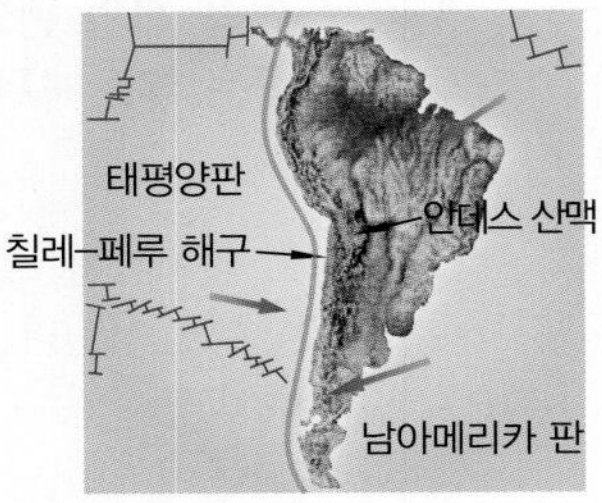

① 바다 속에 해령이 형성되었다.
② 충돌형 경계에서 발생한 산맥이다.
③ 대륙이 갈라지면서 열곡대도 발생하였다.
④ 대륙판과 대륙판의 충돌로 발생한 산맥이다.
⑤ 상대적으로 밀도가 큰 판이 밀도가 작은 판 아래로 들어가면서 생긴 산맥이다.

19 화산 활동의 영향에 대한 설명으로 옳지 <u>않은</u> 것은?

① 화산 가스는 인명 피해를 줄 수 있다.
② 화산재는 그 지역을 영구히 황폐화시킨다.
③ 화산 지역에서 유용한 광물을 얻을 수 있다.
④ 화산재로 인해 지구의 평균 기온이 내려간다 .
⑤ 화산 지대의 지열을 이용하여 발전을 할 수 있다.

20 다음은 지진이 발생하였을 때 일어나는 현상이다. 이를 참고하여 지진에 의한 피해를 줄일 수 있는 방법으로 바람직하지 <u>않은</u> 것은?

> · 지진은 보통 길어야 1~2분 정도면 종료되고, 강한 진동일 경우에도 15초 이상 지속되지 않는다.
> · 지진이 발생하면 흔들리는 건물에서 물건이 떨어지며, 건물이 무너지거나 갈라져서 가스가 유출되어 화재가 발생할 수 있다.

① 견고한 가구 밑으로 대피한다.
② 문은 열어두고 가스 밸브를 잠근다.
③ 엘리베이터보다 비상 계단을 이용한다.
④ 건물 내에서는 방석 등으로 머리를 보호한다.
⑤ 건축물이 없는 멀리 떨어진 장소로 대피한다.

정답 및 해설 18쪽

C

21 다음 그림은 판의 경계를 나누는 과정이다. A, B, C 지역과 그 주변에서 발달하는 지형을 〈보기〉에서 있는 대로 고르시오.

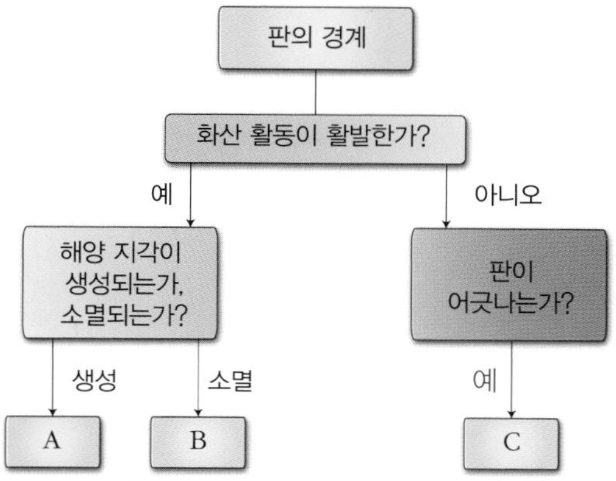

〈 보기 〉

ㄱ. 해령　ㄴ. 해구　ㄷ. 변환 단층
ㄹ. 습곡 산맥　ㅁ. 호상 열도

A (　　　　), B (　　　　), C (　　　　)

[22~23] 다음 그림은 지각의 생성과 이동을 나타낸 것이다. 다음 물음에 답하시오.

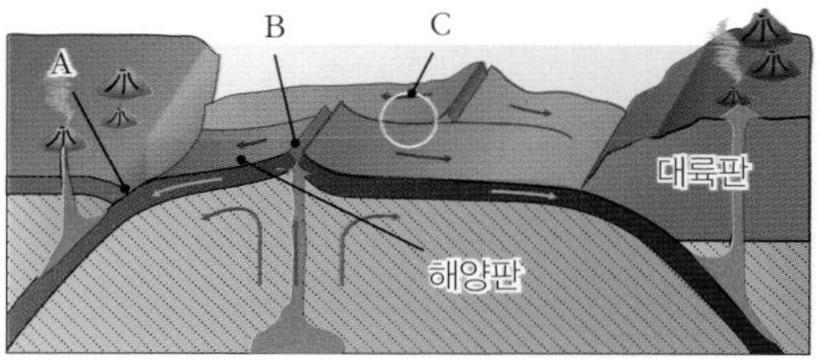

22 각 기호와 명칭이 바르게 짝지어진 것은?

① A - 해령　② B - 해구
③ C - 변환 단층　④ A - 습곡 산맥
⑤ B - 열곡대

23 그림에 대한 설명으로 옳은 것은?

① A 지역은 충돌형 경계이다.
② B 지역은 보존형 경계이다.
③ C지역에서는 화산 활동이 활발하다.
④ B에서 A로 갈수록 퇴적물의 두께가 얇아진다.
⑤ 대륙판이 해양판보다 상대적으로 밀도가 작다.

[24~25] 다음 그림은 지구 표면의 주요 판과 화산대와 지진대를 나타낸 것이다. 다음 물음에 답하시오.

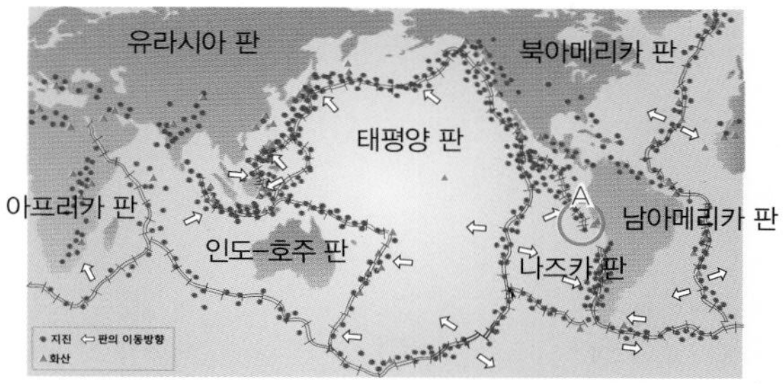

24 위의 그림에 대한 설명으로 옳지 <u>않은</u> 것은?

① 지진대와 화산대는 대체로 일치한다.
② 판의 경계에서 판이 충돌하기도 한다.
③ 화산대는 판의 경계와 대체로 일치한다.
④ 판의 경계에서 지진과 화산 활동이 활발하다.
⑤ 판의 이동 방향은 어느 지역에서나 일정하다.

25 A에 해당하는 판의 경계는 무엇인가?

①
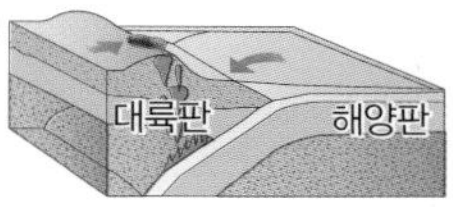

②
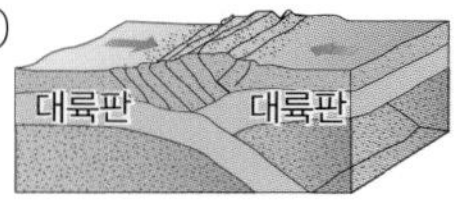

③

④
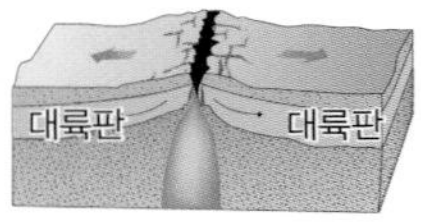

⑤
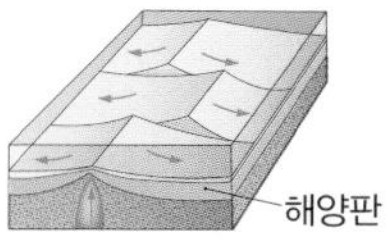

26 다음 그림은 현재 대륙에 분포하고 있는 빙하의 흔적을 나타낸 것이다. 현재 적도 지역에서 빙하의 흔적이 발견된 이유에 대하여 설명해 보시오.

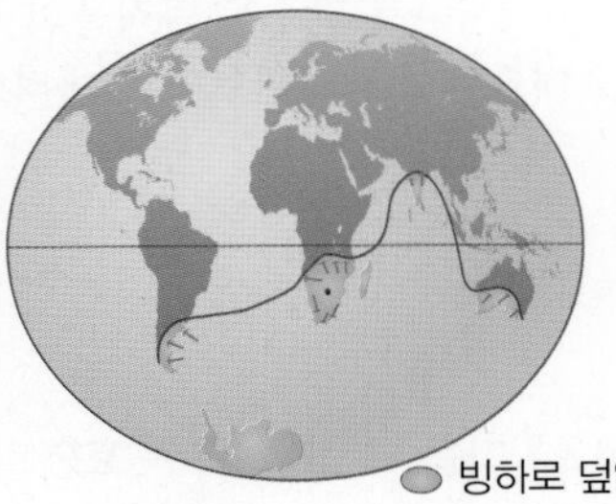

27 다음 중 판의 경계를 수렴형, 발산형, 보존형 경계로 구분하는 기준을 설명해 보시오.

28 변환 단층을 형성하는 판의 경계에 대하여 설명해 보시오.

29 그림은 산안드레아스 단층을 나타낸 것이다. 산안드레아스 단층이 생성된 원인을 판과 판의 경계를 이용하여 설명해 보시오.

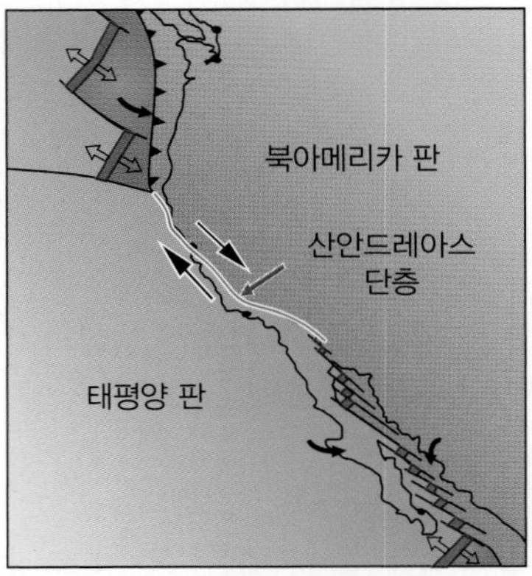

정답 및 해설 18쪽

30 그림은 동아프리카 열곡대이다. 동아프리카 열곡대가 생성된 원인과 그때 일어난 지각 변동에 대하여 설명해 보시오.

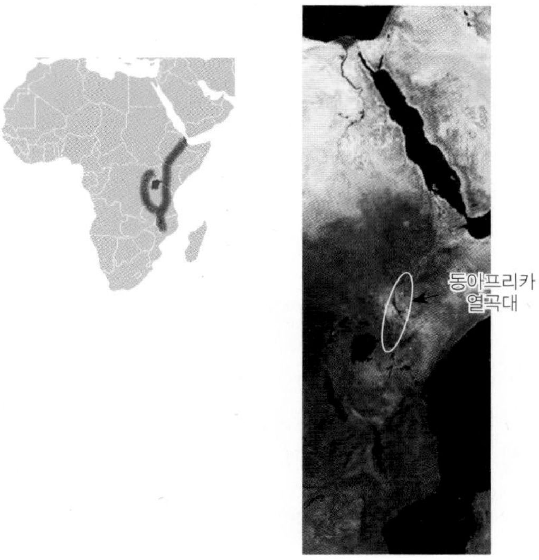

창의력 서술

[31~32] 다음 그림은 히말라야산맥이 형성되는 과정과 안데스 산맥을 나타낸 것이다.

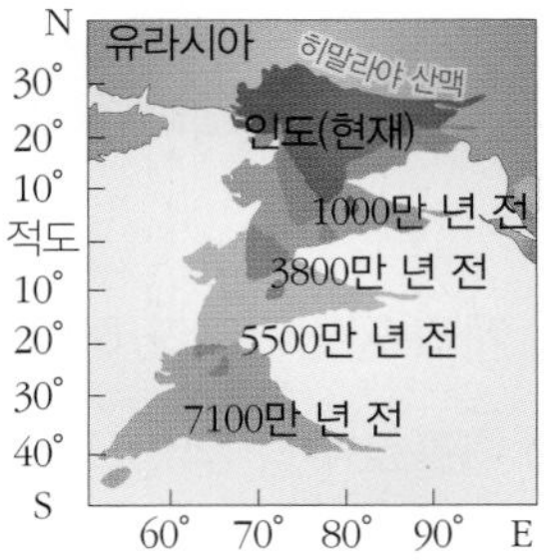

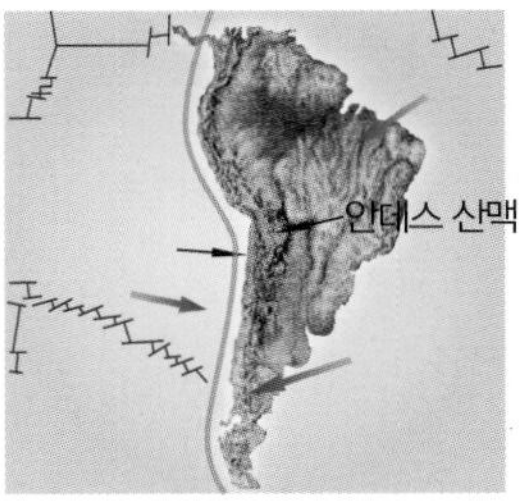

31 히말라야 산맥과 안데스 산맥의 형성 단계에 있어서의 공통점을 서술하시오.

32 히말라야 산맥과 안데스 산맥의 형성 단계에 있어서의 차이점을 충돌하는 판의 종류와 지진, 화산 활동 등의 개념을 활용해 서술하시오.

한반도의 생성과 대륙 이동설

46억 년 전 지구 탄생

지구는 46억 년 전 미행성들이 서로 충돌하면서 합쳐져 탄생되었다. 탄생 직후 마그마의 바다로 온통 불덩어리였으나, 점차 식어가면서 44억 년 전 육지가 형성되기 시작했다.

29억 년 전 한반도의 탄생

한반도는 지구에 육지가 형성 된 후, 15억 년 뒤인 30억 년 전에 형성된 것으로 추정하는데, 이는 강원도 화천에서 발견된 광물인 지르콘이 29억 년 전의 것으로 밝혀졌기 때문이다. 한반도를 구성하는 지각 물질이 이때 생성되었으나 지금의 한반도가 있는 북위 38도 부근에서 생성된 것은 아니다.

한반도가 육지가 되다

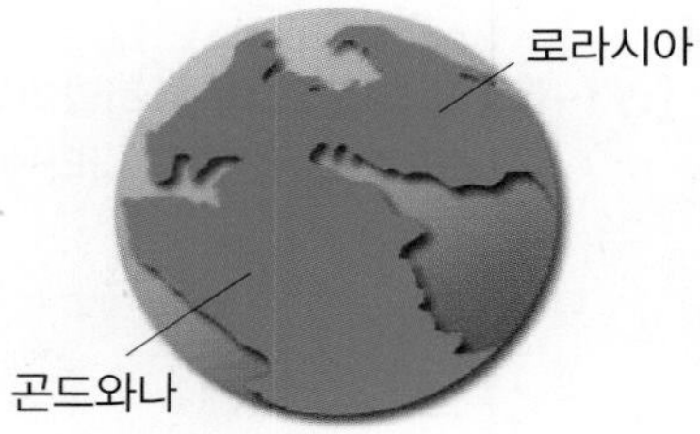

강원도에서 조개류 화석 위에서 식물 화석이 발견되어 한반도가 바다속에 있다가 육지로 떠올랐다는 것을 알 수 있다. 이 시기는 한반도가 속한 땅덩어리가 고대 대륙인 곤드와나 대륙의 가장자리인 남위 10~20도의 적도 근처에서 북상하던 중이었다.

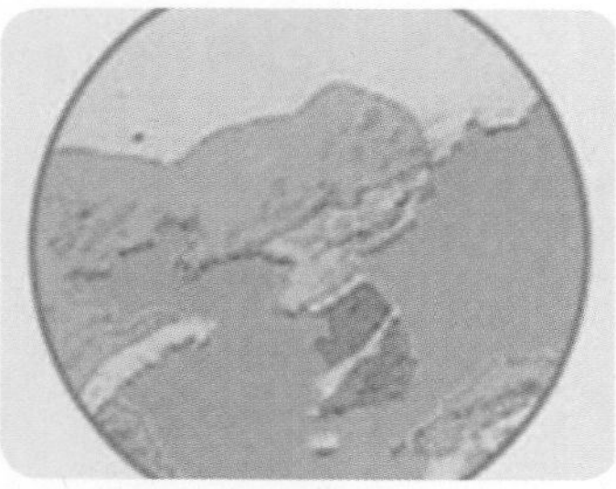

1억 5000만 년 전 세 개의 땅덩어리가 하나가 되다

고생대 후기에 들어 맨틀로부터 엄청난 규모의 열덩어리가 올라오면서 곤드와나 대륙이 하나씩 붕괴하기 시작하여 약 2억 6000만 년 전 곤드와나 대륙 북쪽 가장자리에서 두 개의 작은 땅덩어리들이 떨어져 나가면서 한반도는 북쪽으로 이동했다. 이 땅덩어리들은 1억 8천 만 년 전 충돌하여 결합한 후, 계속 북상하다가 1억 5000만 년 전 남하하던 로라시아 대륙의 일부와 충돌함으로써 오늘날 한반도의 모습이 완성되었다.

정답 및 해설 20쪽

2500만 년 전 동해가 열리다

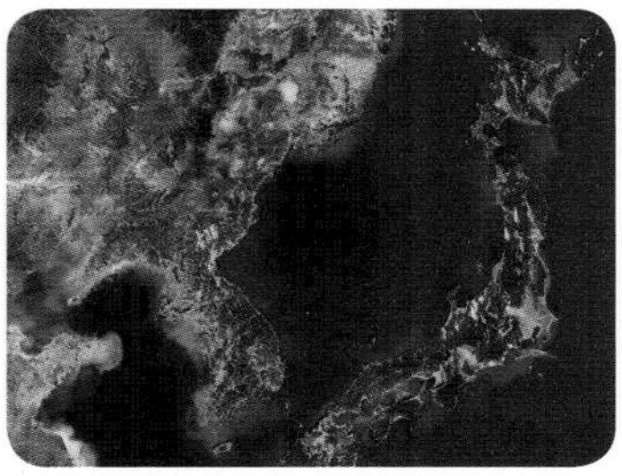

하나였던 한국과 일본은 2500만 년 전쯤 동해가 열리기 시작하면서 일본이 분리되었고, 동해는 1200만 년 전 확장을 중단한 뒤 지금은 조금씩 좁아지고 있는 것으로 보인다.

450만 년 전 ~ 250만 년 전 독도 탄생

정상부 지름이 20~30km에 달하고 높이는 2,000m나 되는 독도 해산, 탐해 해산, 동해 해산이 독도 바다 밑에 있다. 수심 200m 아래 독도 해산의 정상부에는 지름 500m 밖에 안 되는 부분이 수면 위까지 솟아 있는데 이것이 독도다. 독도는 독도 해산이 생겨난 후 450만 년 전부터 250만 년 전까지 화산이 폭발해 형성됐다.

백두산과 한라산

천지는 1205년의 화산 폭발로 완성됐고, 백두산은 2840만 년 전부터 최근까지 화산이 폭발했다. 한라산은 백두산보다 늦은 170만 년 전부터 화산이 폭발했고, 백록담은 500년 전쯤에 완성됐다.

5000년 전 서해 갯벌 형성

수만 년 전 빙하기까지만 해도 서해는 지금보다 해수면이 100m 이상 낮아 육지였기 때문에 한민족의 조상은 걸어서 서해를 지나 한반도로 이주했을 것이다. 서해의 해수면은 마지막 빙하기가 끝난 1만 5000년 전부터 빙하가 녹으면서 급격히 상승하여 서해 갯벌은 5000년 전에 해수면이 지금과 비슷해지면서 형성됐다.

Q1 **지구가 생성된 지 하루(24시간)가 지났다고 가정하자. 육지가 생성된 것은 몇 시간 전인 지 나타내 보시오. 또, 한반도의 탄생과 독도 등이 나타난 시간은 몇 시간 전인지 나타내 보시오.**

Project 2 - 탐구

[탐구-1] 지구 내부 구조의 탐사 방법

다음 자료는 지구 내부 구조를 탐사하는 여러 가지 방법을 나타낸 것이다.
각 방법의 장단점을 알아 보자.

(1) 시추법

지표면에 드릴로 직접 구멍을 뚫고 지구 내부의 물질을 채취하여 조사한다.

(2) 지진파 분석

지진이 발생할 때 지구의 표면으로 전달되는 지진파를 분석한다.

(3) 화산 분출물 조사

화산이 폭발할 때 분출하는 물질을 조사한다.

(4) 지질 구조 조사

지표면에 드러난 지층의 지질 구조를 파악한다.

(5) 운석 분석

지구에 떨어진 외부 유입 물질인 운석을 연구한다.

(6) 고온 · 고압 실험

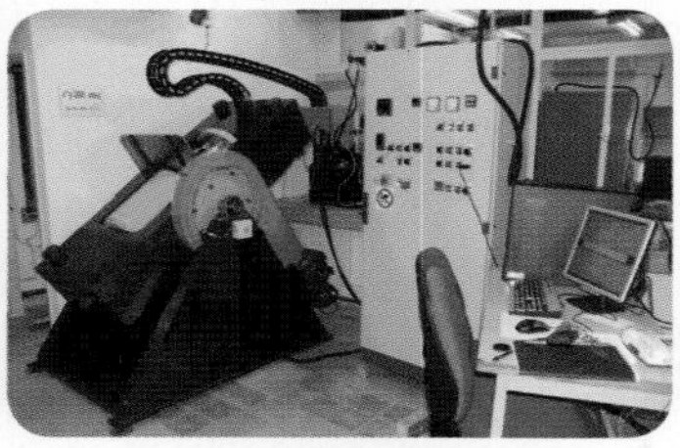

실험실에서 지구의 내부 환경과 비슷한 고온 · 고압 실험을 실시한다.

탐구 결과

1. 지구 내부를 조사하는 방법을 직접적인 방법과 간접적인 방법으로 구분해 보자.

구분	직접적인 조사 방법	간접적인 조사 방법
조사 방법		

2. 지구 내부 구조를 탐사하는데 가장 효과적인 방법을 고르고, 왜 그런지 이유도 쓰시오.

정답 및 해설 20쪽

<탐구 속 읽기 자료>

1. 운석 : 운석은 우주 공간으로부터 지표로 떨어진 암석이다. 우주 공간의 혜성이나 소행성이 남긴 파편들인 유성체는 지구 대기로 진입하면 대기와의 마찰로 다 타버리지만 큰 유성체는 그 잔해가 지표면까지 도달하는데, 이것이 운석이다.

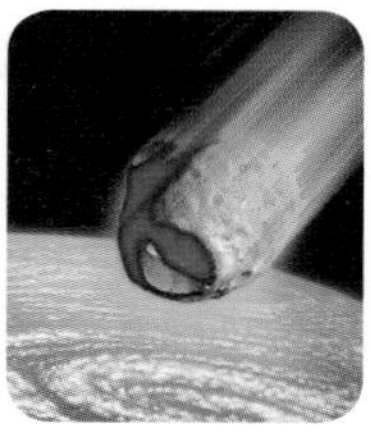

운석의 대기권 진입

2. 운석의 종류

석질 운석은 주로 규산염 광물(주로 산소와 규소로 이루어짐)로 이루어진 운석이고, 철질 운석은 철과 니켈 성분으로 이루어진 운석이다. 그리고 석철질 운석은 철질 성분과 규산염 성분이 반씩 섞여 있는 것이다. 철질 운석과 석철질 운석은 지구 표면에서 발견되는 암석과 구성 성분이 크게 달라 쉽게 구별이 가능하다.

석질 운석

석철질 운석

철질 운석

3. 대표적인 운석

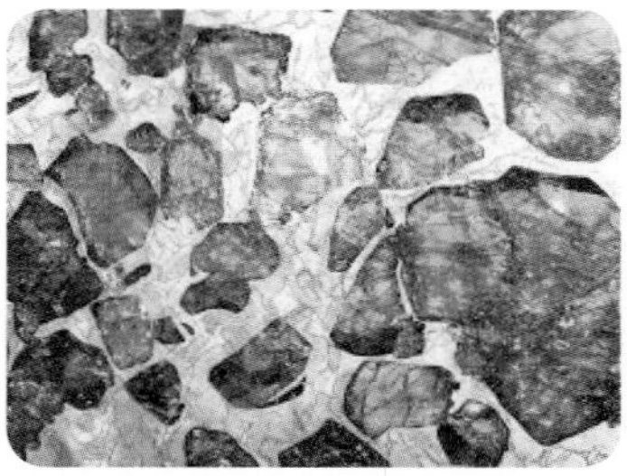

중국 푸캉에서 발견된 펠라사이트 운석

2000년 중국 푸캉 고비 사막에서 발견된 펠라사이트 운석은 45억 년 지구가 형성될 당시에 떨어진 것으로 추정하고 있다. 펠라사이트는 지구에는 존재하지 않는 광물로 니켈, 철, 감람석 등이 섞여 빛을 비추면 오묘한 빛을 내뿜는다.

아프리카 나미비아의 호바 운석

1920년 아프리카의 나미비아에서 발견된 이 운석은 80,000년 전에 지구에 떨어진 것으로 추정되고 있는데, 현재까지 발견된 운석 중 가장 크다. 철과 니켈이 99% 가량 포함된 철질 운석으로 비중은 7, 무게는 65~70톤으로 추정하고 있다.

Q1 **지구의 내부 구조를 연구하는데 지구 외부에서 유입된 운석을 연구하는 이유는 무엇인지 자신의 생각을 쓰시오.**

Project 2 - 탐구

[탐구-2] 지구 내부 구조 모형 만들기

1. 지구 내부 구조 모형 각 층의 두께 계산하기

지구 모형을 반지름이 5cm인 구로 생각했을 때의 각 층의 두께를 구한다.(모형을 만들 스타이로폼 공의 반지름에 맞게 계산한다.)

지구 내부 구조	지구 실제 분포 깊이 (km)	지구 모형에서의 분포 깊이(cm)
지각	0~35	
맨틀	35~2,900	
외핵	2,900~5,100	
내핵	5,100~6,400	

지구 반지름(6,400km)을 모형 반지름(5cm)으로 바꾸어 모형의 분포 길이를 계산한다.

→ 6,400 : 5 = 2,900 : 맨틀과 외핵의 경계
맨틀과 외핵의 경계 ≒ 2.3

2. 지구 내부 모형 만들기

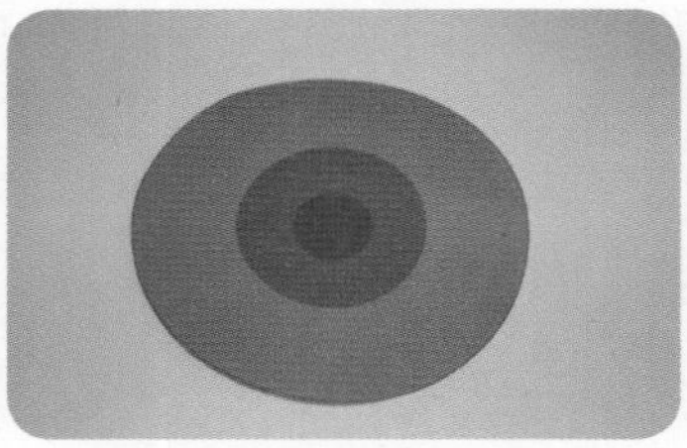

① 위에서 계산한 지구 모형 분포 깊이를 이용해 종이에 내부 구조를 2장 그려서 색칠한다.

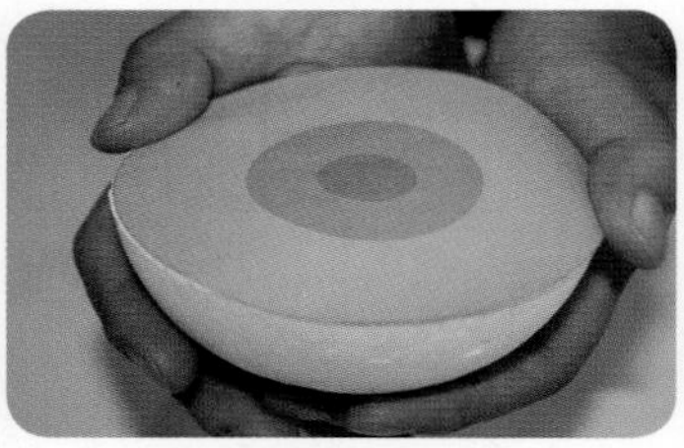

② 스타이로폼 공을 반을 자른 후 자른 단면에 종이에 그린 내부 구조를 붙인다.

③ 스타이로폼 공(나머지 반)을 1/4만 잘라낸 후 단면에 종이에 그린 내부 구조를 붙인다.

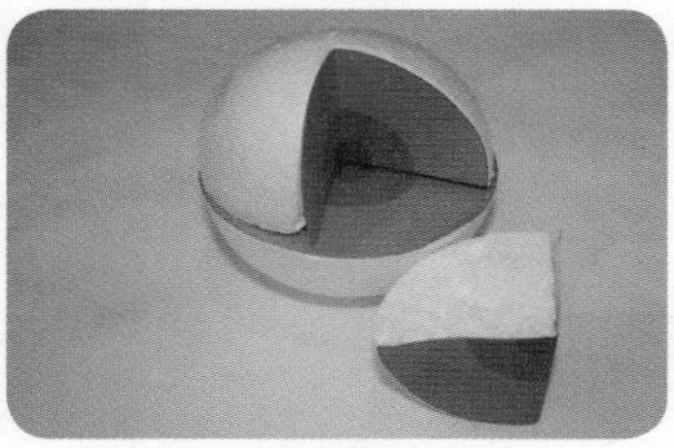

④ 모형 3개를 합체한다.

▲ 또다른 모형들

정답 및 해설 20쪽

탐구 문제

다음은 깊이에 따른 지진파의 속도 분포 곡선이다.

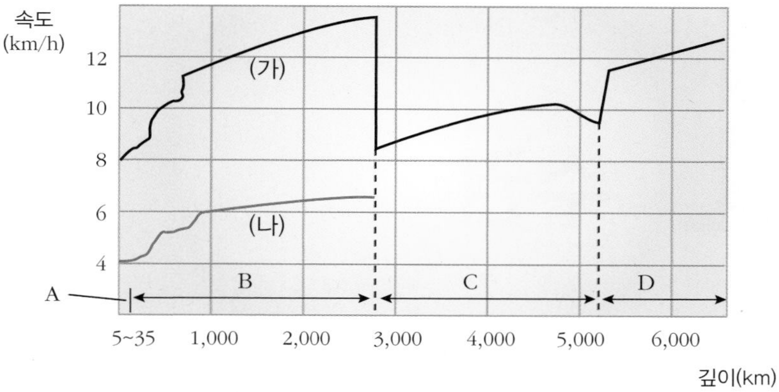

1. A~D 각 층의 경계면이 지표면에서 몇 km 깊이에 있는지 다음 표에 기록하여 보시오.

경계면	A와 B	B와 C	C와 D
깊이(km)			

2. 지구 내부 A~D 중 가장 많은 부피를 차지하는 곳은?

3. B와 C의 경계부에서 지진파의 전파 속도가 갑자기 감소하는 이유는 무엇인가?

4. B와 C의 경계부에서 밀도가 어떻게 변할 지 추리해 보시오.

5. S파가 통과하지 통하지 못하는 층을 찾고 , S파가 통과하지 못하는 이유를 서술하시오.

III 수권

지구를 구성하는 물의 역할을 무엇일까?

7강. 수권의 구성

1. 지구 상의 물

(1) 수권 : 지구에 존재하는 모든 물을 말하며, 해수와 담수로 구분한다.

(2) 수권의 구성

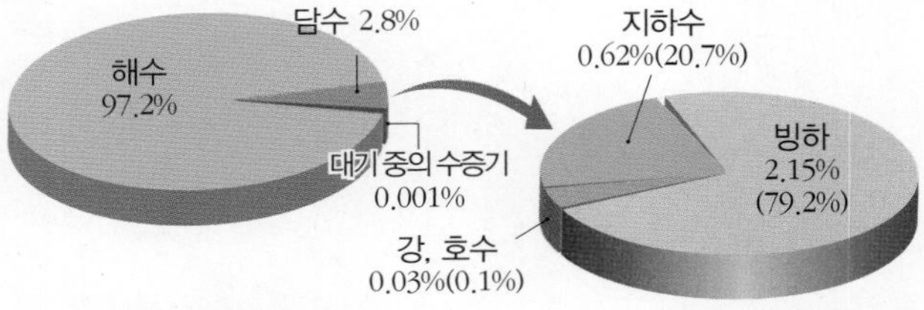

▲ 지구 상의 물의 분포 ▲ 담수의 물의 분포

(3) 수권의 역할

평균 기온 유지	물이 순환하면서 태양 에너지를 운반하고 저장하면서 지구의 평균 기온을 일정하게 유지시킨다.
생명 활동 유지	지구 상의 생명체가 살아가는데 필수적인 성분이다.
지형 변화	물이 흐르면서 지표를 변화시킨다.

(4) 자원으로써의 물 : 수권의 물 중 자원으로 이용 가능한 물을 말한다. 주로 담수 중 지하수나 하천수를 이용한다.

생활용수	농업용수	공업용수	유지용수

일상생활(마실 때, 음식을 만들 때, 세탁할 때)에 쓰는 물	농작물을 재배하거나 가축을 키울 때 쓰는 물	제품을 생산하거나 시설을 관리할 때 쓰는 물	하천의 수질을 개선하거나 수량을 유지하기 위해 쓰는 물

● 바다와 육지의 면적

	북반구	남반구	총
바다	30.4	40.4	70.8
육지	19.6	9.6	29.2

단위(%)

● 대기 중의 수증기

지구 상에 분포하는 물 중 가장 적은 양이 있지만 비, 눈 등의 기상 현상을 일으키는데 중요한 역할을 한다.

● 지형을 변화시키는 물

지하수가 만든 석회 동굴

하천수에 의한 곡류

해수가 만든 절벽과 동굴

빙하가 만든 U자 계곡

● 우리나라 수자원 이용

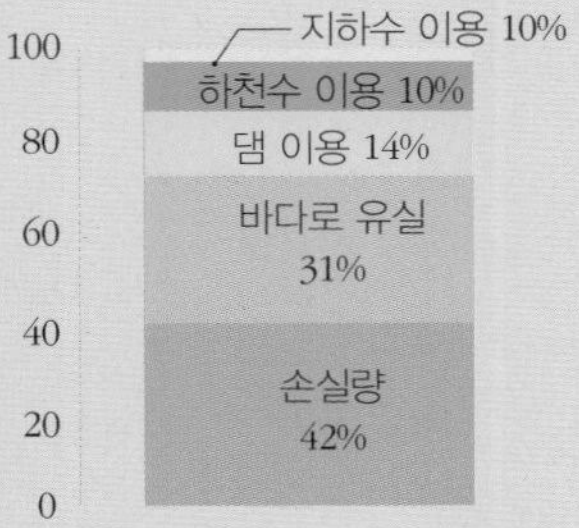

우리나라 전체 물의 양 중 약 73%는 손실되어 사용하지 못하고 약 27% 만 수자원으로 이용된다.

개념확인 1 다음 빈칸에 알맞은 말을 순서대로 쓰시오.

> 수권이란 지구 상에 존재하는 모든 물을 말하며, 짠 물인 (　　　)와 짜지 않은 (　　　)로 구분한다.

확인+1 수권의 역할이 <u>아닌</u> 것은?

① 지표를 변화시킨다.
② 사계절의 변화를 뚜렷하게 해 준다.
③ 태양 에너지를 지구 곳곳에 운반한다.
④ 지구의 평균 기온을 일정하게 유지시킨다.
⑤ 지구 상의 생명체들의 생명 활동을 유지시킨다.

2. 빙하

(1) 빙하 : 극 지역이나 고산 지대에서 오랜 시간 동안 눈이 쌓이면서 단단하게 다져져 만들어진 얼음덩어리가 중력에 의해 낮은 곳으로 천천히 이동하는 것

(2) 빙하의 형성 과정

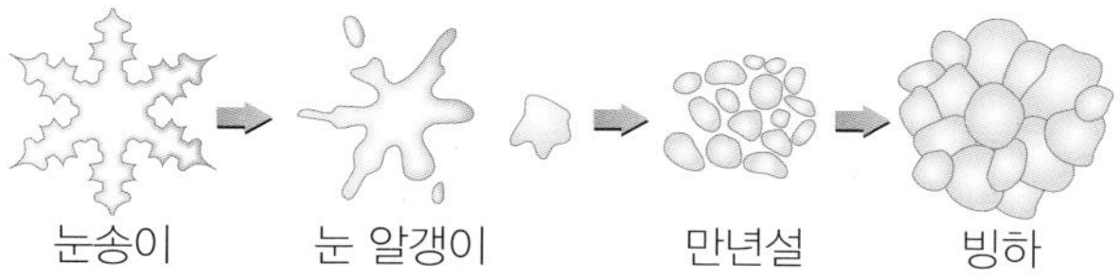

(3) 빙하의 분포에 따른 종류

	산악 빙하	대륙 빙하
특징	· 모든 위도의 높은 산악 지대에서 형성 · 소규모로 발달하며, 울퉁불퉁한 모양 → 히말라야, 킬리만자로 빙하	· 추운 극지방에 대륙 규모로 형성 · 대체로 평평한 모양 → 남극 대륙, 그린란드 빙하

(4) 빙하를 이용한 연구

① 빙하를 시추하여 뽑아낸 얼음 기둥인 빙하 코어를 분석한다.
② 빙하의 분석과 지구 환경

빙하 나이테	빙하 속의 공기 방울	빙하 속 꽃가루와 화산재
	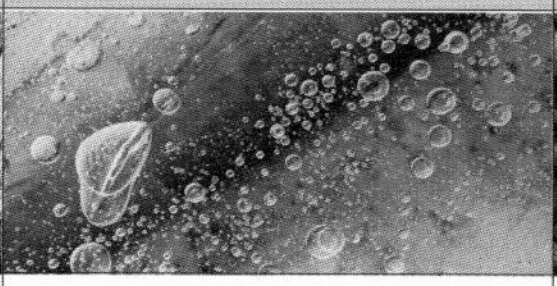	
여름철에 녹았다가 겨울철에 다시 얼면서 생기는 줄무늬를 통해 빙하의 생성 시기를 추정	빙하가 생성될 때 갇힌 공기를 이용하여 대기 환경과 기후를 추정	빙하가 생성될 때 갇힌 꽃가루나 화산재를 이용하여 분포했던 식물이나 화산 활동 시기 파악

● 빙하의 이동 속도
하루에 수 cm ~ 수 m 정도로 느리게 이동한다.

속도 비교
여름철 〉 겨울철
낮 〉 밤
빙하 가운데 〉 빙하 가장자리
빙하 표면 〉 빙하 바닥

● 빙하에 의한 지형

혼	빙하에 의해 깎여서 생기는 삼각뿔 모양의 봉우리
U자곡	빙하에 의해 깎여서 생기는 바닥이 편평한 U자 모양의 계곡
찰흔	빙하의 이동에 의해 암석 표면에 생기는 자국
빙퇴석	빙하와 함께 운반되던 퇴적물들이 쌓인 것

▲ 혼

▲ U자곡

▲ 찰흔

▲ 빙퇴석

● 빙하 시추와 빙하 코어

▶ 빙하 코어

● 생각해보기★
빙하의 속도가 계절별로 다른 이유는 무엇일까?

정답 및 해설 **21쪽**

개념확인 2 **다음에서 설명하는 빙하의 종류를 쓰시오.**

> 모든 위도의 높은 산악 지대에서 소규모로 발달하며, 울퉁불퉁한 모양의 빙하이다.

( )

확인 +2 **빙하에 대한 설명으로 옳은 것은?**

① 빙하는 이동하지 않는다.
② 모든 빙하는 평평한 모양이다.
③ 빙하는 추운 극지방에서만 만들어진다.
④ 빙하는 짧은 시간에 만들어진 얼음덩어리이다.
⑤ 빙하 코어를 분석하여 지구 환경을 연구할 수 있다.

3. 해수의 성질 1

(1) 염류 : 해수 속에 녹아 있는 여러 가지 물질

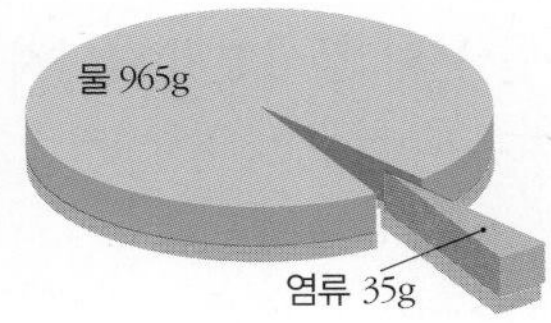

▲ 해수 1000g의 분포

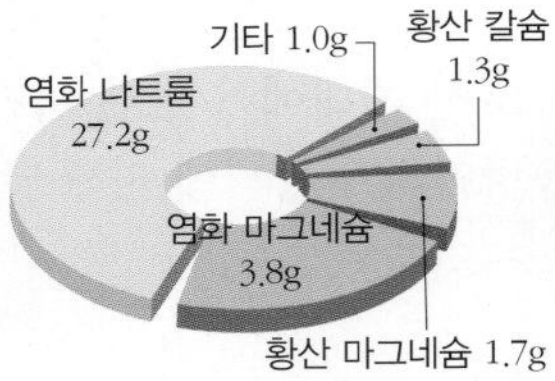

▲ 염류 35g의 구성 비율

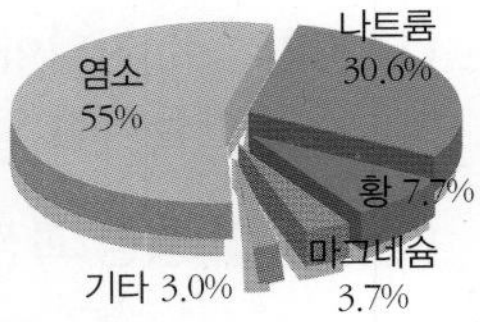

▲ 염류를 구성하는 원소의 비율

(2) 염분 : 해수 1kg 속에 녹아 있는 전체 염류의 양을 g수로 나타낸 것이다. 단위는 ‰(퍼밀), psu를 사용한다.

$$\text{염분(‰)} = \frac{\text{염류의 총 질량(g)}}{\text{해수의 총 질량(g)}} \times 1000$$

전 세계 해수의 평균 염분 = 약 35‰

(3) 염분에 영향을 주는 요인

영향을 주는 요인	염분이 높은 곳	염분이 낮은 곳
강수량과 증발량	강수량 〈 증발량	강수량 〉 증발량
강물의 유입량	강물의 유입이 적은 곳	강물의 유입이 많은 곳
해수의 결빙과 해빙	해수가 어는 지역	빙하가 녹는 지역

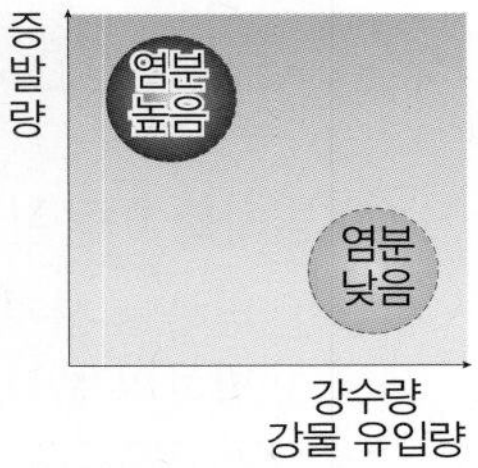

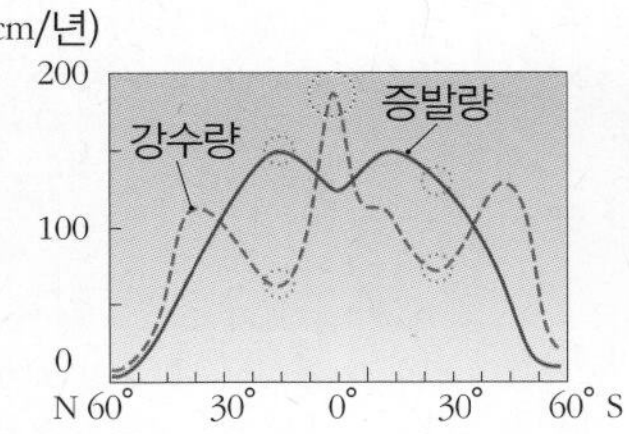

▲ 위도에 따른 강수량과 증발량

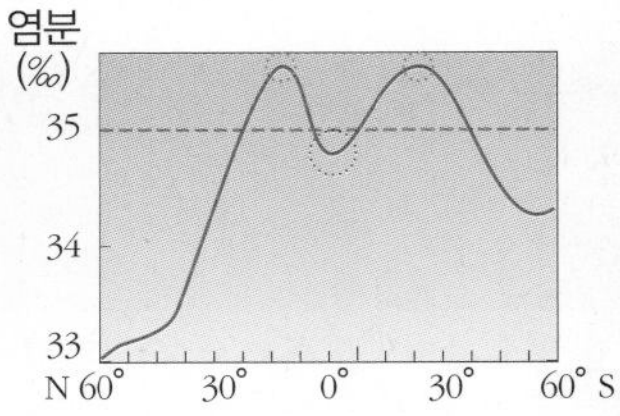

▲ 위도에 따른 염분 분포

적도 부근
강수량 〉 증발량 → 염분 낮다

중위도 부근
증발량 〉 강수량 → 염분 높다

극 지방은
빙하 녹는량 ↑ → 염분 낮다

개념확인 3 **염분과 염류에 대한 설명을 바르게 짝지으시오.**

(1) 염분 •　　　　• ㉠ 해수 속에 녹아 있는 여러 가지 물질

(2) 염류 •　　　　• ㉡ 해수 1kg 속에 녹아 있는 여러 가지 물질의 양을 g수로 나타낸 것

확인 + 3 **염분이 높은 지역을 모두 고르시오.**(2개)

① 빙하가 녹는 지역
② 바닷물이 어는 지역
③ 강물의 유입이 많은 지역
④ 증발량보다 강수량이 더 많은 지역
⑤ 강수량보다 증발량이 더 많은 지역

---

psu(실용 염분 단위)

15℃, 1기압의 해수에서 전기가 흐르는 정도를 측정한 값으로 천분율인 ‰과 거의 같은 값이다.

염류의 질량비

염류	질량비
염화 나트륨	77.7
염화 마그네슘	10.9
황산 마그네슘	4.7
황산 칼륨	3.6
황산 칼슘	2.5
기타	0.6
합계	100.0

염류의 총량을 100%로 해서 각 염류의 질량비를 구한 것이다.

세계 해양의 염분 분포

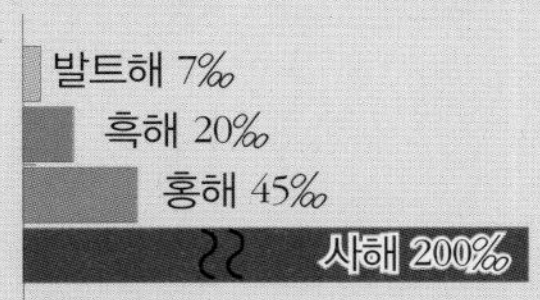

일반적으로 증발량이 강수량보다 많은 곳인 고립된 바다(지중해, 홍해, 페르시아만 등)에서는 염분이 높게 나타난다.

미니사전

결빙 [結 단단히 하다 氷 얼음] 물이 어는 것

해빙 [解 풀다 氷 얼음] 얼음이 녹아서 풀림

4. 해수의 성질 2

(1) 우리나라 주변 바다의 염분 분포

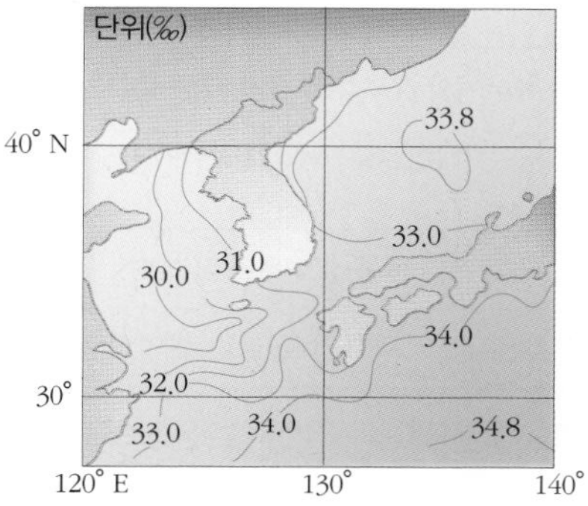

▲ 여름철 바다의 염분 분포

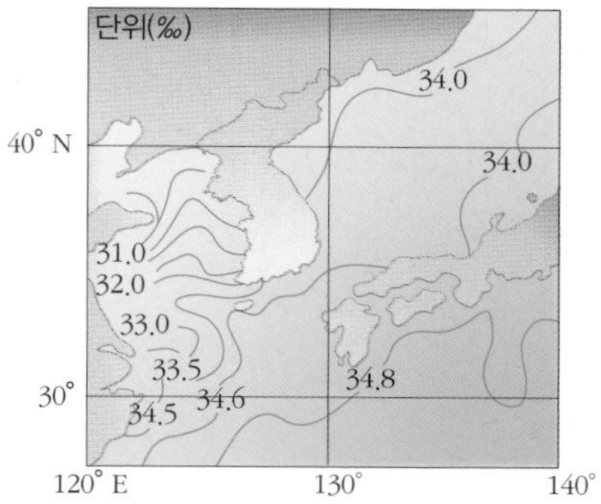

▲ 겨울철 바다의 염분 분포

염분 비교	원인
동해 〉 황해	황해의 강물 유입량 〉 동해의 강물 유입량
겨울 〉 여름	여름철 강수량 〉 겨울철 강수량
해안에서 먼 곳 〉 가까운 곳	해안에서 가까운 바다는 강물이 많이 유입되기 때문

(2) 염분비 일정의 법칙 : 해수는 이동하면서 서로 섞이기 때문에 지역이나 계절에 따라 염분은 다르지만 해수에 녹아 있는 각 염류 사이의 비율은 일정하다.

구분	염화 나트륨	염화 마그네슘	기타	합계
35‰인 해수 속 함량 (g)	27.2	3.8	4.0	35
50‰인 해수 속 함량 (g)	38.9	5.4	5.7	50
염류 사이의 비율	77.7	10.9	11.4	100

세계 해양의 염분 분포

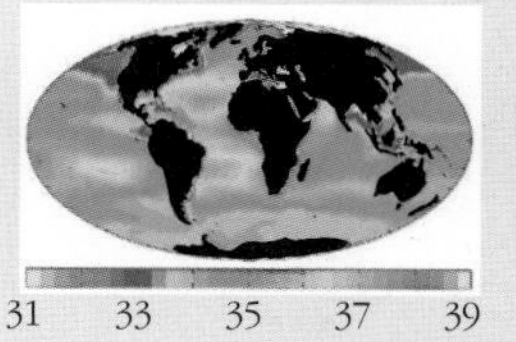

실시간 해양 관측소

http://sms.khoa.go.kr/koofs/kor/observation/obs_real_map.asp

우리나라 주변 해안의 수온, 염분 분포 등을 실시간으로 확인할 수 있다.

생각해보기★★

황해의 강물 유입량이 동해의 강물 유입량보다 많은 이유는 무엇일까?

정답 및 해설 21쪽

개념확인 4 염분이 35‰인 해수 속 염류 중 염화 나트륨이 약 78% 들어 있으면, 염분이 31‰인 우리나라 황해의 해수 속에 녹아 있는 염류 중 염화 나트륨이 차지하는 비율은 몇 %일까?

( ) %

확인 +4 우리나라 주변 바다의 염분 분포에 대한 설명으로 옳은 것은?

① 봄의 염분 분포는 여름과 같다.
② 동해보다 서해의 염분이 더 높다.
③ 겨울철의 염분이 여름보다 더 높다.
④ 해안으로부터의 거리가 멀수록 염분이 낮다.
⑤ 계절마다 해수에 녹아 있는 각 염류의 비가 다르다.

위도에 따른 태양 복사 에너지

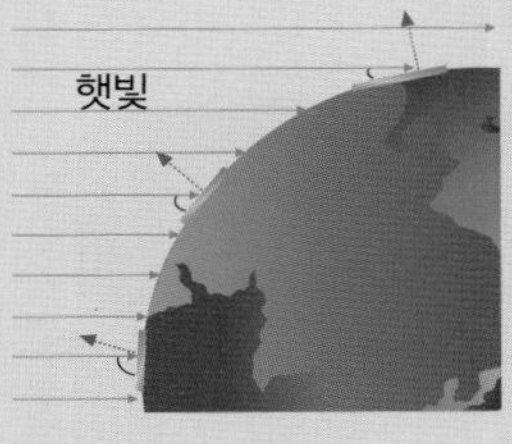

위도가 높을수록 태양의 고도는 점점 낮아지고 단위 면적당 들어오는 태양 복사 에너지의 양은 적어진다.

전 세계 바다의 수온 분포

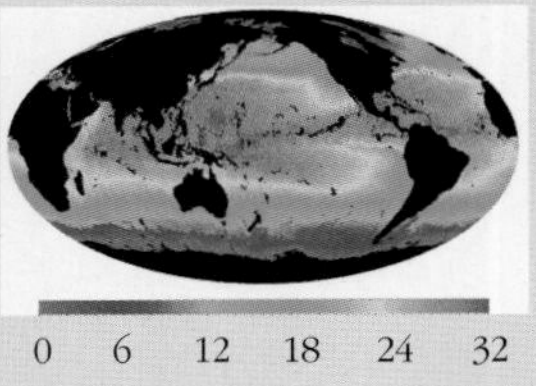

우리나라 주변 표층 수온

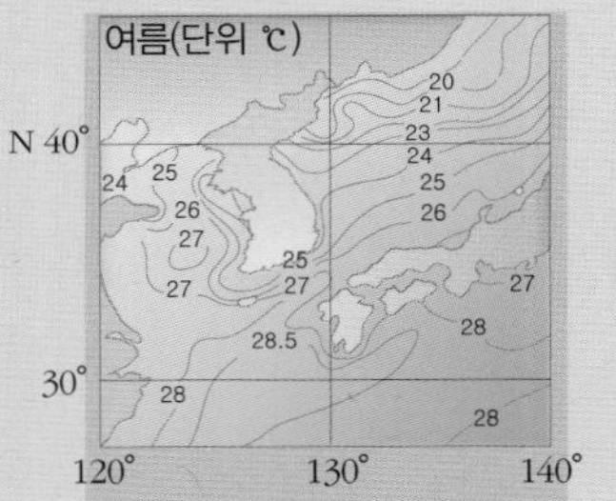

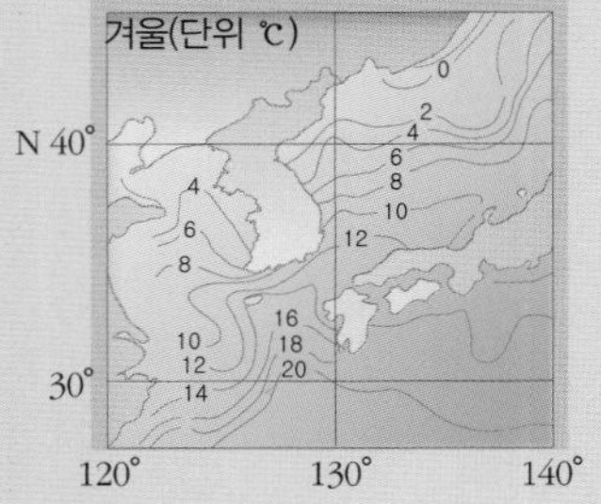

생각해보기★★★

① 육지가 더 많이 분포할수록 수온이 더 높은 이유는 무엇일까?

② 동해안의 해수욕장은 개장 날짜가 서로 다르다. 그 이유는 무엇일까?

5. 해수의 성질 3

(1) 해수의 표층 수온 분포 : 해수면에 입사하는 태양 복사 에너지량의 영향을 가장 크게 받는다.

태양 복사 에너지	위도별 분포	고위도로 갈수록 태양 복사 에너지의 흡수량이 적기 때문에 수온이 더 낮다.
	계절별 분포	여름철이 겨울철보다 들어오는 태양 복사 에너지량이 더 많기 때문에 여름철 수온이 더 높다.
대륙의 분포		북반구가 남반구보다 육지가 더 많기 때문에 수온이 더 높다.
해류의 영향		난류가 흐르는 해역의 수온은 높고, 한류가 흐르는 해역의 수온은 낮다.

적도를 중심으로 대체로 위도에 나란한 표층 수온 분포를 보인다.

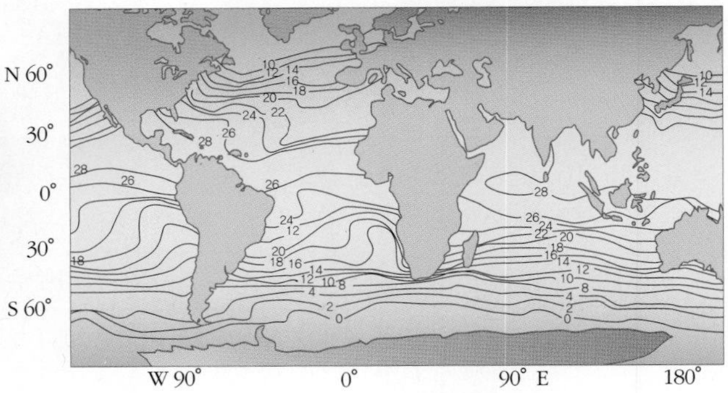

▲ 전 세계 바다의 표층 수온 분포

(2) 우리나라 주변 바다의 표층 수온 분포

① 지역별 분포

동해	수심이 깊어 수온의 연교차가 작다.
황해	수심이 얕고 대륙의 영향을 받아 수온의 연교차가 크다.
남해	난류의 영향을 받아 동해나 황해에 비해 연중 수온이 높다.

② 계절별 분포 : 겨울철이 여름철보다 해수면이 받는 태양 복사 에너지량이 적기 때문에 수온이 더 낮다.

개념확인 5 해수의 표층 수온 분포에 가장 큰 영향을 주는 것은?

① 대륙 분포 ② 해류의 영향 ③ 바람의 세기
④ 강수량과 증발량 ⑤ 태양 복사 에너지량

확인 + 5 우리나라 주변 바다의 표층 수온 분포에 대한 설명으로 옳은 것은?

① 서해는 섬이 많기 때문에 수온의 연교차가 작다.
② 동해는 수심이 깊기 때문에 수온의 연교차가 크다.
③ 여름철에는 비가 많이 오기 때문에 수온이 더 높다.
④ 남해는 난류의 영향을 받아 동해에 비해 연중 수온이 높다.
⑤ 겨울철이 여름철보다 해수면이 받는 태양 복사 에너지량이 적기 때문에 수온이 더 높다.

6. 해수의 성질 4

(1) 해수의 연직 수온 분포

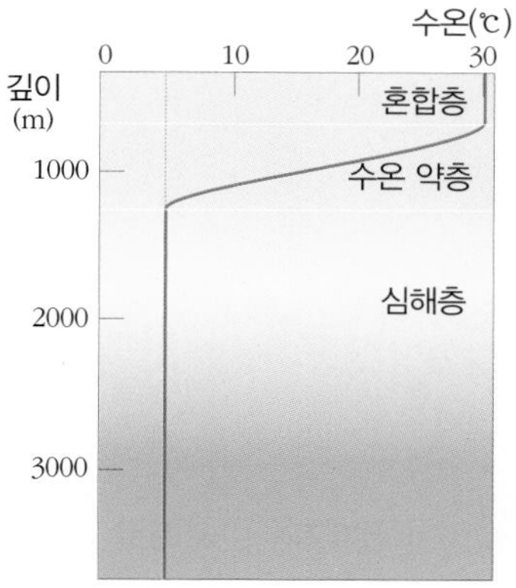

분포	특징
혼합층	· 햇빛에 의한 가열과 바람에 의한 혼합 작용으로 수온이 일정한 층 · 바람이 강할수록 두껍게 발달
수온 약층	· 깊이에 따라 수온이 급격하게 낮아지는 층 · 매우 안정하여 대류가 일어나지 않음 · 혼합층과 심해층 사이의 해수의 교류를 차단함
심해층	· 햇빛이 거의 도달하지 않기 때문에 수온이 낮고 수온 변화가 거의 없는 층

(2) 위도에 따른 해수의 연직 수온 분포

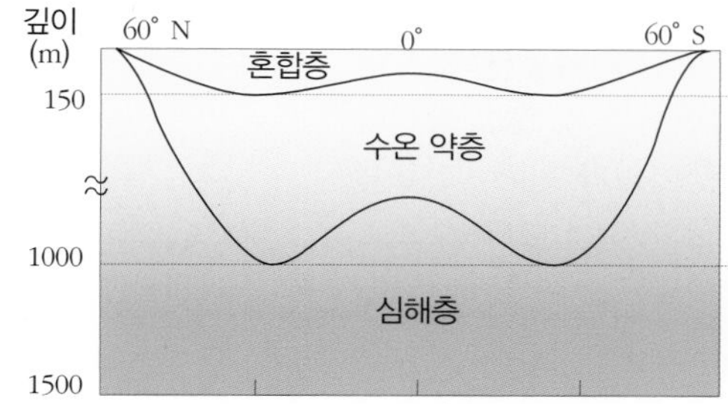

▲ 위도에 따른 해수의 각 층의 깊이 분포

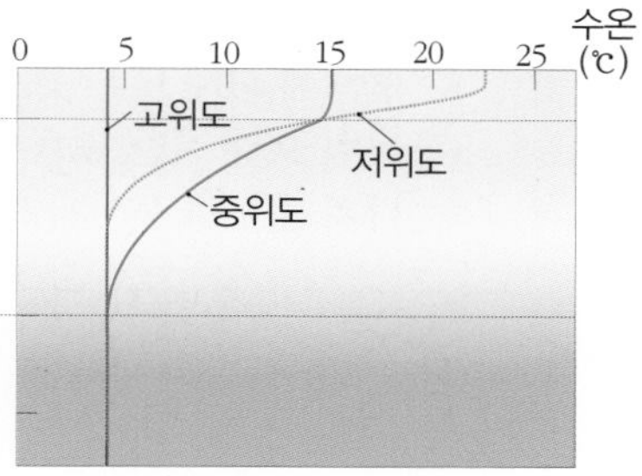

▲ 위도에 따른 해수의 연직 수온 분포

저위도	표층 수온이 높고, 수온 약층이 잘 발달되어 있다. → 태양 복사 에너지를 많이 받아 표층과 심층의 수온차가 크기 때문
중위도	혼합층이 두께가 가장 두껍다.(위도 30° 부근) → 바람이 강하게 불기 때문
고위도	표층 수온이 낮고, 해수의 층상 구조가 나타나지 않는다. → 태양 복사 에너지를 적게 받아 표층과 심층의 수온차가 거의 없기 때문

수온의 범위

전 세계 바다에서 가장 수온이 높은 곳은 페르시아만으로 최고 36℃까지 올라간다. 반면에 바닷물은 −1.9℃에서 얼기 때문에 아무리 수온이 내려가도 −2℃이하로는 내려가지 않는다.

계절에 따른 해수의 연직 수온 분포

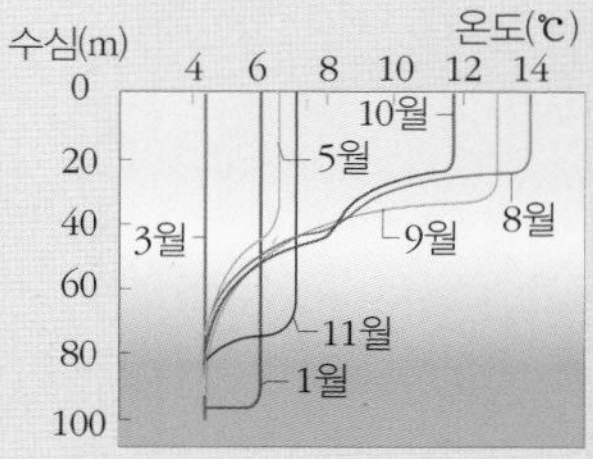

표층 수온이 높은 계절에는 수온 약층이 두껍게 발달하며, 바람이 강하게 부는 계절에는 혼합층의 두께가 두꺼워지기 때문에 수온 약층이 시작되는 깊이가 깊어진다.

정답 및 해설 21쪽

개념확인 6 다음에서 설명하는 해수의 연직 수온 분포 층을 쓰시오.

> 햇빛에 의한 가열과 바람에 의한 혼합 작용으로 수온이 일정한 층이며, 바람이 강할수록 두껍게 발달한다.

(　　　　　)

확인 + 6 위도에 따른 해수의 연직 수온 분포에 대한 설명으로 옳은 것은?

① 저위도에서 표층 수온이 가장 낮다.
② 저위도에서 혼합층의 두께가 가장 두껍다.
③ 고위도에서는 해수의 층상 구조가 나타나지 않는다.
④ 위도별 연직 분포는 모든 위도에서 같은 분포를 보인다.
⑤ 중위도에서는 바람이 강하게 불기 때문에 수온 약층이 잘 발달되어 있다.

개념 다지기

01 수권에 대한 설명으로 옳은 것은?

① 빙하는 수권에 포함되지 않는다.
② 자원으로써의 물은 무한하게 사용할 수 있다.
③ 주로 지하수나 하천수를 자원으로서의 물로 이용한다.
④ 지구에 존재하는 물 중 내륙에 분포하는 물을 말한다.
⑤ 담수 중 강과 하천에 흐르는 물이 차지하는 비율이 가장 크다.

02 다음 〈보기〉는 빙하가 만들어지는 과정을 순서 없이 설명한 것이다. 순서대로 바르게 나열한 것은?

〈 보기 〉

ㄱ. 쌓인 눈이 단단하게 다져진다.
ㄴ. 중력에 의해 낮은 곳으로 천천히 이동한다.
ㄷ. 눈이 오랜 시간 동안 내리면서 녹지 않고 쌓인다.
ㄹ. 다져진 눈이 뭉쳐서 얼음덩어리가 된다.

① ㄱ - ㄴ - ㄷ - ㄹ ② ㄴ - ㄷ - ㄱ - ㄹ ③ ㄴ - ㄱ - ㄷ - ㄹ
④ ㄷ - ㄱ - ㄴ - ㄹ ⑤ ㄷ - ㄱ - ㄹ - ㄴ

03 다음 표는 염분에 영향을 주는 요인들을 나타낸 것이다. 각 기호에 들어갈 말로 바르게 짝지어진 것은?

영향을 주는 요인	염분이 높은 곳	염분이 낮은 곳
강수량과 증발량	(가)	(나)
강물의 유입량	(다)	(라)
해수의 결빙과 해빙	(마)	(바)

① (가) 강수량 〉 증발량 ② (나) 강수량 〈 증발량
③ (다) 강물의 유입이 적은 곳 ④ (마) 빙하가 녹는 지역
⑤ (바) 해수가 어는 지역

04 다음 중 염류와 염분에 대한 설명으로 옳지 않은 것은?

① 전 세계 해수의 평균 염분은 약 35‰이다.
② 강수량이 증발량보다 많은 곳의 염분은 낮다.
③ 염류는 해수 속에 녹아 있는 여러 가지 물질을 말한다.
④ 염류 중 가장 많은 양을 차지하는 것은 염화 마그네슘이다.
⑤ 염분은 해수 1kg속에 녹아 있는 전체 염류의 양을 g수로 나타낸 것이다.

정답 및 해설 22쪽

05 다음 중 해수의 염분이 가장 높은 것은?

① 바닷물 250g 속에 염류 8g이 녹아 있다.
② 바닷물 1kg 속에 염류 35g이 녹아 있다.
③ 바닷물 2kg 속에 염류 60g이 녹아 있다.
④ 바닷물 10kg 속에 염류 340g이 녹아 있다.
⑤ 바닷물 500g 속에 염류 15.5g이 녹아 있다.

06 염분이 35‰인 해수 1kg 속에 염화 나트륨이 27g 녹아 있다면 염분이 70‰인 해수 1kg 속에 녹아 있는 염화 나트륨의 양은 얼마인가?

① 27g ② 36g ③ 45g ④ 54g ⑤ 63g

07 해수의 표층 수온 분포에 대한 설명으로 옳은 것은?

① 고위도로 갈수록 표층 수온이 더 높다.
② 북반구보다 남반구의 표층 수온이 더 높다.
③ 난류가 흐르는 해역의 표층 수온은 더 높다.
④ 우리나라 주변 바다의 표층 수온은 모두 같다.
⑤ 해수면 위로 부는 바람에 가장 큰 영향을 받는다.

08 해수의 연직 수온 분포에 대한 설명으로 옳은 것은?

① 수온 약층은 수온이 일정한 층이다.
② 저위도의 혼합층 두께가 가장 두껍다.
③ 수온 약층은 바람이 강할수록 두껍게 발달한다.
④ 혼합층은 깊이에 따라 수온이 급격하게 낮아진다.
⑤ 심해층은 햇빛이 거의 도달하지 않기 때문에 수온이 낮고 수온 변화가 거의 없는 층이다.

유형 익히기 & 하브루타

[유형7-1] 지구 상의 물

다음 그림은 지구 상의 물의 분포를 부피비로 나타낸 것이다. A~D에 해당하는 것을 바르게 짝지은 것은?

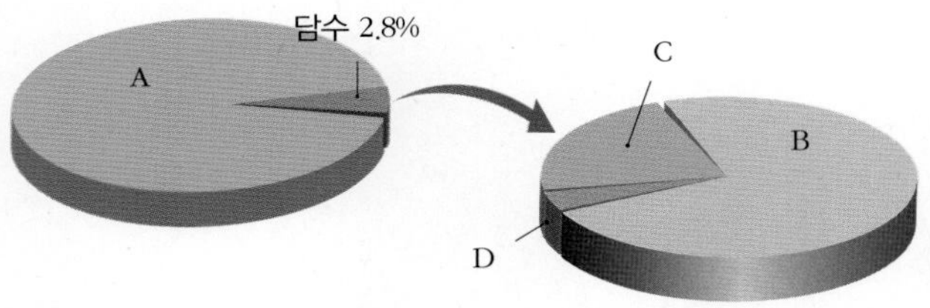

	A	B	C	D
①	해수	빙하	강, 호수	지하수
②	해수	빙하	지하수	강, 호수
③	해수	지하수	빙하	강, 호수
④	빙하	해수	지하수	강, 호수
⑤	빙하	해수	강, 호수	지하수

01 다음 〈보기〉에서 수권에 대한 설명으로 옳은 것만을 있는 대로 고른 것은?

〈 보기 〉

ㄱ. 해수와 담수로 구분한다.
ㄴ. 담수 중 빙하가 차지하는 비율이 가장 크다.
ㄷ. 우리나라는 전체 물의 양 중 70% 이상을 수자원으로 이용하는 물 부자 국가이다.

① ㄱ ② ㄱ, ㄴ
③ ㄱ, ㄷ ④ ㄴ, ㄷ
⑤ ㄱ, ㄴ, ㄷ

02 다음 중 자원으로서의 물에 대한 설명으로 옳지 않은 것은?

① 주로 지하수나 하천수를 이용한다.
② 수권 전체에서 사용할 수 있는 물은 0.65% 밖에 되지 않는다.
③ 더 많은 용수 공급을 위해 지하수도 개발하여 이용해야 한다.
④ 해수는 소금기가 있어서 생활 용수나 농업 용수로 사용하기 어렵다.
⑤ 담수 중 가장 많은 비중을 차지하는 빙하는 녹여서 쉽게 사용할 수 있다.

정답 및 해설 23쪽

[유형7-2] 빙하

다음 그림은 빙하에 구멍을 뚫어 얼음 기둥을 시추하는 것과 시추를 통해 얻어낸 빙하 코어이다. 이를 이용한 연구로 알 수 있는 사실이 아닌 것은?

① 빙하 속에 갇힌 공기를 이용하여 대기 환경과 기후를 추정할 수 있다.
② 빙하 속 화산재를 통해 화산 활동 여부와 화산 활동 시기를 알 수 있다.
③ 빙하의 나이테 같은 줄무늬를 통해 빙하의 생성 시기를 추정할 수 있다.
④ 빙하 코어의 두께를 통해 빙하가 만들어지기까지 걸린 시간을 알 수 있다.
⑤ 빙하 속 꽃가루를 통해 그 시대에 분포했던 식물의 종류와 그 당시 환경을 파악할 수 있다.

03 다음 〈보기〉 중 빙하에 대한 설명으로 옳은 것만을 있는 대로 고른 것은?

〈 보기 〉
ㄱ. 빙하에 의해 지형이 바뀌기도 한다.
ㄴ. 빙하는 중력에 의해 천천히 아래로 이동한다.
ㄷ. 빙하에서 떨어진 얼음조각을 통한 빙하의 분석을 통해 빙하의 생성 시기를 알 수 있다.

① ㄱ ② ㄴ ③ ㄷ
④ ㄱ, ㄴ ⑤ ㄴ, ㄷ

04 다음 그림은 눈이 빙하로 만들어지는 과정을 순서와 상관없이 나열한 것이다. 빙하가 만들어지는 과정에 따라 바르게 배열한 것은?

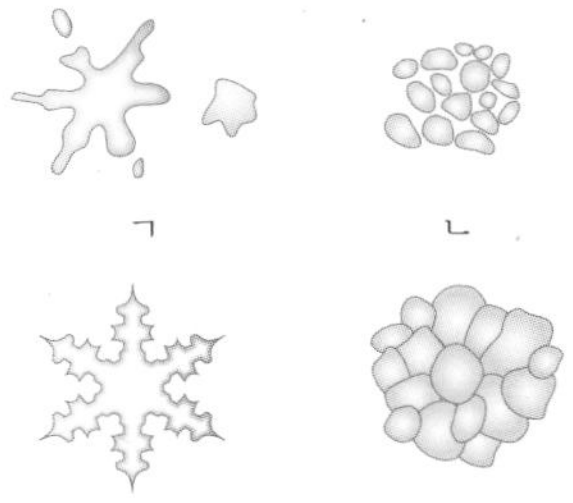

① ㄱ - ㄴ - ㄷ - ㄹ
② ㄴ - ㄷ - ㄱ - ㄹ
③ ㄴ - ㄱ - ㄷ - ㄹ
④ ㄷ - ㄱ - ㄴ - ㄹ
⑤ ㄷ - ㄱ - ㄹ - ㄴ

[유형7-3] 해수의 성질 1

다음 그래프는 (가) 위도에 따른 강수량과 증발량, (나) 위도에 따른 염분 분포를 나타낸 것이다. 그래프를 통해 알 수 있는 사실이 아닌 것은?

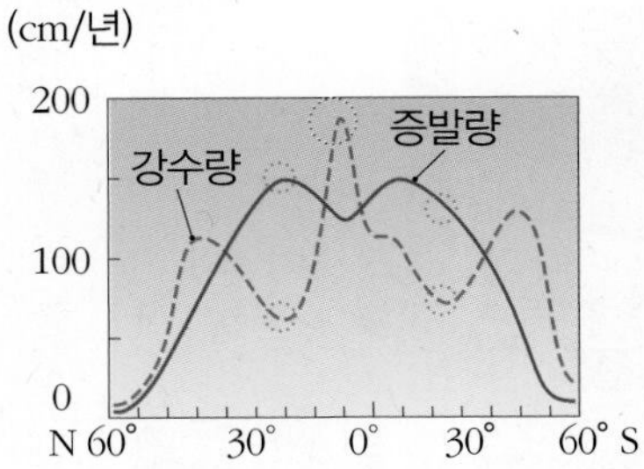

(가)

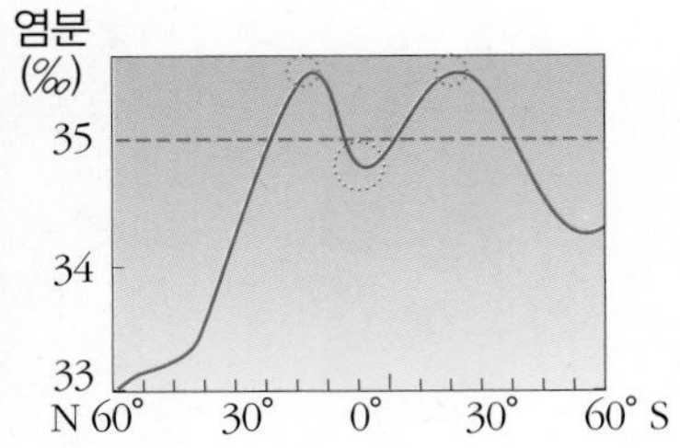

(나)

① 강수량보다 증발량이 크면 염분이 높다.
② 적도 부근은 강수량이 증발량보다 많기 때문에 염분이 낮다.
③ 적도 부근은 강물의 유입량이 많아 염분 분포가 낮은 것이다.
④ 중위도 부근은 증발량이 강수량보다 많기 때문에 염분이 높다.
⑤ 극 지방의 염분이 낮은 이유는 문제의 그래프만을 이용해서는 알 수 없다.

05 다음 그림 (가)는 바닷물 속에 녹아 있는 염류의 질량비, (나)는 바닷물의 염류를 구성하는 성분 원소의 질량비이다. A, B, C에 해당하는 염류의 명칭과 원소명을 바르게 짝지은 것은?

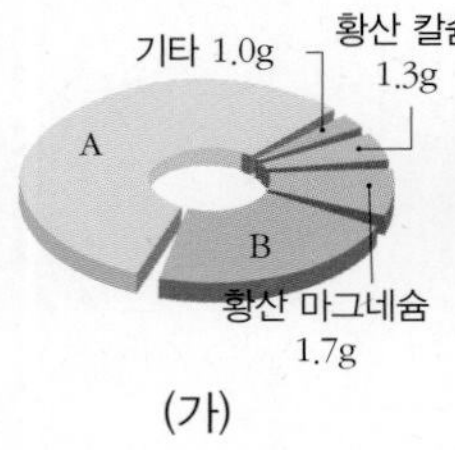

(가)

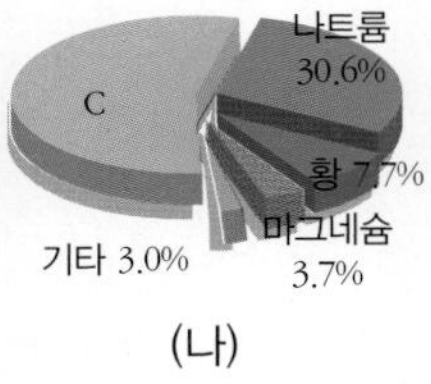

(나)

	A	B	C
①	염화 나트륨	염화 마그네슘	산소
②	염화 마그네슘	염화 나트륨	수소
③	염화 나트륨	염화 마그네슘	질소
④	염화 나트륨	염화 마그네슘	염소
⑤	염화 마그네슘	염화 나트륨	염소

06 다음 표는 어느 지역 바닷물 500g 속에 들어 있는 염류의 양을 나타낸 것이다. 이 바닷물의 염분은?

염류	양 (g)
염화 나트륨	13.6
염화 마그네슘	1.9
황산 마그네슘	0.85
황산 칼슘	0.65
기타	0.5

① 3.5 ‰ ② 35 ‰ ③ 7 ‰
④ 70 ‰ ⑤ 350 ‰

정답 및 해설 23쪽

[유형7-4] 해수의 성질 2

다음 그림은 여름철과 겨울철 우리나라 주변 바다의 염분 분포를 나타낸 것이다. 그림과 관련된 설명으로 옳지 않은 것은?

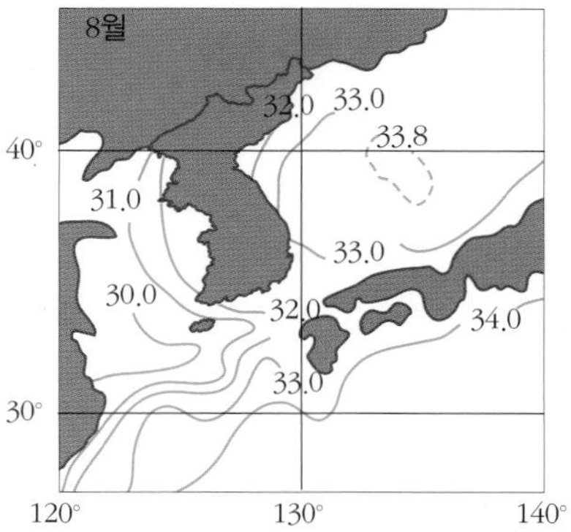

(가) 여름철

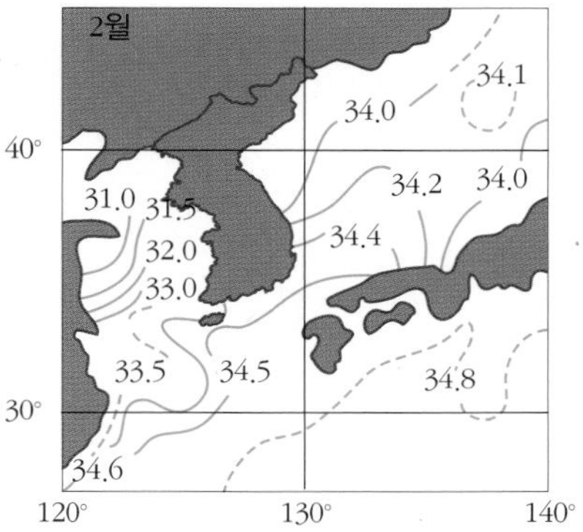

(나) 겨울철

① 해안에서 가까울수록 염분은 더 낮다.
② 황해는 강물의 유입이 많아 염분이 낮다.
③ 여름철보다 겨울철에 염분이 더 높게 나타난다.
④ 여름에는 수온이 높고 바람이 약하기 때문에 염분이 낮다.
⑤ 동해와 황해의 바닷물을 같은 양 증발시킬 때 동해에서 더 많은 염화 나트륨을 얻을 수 있다.

07 다음 표는 A와 B 바닷물의 염분을 조사하여 나타낸 것이다. (가)와 (나)에 들어갈 값으로 옳은 것은?

염류	염화 나트륨	염화 마그네슘
염분이 35‰인 A	(나)	4g
염분이 (가)인 B	40g	8g

	(가)	(나)		(가)	(가)
①	35‰	20g	②	35‰	40g
③	70‰	20g	④	70‰	40g
⑤	3.5‰	40g			

08 해수의 염분 비교가 바르게 된 것을 모두 고르시오.(2개)

① 동해 〈 서해
② 겨울 〈 여름
③ 강수량이 많은 곳 〉 적은 곳
④ 해안에서 먼 곳 〉 가까운 곳
⑤ 강물 유입량 적은 곳 〉 많은 곳

[유형7-5] 해수의 성질 3

다음 그림은 전 세계 바다의 표층 수온 분포를 나타낸 것이다. 이에 대한 설명으로 옳은 것은?

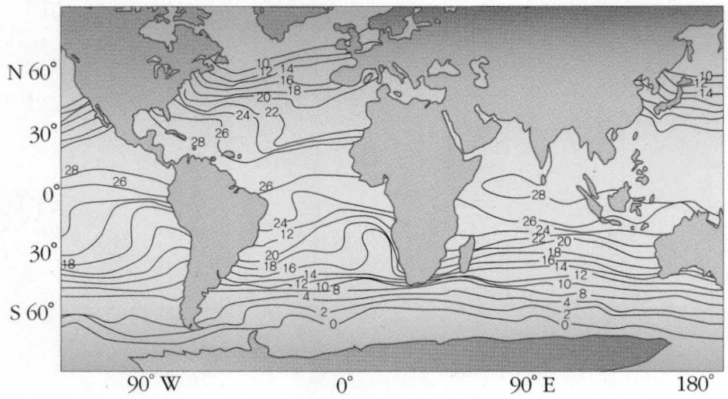

① 고위도로 갈수록 수온이 더 높다.
② 북반구가 남반구보다 수온이 더 낮다.
③ 같은 위도에 있는 바닷물의 수온은 모두 같다.
④ 해양 한복판은 바람이 많이 불어 수온이 높다.
⑤ 북반구와 남반구의 표층 수온의 차이나는 이유는 육지의 분포 정도가 다르기 때문이다.

Tip!

09 해수의 표층 수온의 비교가 바르게 된 것은?

① 고위도 〉 저위도
② 겨울철 〉 여름철
③ 남반구 〉 북반구
④ 난류가 흐르는 해역 〉 한류가 흐르는 해역
⑤ 육지 분포가 적은 곳 〉 육지 분포가 많은 곳

10 해수의 표층 수온은 위도나 계절에 따라 달라진다. 이에 가장 큰 영향을 주는 원인은 무엇일까?

① 해수의 밀도
② 해류의 종류
③ 해수의 염분
④ 태양 복사 에너지량
⑤ 대륙이 분포하는 정도

정답 및 해설 23쪽

[유형7-6] 해수의 성질 4

다음 그래프는 위도에 따른 해수의 층상 구조를 나타낸 것이다. 이에 대한 설명으로 옳은 것은?

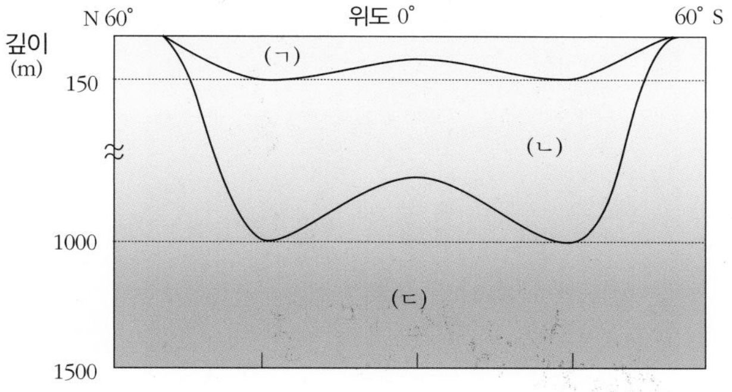

① (ㄱ)은 바람의 영향만 받는 층이다.
② 모든 위도에서 (ㄴ)의 수온은 대체로 일정하다.
③ 바람이 강할수록 (ㄷ)의 두께가 두껍게 형성된다.
④ 적도 해역은 바람이 거의 불지 않아서 (ㄴ)의 두께가 얇다.
⑤ 깊이에 따라 수온이 급격히 낮아지는 층은 (ㄴ)으로 수온 약층이라고 한다.

11

다음 그래프는 위도에 따른 해수의 연직 수온 분포를 나타낸 것이다. 각 기호와 위도가 바르게 짝지어진 것은?

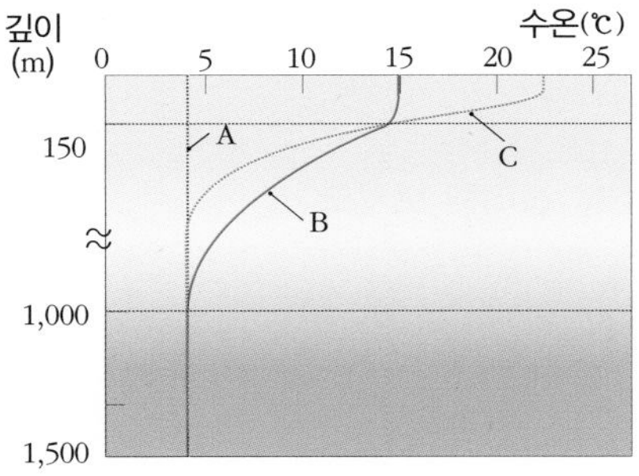

	A	B	C
①	저위도	중위도	고위도
②	저위도	고위도	중위도
③	고위도	중위도	저위도
④	고위도	저위도	중위도
⑤	중위도	고위도	저위도

12

다음 그래프는 해수의 연직 수온 분포를 나타낸 그래프이다. B에 대한 설명으로 옳지 않은 것은?

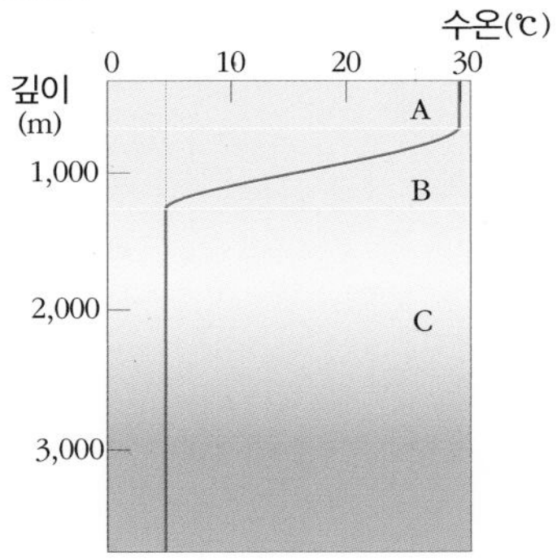

① 수온 약층이다.
② 매우 안정한 층이다.
③ 바람의 영향은 받지 않는 층이다.
④ 깊이에 따른 수온 변화에 따라 구분된 층이다.
⑤ 혼합층과 심해층 사이의 물질과 에너지가 교환될 수 있도록 도와주는 층이다.

창의력 & 토론마당

01 다음 그림은 남극 빙하 코어의 시추 모습과 빙하 코어에서 분석한 42만 년 동안 이산화 탄소와 기온의 변화를 나타낸 것이다. 대기 중 이산화 탄소 농도와 지구의 기후 변화는 밀접한 관련이 있다.

▲ 남극 빙하 코어 시추 모습

빙하기 : 빙하 시대 가운데 특히 세계적으로 기후가 한랭하게 되어 고위도 지방이나 높은 산악 지대에 빙하가 발달되었던 시기

간빙기 : 빙기와 다음 빙기 사이에 있는 기간으로 빙기에 비하여 따뜻한 시기가 비교적 오래 계속되는 시기

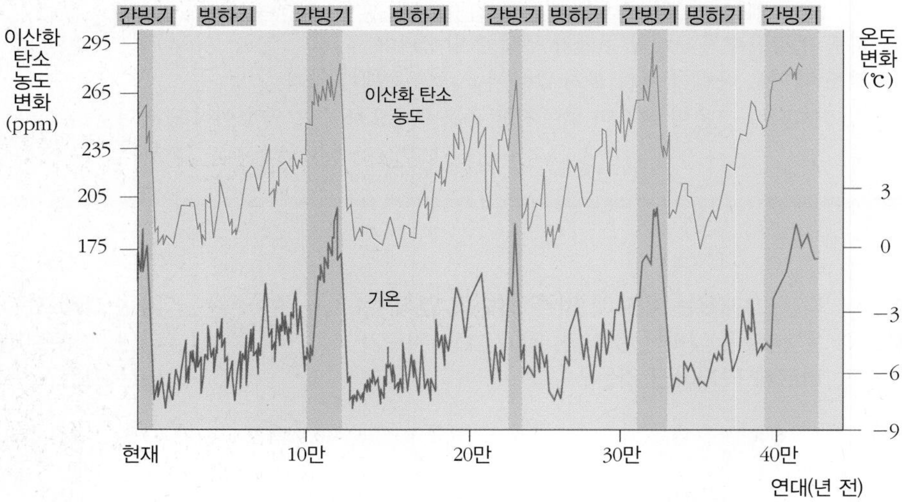

이 그래프를 통하여 알 수 있는 사실을 정리해 보시오.

정답 및 해설 24쪽

02

잠수함은 배의 앞부분과 뒷부분에 있는 주부력 탱크에 바닷물을 채워서 잠수함의 무게를 조절하고 압축공기를 빼내거나 불어 넣으면서 부력을 조절하여 잠수와 부상을 한다. 잠수함이 바다 속으로 잠수해야 하는 경우, 주부력 탱크에 바닷물을 많이 채워서 잠수함의 무게를 늘리면 잠수함이 바다 속에서 차지하는 부피에 해당하는 부력의 크기보다 바다 아래쪽으로 작용하는 중력이 더 커져서 잠수함은 가라앉게 된다.

잠수함이 물속에 잠겨 있다가 떠올라야 할 경우에는 주부력 탱크에 압축 공기를 불어 넣어 탱크 안의 바닷물을 잠수함 밖으로 배수시킨다. 그러면 잠수함의 무게가 줄어들어 부력이 중력보다 커지게 되며 잠수함은 바다 위쪽으로 떠오르게 되는 것이다.

바다는 장소나 계절에 따라 염분이 조금씩 달라진다. 잠수함의 부력도 염분에 따라 달라지게 된다. 우리나라 동해의 강릉에서 출발한 잠수함이 황해로 이동을 할 경우, 잠수함의 부력은 어떻게 달라지게 될지 염분의 변화와 함께 서술해 보시오.

03 **지구상에 존재하는 물 중 가장 많은 비율을 차지하는 것이 해수이다. 이러한 무궁무진한 자원의 보고인 바다를 활용하여 물 부족 시대에 대비하려는 세계의 움직임이 활발하다. 바닷물을 담수로 만들어 이용하는 해수 담수화와 해양 심층수 연구 등이 그것이다. 그 중 해양 심층수란 수심 200m 이상의 깊은 바다, 즉, 수온 약층 아래부터 온도 변화가 거의 없이 일정한 심해층에 있는 바닷물을 말한다.**

(1) 심층수는 인체에 꼭 필요한 4대 미네랄(마그네슘, 칼슘, 칼륨, 나트륨) 외에 아연, 셀레늄, 망간 등이 함유되어 있으며 식물 성장에 필요한 질소나 인, 규산 등의 무기 영양소도 많이 포함하고 있다. 그렇다면 심층수에 미네랄 등이 일반 바닷물보다 많이 들어있는 이유와 다른 장점들에 대하여 서술해 보시오.

(2) 일본은 심층수를 이용하여 생수나 식료품, 화장품과 같은 생활 필수품으로 상품화해서 연간 1조원 이상의 매출을 올리고 있다고 한다. 스스로 심층수를 이용한 상품 개발자가 되어 상품을 광고해 보시오.

▲ 일본의 다양한 심층수의 활용

정답 및 해설 24쪽

04 다음을 읽고 물음에 답해 보시오.

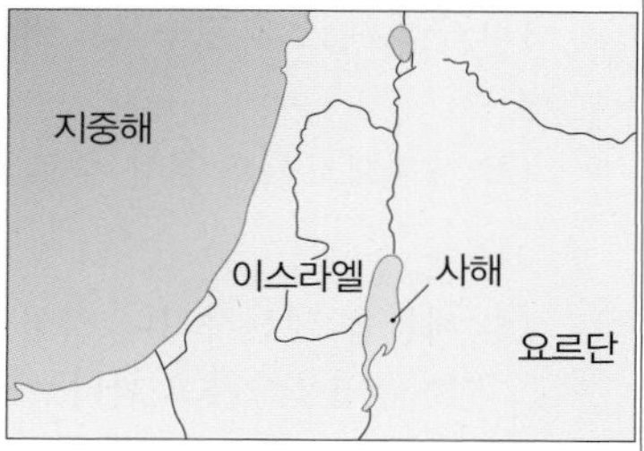

사해(死海)는 이스라엘과 요르단의 국경에 있는 함수호로 면적이 1020km^2, 길이 77km, 폭 16km, 표면적 950km^{2}인 사해는 그 수면이 평균 해수면보다 약 400m 가량 낮다. 바다의 평균 염분은 35‰ 정도인데 반해 사해의 염분량은 280~330‰ 정도가 된다.

이러한 특징으로 인해 성경에서는 염해(Salt Sea)라고 불리며, 동쪽의 바다라 하여 '동해', 또는 '아라비아해'로도 불렸다. 생물이 전혀 살 수 없는 환경으로 인해 '사해(Dead Sea)'라고 불린다.

요르단 강을 비롯한 여러 강에서 강물이 유입되지만 호수에서 물이 빠져 나갈 수 있는 유출구는 없다. 건조 기후이기 때문에 유입 수량과 거의 같은 양의 수분이 증발한다. 이로 인해 염분의 함유율이 높아지게 되었다. 높은 염분 농도로 인하여 바닷물에 몸을 담그면 인체가 전혀 가라앉지 않는 것으로 유명하다. 또한 여름철에는 염분이 거의 포화 상태가 되어 바다 위에 결정으로 떠 있는 많은 소금 덩어리들을 볼 수 있다.

별 쓸모가 없는 곳으로 생각되었던 사해에는 무궁무진한 광물 자원이 있다는 사실이 밝혀졌다. 그 예로 중요한 공업 원료인 브로민(Br)은 전 세계 소비량의 26%가 사해에서 산출되고 있으며 전 세계가 앞으로 1천년을 사용하고도 남을 양이 함유되어 있다고 한다. 또한 포타슘(K)의 매장량은 100년 간 전 세계 소비량을 충족할 수 있을 정도라고 한다. 포타슘은 비누, 비료 등을 만드는데 사용되고 있다.

사해의 물은 피부병에 특효약일 뿐만 아니라 관절염 등 여러 가지 통증 완화에도 특효가 있는 것으로 밝혀져 많은 이들이 치료를 위해 이곳을 찾고 있다. 더구나 사해 지역의 공기 중에는 산소가 10%가량 더 포함되어 있어서 사해 수면에서 증발하는 수증기와 함께 심신을 건강하게 해주는 효과가 있다고 한다. 게다가 사해의 진흙을 미용에 이용할 수도 있다고 한다. 오늘날 사해 근처의 공장에서는 사해 진흙으로 각종 화장품을 만들어 내고 있다.

(1) 사해의 염분이 높은 까닭을 서술해 보시오.

(2) 사해에서 사람이 물에 뜨는 이유는 무엇인지 서술해 보시오.

(3) 사해에서 수영을 할 때 주의해야 할 점에 대하여 서술해 보시오.

스스로 실력 높이기

A

01 자원으로서의 물에 대한 설명으로 옳은 것은 ○표, 옳지 않은 것은 ×표 하시오.

(1) 수권의 물 중 자원으로 이용가능한 물을 말한다. ( )

(2) 자원으로써의 물은 주로 해수를 이용한다. ( )

(3) 제품을 생산하거나 시설을 관리할 때 쓰는 물을 공업용수라고 한다. ( )

02 해수의 성질에 대한 설명으로 옳은 것은 ○표, 옳지 않은 것은 ×표 하시오.

(1) 염류를 구성하는 원소들 중 가장 높은 비율을 차지하는 원소는 염소이다. ( )

(2) 우리나라 주변 바다의 염분은 동해가 서해보다 낮다. ( )

(3) 해수의 표층 수온 분포는 해수면에 입사하는 태양 복사 에너지량의 영향을 가장 많이 받는다. ( )

03 다음에서 설명하는 지구계의 구성 요소는?

지구에 존재하는 모든 물을 말하며, 해수와 담수로 구분한다.

( )

04 수권을 구성하는 물의 양이 많은 순서대로 쓰시오.

빙하, 지하수, 강과 호수, 해수

( ) 〉 ( ) 〉 ( ) 〉 ( )

05 다음은 수권을 구성하는 물 중 어떤 것에 대한 설명인가?

오랜 시간 동안 눈이 쌓이면서 단단하게 다져져 만들어진 얼음덩어리가 천천히 이동하는 것을 말한다.

( )

06 오른쪽 그림은 아르헨티나에 있는 빙하의 모습이다. 빙하에 대한 설명으로 옳은 것은?

① 겨울철에 더 빠르게 이동한다.
② 모든 위도의 평지에서도 생성된다.
③ 빙하는 지형을 변화시키지 않는다.
④ 만년설이 단단히 다져져 만들어진다.
⑤ 해수에서 차지하는 비율이 가장 크다.

07 염분을 구하는 공식이다. 각 기호에 들어갈 알맞은 말을 쓰시오.

$$\text{염분}(‰) = \frac{(ㄱ)\text{의 총 질량}(g)}{(ㄴ)\text{의 총 질량}(g)} \times 1000$$

ㄱ ( ) ㄴ ( )

08 다음 표는 어떤 해수 1kg 속에 녹아 있는 구성원소의 질량을 조사한 결과이다. 이 해수의 염분은 얼마인가?

염류	염소	나트륨	황	마그네슘	기타
질량 (g)	20	10	2.5	1.5	1

① 3.5 ‰ ② 30 ‰ ③ 35 ‰
④ 7.0 ‰ ⑤ 70 ‰

정답 및 해설 25쪽

09 염분이 30‰인 바닷물에서 염류 A와 B의 비율이 5:1로 녹아 있다. 그렇다면 염분 60‰인 바닷물에서 염류 A와 B의 성분비는?

① 1 : 1　② 1 : 3　③ 1 : 5
④ 5 : 1　⑤ 10 :1

10 다음 그래프는 해수의 연직 수온 분포를 나타낸 것이다. 각 층의 명칭을 쓰시오.

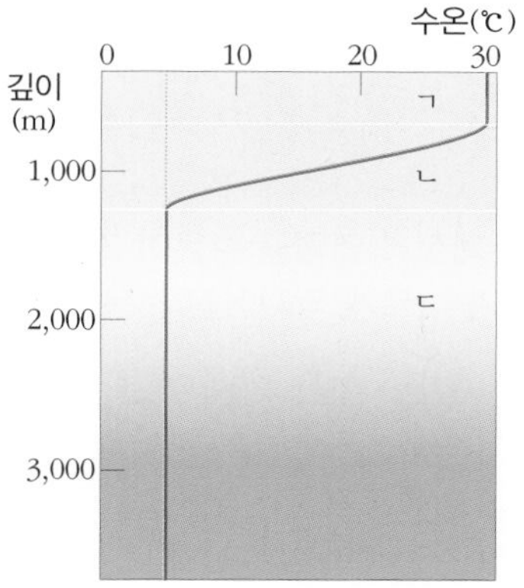

ㄱ (　　　　) ㄴ (　　　　) ㄷ (　　　　)

B

11 지구 상의 물 중 가장 작은 비율을 차지하고 있지만 비나 눈이 오는 등 기상 현상을 일으키는데 중요한 역할을 하는 것은?

① 해수　② 담수　③ 빙하
④ 지하수　⑤ 대기 중의 수증기

12 빙하에서 얻은 자료와 이를 통해 알 수 있는 사실을 바르게 연결하시오.

(1) 빙하 나이테 •　　• ㉠ 빙하 생성 시 분포 식물

(2) 빙하속공기방울 •　　• ㉡ 기후 변화

(3) 빙하 속 꽃가루 •　　• ㉢ 빙하생성시기

13 어떤 해수 3kg 속에 염류 96g이 녹아 있다면, 이 해수의 염분은 얼마인가?

(　　　　)‰

14 사해의 염분은 200 ‰이다. 이 사해 3 kg을 증발시키면 몇 g의 염류를 얻을 수 있을까?

① 200 g　② 300 g　③ 400 g
④ 500 g　⑤ 600 g

15 염분이 35‰인 바닷물 속에 녹아 있는 염류 중 염화 나트륨의 비율이 15% 였다면, 염분이 30‰인 바닷물 속에 녹아 있는 염류 중 염화 나트륨의 비율은 얼마일까?

(　　　　)%

16 오른쪽 그래프는 해수의 염분에 영향을 주는 요인을 나타낸 것이다. 염분이 가장 높은 곳과 가장 낮은 경우가 순서대로 바르게 짝지어진 것은?

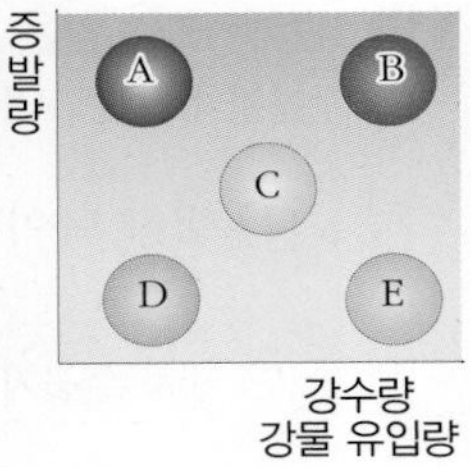

① A와 B ② A와 E ③ B와 C
④ B와 D ⑤ D와 E

17 다음 표는 우리나라 동해와 이스라엘과 요르단에 걸쳐 있는 사해의 물 1kg 속에 녹아 있는 염류들의 양을 나타낸 것이다. 동해의 나트륨과 사해의 염소의 양을 바르게 짝지은 것은?

	동해 (g)	사해 (g)
염소	20	(나)
나트륨	(가)	50.0
황산 염	2.5	12.5
마그네슘	1.5	7.5
기타	1.0	5.0

	(가)	(나)		(가)	(나)
①	10g	50g	②	10g	100g
③	20g	50g	④	20g	100g
⑤	30g	50g			

18 해수의 연직 수온 분포에 영향을 주는 요인을 표로 정리한 것이다. 영향을 주는 요인에는 ○표, 영향을 주지 않은 것은 ×표 하시오.

	혼합층	수온 약층	심해층
태양 복사 에너지			
바람			

[19~20] 다음 그래프는 우리나라의 계절별 표층 수온 분포를 나타낸 것이다. 다음 물음에 답하시오.

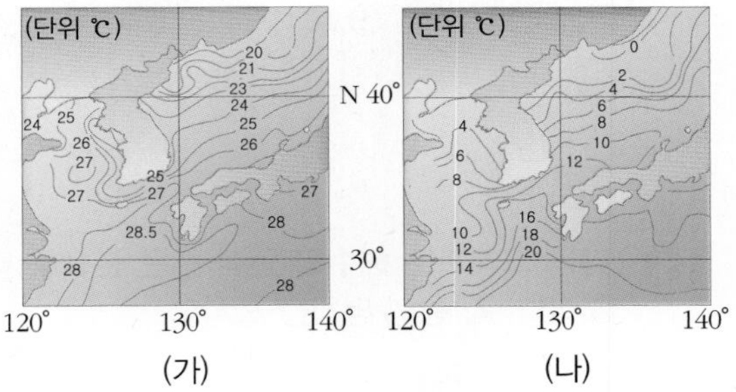

19 각 계절과 연평균 수온이 가장 높게 나타나는 바다가 바르게 짝지어진 것은?

	(가)	(나)	바다		(가)	(나)	바다
①	여름	겨울	동해	②	여름	겨울	황해
③	여름	겨울	남해	④	겨울	여름	동해
⑤	겨울	여름	남해				

20 (가)와 (나)를 통해 알 수 있는 사실은?

① 여름철 수온은 황해에서 가장 낮다.
② 계절에 따른 염분 분포를 알 수 있다.
③ 수온의 연교차는 동해에서 가장 크다.
④ 남북 간의 수온 차이는 겨울에 더 크다.
⑤ 해안에서 가까운 바다일수록 수온이 높다.

정답 및 해설 25쪽

C

21 25 ‰의 바닷물 1 kg을 만들려고 한다. 이때 필요한 물의 양과 염류의 양을 구하시오.

물의 양 (　　　　)g, 염류의 양 (　　　　)g

22 다음 표는 어느 바다 지역의 평균 강수량과 증발량을 나타낸 것이다. 염분이 높은 순서대로 바르게 나열한 것은?

지역	(가)	(나)	(다)
강수량 (mm)	200	100	100
증발량 (mm)	50	120	50

① (가) 〉 (나) 〉 (다)　② (나) 〉 (다) 〉 (가)
③ (다) 〉 (나) 〉 (가)　④ (가) 〉 (다) 〉 (나)
⑤ (나) 〉 (가) 〉 (다)

23 다음 그래프는 계절에 따른 해수의 연직 수온 분포를 나타낸 것이다. 이에 대한 설명으로 옳지 않은 것은?

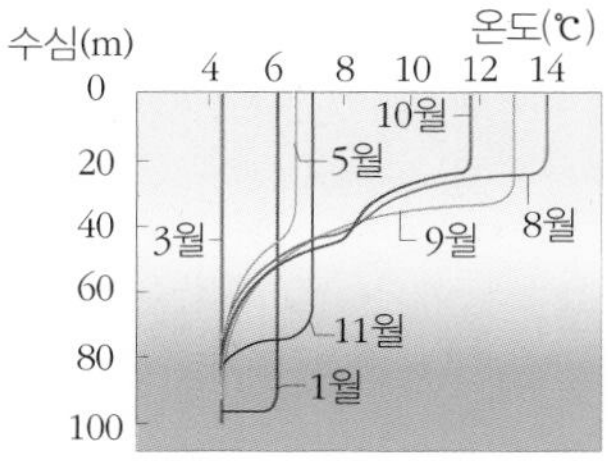

① 8월의 표층 수온이 가장 높다.
② 1월에 혼합층의 두께가 가장 얇다.
③ 8월보다 11월에 수온 약층이 시작되는 깊이가 깊다.
④ 기온이 높은 계절일수록 수온 약층이 두껍게 발달한다.
⑤ 바람이 강하게 부는 계절일수록 혼합층의 두께가 두꺼워진다.

[24~25] 다음 그래프는 위도에 따른 해수의 층상 구조와 해수의 연직 수온 분포를 나타낸 것이다. 다음 물음에 답하시오.

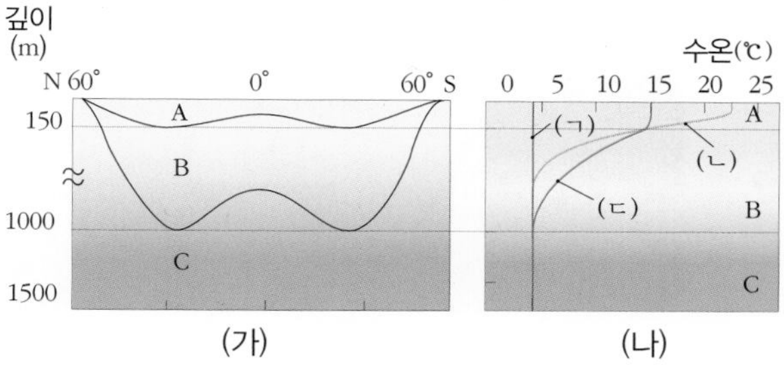

24 (나) 그래프에서 (ㄱ)~(ㄷ)을 저위도에서 고위도 순으로 바르게 나열한 것은?

① (ㄱ) → (ㄴ) → (ㄷ)　② (ㄴ) → (ㄱ) → (ㄷ)
③ (ㄷ) → (ㄱ) → (ㄴ)　④ (ㄱ) → (ㄷ) → (ㄴ)
⑤ (ㄴ) → (ㄷ) → (ㄱ)

25 위의 그래프에 대한 설명으로 옳지 않은 것은?

① A는 바람이 강할수록 두껍게 발달한다.
② B는 매우 안정하여 대류가 일어나지 않는다.
③ C는 수온 변화가 거의 없는 층이다.
④ (ㄴ) 지역에서는 표층과 심층의 수온 차가 거의 없다.
⑤ (ㄷ) 지역에서는 혼합층의 두께가 가장 두껍다.

26 빙하는 빙하의 분포에 따라 산악 빙하와 대륙 빙하로 구분한다. 다음 그림은 킬리만자로 빙하와 그린란드 빙하의 모습이다. 각각의 특징에 대하여 서술해 보시오.

▲ 킬리만자로 빙하

▲ 그린란드 빙하

27 해수의 결빙과 해빙에 따라 염분에 차이가 생긴다. 이에 대하여 설명해 보시오.

[28~29] 다음 그림은 전 세계 바다의 표층 수온 분포를 나타낸 것이다. 물음에 답하시오.

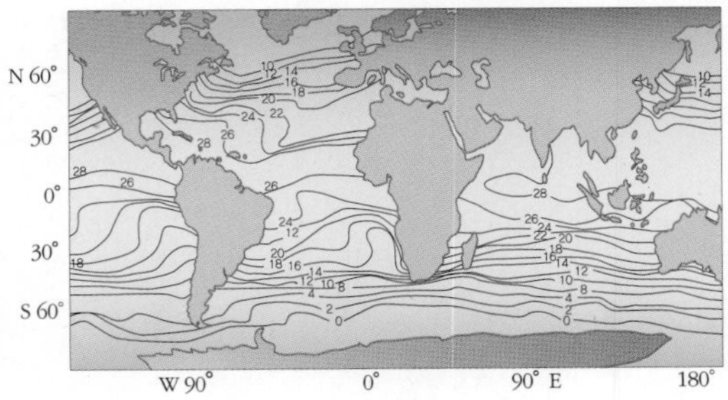

28 해수의 표층 수온 분포는 위도별로 차이를 보인다. 그 원인과 차이에 대하여 서술해 보자오.

29 해수의 표층 수온 분포는 북반구와 남반구에 따라 차이를 보인다. 그 원인과 차이에 대하여 서술해 보시오.

정답 및 해설 25쪽

30 다음 그래프는 해수의 연직 수온 분포를 나타낸 것이다. 각 층의 특징에 대하여 1가지 이상 서술해 보시오.

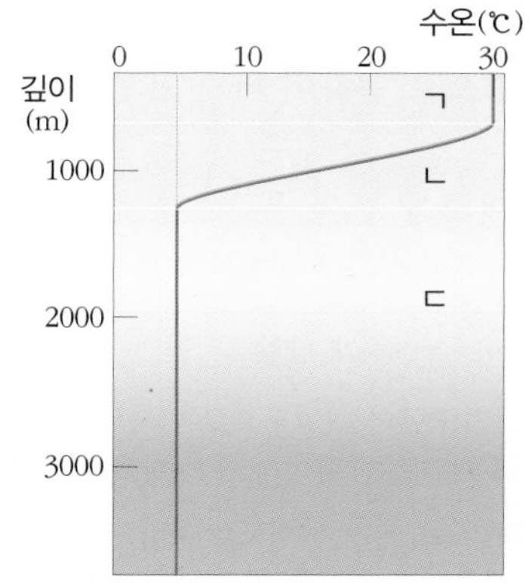

창의력 서술

31 물은 오랜 세월에 걸쳐 지형을 변화시키기도 한다. 석회 동굴은 어떻게 생긴 동굴인지 서술해 보시오.

32 빙하를 시추하여 뽑아낸 얼음 기둥인 빙하 코어를 분석해 보니 깊은 곳에 다양한 종류의 꽃가루가, 그보다 조금 얕은 곳에 화산재가 들어 있었다. 이 지역의 과거는 어떠했을지 서술해 보시오.

8강. 해수의 순환

1. 표층 해류의 순환

(1) **해류** : 일정한 방향과 속력으로 흐르는 해수의 흐름

(2) **표층 해류** : 지속적으로 부는 바람으로 인하여 바다 표면에서 흐르는 일정한 방향의 해수의 흐름

(3) **표층 순환** : 표층 해류가 바람의 방향과 같은 방향으로 이동하다가 각 대양에서 서로 연결되어 흐르면서 이루는 자연스러운 순환

순환 방향	북반구 ⇒ 시계 방향, 남반구 ⇒ 반시계 방향
순환 모습	적도를 경계로 북반구와 남반구에서 대칭적으로 나타난다. 대륙에 의해서 흐름이 막힌 해류는 남쪽이나 북쪽 방향으로 흐른다
역할	저위도의 따뜻한 해수 → 고위도로 운반, 고위도의 차가운 해수 → 저위도로 운반 ∴ 지구 전체의 온도를 일정하게 유지시켜 준다.(에너지 평형)

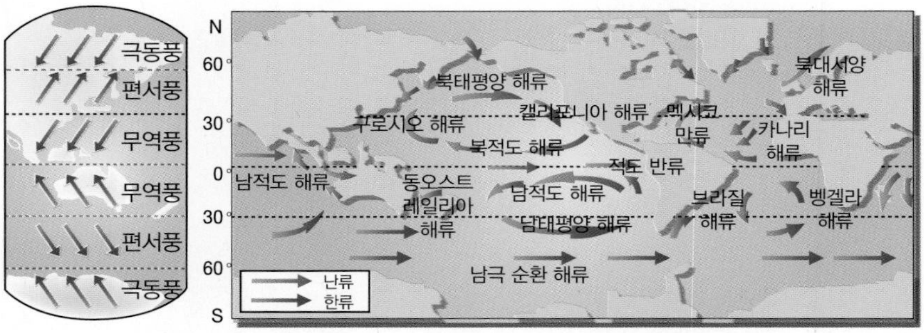

(4) **표층 해류의 구분** : 주변 해수와 상대적인 수온 비교를 통해 나눈다.

	이동 방향	수온	염분	용존 산소량	영양 염류
난류	저위도 → 고위도	높다	높다	적다	적다
한류	고위도 → 저위도	낮다	낮다	많다	많다

표층 순환

북반구에는 3개의 큰 순환(열대 순환, 아열대 순환, 아한대 순환)이 나타나고, 남반구에는 2개의 큰 순환(열대 순환, 아열대 순환)과 남극 순환 해류가 나타난다.

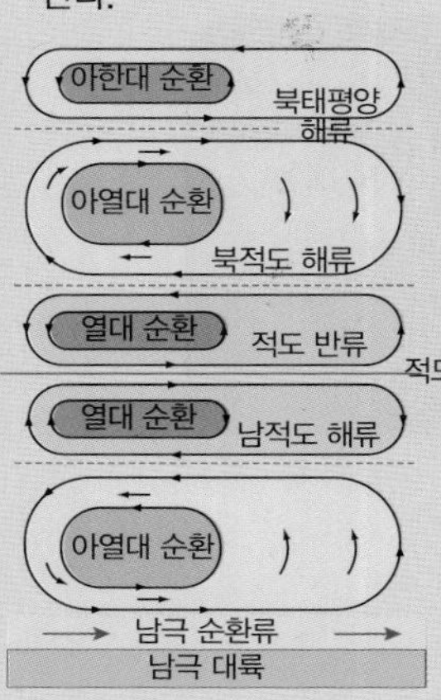

경계류

동서 방향으로 흐르던 해류가 대륙을 만나 남북 방향으로 흐르게 되는 해류

구분	위치	수온	폭	유속
서 안 경계류	대양의 서쪽	높다	좁다	빠름
동 안 경계류	대양의 동쪽	낮다	넓다	느림

해수 정보

http://argo.nimr.go.kr/
실시간으로 우리나라 주변 해류의 흐름, 염분, 수온을 알 수 있다.

미니사전

영양 염류 [營 짓다 養 기르다 鹽 소금 類 무리] 바닷물 속에 녹아 있는 규소, 질소 등의 염류를 총칭하며, 식물성 플랑크톤의 생산량을 좌우한다.

난류 [暖 따뜻하다 流 흐르다] 따뜻한 해류

한류 [寒 차다 流 흐르다] 온도가 비교적 낮은 해류

개념확인 1 다음 설명에 해당하는 순환을 무엇이라 하는가?

> 해류가 바람의 방향과 같은 방향으로 이동하다가 각 대양에서 서로 연결되어 흐르면서 이루는 자연스러운 순환

( )

확인 +1 다음 중 한류와 난류를 구분하는 기준은 무엇인가?

① 해수의 염분 ② 해류의 수온 ③ 해수의 염류
④ 해수의 밀도 ⑤ 바람이 부는 방향

2. 심층 해류의 순환

(1) **심층 해류 :** 수온 약층 아래의 바다 깊은 곳에서 매우 느리게 흐르는 해류

(2) **심층 순환 :** 해수의 온도와 염분 차이로 인하여 나타나는 깊은 바닷속에서의 해수의 순환으로 표층 순환과 컨베이어 벨트처럼 서로 연결된다.

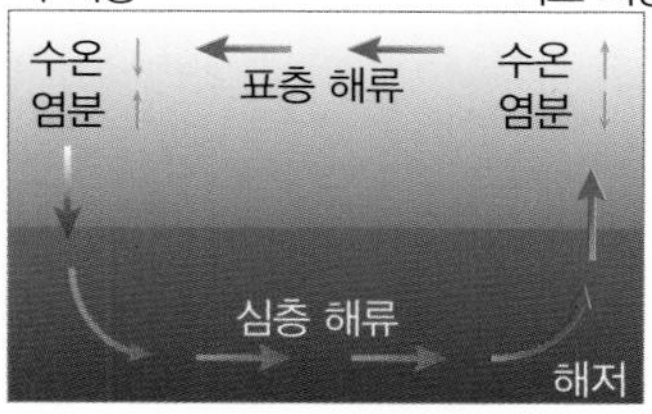

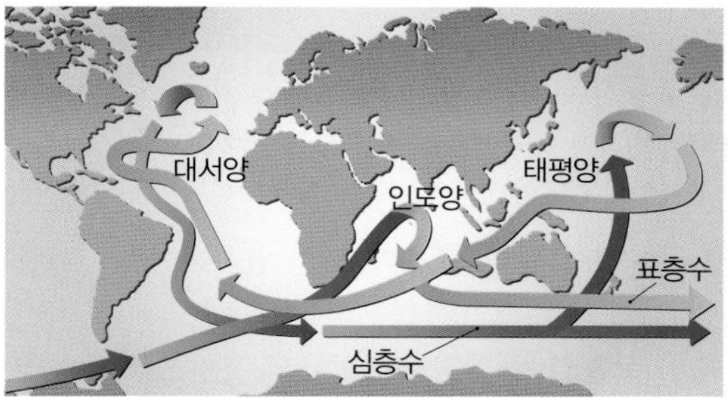

▲ 전 세계 바다의 심층 순환과 표층 순환

북대서양에서 표층수가 차가워지고 무거워지면 가라앉는다. → 심층을 따라 천천히 흐른다. → 따뜻해진 물이 인도양과 태평양 부근에서 표면으로 서서히 상승한다. → 표층을 따라 북대서양으로 되돌아온다.

(3) 해수 순환의 기능

열(에너지) 운반	저위도의 남는 열(에너지)을 고위도로 운반한다.
주변 기후에 영향	난류가 흐르는 지역은 같은 위도의 다른 지역보다 따뜻하고, 한류가 흐르는 지역은 같은 위도의 다른 지역보다 춥다.
산소와 영양 염류 운반	· 표층수가 가라앉을 때는 표층에서 심층으로 산소가 공급 · 심층수가 떠오를 때는 심층에서 표층으로 영양 염류가 공급

남극 대륙을 중심으로 본 표층 순환과 심층 순환

· 심층 순환은 고위도 해수 어디서나 나타나는 것이 아니다. 아래로 가라앉아 심층수를 형성하는 해역은 남극 대륙 주변의 웨델 해, 그린란드 동쪽 해안, 라브라도 해, 지중해가 있다.

· 심층수의 상승 속도는 하루에 1cm정도로 매우 느리고 해수면까지 올라가는 데는 약 1000년 정도 걸린다.

수온과 염분에 따른 해수의 밀도

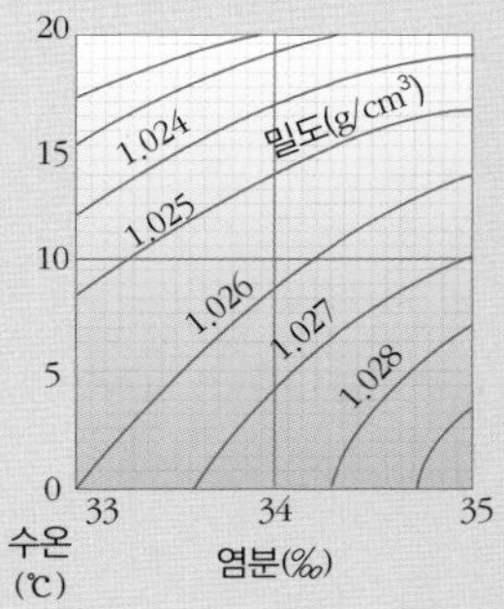

정답 및 해설 27쪽

개념확인 2 다음 설명에 해당하는 순환을 무엇이라 하는가?

해수의 온도와 염분 차이로 인하여 나타나는 깊은 바닷속에서의 해수의 순환

(　　　　　　)

확인 +2 다음은 해수 순환의 기능에 대한 설명이다. 빈칸에 알맞은 말을 쓰시오.

해류는 주변 기후에 영향을 미친다. (　　　　　)가 흐르는 지역은 같은 위도의 다른 지역보다 따뜻하고, (　　　　　)가 흐르는 지역은 같은 위도의 다른 지역보다 추워진다.

수온과 밀도의 위도별 분포

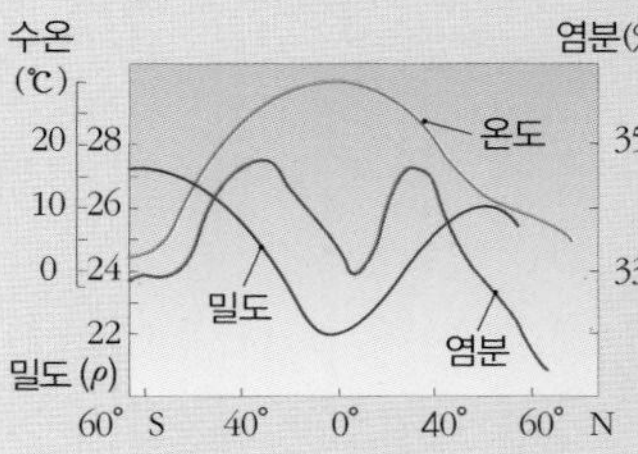

생각해보기★
해수의 순환이 일어나지 않는다면 우리나라 주변 바다의 수온은 어떻게 변할까?

3. 우리나라 부근의 해류

(1) 우리나라 주변의 해류

한류	리만 해류	· 우리나라 주변 한류의 근원 · 오호츠크해 연해주를 따라 남하하여 동해로 흐르는 해류
한류	북한 한류	리만 해류의 일부가 갈라져서 동해로 흐르는 해류
난류	구로시오 해류	· 우리나라 주변 난류의 근원 · 북태평양의 서쪽 해역에서 북상하는 해류
난류	황해 난류	구로시오 해류가 제주도 남쪽 부근에서 황해로 흐르는 해류
난류	동한 난류	· 구로시오 해류에서 갈라진 쓰시마 해류의 일부가 동해 남부에서 다시 갈라져서 우리나라 동해안을 따라 북상하는 해류 · 겨울철 동해안의 기온이 서해안보다 더 높게 나타나는 원인이 되는 해류

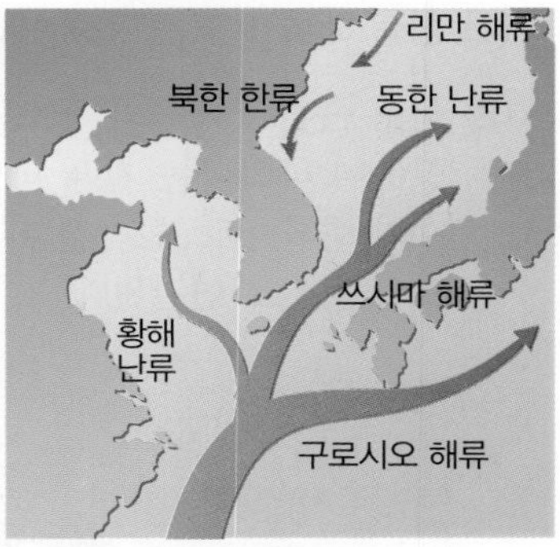

(2) **조경 수역** : 우리나라 동해안에서 동한 난류와 북한 한류가 만나 조경 수역이 형성된다.

① 해수의 연직 운동이 활발하게 일어나서 영양 염류와 플랑크톤이 풍부하다.
② 한류성 어종과 난류성 어종이 함께 존재하기 때문에 좋은 어장이 형성된다.

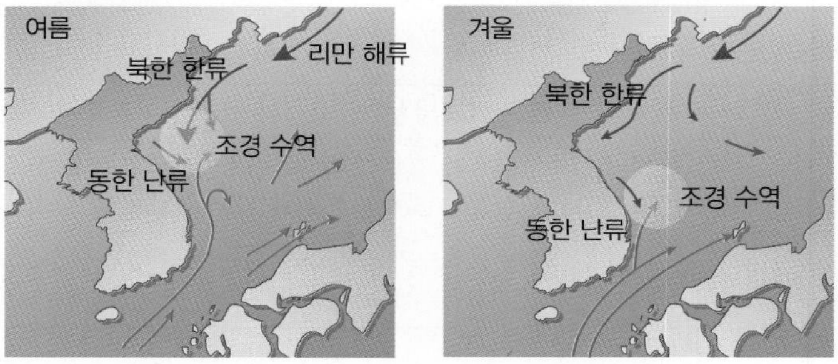

▲ 계절에 따른 조경 수역의 위치

구로시오 해류

폭 80km, 두께 400m 정도의 흐름으로 약 0.5~3m/s 속도로 흐른다.

구로시오란 의미는 검은(黑) 조수(潮)를 뜻하는 일본식 이름으로 주변 해수에 비해 용존 산소량과 염분이 적어 검고 짙은 색깔로 보여 붙여진 이름이다.

계절에 따른 변화는 크지 않으나 봄철과 여름철에 비교적 강하고, 가을철에 약하다.

한류성 어종과 난류성 어종

한류성 어종	대구, 청어, 숭어, 명태, 연어 등
난류성 어종	갈치, 멸치, 오징어, 조기, 고등어, 꽁치 등

생각해보기★★

겨울철 동해안 해안가 지역은 같은 위도의 내륙 지역보다 기온이 높을까, 낮을까?

개념확인 3 다음 빈칸에 알맞은 말을 쓰시오.

> 한류와 난류가 만나 (   )이 형성된다. 이 지역은 영양 염류와 플랑크톤이 풍부하여 좋은 어장이 형성된다.

확인 +3 우리나라 주변의 해류 중 한류를 모두 쓰시오.

미니사전

연직 운동 [鉛 납 直 곧다 -운동] 위, 아래(중력 방향)로 움직이는 운동

조경 수역 [潮 바닷물 境 장소 水 물 域 경계, 장소] 한류와 난류같이 성질이 다른 두 바닷물이 교차하는 수역

4. 해양 자원과 해양 오염

(1) 해양 자원 : 바다에서 얻을 수 있는 모든 자원

생물(수산) 자원	물고기, 조개, 해조류, 소금 등 주로 식량으로 이용되는 자원
물질 자원	해수 속이나 해저에 퇴적되어 있는 유용한 물질 자원 → 브로민, 리튬, 마그네슘, 금, 은, 우라늄, 망가니즈 단괴, 석유, 천연 가스 등
에너지 자원	해수의 열이나 운동에서 직접 에너지를 얻는 자원 → 조력 발전(밀물과 썰물의 낙차를 이용한 발전), 파력 발전(파도의 힘을 이용한 발전), 수온차 발전(표층과 심층 사이의 수온 차이를 이용한 열에너지 전환 발전)
공간 자원	해양 관광, 레저 활동 등 바다 공간을 활용하는 해양 자원
해수 자원	해수를 직접 이용한 해수 자원 → 해양 심층수, 해수 담수화 산업 등

(2) 해양 오염 : 바다로 들어오는 오염 물질의 양이 바다의 자정 능력보다 많이 들어와 해양 생태계에 해를 끼치는 현상

원인	· 생활 쓰레기, 가축 분뇨, 생활 하수, 산업 폐수 등이 바다로 유입되어 오염 · 유조선이나 선박 등의 기름 유출 사고로 인하여 발생 → 생태계에 가장 문제 · 간척 사업 등으로 갯벌과 바다를 매립하는 과정에서 해양 환경 훼손
피해	· 적조 현상 : 해수에 플랑크톤이 과도하게 번식하여 산소가 부족해져서 어패류가 질식사 한다. · 중금속 중독 : 중금속이 축적된 해양 생물을 섭취한 사람에게 심각한 질병이 발생한다.

(3) 해양 자원의 보존 : 해양 자원은 한번 오염이 되면 원래 상태로 복구하는데 경비와 시간이 많이 들기 때문에 사전 예방이 중요하다.

① 오염 물질이 해양으로 유입되지 않기 위한 노력 : 하수 처리 시설 확충, 쓰레기 투기 금지, 수질 오염이나 토양 오염 줄이기
② 해양의 자정 능력을 활용한 노력 : 갯벌이나 산란지 보호, 청정 해역 설정
③ 해양 사고에 빠르게 대처, 국제 조약 등 국가 간의 협력

망가니즈 단괴
수천 m 깊이의 심해저에 분포하는 흑갈색의 둥글둥글한 금속 광물 결집체를 말한다.

산업 분야에서 핵심 소재로 쓰이는 망가니즈 뿐만 아니라 구리, 니켈, 코발트와 같은 유용한 금속 광물을 약 40여종 함유하고 있는 '바다의 보물'이다.

조력 발전
세계 최대 규모의 조력 발전소인 시화호 조력 발전은 254MW로 세계 최대 발전량을 자랑한다.

▲ 시화호 조력 발전

파력 발전
아래 그림은 포르투칼 북부 해안에 설치된 파력 발전 시설이다. 길이 150m, 직경 3.5m 크기의 원통형 발전 장치로 파도가 치면 펴졌다. 접혔다를 반복하면서 에너지를 만들어 낸다.

정답 및 해설 27쪽

개념확인 4 해양 자원과 그에 대한 설명을 바르게 연결하시오.

(1) 물질 자원 • • ㉠ 해수를 직접 이용하는 자원
(2) 해수 자원 • • ㉡ 물고기, 조개류 등 주로 식량으로 이용되는 자원
(3) 생물 자원 • • ㉢ 해저에 퇴적되어 있는 광물을 이용하는 자원

확인 + 4 다음 빈칸에 알맞은 말을 쓰시오.

> 바다로 들어오는 오염 물질의 양이 바다의 (   ) 능력보다 많이 들어와 해양 생태계에 해를 끼치는 현상을 (   ) 이라고 한다.

미니사전
자정 능력 [自 스스로 淨 깨끗하다 -능력] 오염된 물이나 땅 등이 자연적으로 깨끗해지는 능력

개념 다지기

01 **표층 해류의 순환에 대한 설명으로 옳은 것은?**

① 난류는 고위도에서 저위도로 이동한다.
② 한류는 염분이 높고, 용존 산소량이 적다.
③ 표층 해류는 염분 차이로 인하여 나타난다.
④ 북반구는 반시계 방향, 남반구는 시계 방향으로 순환한다.
⑤ 적도를 경계로 북반구와 남반구에서 대칭적으로 나타난다.

02 **오른쪽 그림은 심층 순환을 나타낸 그림이다. 이에 대한 설명으로 옳은 것은?**

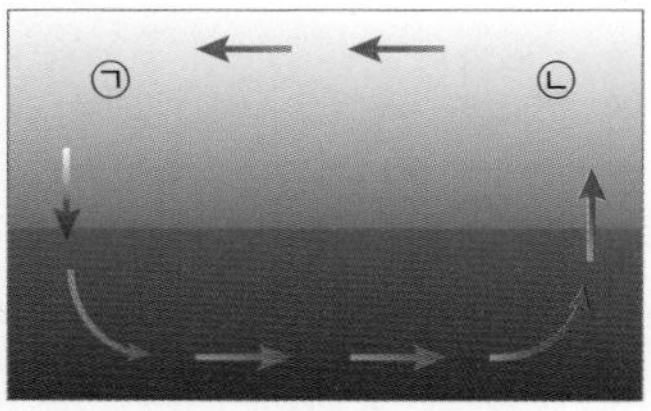

① ㉠은 적도 지방을 나타낸다.
② ㉡은 중위도 지방을 나타낸다.
③ ㉠ 지방에서 가라앉는 해수는 염분이 낮다.
④ 해수의 온도와 염분 차이로 나타나는 현상이다.
⑤ ㉡ 지방으로 올라오는 해수를 통해 산소가 공급된다.

03 **해수 순환의 기능에 대한 설명으로 옳은 것은?**

① 심층수가 떠오를 때는 심층에서 표층으로 산소가 공급된다.
② 한류가 흐르는 지역은 같은 위도의 다른 지역보다 따뜻하다.
③ 표층수가 가라앉을 때는 표층에서 심층으로 영양 염류가 공급된다.
④ 고위도에서 태양에너지로부터 받은 남는 에너지를 저위도로 운반한다.
⑤ 지구 전체의 온도를 일정하게 유지시켜서 에너지 평형을 이루게 해 준다.

정답 및 해설 27쪽

04 우리나라 주변 해류에 설명으로 옳은 것은?

① 우리나라 주변 난류의 근원은 리만 해류이다.
② 우리나라 근처의 조경 수역은 황해에 형성된다.
③ 우리나라 주변 한류의 근원은 구로시오 해류이다.
④ 황해 난류는 구로시오 해류에서 갈라져서 흐르는 해류의 일부이다.
⑤ 동한 난류는 리만 해류의 일부가 갈라져서 동해로 흐르는 해류이다.

05 오른쪽 그림은 우리나라 주변의 해류를 나타낸 것이다. 〈보기〉에서 설명하는 해류로 옳은 것은?

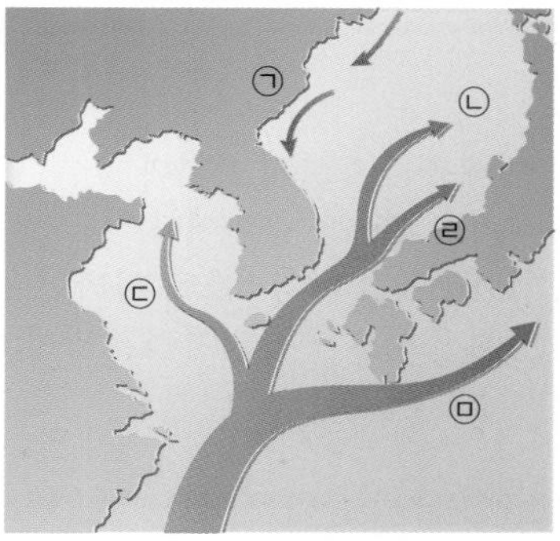

〈 보기 〉

겨울철에 우리나라 동해안의 기온이 서해안보다 더 높게 나타나는 원인이 되는 해류이다.

① ㉠　　② ㉡　　③ ㉢　　④ ㉣　　⑤ ㉤

06 해양 자원을 보존하기 위한 방법으로 옳지 않은 것은?

① 하수 처리 시설을 확충한다.
② 갯벌이나 산란지를 보호한다.
③ 바다에 쓰레기 투기를 금지한다.
④ 국가적으로 청정 해역을 설정하여 보호한다.
⑤ 해양 사고가 발생하면 해당 국가만의 문제이다.

유형 익히기 & 하브루타

[유형8-1] 표층 해류의 순환

다음 그림은 전 세계 표층 해류의 순환을 나타낸 것이다. 이에 대한 설명으로 옳은 것은?

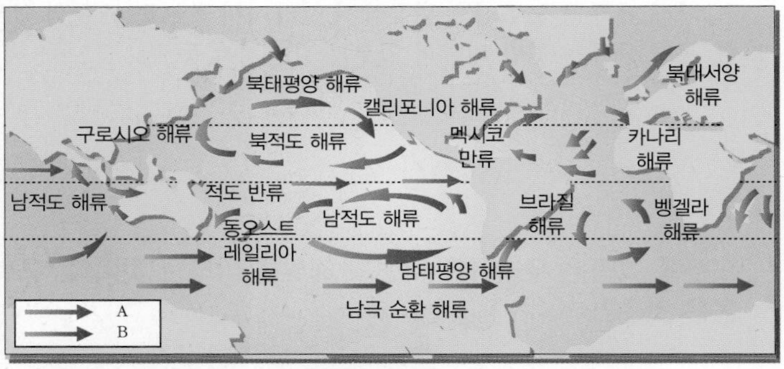

① A는 한류, B는 난류이다.
② 대륙에 의해서 흐름이 막힌 해류는 흐르지 못한다.
③ 바람에 의해 일시적으로 생기는 해수의 순환이다.
④ 적도를 경계로 북반구와 남반구에서 대칭적으로 나타난다.
⑤ 해류가 이동하다가 각 대양에서 서로 연결되어 흐르면서 이루는 일시적인 순환이다.

Tip!

01 표층 순환의 방향이 바르게 짝지어진 것은?

	북반구	남반구
①	시계 방향	시계 방향
②	반시계 방향	반시계 방향
③	시계 방향	반시계 방향
④	반시계 방향	시계 방향
⑤	북극 방향	적도 방향

02 다음 〈보기〉에서 난류의 특징만을 있는 대로 고른 것은?

〈 보기 〉
ㄱ. 저위도에서 고위도로 흐른다.
ㄴ. 염분이 낮다.
ㄷ. 용존 산소량이 많다.

① ㄱ　② ㄱ, ㄴ　③ ㄱ, ㄷ
④ ㄴ, ㄷ　⑤ ㄱ, ㄴ, ㄷ

정답 및 해설 27쪽

[유형8-2] 심층 해류의 순환

다음 그림은 전 세계 바다의 심층 순환과 표층 순환을 나타낸 그림이다. 이에 대한 설명으로 옳은 것은?

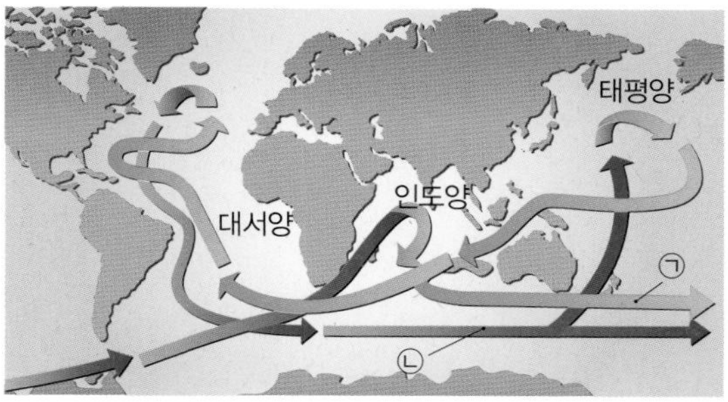

① ㉠은 심층수이다.
② ㉡은 표층수이다.
③ ㉠이 가라앉을 때는 영양 염류가 공급된다.
④ ㉠과 ㉡은 컨베이어 벨트처럼 서로 연결되어 있다.
⑤ ㉡은 ㉠이 차가워지면서 염분이 낮아져서 가라앉은 것이다.

03 다음은 해수 순환의 기능에 대한 설명이다. 빈칸에 들어갈 말이 바르게 짝지어진 것은?

> (A)가 가라앉을 때는 (B)(이)가 공급이 되고, (C)가 떠오를 때는 (D)(이)가 공급이 된다.

	A	B	C	D
①	표층수	열	심층수	산소
②	표층수	산소	심층수	열
③	표층수	산소	심층수	영양 염류
④	심층수	영양 염류	표층수	산소
⑤	심층수	산소	표층수	영양 염류

04 다음은 심층 순환이 일어나는 과정에 대한 설명이다. 빈칸에 들어갈 말이 바르게 짝지어진 것은?

> (A) 지방에서 냉각되어 수온이 (B), 염분이 (C) 해수가 가라앉는다. → 해저를 따라 적도 쪽으로 이동하면서 바다 전체를 순환한다. → 따뜻해진 해수는 다시 떠오른다. → (D) 지방에서 가열된 해수는 (A) 지방으로 이동한다.

	A	B	C	D
①	극	낮고	낮은	적도
②	극	낮고	높은	적도
③	극	높고	낮은	적도
④	적도	낮고	높은	극
⑤	적도	높고	낮은	극

[유형8-3] 우리나라 부근의 해류

다음 그림은 계절에 따른 조경 수역의 위치를 나타낸 것이다. 이에 대한 설명으로 옳은 것은?

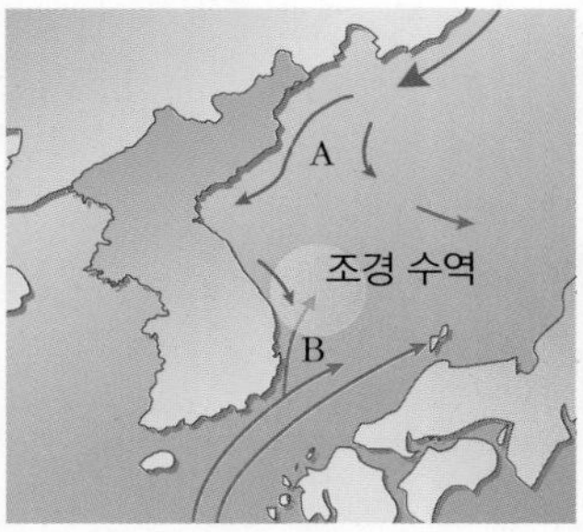

(가)

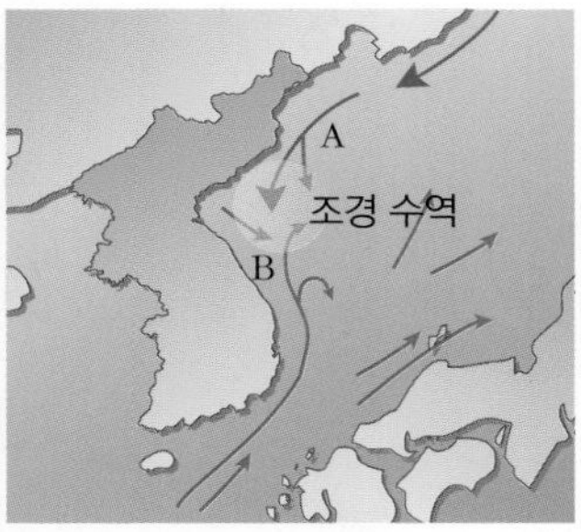

(나)

① A는 한류, B는 난류이다.
② (가)는 여름, (나)는 겨울이다.
③ 황해에도 조경 수역이 형성된다.
④ A는 리만 해류, B는 쓰시마 해류이다.
⑤ 조경 수역에는 한류성 어종만 존재한다.

05 다음 그림은 우리나라 주변의 해류를 나타낸 것이다. 각 기호와 해류의 명칭이 바르게 짝지어지지 않은 것은?

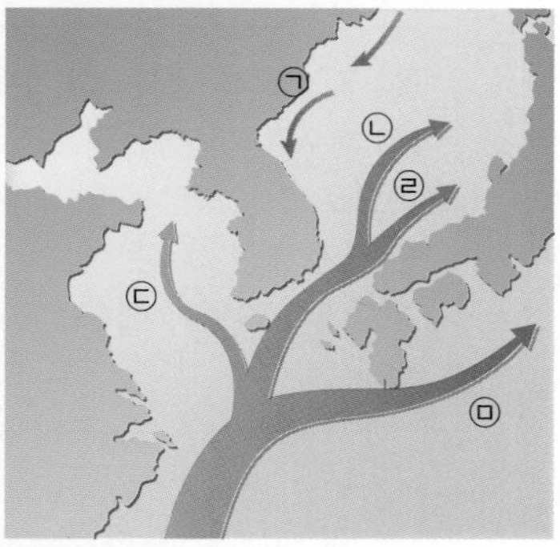

① ㉠ - 북한 한류
② ㉡ - 동한 난류
③ ㉢ - 황해 난류
④ ㉣ - 쓰시마 해류
⑤ ㉤ - 북태평양 해류

06 우리나라 주변에 흐르는 한류와 그 한류의 근원이 되는 해류를 바르게 짝지은 것은?

① 남한 한류 - 리만 해류
② 북한 한류 - 리만 해류
③ 구로시오 해류 - 리만 해류
④ 리만 해류 - 구로시오 해류
⑤ 북한 한류 - 구로시오 해류

정답 및 해설 27쪽

[유형8-4] 해양 자원과 해양 오염

다음 그림은 해양 오염으로 인한 모습을 나타낸 것이다. 이에 대한 설명으로 옳지 않은 것은?

① 해양 자원을 보호하기 위해서는 국가 간의 협력이 필요하다.
② 기름 유출 사고로 인한 해양 오염은 해양생태계에 심각한 문제가 된다.
③ 해양 생물이 중금속에 오염되면 사람에게도 심각한 질병을 발생시킨다.
④ 간척 사업 등으로 갯벌을 매립하는 것은 바다 생태계를 보호하기 위한 좋은 방법이다.
⑤ 바다의 자정 능력보다 오염 물질이 과도하게 바다로 들어와 생태계에 해를 끼치는 현상이다.

07 다음 그림은 영국 회사에서 건설한 조력 발전 설비이다. 조력 발전에 해당하는 해양 자원은 무엇인가?

① 생물 자원　② 물질 자원
③ 공간 자원　④ 해수 자원
⑤ 에너지 자원

08 바다에서 얻을 수 있는 자원이 아닌 것은?

① 식량으로 이용되는 자원
② 해수를 직접 이용한 자원
③ 바다 공간을 활용하는 자원
④ 간척 사업을 통해 얻게 된 육지 자원
⑤ 해수의 열이나 운동에서 직접 에너지를 얻는 자원

01 해수는 인간 활동에 의해 생성된 열의 90%를 흡수하기 때문에 해양이 얼마나 많은 열을 가지고 있는가는 기후 과학 연구자들에게 중요한 관심사였다.
이에 전지구적인 해양 정보와 기후 변화를 관측하기 위하여 해양 관측 장비인 '아르고(ARGO, Array for Real-time Geostrophic Oceanography)'를 이용한 국제 공동 프로젝트가 2000년부터 시작되었다. 현재 약 3200여개의 아르고가 해류를 따라 떠다니고 있으며, 그 중 110여 개는 우리나라가 운영하고 있는 아르고이다.
아르고는 비행기나 배에서 투하되어 바닷속으로 1초에 10cm씩 가라앉다가 미리 설정해 놓은 수심(1000~2000m)에 이르면 더 이상 내려가지 않고 수심을 유지한 채 9일 정도 해류를 따라 흐르게 된다. 그 후 펌프의 힘을 이용하여 천천히 해수면 위로 떠오르는

과정에서 각 깊이의 수온과 염분을 측정하여 기록한다. 해수면에 떠오른 후 12시간 정도 둥둥 떠다니면서 기록한 정보를 인공위성을 이용하여 전송한다. 이 정보를 이용하여 전세계 기상청에서 해양 변화를 감시하거나 기후 예측에 활용한다.

(1) 아르고는 해수면 위로 떠오르면서 정보를 측정하여 기록한다. 그렇다면 울릉도 부근의 해수의 성질을 알아보고자 할 때 아르고는 울릉도를 기준으로 동서남북 중 어느 곳에서 투하해야 할까? 위의 내용을 참고로 하여 서술해 보자.

(2) 해양 정보와 기후 변화를 관측하기 위하여 전세계적으로 공동 프로젝트를 진행하는 이유는 무엇일까?

정답 및 해설 28쪽

02 2014년 '동해 명태 살리기 프로젝트'가 시작되었다. 살아있는 명태를 잡아올 경우 정부에서 50만원의 포상금을 제시한 것이다. 이는 연간 10만 t 이상의 명태가 잡히던 동해에서 1981년도에 15만 7천 t 을 정점으로 계속 어획량이 줄어 5년 전부터는 1t 도 안잡히는 상황이 발생하여 정부 차원에서 나서게 된 것이다. 현재 러시아나 북한에서는 여전히 많이 잡히고 있는 명태가 우리나라 동해에서는 자취를 감추고 있는 것이다.

이처럼 동해안에서 잡히는 어종들이 변하고 있다. 남해안과 서해안에서 서식하는 참조기가 동해안에서도 잡히고 있고, 대게와 꽃게, 오징어, 갈치, 아귀 등의 어장이 북상 중이라고 한다.

(1) 우리나라 주변 어장이 변하는 이유를 주변 해류의 온도 변화를 이용하여 서술해 보시오.

(2) 현재와 같이 우리나라 주변에서 잡히는 어종이 변하고 있을 때 조경 수역이 어떻게 변하고 있는지 서술해 보시오.

창의력 & 토론마당

03 노르웨이는 북위 58~72°의 고위도에 있지만 서쪽 해안은 북극권으로 보기 어려울 정도로 온난한 기후가 나타난다. 겨울에도 바다가 어는 일이 없을 뿐만 아니라, 가장 추운 달의 평균 기온도 1.2℃에 이른다. 다음 그림을 참고로 하여 이러한 기후 특징이 나타나는 이유를 서술해 보시오.

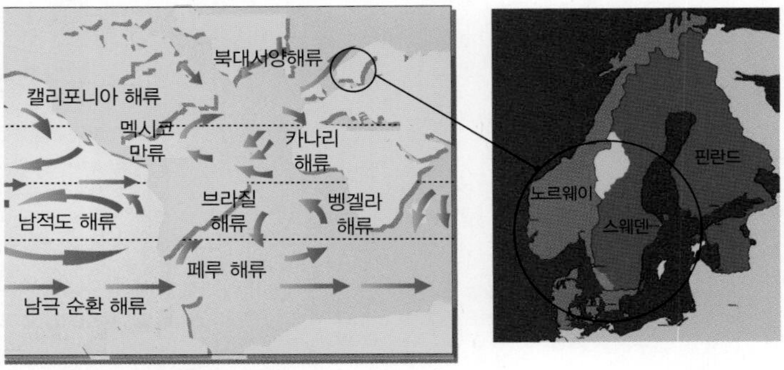

정답 및 해설 29쪽

04 해수의 흐름은 해수 표면으로 갈수록 바람의 영향을 많이 받는다. 그림 (가)는 2007년 12월 7일 충남 태안군 앞바다에서 발생한 유조선의 충돌에 의하여 유출된 기름이 확산된 경로를 나타낸 것이고, 그림 (나)는 우리나라 주변에 흐르는 해류의 모습을 나타낸 것이다.

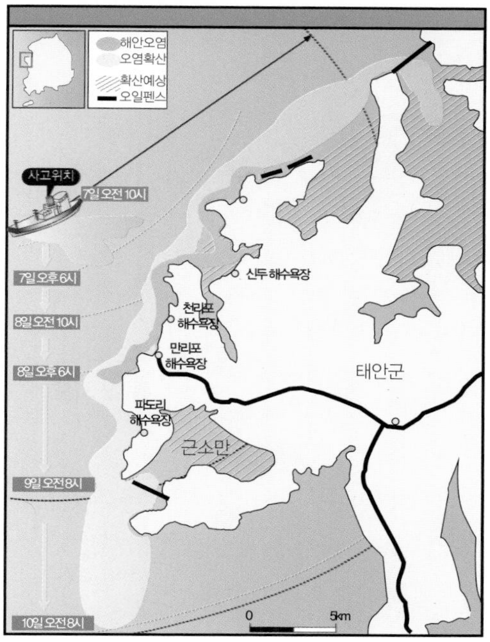

(가)

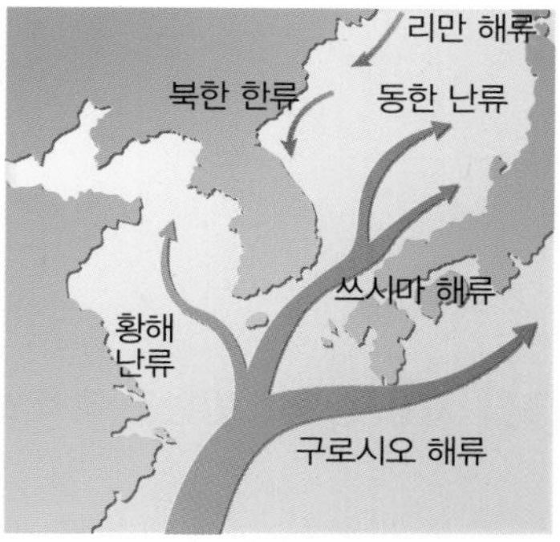

(나)

(1) 그림 (가)와 그림 (나)를 비교해 보면 유출된 기름이 확산되는 방향과 해류의 방향이 반대인 것을 알 수 있다. 그 이유에 대하여 서술해 보시오.

(2) 기름 유출 사고가 발생하였을 때 적절한 대처 방법에 대하여 서술해 보시오.

스스로 실력 높이기

A

01 다음 빈칸에 알맞은 말을 쓰시오.

> 일정한 방향과 속력으로 흐르는 해수의 흐름을 (　　　　)라고 한다.

02 표층 순환의 방향을 각각 쓰시오.

남반구 (　　　　) 방향, 북반구 (　　　　) 방향

03 다음 중 난류의 특징에는 '난', 한류의 특징에는 '한'을 쓰시오.

(1) 수온이 높다. (　　)
(2) 녹아 있는 산소의 양이 많다. (　　)
(3) 저위도에서 고위도로 흐른다. (　　)

04 다음은 심층 순환에 대한 설명이다. 빈칸에 알맞은 말을 쓰시오.

> 해수의 (　　　　)와 (　　　　) 차이로 인하여 나타나는 깊은 바닷속에서의 해수의 순환이다.

05 해수와 그 해수 사이에 운반되는 물질을 바르게 연결하시오.

(1) 표층수 •　　　　• ㉠ 영양 염류
(2) 심층수 •　　　　• ㉡ 산소

06 우리나라 주변 바다에 조경 수역을 만드는 해류를 쓰시오.

(　　　　　,　　　　　)

07 다음 〈보기〉에서 설명하는 해양 자원에 해당하는 것은?

〈 보기 〉
· 밀물과 썰물의 낙차를 이용한 발전
· 파도의 힘을 이용한 발전
· 표층과 심층 사이의 수온 차이를 이용한 발전

① 수산 자원　② 물질 자원
③ 공간 자원　④ 해수 자원
⑤ 에너지 자원

정답 및 해설 29쪽

[08~10] 다음 〈보기〉는 여러 가지 해양 자원을 나타낸 것이다. 물음에 답하시오.

〈 보기 〉

ㄱ. 소금	ㄴ. 갯벌
ㄷ. 물고기	ㄹ. 해양 심층수
ㅁ. 조력 발전	ㅂ. 해수 담수화
ㅅ. 천연 가스	ㅇ. 망가니즈 단괴

08 생물 자원을 모두 고르시오.

09 해수 자원을 모두 고르시오.

10 물질 자원을 모두 고르시오.

B

11 다음 빈칸에 알맞은 말을 쓰시오.

(　　　)으로 인하여 바다 표면에 흐르는 일정한 방향의 해수의 흐름이 표층 해류이다.

12 다음 설명에 해당하는 해류를 쓰시오.

동서 방향으로 흐르던 해류가 대륙을 만나 남북 방향으로 흐르게 되는 해류

(　　　　　)

13 한류와 난류의 성질을 바르게 나타낸 것은?

	난류	한류
① 이동 방향	고 → 저위도	저 → 고위도
② 수온	높다	낮다
③ 염분	낮다	높다
④ 용존 산소량	많다	적다
⑤ 영양 염류	많다	적다

14 다음은 해수 순환의 기능에 대한 설명이다. 빈칸에 알맞은 말을 쓰시오.

(　)위도의 남는 (　　)(을)를 (　)위도로 운반하여 지구의 에너지 평형을 유지한다.

15 다음 표는 비슷한 위도 상의 동해안과 서해안 대표 지역의 겨울철 평균 기온이다. 이와 같이 겨울철 동해안의 기온이 더 높게 나타나는 원인이 되는 해류는 무엇인가?

지역	강릉	인천
기온	0.3℃	−2.4℃

( )

16 우리나라 주변에 흐르는 난류와 그 난류의 근원이 되는 해류를 바르게 짝지은 것은?

① 동한 난류 - 리만 해류
② 황해 난류 - 리만 해류
③ 동한 난류 - 황해 난류
④ 리만 해류 - 구로시오 해류
⑤ 동한 난류 - 구로시오 해류

[17~18] 다음 그림은 우리나라 주변의 해류를 나타낸 것이다. 물음에 답하시오.

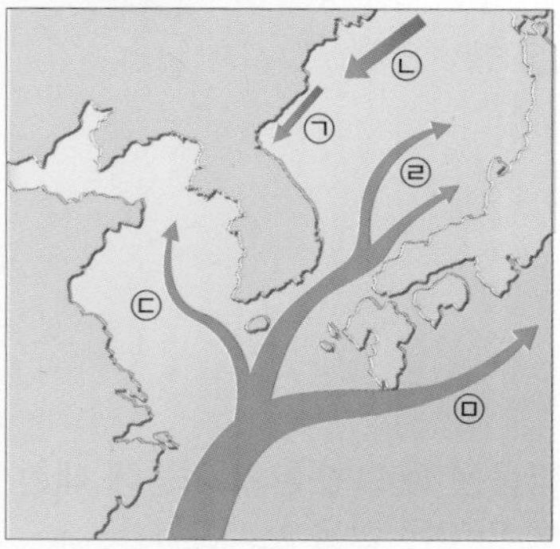

17 우리나라 주변의 해류 중 난류끼리 바르게 짝지은 것은?

① ㉠, ㉡, ㉢　② ㉡, ㉢, ㉣
③ ㉢, ㉣, ㉤　④ ㉠, ㉢, ㉤
⑤ ㉡, ㉣, ㉤

18 ㉠ 해류에 의해 동해안에서 잡히게 되는 어종이 아닌 것을 모두 고르시오.(2개)

① 대구　② 명태　③ 연어
④ 갈치　⑤ 오징어

19 다음 설명에 해당하는 현상을 쓰시오.

> 해수에 플랑크톤의 과도한 번식으로 인하여 산소가 부족해져서 어패류가 질식사하는 현상을 말한다.

( )

20 해양 오염과 해양 자원의 보존에 대한 설명으로 옳은 것은?

① 육지에서 만들어진 쓰레기는 해양 오염과는 상관이 없다.
② 해양 사고시 빠르게 대처하고 국가 간의 협력이 필요하다.
③ 바닷속 해양 생물들에게 중금속이 축적되어도 인간에게는 해를 끼치지 않는다.
④ 기름 유출 사고시 기름은 물 위에 뜨기 때문에 해양 생태계에 영향을 주지 않는다.
⑤ 바다는 스스로의 자정 능력이 있기 때문에 아무리 오염이 많이 되어도 쉽게 복구할 수 있다.

정답 및 해설 29쪽

C

21 다음 〈보기〉는 경계류에 대한 설명이다. 서안 경계류에 대한 설명 중 옳은 것만을 있는 대로 고른 것은?

〈 보기 〉
ㄱ. 대양의 서쪽에 위치한다.
ㄴ. 적도 방향으로 흐른다.
ㄷ. 수온이 높고 유속이 빠르다.
ㄹ. 구로시오 해류는 서안 경계류이다.

① ㄱ, ㄴ
② ㄱ, ㄴ, ㄷ
③ ㄱ, ㄴ, ㄹ
④ ㄱ, ㄷ, ㄹ
⑤ ㄱ, ㄴ, ㄷ, ㄹ

22 다음 그림은 전 세계 해류의 흐름이다. 이에 대한 설명으로 옳은 것은?

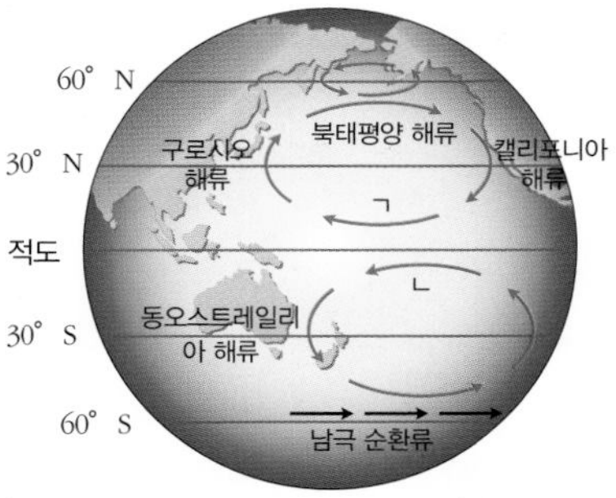

① ㄱ은 해수 속에 산소량이 많다.
② ㄱ과 ㄴ은 무역풍의 영향을 받는다.
③ 해수의 염분 분포에 따른 해수의 흐름이다.
④ ㄴ은 해수 속에 녹아 있는 영양 염류의 양이 많다.
⑤ 전세계 바다의 심층 순환과 표층 순환의 흐름을 알 수 있다.

23 다음 표는 수온과 밀도의 위도별 분포를 나타낸 것이다. 이를 통해 알 수 있는 사실은 무엇인가?

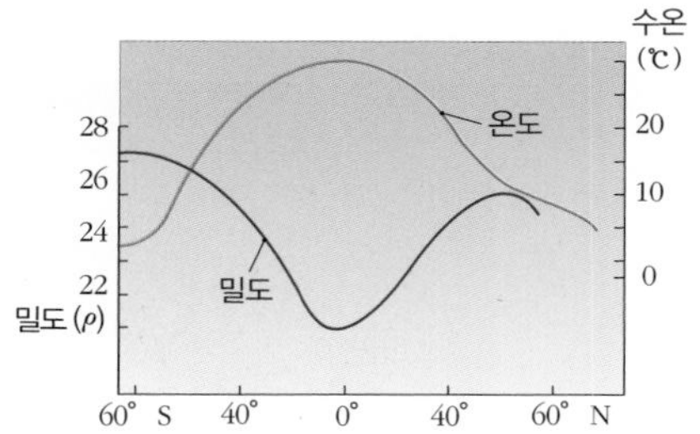

① 적도 지방의 해수에는 산소가 많을 것이다.
② 적도 지방의 해수는 표층 순환만 할 것이다.
③ 극 지방의 해수에는 영양 염류가 적을 것이다.
④ 극 지방에서 냉각된 해수는 밀도가 커져서 가라앉을 것이다.
⑤ 표층 순환의 원인은 온도가 높아질 때 밀도가 커지기 때문에 일어나는 현상일 것이다.

24 다음 그림은 남극 대륙을 중심으로 본 표층 순환과 심층 순환을 나타낸 것이다. 이에 대한 설명으로 옳은 것은?

① 심층수가 해수면까지 올라가는데는 1년이 걸린다.
② 심층 해류는 바다 깊은 곳에서 매우 빠르게 흐르는 해류이다.
③ 극지방에서 냉각된 표층수가 해면을 따라 적도 쪽으로 이동을 한다.
④ 표층 순환과 심층 순환은 컨베이어 벨트처럼 서로 연결되어 있다.
⑤ 심층수가 떠오를 때는 표층으로 깨끗한 바닷물과 산소가 공급 된다.

25 다음 그림은 우리나라 주변 해류의 수온 분포를 나타낸 것이다. 다음과 같은 수온 분포에 가장 큰 영향을 주는 해류는 무엇인가?

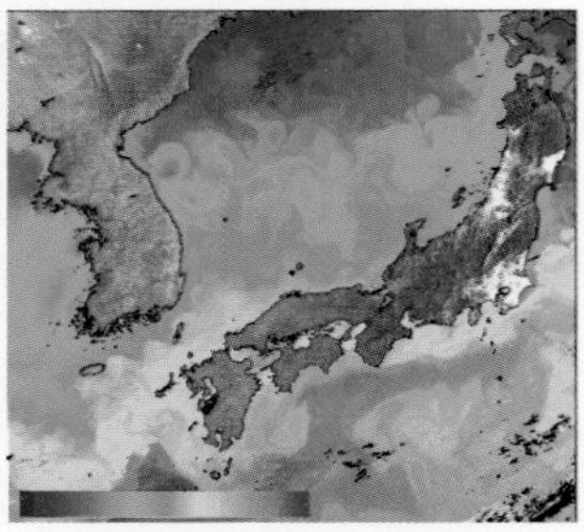

① 적도 반류
② 황해 난류
③ 북적도 해류
④ 구로시오 해류
⑤ 북태평양 해류

26 표층 순환의 역할에 대하여 서술해 보시오.

27 다음 그림은 색소와 소금을 탄 얼음물을 수돗물에 부었을 때 일어나는 모습이다. 이를 참고하여 심층 순환이 일어나는 과정에 대하여 설명해 보시오.

28 다음 그림과 같이 지구 온난화로 인하여 극지방의 빙하가 녹고 있다. 이때 일어날 수 있는 표층 순환과 심층 순환의 변화에 대하여 서술해 보시오.

정답 및 해설 29쪽

29 조경 수역에 좋은 어장이 형성되는 이유에 대하여 서술해 보시오.

30 해양 자원을 보존하기 위한 방법을 두 가지 이상 서술해 보시오.

창의력 서술

31 최근 지구 온난화로 인해 해류 순환의 변동이 걱정이라고 한다. 어떻게 해류 순환이 변동되는지 서술해 보시오.

32 해류는 일정한 방향과 속력으로 끊임없이 흐르고 있다. 이 해류가 멈춰버리면 어떻게 될까?

영화가 현실로?! '폴라 보텍스'의 습격

美 체감 기온 영하 70℃ '폴라 보텍스'의 습격

세계 곳곳이 연초부터 극단적인 기상 이변으로 몸살을 앓고 있다. 북미 캐나다와 미국은 수십년 만의 살인 한파로 얼어붙었고, 영국 등 유럽 일부 지역에서는 폭우를 동반한 겨울 폭풍으로 홍수, 해일 피해가 이어지고 있다. 그런가 하면 여름을 맞은 남반구에서는 체감 온도가 50℃를 넘나드는 살인 더위로 인해 사망자가 속출하고 있다.

캐나다와 미국에서는 북극 한파가 남하하면서 기록적인 추위가 이어지고 있다. 6일 미국 국립기상청은 약 2억 명이 한파 피해를 입을 것으로 예상하면서, 노스다코다주 서부와 동부 지역 기온이 영하 51℃를 기록할 것으로 예보했다. 한편 대서양 건너 영국 서남부 지역에서는 폭우와 강풍에 따른 해일과 범람 피해가 확산되고 있다. BBC 등에 따르면 서부 웨일스주, 콘월, 소머셋주 등에서는 기록적인 겨울 폭우가 내리면서 홍수가 발생해 수천 가구가 침수됐다.

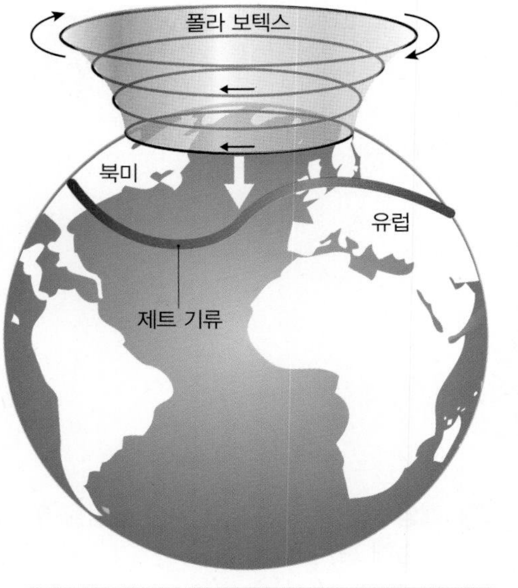

1 폴라 보텍스

남반구 아르헨티나에서는 40℃를 넘는 100여 년 만의 불볕더위가 계속되면서 열사병과 탈수 증세로 10여 명이 사망했다. 브라질 상파울루시의 기온도 한때 35.4℃까지 올라 70년 이래 최고 기록을 세웠고, 칠레에서는 고온 건조한 기후로 인해 대형 화재가 이어지고 있다.

이러한 현상은 이른바 '폴라 보텍스(Polar Vortex·극 소용돌이 : 북극과 남극 대륙권 중상부와 성층권에 위치하는 소용돌이 기류)'가 남쪽으로 내려오면서 발생한 것이다. 극 소용돌이는 겨울철 극지 성층권에 형성되는 강한 회오리바람으로, 편서풍인 제트 기류가 평소처럼 강하면 가로막혀 아래로 내려올 수 없지만 약해지면 남하하게 된다. 기상학자들은 제트 기류가 약해지는 이유로 지구 온난화를 지목하고 있다.

_ 2014년 01월 ××일 문화일보 기사 발췌

정답 및 해설 31쪽

Q1 폴라보텍스가 무엇인지 서술하시오.

지구 온난화와 빙하기의 도래

앞의 기사와 같이 2014년에 닥친 미국의 한파는 2004년 개봉한 영화 '투모로우(The Day After Tomorrow)'가 현실이 된 것 같았다. 영화 속에서는 급격한 지구 온난화로 인하여 남극과 북극의 빙하가 녹고 바닷물이 차가워지면서 해류의 흐름이 바뀌게 되어 결국 지구 전체가 빙하로 뒤덮이게 된다. 한파가 닥친 직접적인 원인은 서로 다르지만 모두 '지구 온난화'에 의한 것이라는 출발점은 같다.

지구를 빙하기에 들게 만드는 원인들에 대한 다양한 견해 중 하나가 지구 온난화이다. 지구 온난화로 인하여 빙하가 녹아 해수로 흘러들게 되면 바닷물의 순환에도 변화가 일어나게 된다. 바닷물은 적도의 뜨거운 열을 극으로 가져가서 지구의 온도를 일정하게 유지시켜 주는 역할을 하고 있는데 빙하가 녹으면 빙하가 녹은 물이 바닷물로 유입되면서 바닷물의 순환을 막게 되는 것이다.

2 **영화 속 폴라 보텍스**

3 **영화 속 뉴욕** | 빙하로 뒤덮인 뉴욕의 모습

Q2 빙하기가 나타나는 과정을 빙하가 녹을 때 일어나는 바닷물의 염분 변화와 밀도의 관계를 이용하여 설명하시오.

[탐구-1] 해수의 연직 수온 분포

준비물 물이 든 수조, 스탠드, 온도계 4개, 백열전구, 부채

탐구 과정

① 수조에 3cm 깊이 간격으로 온도계를 설치한다.

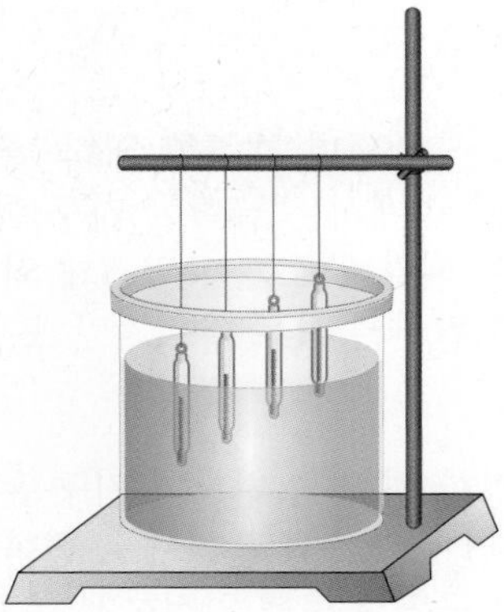

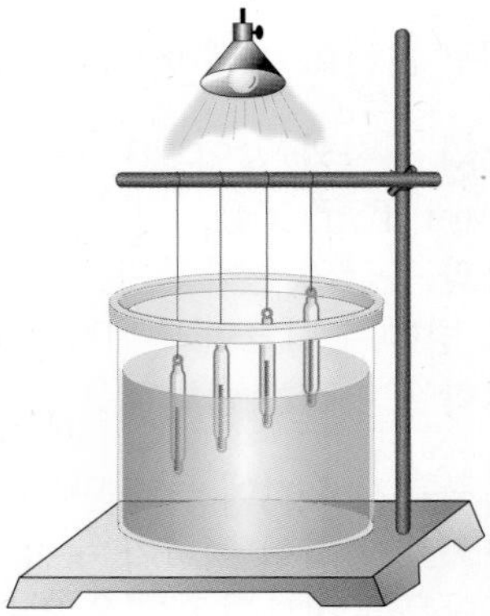

② 전등을 켜지 않고 수온이 일정해졌을 때 깊이에 따른 온도를 측정하여 기록한다.

③ 전등을 켠 후 20분 후 수온이 일정해졌을 때 온도 변화를 깊이에 따라 측정하여 기록한다.

④ 전등을 켠 상태에서 부채질을 약 3분 정도 한 후 수온이 다시 일정해졌을 때 깊이에 따른 온도를 측정하여 기록한다.

탐구 결과

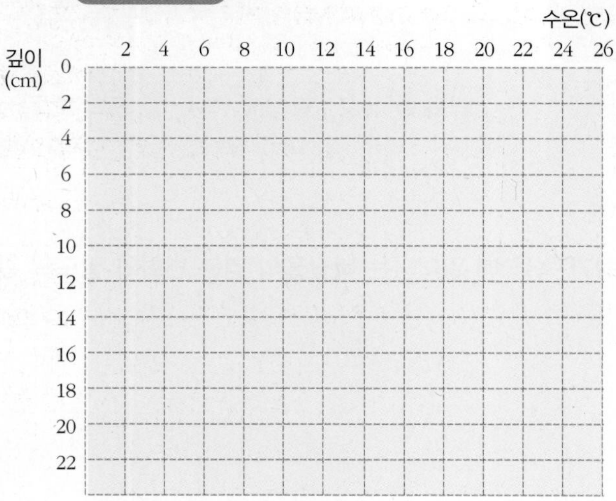

1 실험 과정 ② ㅣ 전등을 켜지 않았을 때 수온 분포

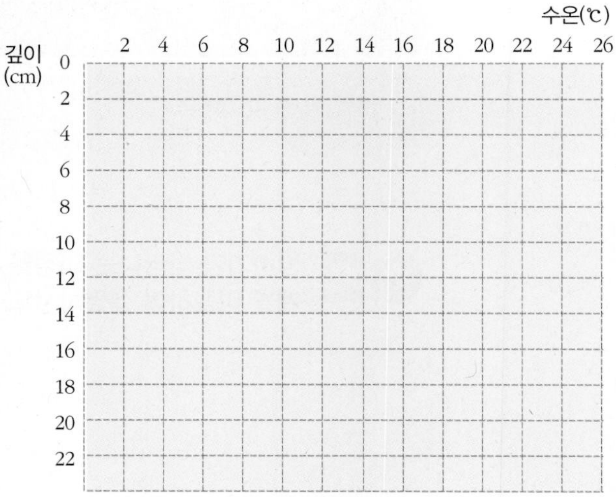

2 실험 과정 ③ ㅣ 전등을 켜고 20분이 지난 후 수온 분포

정답 및 해설 31쪽

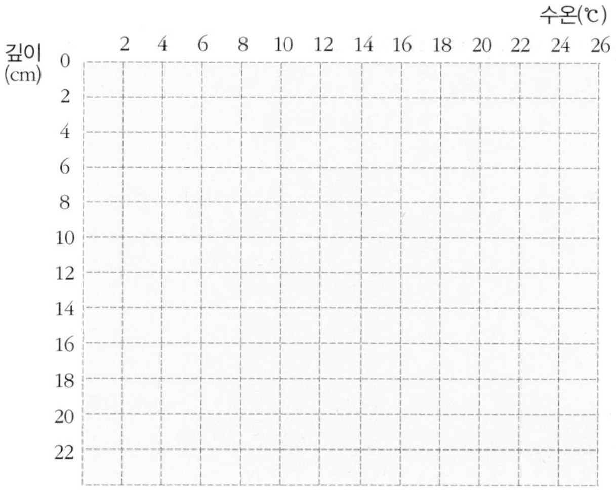

3 실험 과정 ④ | 부채질을 한 후 수온 분포

결과 해석

1. 전등으로 가열하기 전과 후의 수온 변화는 어떻게 달라졌는가?

2. 부채질을 하면서 수온 분포는 어떻게 달라졌는가? 그 원인과 함께 서술하시오.

일반화

위 실험 결과를 고려할 때 해양은 수심에 따라 혼합층, 수온 약층, 심해층으로 구분할 수 있다. 그림에서와 같이 적도 해역에서 혼합층과 수온 약층이 얇게 나타나는 이유를 설명하시오.

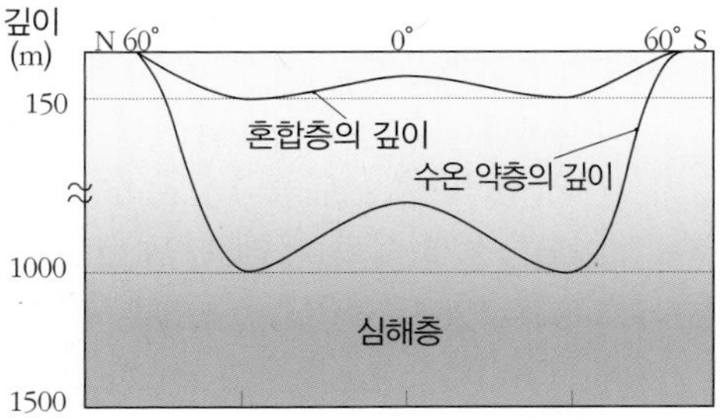

9강 Project - 서술

물 부족 해결, 해수 담수화

우리나라는 3면이 바다로 둘러싸여 있지만 물이 풍부한 나라는 아니다. 우리나라에 일 년 동안 유입되는 물의 양은 총 1,240억㎥로 이 가운데 약 42%인 517억㎥는 증발되고 나머지 58%인 723억㎥만 하천으로 흘러간다. 하지만 하천으로 흐르는 물 중에서도 32%인 386억㎥는 바다로 흘러가 버리고 나머지 26%인 337억㎥만이 생활에 이용할 수 있는 물의 양이 된다.

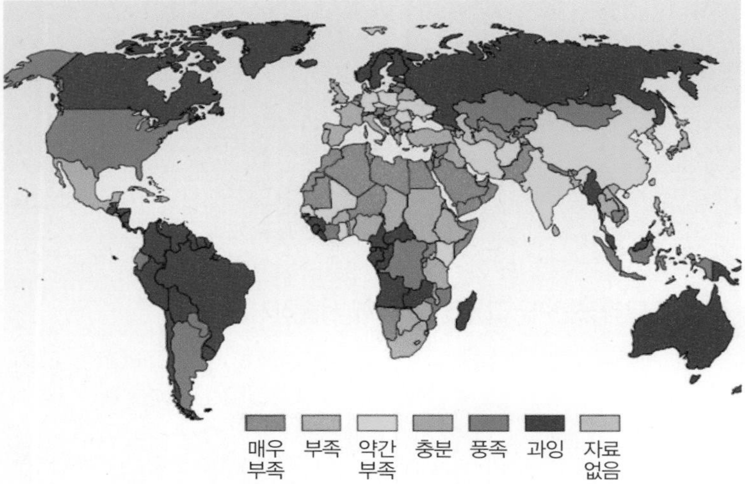

▲ 2025년 전세계 1인당 물의 이용 가능한 정도

PAI_PAI Falkenmark박사 분류 기준 – 1인당 수자원 양 기준으로 구분.
물 기근국가 : 1,000㎥이하 / 물 부족(압박)국가 : 1,000 ~ 1,700㎥ /
물 풍요국가 : 1,700㎥ 이상

하천으로 유출되는 물의 양을 인구 수로 나누면 1인당 재생 가능 수자원의 양을 알 수 있다. 우리나라는 2005년 기준으로 1인당 재생 가능 수자원 양이 1,488㎥이다. 이 수치는 세계에서 130위이고 국제인구활동연구소(PAI_PAI Falkenmark박사 분류 기준)기준인 1,700㎥에 미달하기 때문에 물 부족 국가군에 포함된다. 하지만 최근에는 물 부족 국가의 기준이 1인당 수자원 양 뿐만 아니라 수자원 접근률, 사회 경제요소, 물 이용량, 환경을 고려하여 측정하는 물 빈곤 지수(WPI: water poverty index)까지 합쳐서 판단하고 있기 때문에 이 WPI 기준으로 볼 때 우리나라는 1인당 수자원의 양은 부족하지만 수자원 접근률, 사회 경제 요소가 높아 전체 147개국 중 43위 수준이다. 경제 협력 개발 기구(OECD)가 발표한 'OECD 환경 전망 2050' 보고서에 따르면 우리나라는 2050년 OECD 소속 국가 중에서 가장 심한 '물 스트레스'를 겪게 될 것이라고 한다.

Q1 우리나라는 물 부족 국가일까? 자신의 견해를 서술하시오.

정답 및 해설 32쪽

이러한 물 부족 문제를 해결하기 위해 다양한 물 관리 기술이 개발되고 있다. 그 중 하나가 해수 담수화 기술이다. 21세기에 중요한 자원이 되고 있는 물을 확보하기 위한 해수 담수화 기술이란 해수에서 염분을 제거하여 식수나 공업 용수 등으로 이용할 수 있도록 담수를 얻는 기술을 말한다. 해수를 담수로 만들기 위한 기술은 역삼투법, 증발법이 있다. 역삼투법이란 〈그림 1〉과 같이 해수에 압력을 가할 때 물은 통과하지만 염분 등은 통과하지 못하는 반투막을 이용하여 담수를 얻는 기술이다. 역삼투법은 1980년대 이후 세계 전 지역에서 고르게 이용하고 있다. 증발법이란 해수를 증발시켜 염분과 수증기를 분리한 후 분리된 수증기를 응결시켜 담수를 얻는 방법이다. 바닷물이 수증기가 될 때까지 끓이기 위해서는 에너지 소모가 매우 크기 때문에 역삼투압과 비교하여 에너지 소비량이 많으며, 그렇기 때문에 에너지 가격이 안정적이고 값이 싼 중동 지역에서 주로 이용하는 방법이다.

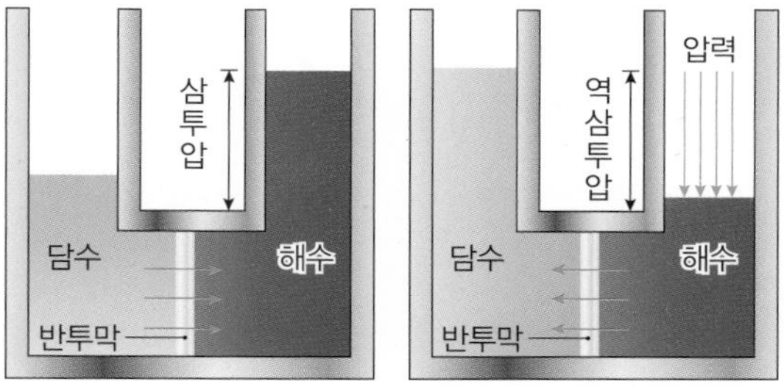

〈그림 1〉 해수 담수화_역삼투법

〈그림 2〉 사우디아라비아의 쇼아이바 지역에 건설된 해수 담수화 플랜트

세계 미래 학회에서의 미래 전망에 관한 연례전망 보고서에서 2009년 이후 해수 담수화가 세계적으로 규모가 큰 산업 중 하나가 될 것으로 전망하고 있으며, 미래학자 앨빈 토플러는 "20세기가 '블랙 골드(Black Gold·석유)'의 시대였다면 21세기는 '블루 골드(물)'의 시대가 될 것"이라고 말했다.

Q2 해수 담수화 기술에서 사용되는 원리를 이용하여 무인도에서 물을 구하는 방법을 고안하여 서술하시오.

Ⅳ 기권

지구 대기 현상의 원인은 무엇일까?

10강. 기권

1. 기권의 구조

(1) 기권 : 지구를 둘러싸고 있는 공기(대기)가 차지하는 공간이다.

① 지표면에서 약 1,000km 높이에 이른다.
② 구성 성분 : 전체 대기의 약 99%가 질소와 산소이다.
③ 지표면에서 높이 올라갈수록 공기의 양이 감소(지표면에서 약 32km 이내에 전체 공기의 99%가 존재)한다.

● 대기권의 구성 성분

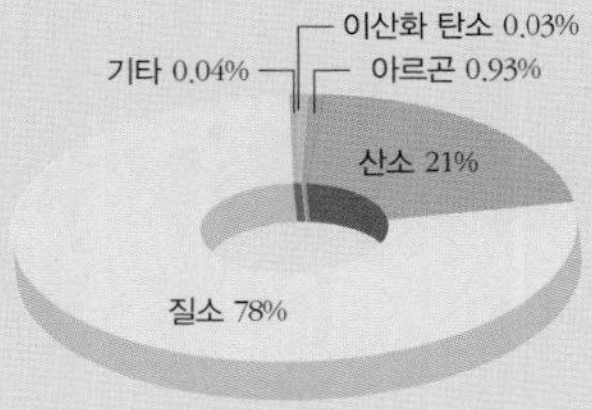

이산화 탄소, 오존, 수증기 등의 기체들은 전체 질량에 비해 그 양이 매우 적지만 기후 변화에 중요한 역할을 한다.

(2) 기권의 구조(구분 기준 : 높이에 따른 기온 변화)

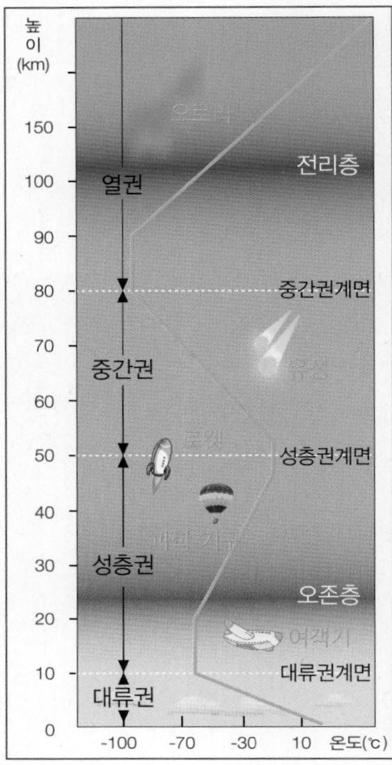

구분	각 층의 특징
열권 (약 80 ~ 1,000km)	· 높이 올라갈수록 기온 상승 (태양 복사 에너지를 흡수하기 때문) · 낮과 밤의 기온 차가 큼(공기가 희박) · 극지방 부근에서 오로라 현상 나타남
중간권 (약 50 ~ 80km)	· 높이 올라갈수록 기온 감소 (성층권에서 멀어져 도달하는 열이 감소하기 때문) · 공기층이 불안정하여 대류 현상 발생
성층권 (약 11 ~ 50km)	· 높이 올라갈수록 기온 상승 (오존층에서 자외선을 흡수하기 때문) · 높이 20 ~ 30km에 오존층 존재 · 기층이 안정되어 비행기 항로로 이용
대류권 (지표면 ~ 약 11km)	· 높이 올라갈수록 기온 감소 (지구 복사 에너지가 감소하기 때문) · 전체 대기의 70 ~ 80% 존재 · 공기층이 불안정하여 대류 현상 발생 · 구름, 비, 눈 등의 기상 현상 발생

● 대기의 역할

① 지구 생명체의 호흡과 광합성에 필요한 산소와 이산화 탄소 제공
② 온실 효과로 지구 복사 에너지를 보존하고 지구의 연평균 온도를 일정하게 유지
③ 오존층에서 자외선을 차단하여 지구상의 생물을 보호

개념확인 1 **빈칸에 알맞은 말을 써 넣으시오.**

지구를 둘러싸고 있는 대기는 지표면에서부터 약 ㉠(　　　　)km까지 분포하는데, 지구를 둘러싸고 있는 대기가 차지하는 공간을 ㉡(　　　　)이라고 한다.

확인+1 **기권에 대한 설명으로 옳은 것은 ○표, 옳지 않은 것은 ×표 하시오.**

(1) 대류권에는 전체 대기의 70%에 가까운 공기가 존재한다. (　　)
(2) 성층권에는 오존층이 있어 높이 올라갈수록 온도가 감소한다. (　　)
(3) 중간권은 공기 층이 불안정하여 대류 현상이 일어난다. (　　)
(4) 열권은 흡수하는 태양 복사 에너지의 양이 많아 높이 올라갈수록 온도가 증가한다. (　　)

2. 복사 에너지

(1) 복사 에너지 : 모든 물체가 방출하는 복사 형태의 에너지이다.

① 태양 복사 에너지와 지구 복사 에너지

구분	태양 복사 에너지	지구 복사 에너지
뜻	태양이 방출하는 에너지	지구가 방출하는 에너지
표면 온도	6000K	300K(약 15℃)
복사 에너지 분포 영역	X선, 자외선, 가시광선, 적외선, 전파 등	적외선

② 복사 평형 : 물체가 흡수하는 복사 에너지의 양과 방출하는 복사 에너지의 양이 같아 물체의 온도가 일정하게 유지되는 상태

(2) 지구의 복사 평형

① 지구가 흡수한 태양 복사 에너지의 양과 지구에서 방출하는 지구 복사 에너지의 양이 같아 지구의 연평균 기온은 일정하게 유지된다.
② 지구의 열수지 : 지구가 흡수하는 태양 복사 에너지와 방출하는 지구 복사 에너지를 비교한 것이다.

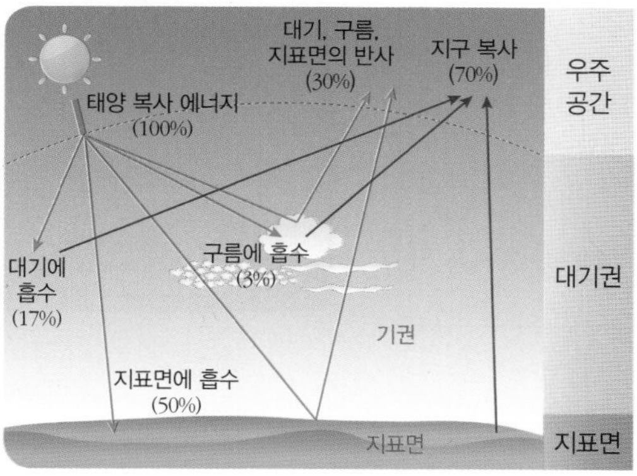

〈지구의 복사 평형〉
- 지구 도달 태양 복사 에너지 : 대기와 지표면에 의한 반사(30%), 대기와 구름에 흡수(20%), 지표면에 흡수(50%)
- 지구 방출 지구 복사 에너지 : 대기와 지표면에서 방출(70%)

◀ 지구의 열수지

전자기파의 파장별 분포와 명칭

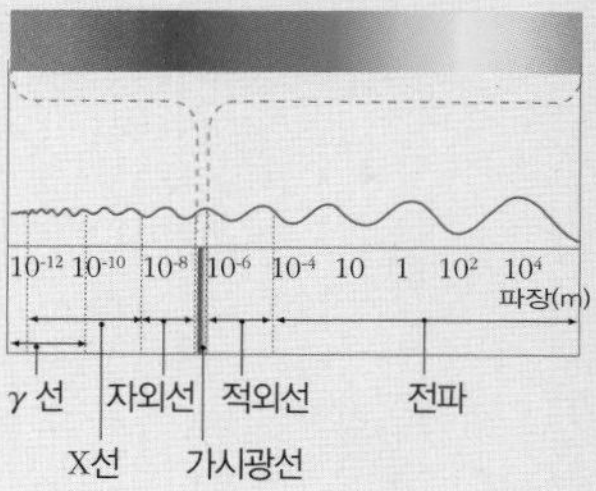

태양 복사와 지구 복사

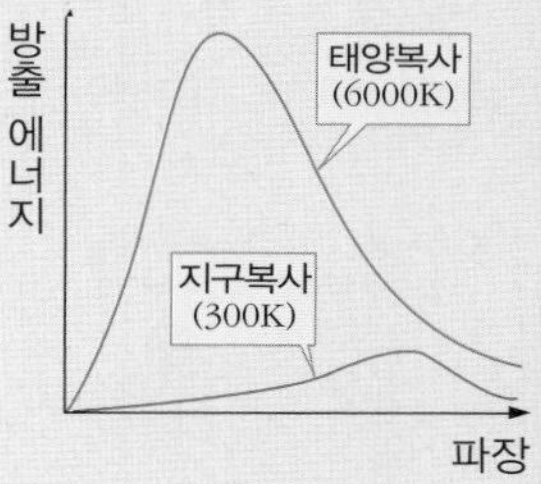

정답 및 해설 32쪽

개념확인 2 **물체가 흡수한 복사 에너지의 양과 방출하는 복사 에너지의 양이 같아 물체의 온도가 일정하게 유지되는 상태를 무엇이라 하는지 쓰시오.**

( )

확인 + 2 **다음 중 지구의 열수지에 대한 설명으로 옳은 것은?**

① 지구는 태양 복사 에너지를 100% 흡수한다.
② 지표면은 태양 복사 에너지의 100%를 반사한다.
③ 지구 복사 에너지의 종류는 자외선, 가시광선 등이다.
④ 대기가 지표면보다 더 많은 태양 복사 에너지를 흡수한다.
⑤ 지구가 흡수한 태양 복사 에너지의 양과 방출하는 지구 복사 에너지의 양은 같다.

◉ 고도에 따른 태양 복사 에너지

지구가 구 모양을 하고 있어서 저위도에서 고위도 지방으로 갈수록 태양의 고도가 낮아진다.

〈저위도〉

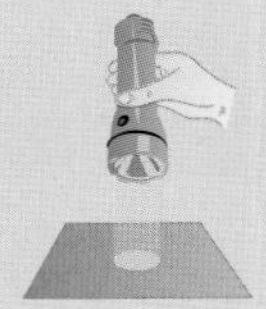

〈고위도〉

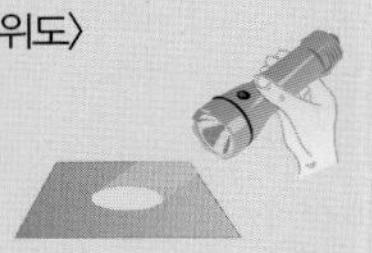

단위 면적 당 도달 에너지
저위도 > 고위도

◉ 복사 평형

대기가 보온 효과를 내기 때문에 대기가 있을 때가 없을 때보다 지표면의 온도가 더 높다.

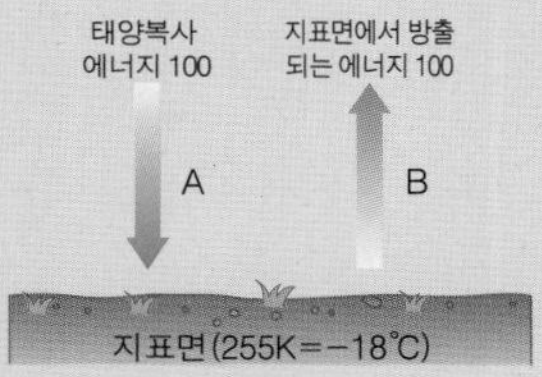

▲ 대기가 없을 때

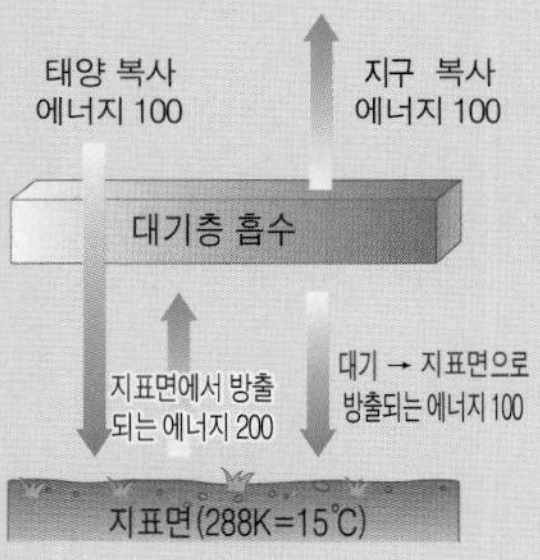

▲ 대기가 있을 때

미니사전

고도 [高 높다 度 헤아리다] 천체가 지평선과 이루는 각

3. 지구의 복사 평형

(1) 위도에 따른 태양 복사 에너지 : 위도가 높아질수록(적도 → 극지방으로 갈수록) 태양의 고도가 낮아져 지표면이 받는 에너지량에 차이가 생긴다.

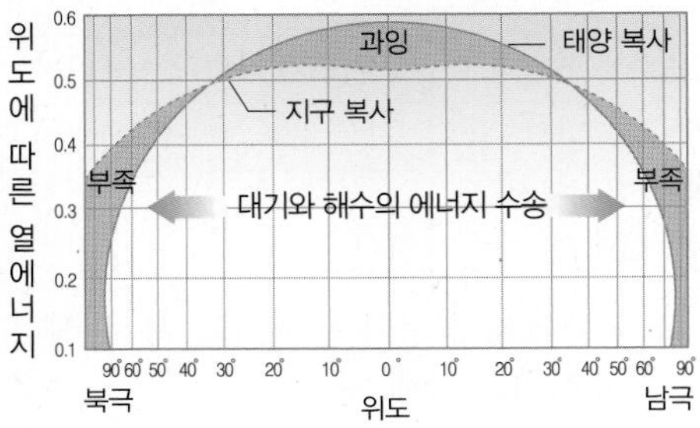

저위도	흡수량 > 방출량	에너지 과잉
중위도	흡수량 = 방출량	에너지 평형
고위도	흡수량 < 방출량	에너지 부족

▲ 위도에 따른 복사 에너지 분포

대기와 해수의 대순환에 의해 저위도 → 고위도로 에너지가 이동한다. (위도별 연평균 기온 일정)

(2) 온실 효과

· 원리 : 대기 중의 수증기나 이산화 탄소 등의 온실 기체가 지구 복사 에너지를 흡수한 후 대기 중으로 다시 방출하면서 보온 효과를 일으켜 지구의 기온이 연평균 15℃를 유지한다.
· 효과 : 지구의 평균 기온을 높임
· 온실 기체 : 수증기, 이산화 탄소, 메테인, 프레온 가스, 오존 등

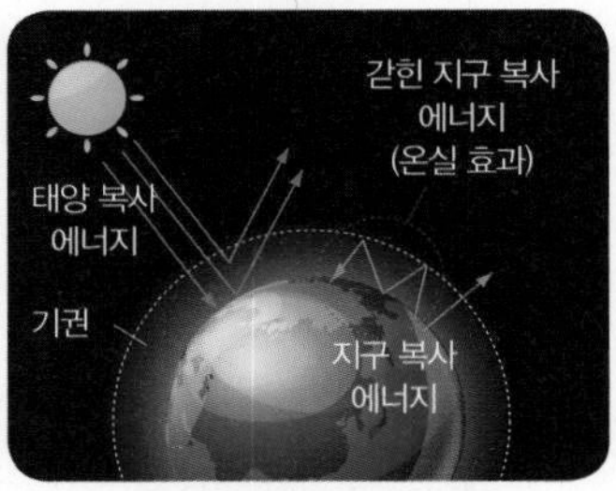

▲ 지구의 온실 효과

개념확인 3 **빈칸에 알맞은 말을 써 넣으시오.**

> 지구는 구 모양을 하고 있어서 적도에서 극지방으로 갈수록 태양의 ㉠(　　　) 가 낮아진다. 따라서 지표면이 받는 태양 복사 에너지의 양은 ㉡(　　　) 지방보다 ㉢(　　　) 지방이 작다.

확인+3 **대기 중의 수증기나 이산화 탄소 등의 기체가 지구 복사 에너지를 흡수했다가 다시 방출하면서 지구의 기온을 연평균 15℃로 유지시켜 주는 효과를 무엇이라 하는지 쓰시오.**

(　　　　) 효과

4. 탄소 순환과 지구 온난화

(1) 탄소 순환

① 탄소 : 생명 현상과 기후 변화에 중요한 영향을 미치는 원소이다.

- 생물체를 구성하며, 생물체의 에너지원인 탄소 화합물의 구성 원소이다.
- 석탄, 석유, 천연 가스 등의 화석 연료의 주요 구성 성분이다.
- 대기 중에 이산화 탄소 형태로 포함되어 지구의 온도를 유지시킨다.

② 탄소의 순환 : 탄소는 여러 형태의 화합물로, 지구계의 각 권 사이를 순환한다.

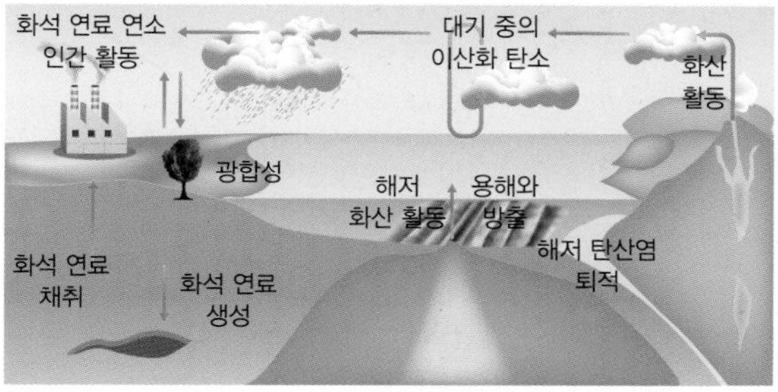

기권	이산화 탄소(CO_2)
생물권	유기 화합물
수권	탄산 이온(CO_3^{2-}) 또는 탄산수소 이온(HCO_3^{2-})
지권	화석연료, 석회암 등

(2) 지구 온난화 : 지구의 평균 기온은 지난 100년 동안 0.7℃ 상승했으며, 21세기 안에 1.8~4℃정도 높아질 것으로 예상된다.

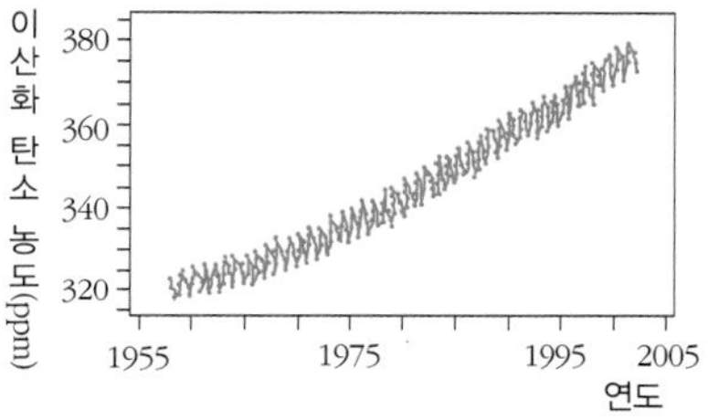

① 화석 연료의 사용으로 대기 중의 이산화 탄소의 농도 증가가 주된 원인이다.

② 지구 온난화로 평균 해수면의 높이 상승, 기상 재해로 인한 피해 증가, 사막화 지역 확대, 태풍의 발생 빈도가 증가하고, 태풍 세력이 강해지고 있다.

탄소 순환의 예

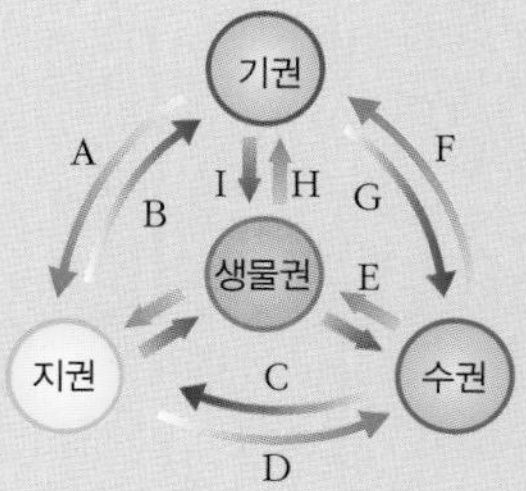

화석 연료가 생성될 때(A)와 연소될 때(B), 석회암이 생성될 때(C)와 석회 동굴이 만들어질 때(D), 생물에 의한 흡수(E), 이산화 탄소가 방출될 때(F)와 녹아들어갈 때(G), 호흡(H), 광합성(I)이 일어날 때를 예로 들 수 있다.

정답 및 해설 32쪽

개념확인 4 **탄소에 대한 설명으로 옳은 것은 ○표, 옳지 않은 것은 ×표 하시오.**

(1) 생명체를 구성하며 에너지원의 구성 원소이다. ( )

(2) 산화물의 형태로만 존재하며 지구계의 각 권 사이를 순환한다. ( )

(3) 대기 중에 이산화 탄소의 형태로 포함되어 지구의 온도를 유지시킨다. ( )

확인 + 4 **대기 중의 이산화 탄소 등 온실 기체의 농도가 증가하면서 지구의 연평균 기온이 높아지고 있는 현상을 무엇이라 하는지 쓰시오.**

지구 ( )

생각해보기★

지구의 연평균 기온을 유지시키는 대표적인 온실 가스인 이산화 탄소가 지구 온난화의 주범이기도 하다. 온실 효과와 지구 온난화는 어떤 관계가 있을까?

미니사전

온난화 [溫 따뜻하다 暖 따뜻하다 化 되다] 기온이 높아지는 현상

[01~02] 오른쪽 그림은 기온 분포에 따른 대기권의 구조를 나타낸 것이다. 물음에 답하시오.

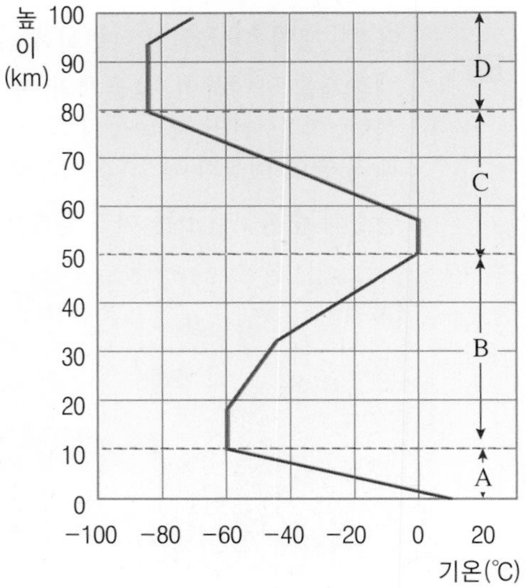

01

대기권을 A~D로 나눈 기준은 무엇인지 쓰시오.

㉠(　　　)에 따른 ㉡(　　　) 변화

02

A~D 중 알맞은 답을 그림을 보고 있는 대로 골라 기호로 쓰시오.

(1) 대류 현상이 일어나는 층은?

(2) 높이 올라갈수록 기온이 상승하는 층은 무엇인가?

(3) 기층이 안정되어 비행기의 항로로 이용되는 층은?

(4) 기상 현상이 일어나는 층은?

03

복사 평형과 지구 복사 에너지에 대한 〈보기〉의 설명 중 옳은 것만을 있는 대로 고른 것은?

〈 보기 〉

ㄱ. 지구 복사 에너지의 종류는 주로 자외선, 가시광선, 적외선, 전파 등이다.
ㄴ. 지구에 도달하는 태양 복사 에너지는 적외선의 형태가 대부분이다.
ㄷ. 지구가 흡수한 태양 복사 에너지와 방출하는 지구 복사 에너지의 양은 같다.

① ㄱ　　② ㄴ　　③ ㄷ　　④ ㄱ, ㄴ　　⑤ ㄴ, ㄷ

정답 및 해설 32쪽

04

다음 그림은 위도에 따른 태양 복사 에너지 분포를 나타낸 것이다. 저위도와 고위도에서 태양 복사 에너지 흡수량과 지구 복사 에너지 방출량을 비교하여 부등호(>, =, <)로 각각 나타내시오.

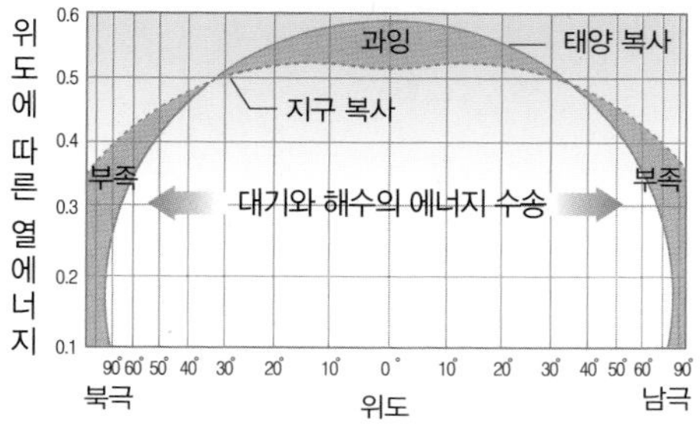

저위도 : 흡수량 (　　) 방출량

고위도 : 흡수량 (　　) 방출량

05

위도에 따라 에너지의 불균형이 일어나는데도 위도별 연평균 기온이 일정하게 유지되는 이유는 무엇인지 다음 빈칸에 알맞은 말을 써 넣으시오.

> 위도별 연평균 기온이 일정하게 유지되는 것은 ㉠(　　　　)와 ㉡(　　　　)의 순환에 의해 저위도 → 고위도로 에너지가 이동하기 때문이다.

06

다음 글의 빈칸에 알맞은 말을 써 넣으시오.

> 지구 온난화는 대기 중 이산화 탄소 등의 온실 기체의 농도가 증가하면서 ㉠(　　　　　　) 가 활발해져 지구의 연평균 ㉡(　　　　)이 높아지고 있는 현상이다.

유형 익히기 & 하브루타

[유형10-1] 기권의 구조

오른쪽 그림은 기온 분포에 따른 대기권의 구조를 나타낸 것이다. 다음 물음에 답하시오.

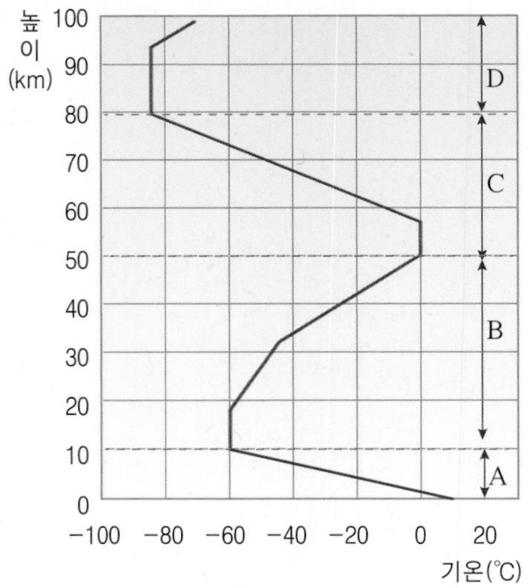

(1) A~D의 각 층에 알맞은 이름을 각각 쓰시오.

(2) 대류는 일어나지만 기상 현상은 일어나지 않는 층의 기호를 쓰시오.

Tip!

01 다음은 기권에서 일어나는 여러 가지 현상들을 나타낸 것이다. 지표면 가까이 일어나는 현상부터 순서대로 바르게 나열한 것은?

ㄱ. 유성이 나타난다.
ㄴ. 오존층이 존재한다.
ㄷ. 기상 현상이 나타난다.
ㄹ. 오로라 현상이 나타난다.

① ㄱ-ㄴ-ㄷ-ㄹ ② ㄴ-ㄷ-ㄱ-ㄹ ③ ㄴ-ㄷ-ㄹ-ㄱ
④ ㄷ-ㄴ-ㄱ-ㄹ ⑤ ㄷ-ㄴ-ㄹ-ㄱ

02 다음 〈보기〉의 특징이 모두 나타나는 층의 이름을 쓰시오.

〈 보기 〉
ㄱ. 위로 올라갈수록 온도가 낮아진다.
ㄴ. 수증기가 있어 기상 현상이 발생한다.
ㄷ. 지구 전체 대기의 70~80% 의 공기가 존재한다.

(   )

정답 및 해설 33쪽

[유형10-2] 복사 에너지

다음 그림은 지구의 복사 평형을 나타낸 것이다. 이에 대한 설명으로 옳은 것만을 있는 대로 고르시오.

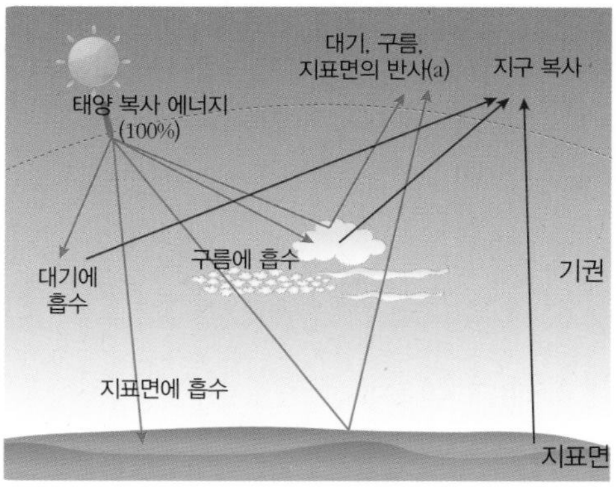

① 지표면에 흡수되는 태양 복사 에너지는 70%이다.
② 지표면에서 반사하는 태양 복사 에너지는 30%이다.
③ 지구가 흡수하는 태양 복사 에너지의 양은 70%이다.
④ 대기, 구름 지표면이 반사하는 태양 복사 에너지의 양(a)은 30%이다.
⑤ 대기로 들어온 태양 복사 에너지 중 지구 복사를 통해 나가는 에너지는 100%이다.

03 다음 〈보기〉 중 태양 복사 에너지와 지구 복사 에너지에 대한 다음 설명으로 옳은 것을 모두 고른 것은?

〈 보기 〉

ㄱ. 지구는 주로 자외선 형태로 에너지를 방출한다.
ㄴ. 태양 복사 에너지는 X선, 자외선, 가시광선 등이 있다.
ㄷ. 지구로 들어온 태양 복사 에너지는 지구 복사 에너지를 통해 100% 방출된다.

① ㄱ ② ㄴ ③ ㄷ
④ ㄱ, ㄴ ⑤ ㄴ, ㄷ

Tip!

04 다음 빈칸에 들어갈 알맞은 말을 써 넣으시오.

복사 평형은 물체가 흡수하는 복사 에너지의 양과 방출하는 복사 에너지의 양이 ㉠(　　　)아 물체의 온도가 ㉡(　　　)하게 유지되는 상태이다.

[유형10-3] 지구의 복사 평형과 온실 효과

오른쪽 그림은 지구의 위도에 따른 복사 에너지양의 분포를 나타낸 것이다. 다음 물음에 답하시오.

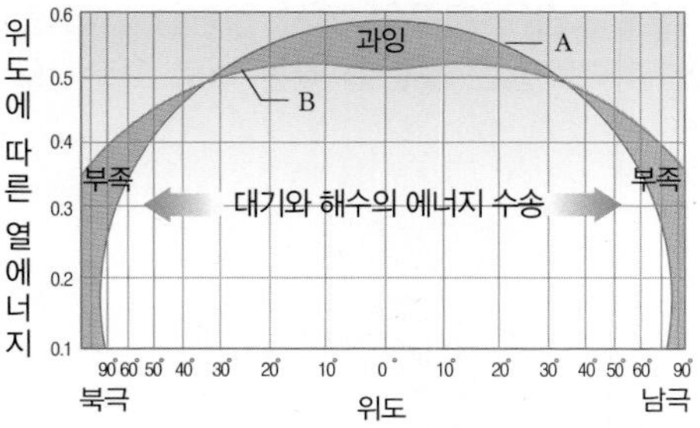

(1) A와 B에 해당하는 것을 각각 쓰시오.

(2) 에너지 이동에 대한 다음 설명의 빈칸에 알맞은 말을 써 넣으시오.

> 위도별로는 복사 평형이 이루어지지 않으나 지구 전체로는 복사 평형이 이루어진다. 그 이유는 대기와 해수의 순환에 의해 ㉠(　　)위도의 남는 에너지가 ㉡(　　)위도로 이동하기 때문이다.

05 **다음 그림은 책상 면에 각도를 달리하여 손전등을 비추면서 에너지량을 비교하는 실험을 나타낸 것이다. (가)와 (나)가 단위 면적당 받는 에너지의 양을 비교하여 부등호(>, =, <)로 나타내고, (가)와 (나)는 고위도와 저위도 중 어떤 지역을 나타내는지 각각 고르시오.**

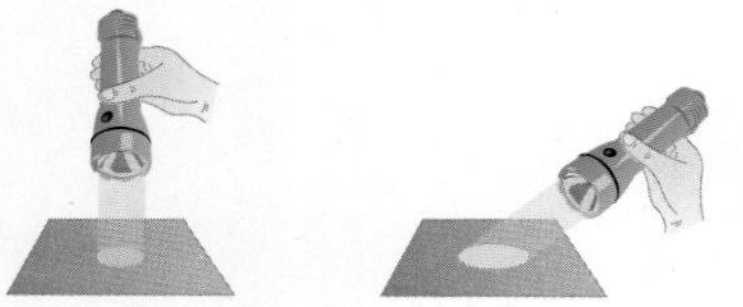

(가)　　　　(나)

(가) (　　　) (나)

(가) : (저위도, 고위도)

(나) : (저위도, 고위도)

06 **다음 그림은 위도에 따른 복사 에너지 분포를 나타낸 것이다. 이에 대한 설명으로 옳지 <u>않은</u> 것은?**

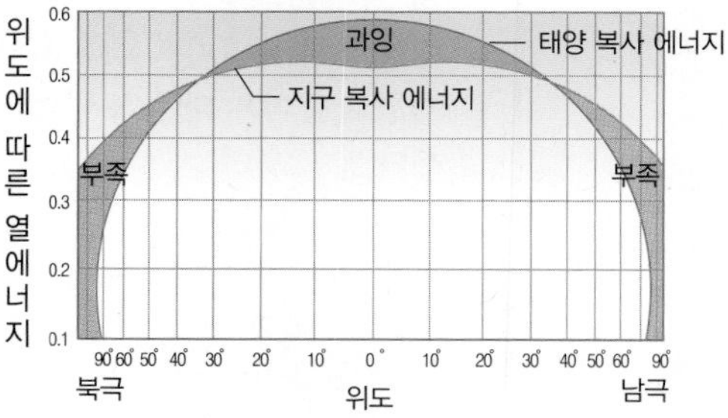

① 저위도는 온도가 계속 올라갈 것이다.
② 고위도는 에너지 부족 현상이 나타난다.
③ 중위도 지방은 흡수한 에너지와 방출된 에너지의 양이 거의 같다.
④ 과잉된 에너지의 양과 부족한 에너지의 양은 같다.
⑤ 대기와 해수가 저위도에서 고위도로 에너지를 운반한다.

정답 및 해설 33쪽

[유형10-4] 탄소 순환과 지구 온난화

다음 그림은 지구계의 각 권에서 탄소의 이동을 나타낸 것이다. 탄소가 순환되는 A~E 과정에 대한 예가 바르게 짝지어진 것만을 있는 대로 고르시오.(3개)

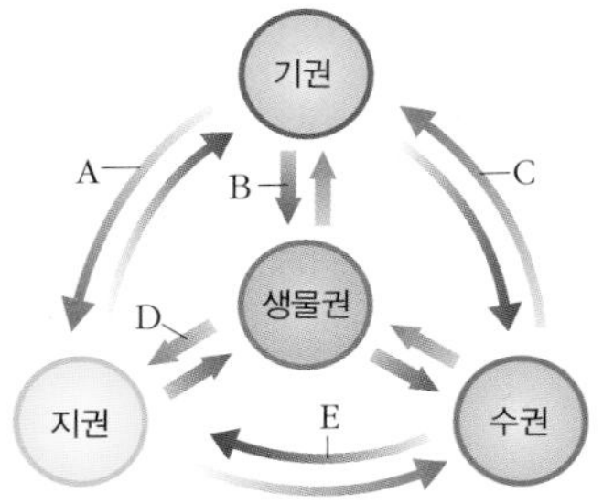

① A - 화석 연료가 연소되어 이산화 탄소 기체가 발생한다.
② B - 생물이 이산화 탄소를 이용하여 광합성을 한다.
③ C - 이산화 탄소가 해수에 녹아 탄산 이온이 생성된다.
④ D - 생물체가 퇴적되어 화석 연료가 생성된다.
⑤ E - 탄산염의 생성으로 석회암이 만들어진다.

07 **탄소에 대한 설명으로 옳지 않은 것은?**

① 탄소는 생물체를 구성한다.
② 석탄, 석유 등 화석 연료의 주요 구성 성분이다.
③ 생물체의 에너지원인 탄소 화합물의 구성 원소이다.
④ 이산화 탄소의 형태로 지구계의 각 권 사이를 순환한다.
⑤ 대기 중에 이산화 탄소 형태로 포함되어 지구의 온도를 유지시킨다.

08 **다음 중 지구 온난화와 그에 의한 지구 환경 변화에 대한 설명으로 옳지 않은 것은?**

① 평균 해수면이 상승한다.
② 사막화 지역이 확대된다.
③ 태풍의 발생 빈도가 높아진다.
④ 온실 효과가 활발해져 지구의 평균 기온이 높아진다.
⑤ 수증기, 이산화 탄소 등의 온실 기체의 감소로 나타난다.

Tip!

01

아래 표는 어느 지역에서 어느 날 오전 5시와 오후 2시에 높이에 따른 기온 변화를 측정한 자료이다.

높이(m)	기온(℃)		높이(m)	기온(℃)	
	오후 2시	오전 5시		오후 2시	오전 5시
0	24.1	15.4	250	20.7	19.7
50	23.5	16.3	300	20.0	20.0
100	22.8	18.1	350	19.4	19.4
150	22.1	18.7	400	18.8	18.8
200	21.3	19.3	450	18.2	18.2

(1) 오후 2시와 오전 5시에 측정한 높이에 따른 기온 변화의 차이점을 설명하시오.

(2) 다음은 안개와 먼지가 섞여 퍼져 나가지 않고 대기 중에 고여 있는 스모그 현상이 나타난 모습이다. 스모그 현상이 주로 발생하는 시간은 오후 2시와 오전 5시 중 언제일지 고르고 이유를 쓰시오.

(TIP! 안정된 대기 층은 대류가 잘 일어나지 않아 공기의 상승 운동이 잘 일어나지 않는다. 불안정한 대기층은 공기의 상승 운동이 활발하게 일어난다.)

정답 및 해설 34쪽

02 다음 자료는 수성과 금성의 특징을 나타낸 것이다.

행성	모습	특징
수성		· 운석 충돌로 인한 운석 구덩이가 많음 · 대기와 물이 없음 · 표면 온도 : 약 430℃ (낮), 약 −180℃ (밤)
금성	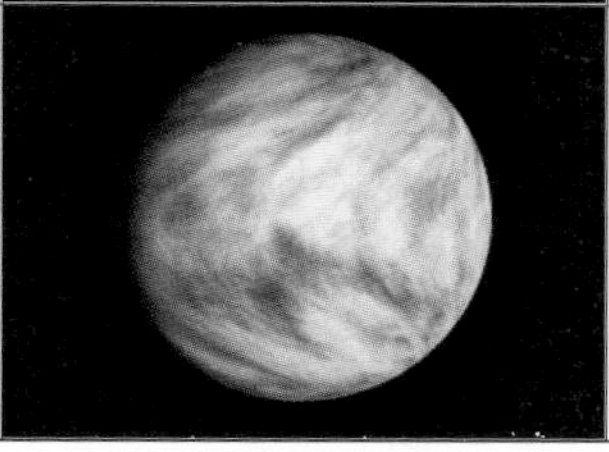	· 지구와 크기가 가장 비슷 · 두꺼운 이산화 탄소 대기로 덮여 있음 · 표면 온도는 약 470℃, 기압이 매우 높음

(1) 수성은 금성에 비해 태양에 더 가깝게 위치하고 있으나 기온의 일교차가 매우 큰 반면에 금성은 계속해서 높은 표면 온도를 유지하고 있다. 그 이유가 무엇인지 위에 제시된 행성의 특징을 참고하여 설명해 보시오.

(2) 지구와 태양 사이의 거리와 반사율 등을 고려하면 지구의 복사 평형 온도는 −18℃가 된다. 그러나 실제 지구의 평균 온도는 15℃로 복사 평형 온도와는 무려 33℃나 차이가 난다. 이러한 온도의 차이가 나타나는 이유는 무엇인지 설명해 보시오.

03 다음 그래프 (가)는 지구 평균 표면 기온 변화를 나타낸 것이고, 그림 (나)는 2014년 표면 기온 이상을 나타낸 것이다. (단, 그림 (나)의 회색으로 나타난 지역은 데이터가 없는 곳이다.)

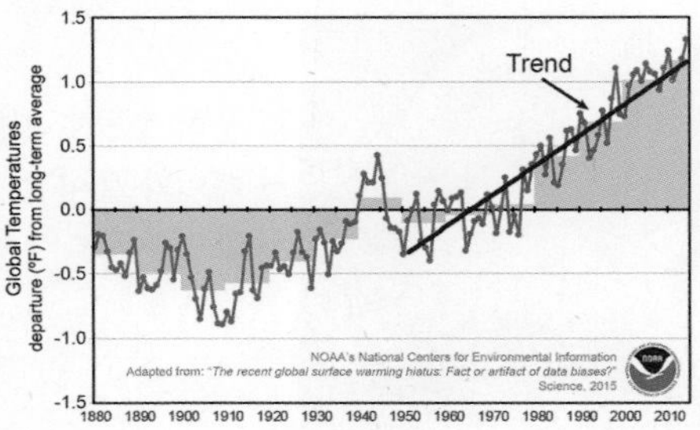

(가)

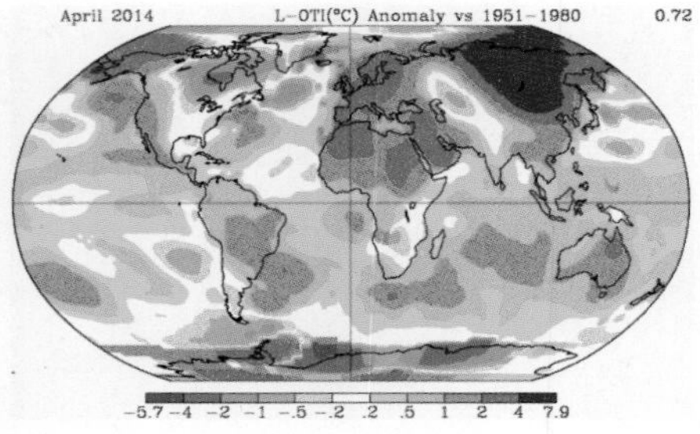

(나)

(1) 그래프 (가)에서 1880년 이래로 지구의 표면 기온은 평균점(0)을 기준으로 할 때 어떻게 변화하고 있는가?

(2) 그림 (나)에서 2014년도에 표면 기온 변화가 가장 크게 나타난 지역은 어느 곳인지 해당되는 곳에 각각 O표 하시오.

북반구, 남반구	대륙, 해양

(3) 지구의 온도 상승이 우리 생활에 미치는 영향을 3가지 이상 쓰시오.

정답 및 해설 34쪽

04

우리나라는 지난 100년 동안 연평균 기온이 약 1.5℃ 증가했다. 2020년이 되면 2℃ 이상 상승할 것으로 예상된다. 이것은 세계 평균의 2배에 달하는 값이다. 이로 인해 우리나라의 기후는 온대 기후에서 아열대 기후로 변해가고 있다.

온대 기후
연평균 기온이 −3~18℃ 정도 되는 기후대로, 사계절이 뚜렷하다. 연강수량은 500~2,000mm정도이다. 벼농사와 차농사를 많이 한다.

아열대 기후
연평균 기온이 18℃ 이상이 되는 기후대로, 여름엔 온도가 매우 높고, 겨울에도 따뜻하다. 강수량이 2,000mm 이상이 된다.

우리나라의 기후가 남쪽 지방부터 점점 아열대 기후로 변해가면서 여러 가지 농작물에도 영향을 주고 있다. 현재 온대성 작물인 사과는 제주도와 남해 일부에서만 재배가 되지 않는데, 2090년 경에는 사과를 재배할 수 있는 지역이 거의 없어질 것으로 예상되고 있다.

■사과 재배 불가능 지역

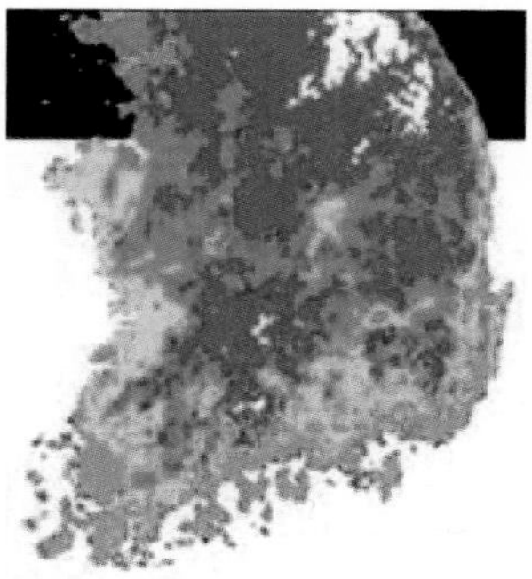
▲ 2007년

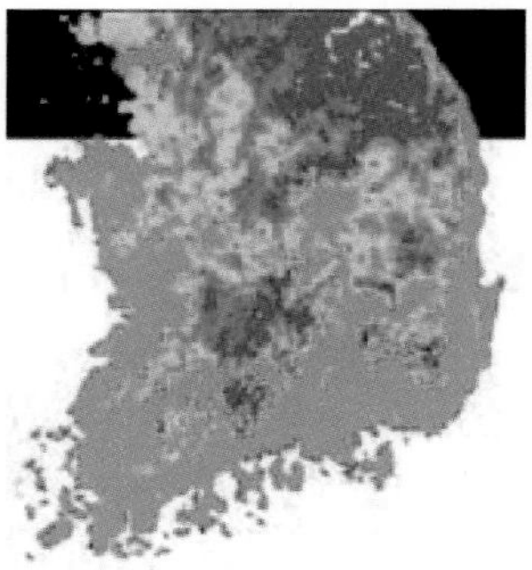
▲ 2090년

우리나라의 기후가 온대 기후에서 아열대 기후로 변화되었을 때의 이익과 손해를 2가지 이상 쓰시오.

스스로 실력 높이기

A

01 다음 물음에 알맞은 답을 각각 쓰시오.

(1) 지구를 둘러싸고 있는 공기가 차지하는 공간을 이른다.
( )

(2) 지구 대기 구성 성분의 99%를 차지하는 두 가지의 기체 원소이다.
( )

[02~05] 다음 그림은 기권의 연직 분포를 나타낸 것이다. 물음에 답하시오.

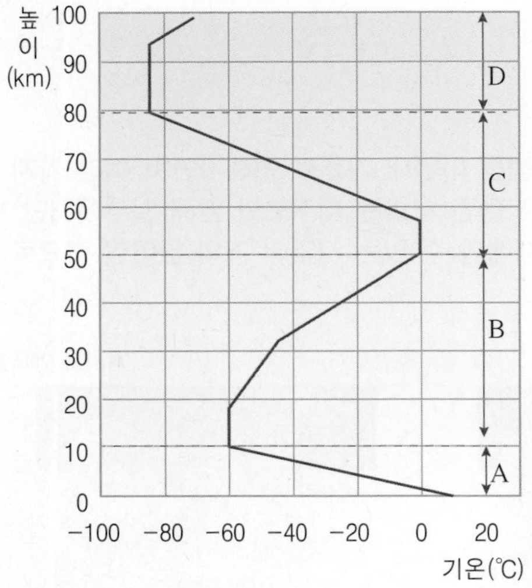

02 A~D 중 올라갈수록 온도가 내려가는 층의 기호를 모두 쓰시오.
( )

03 A~D 중 대류 현상이 일어나는 층의 기호를 모두 쓰시오.
( )

04 A~D에 알맞은 이름을 각각 쓰시오.

A : ( ) B : ( )
C : ( ) D : ( )

05 A~D에 대한 설명으로 옳은 것은 ○표, 옳지 않은 것은 ×표 하시오.

(1) 기상 현상이 일어나는 층은 A와 C층이다. ( )

(2) 기층이 안정되어 비행기의 항로로 이용되는 층은 A층이다. ( )

(3) 자외선을 흡수하는 오존층은 B층에 존재한다. ( )

(4) B와 C층 사이의 경계면을 성층권계면이라고 한다. ( )

(5) 오로라가 관측되는 층은 D층이다. ( )

06 다음 설명에 알맞은 답을 각각 쓰시오.

(1) 태양과 지구가 열을 방출하는 공통된 방법이다.
( )

(2) 물체가 흡수한 에너지의 양과 방출한 에너지의 양이 같은 것을 말한다.
( )

07 화석 연료 등의 사용으로 지구의 연평균 기온이 상승하는 현상을 무엇이라 하는지 쓰시오.
( )

08 탄소는 여러 형태의 화합물로 지구 환경에 분포하는데, 기권에서는 주로 어떤 화합물로 존재하는지 쓰시오.
( )

09 다음 중 지구 온난화로 인한 현상이 아닌 것은?

① 해수면 높이 상승
② 경작 면적의 확대
③ 사막화 지역의 확대
④ 태풍 발생 횟수 증가
⑤ 북극해 얼음 면적의 감소

정답 및 해설 35쪽

10 지구 온난화 방지 대책으로 적합하지 않은 것은?

① 산림 면적 확대
② 국제적 협약 준수
③ 대체 에너지의 사용
④ 천연 가스의 사용 확대
⑤ 이산화 탄소 처리 방법 개발

B

11 다음 중 지구 대기의 역할로 옳지 않은 것은?

① 자외선을 차단하여 지구의 생명체를 보호한다.
② 지구 생명체의 호흡에 필요한 산소를 제공한다.
③ 식물이 광합성을 하는데 필요한 이산화 탄소를 공급한다.
④ 저위도 지방의 남는 에너지를 고위도 지방으로 이동시킨다.
⑤ 태양 복사 에너지를 모두 반사하여 연평균 기온이 일정하게 유지되도록 한다.

12 다음은 기권의 구조를 나타낸 것이다. 기권을 4개의 층으로 나눈 기준은 무엇인지 빈칸에 알맞은 말을 써 넣으시오.

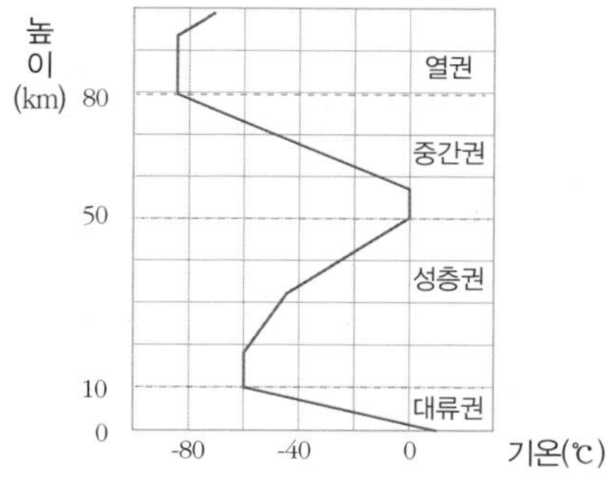

기권은 ㉠(　　　　)에 따른 ㉡(　　　　) 변화를 기준으로 4개의 층으로 나뉜다.

13 다음에서 설명하는 층은 무엇인지 쓰시오.

· 성층권에 분포한다. · 높이 20~30km 구간에 분포한다. · 자외선을 흡수해서 지구 생명체를 보호한다.

(　　　)층

14 오른쪽 그림은 극지방에서 나타나는 어떤 현상을 나타낸 것이다. 기권의 4개의 층 중 이런 현상이 나타나는 층의 이름을 쓰시오.

(　　　　)

15 다음 그림은 위도에 따른 태양 복사 에너지와 지구 복사 에너지를 나타낸 것이다.

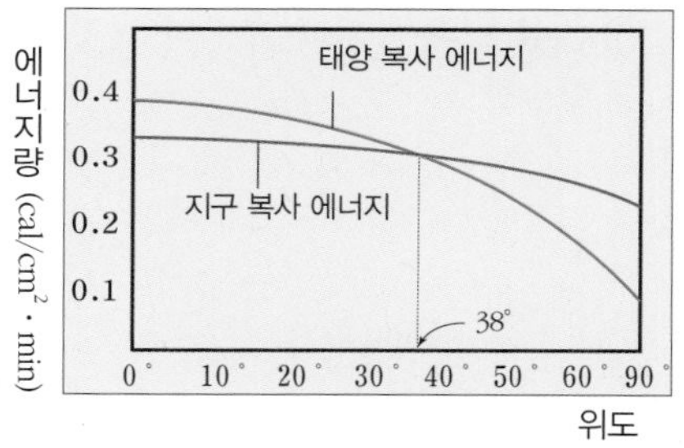

이에 대한 설명으로 옳은 것만을 〈보기〉에서 있는 대로 고른 것은?

〈 보기 〉

ㄱ. 태양 복사 에너지는 고위도로 갈수록 줄어든다.
ㄴ. 지구 복사 에너지는 고위도로 갈수록 증가한다.
ㄷ. 지구에서의 에너지는 저위도에서 고위도로 이동한다.

① ㄱ　② ㄴ　③ ㄷ
④ ㄱ, ㄷ　⑤ ㄴ, ㄷ

16 다음의 지구의 에너지 이동에 관한 설명 중 옳은 것은?

① 고위도의 에너지가 저위도로 이동한다.
② 지구의 고위도 지역은 에너지 과잉 상태이다.
③ 지구가 받는 태양 복사 에너지의 양은 고위도로 갈수록 많아진다.
④ 지구가 흡수하는 태양 복사 에너지의 양과 지구가 방출하는 지구 복사 에너지의 양은 같다.
⑤ 대기는 저위도에서 고위도로 에너지를 이동시키지만 해수는 고위도에서 저위도로 에너지를 이동시킨다.

17 다음 중 온실 효과에 대한 설명으로 옳은 것은?

① 지구 복사는 거의 적외선 형태로 이루어진다.
② 태양 복사는 거의 자외선 형태로 이루어진다.
③ 지구 대기는 태양 복사 에너지를 모두 반사한다.
④ 지구 대기는 지구 복사 에너지를 모두 흡수한다.
⑤ 온실 효과에 의해 지구의 연평균 기온은 계속 상승한다.

18 다음 중 지구 환경에 분포하는 탄소에 대한 설명으로 옳은 것을 모두 고르시오.(3개)

① 지구계의 각 권 사이를 순환한다.
② 기권에는 주로 이산화 탄소의 형태로 존재한다.
③ 수권에는 화석 연료나 석회암의 형태로 존재한다.
④ 생물권에서는 유기 화합물의 형태로 생물체를 구성한다.
⑤ 지권에서는 탄산 이온이나 탄산수소 이온의 형태로 존재한다.

19 다음 그림은 지구계 구성 요소에서 탄소의 순환 과정을 나타낸 것이다. 〈보기〉 중 A~C 과정에 대한 설명으로 옳은 것을 모두 고른 것은?

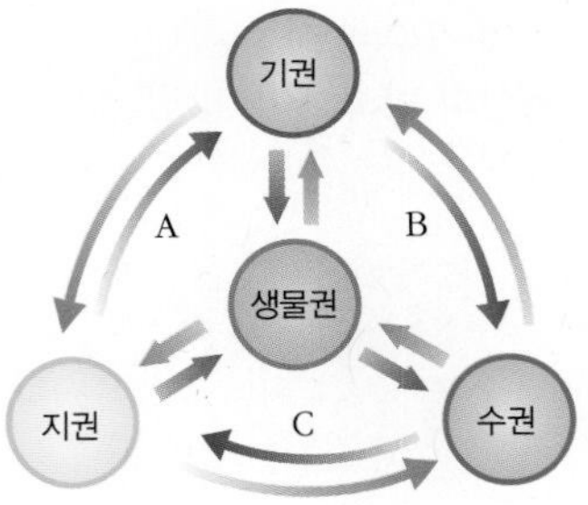

〈 보기 〉

ㄱ. 화석 연료의 연소는 과정 A의 예이다.
ㄴ. 온실 효과는 과정 B가 많을수록 활발해진다.
ㄷ. 대기 중의 탄소는 과정 C로 인해 감소된다.

① ㄱ ② ㄴ ③ ㄷ
④ ㄴ, ㄷ ⑤ ㄱ, ㄴ, ㄷ

20 다음 그림은 대기 중의 이산화 탄소의 농도 변화를 연도별로 나타낸 것이다. 대기 중 이산화 탄소의 농도가 변화하는 가장 큰 이유는?

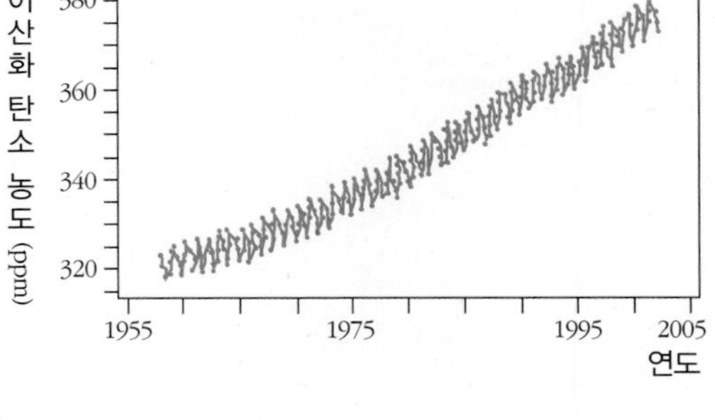

① 온실 효과
② 대기 대순환
③ 해수면의 높이 상승
④ 화석 연료의 사용 증가
⑤ 지구의 연평균 기온 상승

정답 및 해설 35쪽

C

21 다음은 어떤 지역에서 고도에 따른 기온 분포를 측정한 값이다.

고도(m)	온도(℃)	고도(m)	온도(℃)
0	8	900	5
150	11	1050	3
300	13	1200	0
450	11	1350	−2
600	9	1500	−5
750	7	1600	−4

300m 이하의 고도에서 일어날 수 있는 현상으로 옳은 것만을 〈보기〉에서 있는 대로 고른 것은?

〈 보기 〉
ㄱ. 서리가 생기고 눈이 내린다.
ㄴ. 스모그가 생겨 잘 없어지지 않는다.
ㄷ. 높이 솟은 적운형의 구름이 생성된다.

① ㄱ ② ㄴ ③ ㄷ
④ ㄱ, ㄴ ⑤ ㄴ, ㄷ

22 다음 그림은 기권의 연직 분포를 나타낸 것이다. 성층권에서 높이가 올라갈수록 기온이 높아지는 이유는?

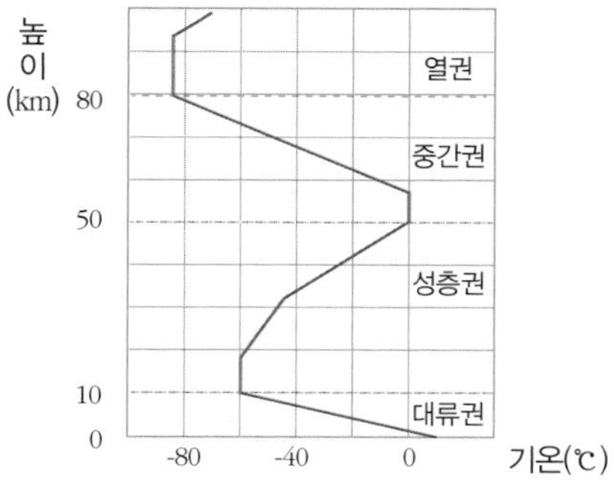

① 지표면에서 방출하는 열 때문에
② 오존층에서 열을 흡수하기 때문에
③ 태양 에너지를 직접 흡수하기 때문에
④ 대류 현상으로 열이 전달되기 때문에
⑤ 해수의 순환으로 에너지가 전달되기 때문에

23 다음은 온실 효과를 나타낸 그림이다.

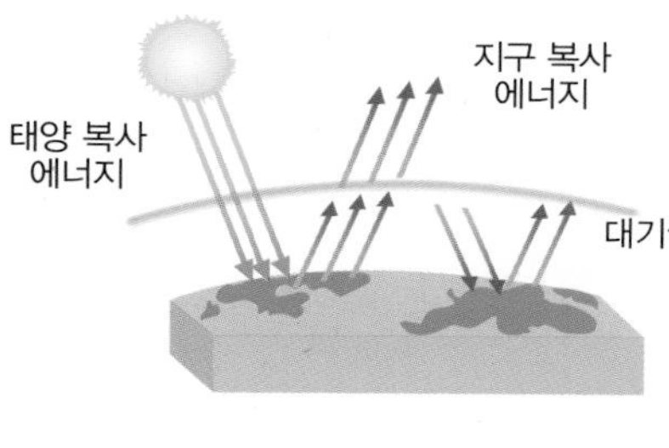

이 그림에 대한 설명으로 옳지 <u>않은</u> 것은?

① 대기가 없으면 온실 효과는 일어나지 않는다.
② 온실 효과는 다른 행성에서도 일어날 수 있다.
③ 온실 효과 때문에 지표면의 온도가 일정하게 유지될 수 있다.
④ 지구 대기가 지구 복사 에너지를 흡수하고 재방출한다.
⑤ 지구 대기는 지구 복사 에너지가 우주로 나가는 것을 돕는다.

24 다음 그림은 지구계에서 탄소가 순환하는 과정을 나타낸 것이다.

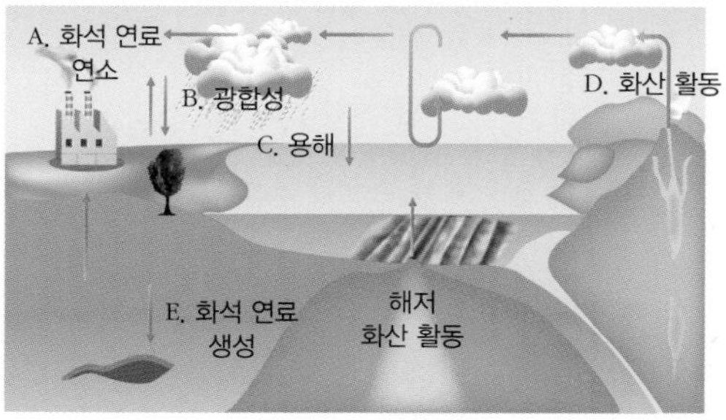

A~E 중 기권의 이산화 탄소 농도가 감소하는 경우를 있는 대로 고르시오.

25 다음은 온실 효과를 일으키는 여러 가지 기체 성분과 현재 대기 중의 농도 및 1ppm당 온실 효과에 미치는 영향을 나타낸 표이다.

온실 기체	대기 중 농도 (ppm)	1ppm 농도 당 온실 효과에 미치는 영향
이산화 탄소	351	1
프레온	0.00225	6000
메테인	1.675	21
이산화 질소	0.31	290

위 표에 대한 해석으로 옳은 것만을 <보기>에서 있는 대로 고른 것은?

〈 보기 〉

ㄱ. 온실 기체의 농도가 모두 같다면 이산화 탄소에 의한 온실 효과가 가장 크다.
ㄴ. 현재 지구 온난화에 미치는 영향은 이산화 탄소가 가장 크고 프레온이 가장 작다.
ㄷ. 대기 중의 온실 기체의 농도가 각각 현재의 2배가 되면 이산화 질소에 의한 온실 효과가 가장 커진다.

① ㄱ ② ㄴ ③ ㄷ
④ ㄱ, ㄴ ⑤ ㄴ, ㄷ

[26-27] 다음 그림은 기온 분포에 따른 지구 대기의 연직 분포를 나타낸 것이다. 다음 물음에 답하시오.

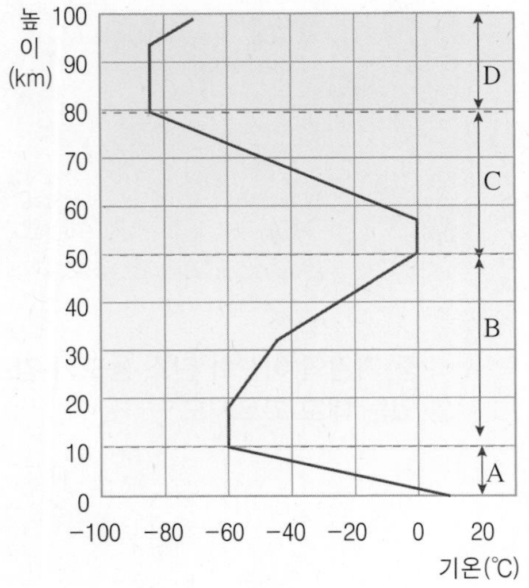

26 A와 C층에서는 대류 현상이 일어나지만 B와 D층에서는 일어나지 않는다. 그 이유는 무엇인지 설명하시오.

27 A와 C층에서 대류 현상이 모두 일어나는데, 기상 현상은 A층에서만 일어나는 이유는 무엇인지 설명하시오.

28 태양으로부터 지구로 끊임없이 에너지가 들어오고 있는데도 불구하고 지구의 연평균 기온은 일정하게 유지되고 있다. 그 이유는 무엇인지 지구의 열수지 그림을 이용하여 설명하시오.

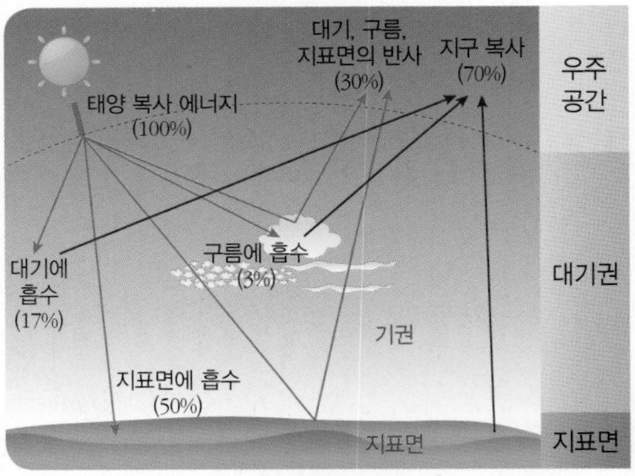

▲ 지구의 열수지

정답 및 해설 35쪽

29 다음 그림은 위도에 따른 태양 복사 에너지의 양과 지구 복사 에너지의 양을 비교한 것이다.

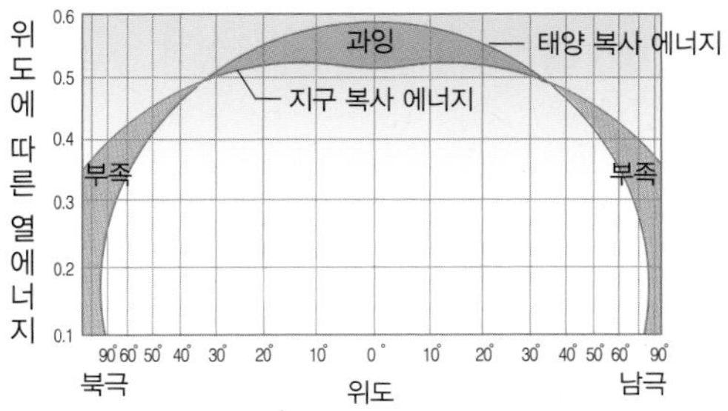

고위도는 에너지가 부족하고 저위도는 에너지가 남는데, 저위도의 기온이 계속 상승하거나 고위도의 기온이 계속 하강하지 않고 일정하게 유지되는 이유는 무엇인지 설명하시오.

30 다음 그림은 대기 중의 이산화 탄소의 농도 변화를 연도별로 나타낸 것이다.

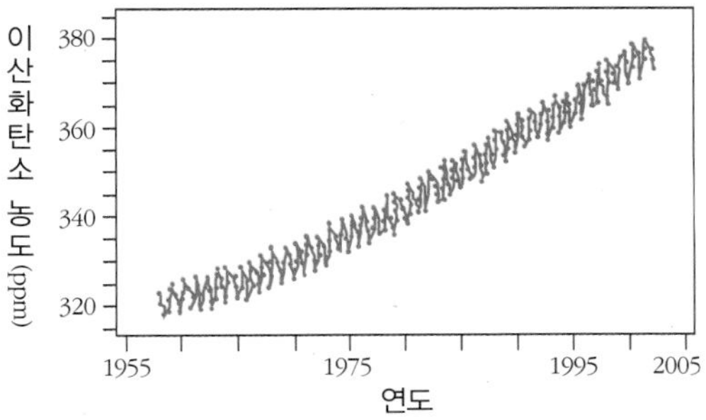

위와 같은 이산화 탄소의 농도 변화가 지구 환경에 주는 영향은 무엇이며 그 영향으로 지구에 발생하는 현상을 무엇이라 하는지 쓰시오.

창의력 서술

31 냉장고의 냉매나 스프레이 등에 쓰이는 프레온 가스(CFCs)는 성층권에 도달할 때 자외선을 받아 오존을 파괴하여 환경 문제가 되고 있다. 이것이 생태계에 어떤 영향을 끼칠지 서술해 보자.

32 지구 온난화로 인해 우리나라 기후가 온대 기후에서 아열대 기후로 변해가고 있다. 아열대 기후로 바뀌면 달라지는 점이 어떤 것이 있을지 서술해 보자.

11강. 구름

1. 대기 중의 수증기

(1) 포화 상태 : 어떤 온도에서 공기가 최대한의 수증기를 포함한 상태로 더이상 증발이 일어나지 않는 것처럼 보인다.

증발	포화 상태	응결	
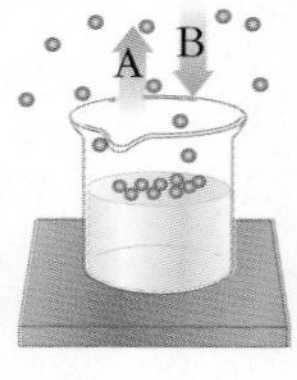 A > B 액체의 양이 줄어든다.	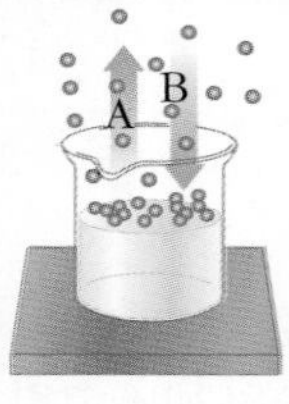 A = B 액체의 양이 변함없다.	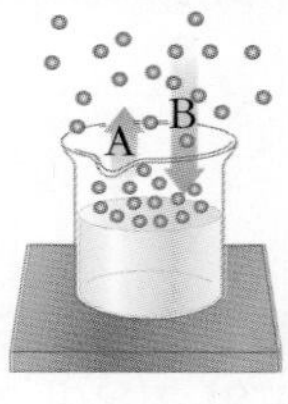 A < B 액체의 양이 늘어난다.	A : 공기 중으로 나가는 분자 수 B : 물속으로 들어오는 분자 수

(2) 포화 수증기량 : 포화 상태의 공기 1kg 속에 들어 있는 수증기량(g/kg)이다.

① 온도가 높을수록 더 많은 양의 수증기를 포함할 수 있다.

② 포화 수증기량 이상이 되면 수증기는 물로 변한다.

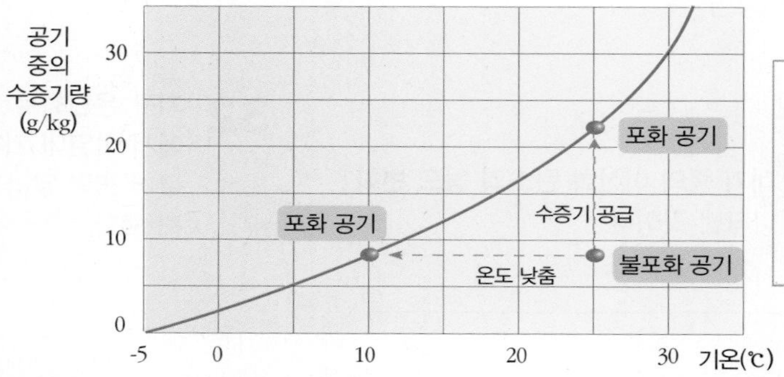

불포화 상태의 공기를 포화 상태로 만들려면 수증기를 공급하거나 공기의 온도를 낮춘다.

물의 증발

① 증발 : 물(액체)이 끓는 온도 이하에서 수증기(기체)로 변하여 공기 중으로 날아가는 현상으로 액체 표면에서 일어난다.

② 증발은 기온이 높고, 습도가 낮고, 바람이 강하게 불고, 표면적이 넓을수록 잘 일어난다.

물의 상태 변화

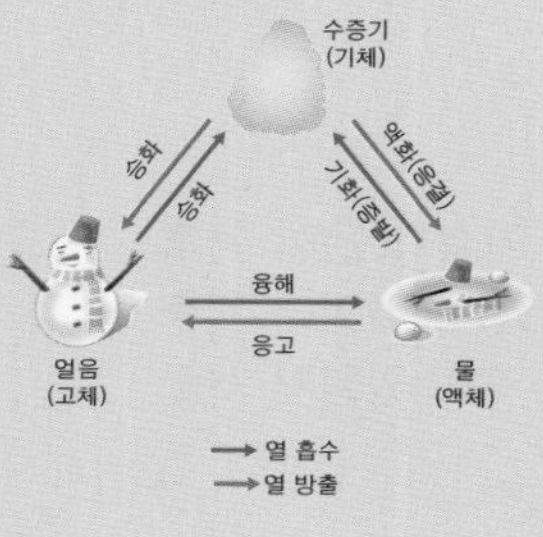

생각해보기★

온도가 높을수록 1kg의 공기가 더 많은 수증기를 포함할 수 있는 이유는 무엇인가?

개념확인 1

오른쪽 그림은 공기가 최대한의 수증기를 포함하여 공기 중으로 나가는 물 분자 수와 공기 중에서 물속으로 들어오는 물 분자 수가 같을 때를 나타낸 것이다. 이런 상태를 무엇이라 하는지 쓰시오.

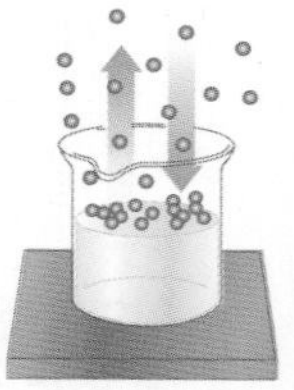

(　　　) 상태

확인+1

다음 빈칸에 알맞은 말을 써 넣으시오.

> 포화 수증기량은 포화 상태의 공기 ㉠(　　)kg 속에 들어 있는 ㉡(　　　　)의 양을 나타내는데, 포화 수증기량 이상에서는 수증기가 물로 응결된다.

2. 이슬점

(1) 이슬점 : 공기 중의 수증기가 응결하기 시작하는 온도이다.

① 공기 중에 포함된 수증기량이 많을수록 이슬점이 높다.
② 응결량 = 현재 수증기량 − 냉각된 온도의 포화 수증기량

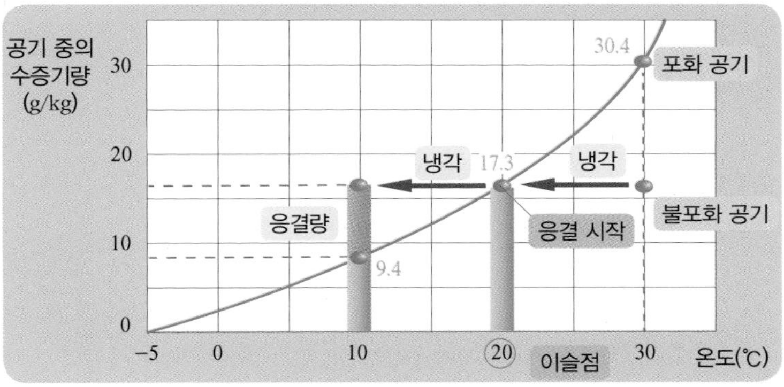

▲ 포화 수증기량 곡선

(2) 이슬점 측정하기

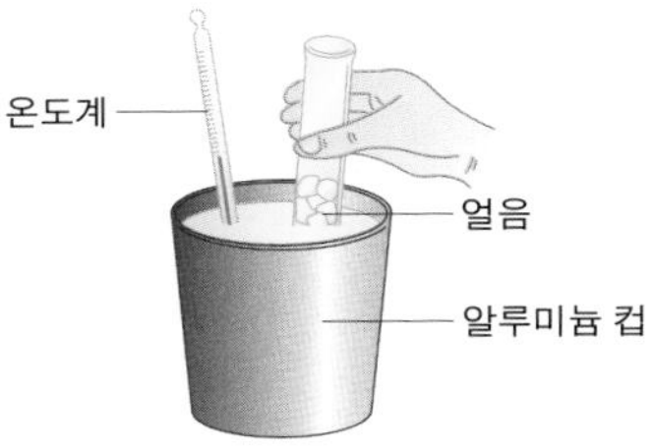

▲ 간단한 이슬점 측정 방법

물 온도 감소 → 컵 주변 공기 온도 감소 → 컵 표면에 물방울 맺힘 → 물방울이 맺히는 순간의 온도 측정

※ 물방울이 맺히기 시작하는 온도 = 이슬점

간단실험

이슬이 생기는 과정

① 유리 컵의 표면을 깨끗이 닦고 물과 얼음을 유리 컵에 넣는다.
② 시간이 경과하면서 유리 컵의 표면에 물방울이 생긴다.

응결

공기 중의 수증기(기체)가 모여 물방울(액체)로 변하는 현상

▲ 이슬

▲ 안개

▲ 구름

정답 및 해설 **37쪽**

개념확인 2 **공기 중의 수증기가 응결하여 물방울이 생기기 시작하는 온도를 무엇이라 하는지 쓰시오.**

(　　　　　　)

확인 +2 **다음 그래프는 온도 변화에 따른 포화 수증기량 곡선을 나타낸 것이다. A 공기의 이슬점을 단위와 함께 쓰시오.**

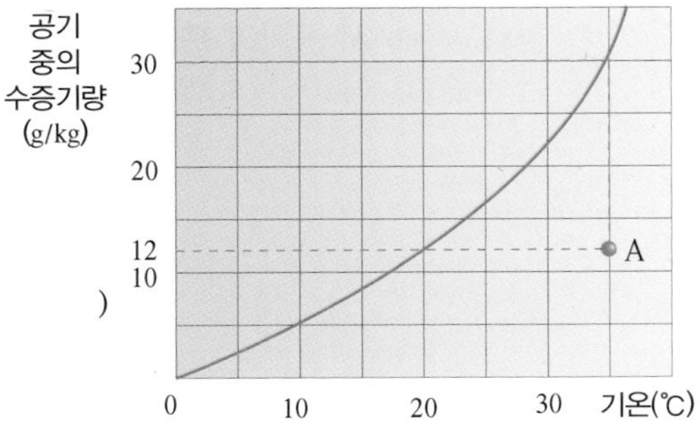

(　　　　　　)

생각해보기★★

겨울에 수증기가 냉각되어 나뭇잎에 맺히는 서리와 이슬의 차이점은 무엇일까?

3. 상대 습도

(1) 습도 : 공기의 습하고 건조한 정도를 나타낸다.

① 상대 습도 : 현재 기온에서의 포화 수증기량과 실제 수증기량의 비율(%)

$$\text{상대 습도(\%)} = \frac{\text{현재 공기에 포함된 수증기량(g/kg)}}{\text{현재 기온에서의 포화 수증기량(g/kg)}} \times 100$$

② 이슬점에서의 상대 습도는 100%이다.

(2) 날씨에 따른 기온, 습도, 이슬점의 변화

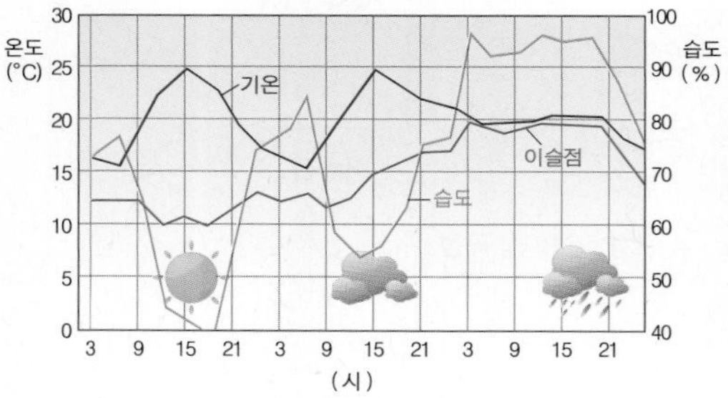

구분	기상 요소의 변화	
	3시	15시
이슬점	일정	일정
기온	상승	하강
포화 수증기량	증가	감소
습도	감소	증가

	맑은 날	기온 일교차 큼 ⇓ 습도 변화 큼	공기 중 수증기량 거의 일정 ⇓ 이슬점 거의 일정
	흐린 날	기온 일교차 작음 ⇓ 습도 변화 작음	공기 중 수증기량 더 많음 ⇓ 이슬점 더 높음(거의 일정)

개념확인 3 **다음 글의 괄호 안에 알맞은 말을 고르시오.**

현재 기온에서의 포화 수증기량에 대한 현재 공기 중의 수증기량을 나타낸 것이 ㉠(상대, 절대)습도이고, 단위는 ㉡(%, ‰)이다.

확인 +3 **현재 기온에서 공기의 포화 수증기량이 27.5g/kg이고, 공기 중에 포함되어 있는 수증기량이 15.4g/kg일 때 이 공기의 상대 습도를 구하시오.**

(　　　)%

절대 습도

기온과 상관없이 공기 $1m^3$ 속에 포함된 수증기의 양을 말함

$$\text{절대 습도} = \frac{\text{수증기량(g)}}{\text{공기의 부피}(m^3)}$$

상대 습도의 측정

건구 온도계와 습구 온도계의 온도 차이 값으로 상대 습도를 측정한다.

습 도 표

습구온도(℃)	건구와 습구의 온도차(℃)								
	0	1	2	3	4	5	6	7	8
10	100	88	78	69	60	52	45	39	33
11	100	89	79	69	61	54	47	41	35
12	100	89	79	70	62	55	48	42	37
13	100	90	80	71	63	56	50	44	39
14	100	90	81	72	64	57	51	45	40
15	100	90	81	73	65	59	52	47	42
16	100	90	82	74	66	60	54	48	43
17	100	91	82	74	67	61	55	49	44
18	100	91	83	75	68	62	56	50	45
19	100	91	83	76	69	62	57	51	47
20	100	91	83	76	69	63	58	52	48
21	100	92	84	77	70	64	58	53	49
22	100	92	84	77	71	65	59	54	50
23	100	92	84	78	71	65	60	55	51
24	100	92	85	78	72	66	61	56	51
25	100	92	85	78	72	67	62	57	52

건습구 습도계

- 물의 증발 현상을 이용
- 건구와 습구 온도계로 구성
- 건구와 습구 온도 차가 클수록 습도가 낮다.

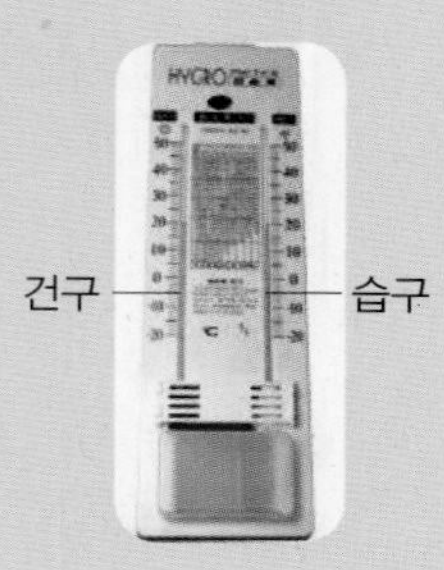

물이 증발할 때 주위의 열을 흡수하기 때문에 습구 온도는 건구 온도보다 같거나 낮다.

4. 구름

(1) **구름** : 수증기의 응결로 생긴 작은 물방울과 얼음 알갱이가 하늘에 떠 있는 것이다.

(2) **구름의 생성 과정**

① 단열 변화 : 공기 덩어리가 주위의 공기와 열을 주고받지 않으면서 부피가 팽창 또는 압축될 때 일어나는 변화

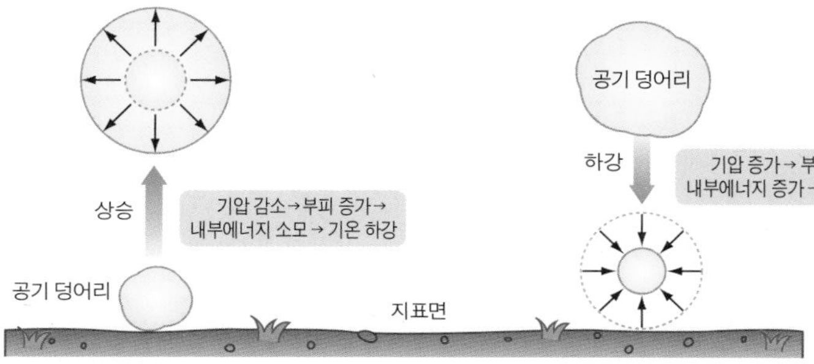

〈단열 팽창〉 〈단열 압축〉

② 구름의 생성 과정

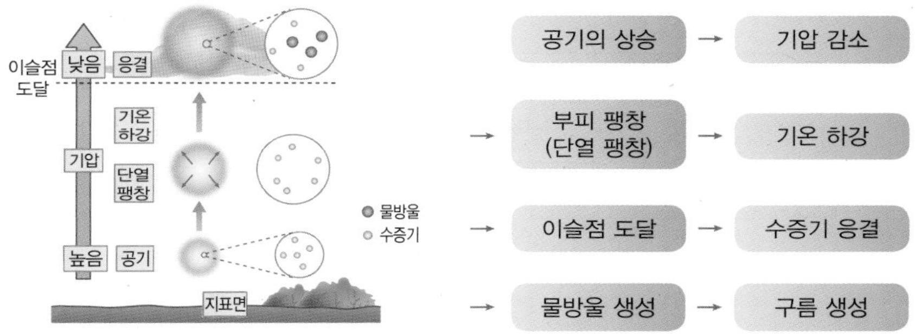

정답 및 해설 37쪽

개념확인 4 **수증기가 응결하여 생긴 작은 물방울이나 얼음 알갱이가 하늘에 떠 있는 것을 무엇이라 하는지 쓰시오.**

( )

확인 +4 **다음 글의 빈칸에 알맞은 말을 써 넣으시오.**

공기 덩어리가 상승하면서 기압이 감소되어 ㉠( )이 일어나 온도가 하강하여 ㉡( )에 도달하게 되면 수증기가 응결하여 구름이 생성된다.

간단실험
구름 생성

① 2L 페트병에 따뜻한 물을 조금 넣고 마개를 꼭 닫는다.

② 손으로 세게 옆을 눌러주면서 페트병 안의 변화를 관찰한다.

구름 생성

구름은 수증기의 응결을 도와주는 응결핵(작은 입자나 먼지)이 많을수록 잘 만들어진다.

구름의 종류

▲ 권운(털구름)

▲ 층운(층구름)

▲ 적운(쌘구름)

5. 구름의 종류

(1) 구름이 생성되는 경우 : 공기의 상승 운동이 일어나는 곳에서 만들어진다.

지표면이 부분적으로 가열될 때	찬 공기가 따뜻한 공기를 밀어 올릴 때	산의 빗면을 타고 상승할 때	저기압 중심으로 공기가 모여들 때

(2) 구름의 종류

① 모양에 따른 분류

적운형 구름	공기의 상승 운동이 강할 때 생성, 위로 솟아오르며 두껍게 발달한 구름
층운형 구름	공기의 상승 운동이 약할 때 생성, 수평으로 얇게 발달한 구름

② 높이에 따른 분류

상층운 (6~13km)	권운, 권적운, 권층운
중층운 (2~6km)	고적운, 고층운
하층운 (지표면~2km)	층적운, 층운, 난층운

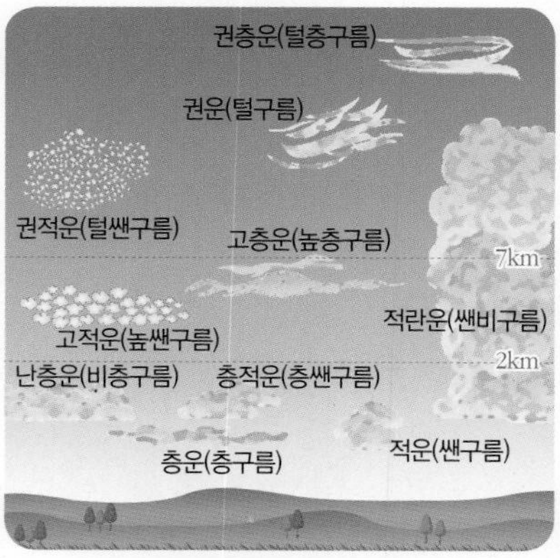

▲ 높이와 모양에 따른 구름 분류

생각해보기★★★

맑은 날의 구름은 하얗게 보이는데, 비오는 날의 구름은 검은 회색으로 보인다. 그 이유는 무엇일까?

개념확인 5

다음 중 구름이 만들어지는 경우가 아닌 것은?

① 저기압 중심으로 공기가 모여들 때
② 찬 공기가 따뜻한 공기를 밀어 올릴 때
③ 공기가 산의 빗면을 타고 상승할 때
④ 냉각된 공기 중심으로 주변의 공기가 모여들 때
⑤ 지표면이 부분적으로 가열되어 공기가 상승할 때

확인 + 5

구름은 공기의 상승 운동에 따라 생성되는 모양이 다르다. 다음 중 관계있는 것끼리 선으로 연결하시오.

적운형 구름 ·	· ㉠ 공기의 상승 운동이 약할때 생성 ·	· ① 위로 두껍게 발달
층운형 구름 ·	· ㉡ 공기의 상승 운동이 강할 때 생성 ·	· ② 수평으로 얇게 발달

6. 눈과 비

(1) **강수 현상** : 구름 속에서 눈이나 비가 지표면으로 떨어지는 현상이다.

(2) **비와 눈의 생성 과정**

빙정설(찬 비)	병합설(따뜻한 비)
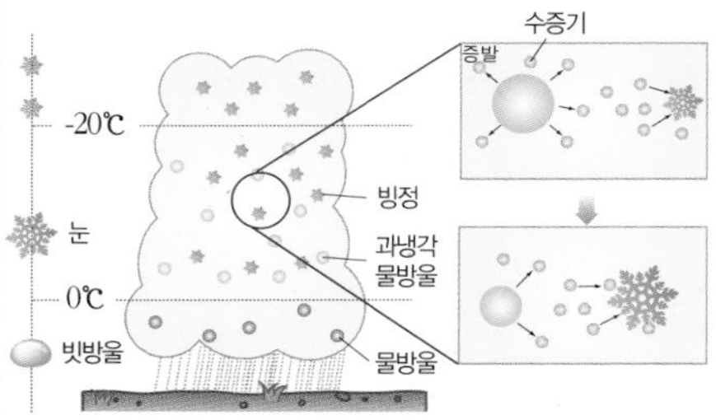 중위도~고위도 지방의 찬 비	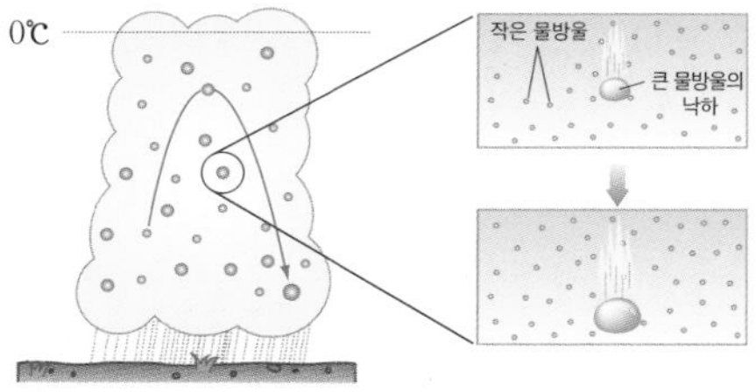 열대 지방의 따뜻한 비
물방울에서 증발한 수증기가 작은 빙정에 달라붙어 점점 커지면 무거워져 지표면으로 눈이 되어 떨어짐 → 지상의 기온이 0℃보다 높으면 눈이 녹으면서 비가 됨	구름 속의 물방울과 물방울이 충돌하여 합쳐지면서 점점 무거운 빗방울을 만들어 지표면으로 떨어져 비를 내림

(3) **강수량의 측정** : 비, 눈, 우박 등 하늘에서 지표면으로 내린 모든 강수의 양(mm)으로 우량계에 고인 물의 높이로 측정한다.

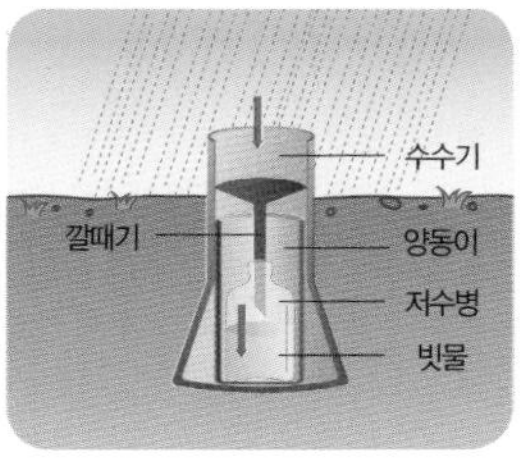

▲ 우량계

빗방울과 구름 알갱이의 크기 비교

일반적으로 구름 알갱이의 크기는 직경이 0.01~0.002mm인데, 빗방울의 경우 그 직경이 이슬비 방울은 0.5mm, 보통의 빗방울은 2mm 정도이다. 따라서 구름 알갱이가 100만 개 모여야 한 개의 보통 빗방울이 될 수 있다.

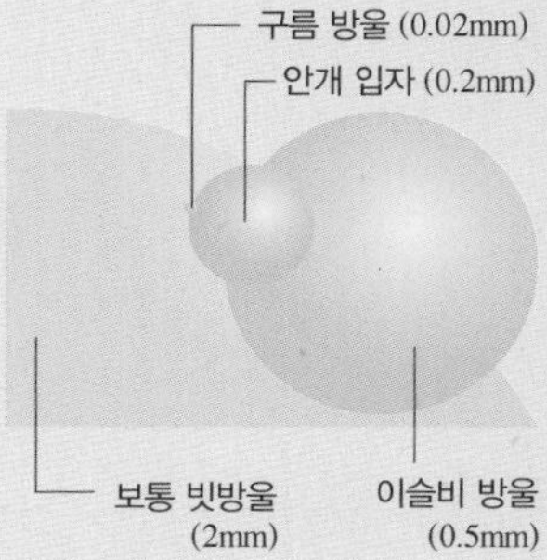

강수의 양

- 강우량 : 순수한 비의 양(mm)
- 강설량 : 눈의 양(mm)
- 적설량 : 눈이 쌓인 두께(cm)
- 강수량 : 비, 눈, 우박 등 모든 강수의 양(mm)

정답 및 해설 37쪽

개념확인 6 **다음에서 설명하는 비와 눈의 생성 이론은 무엇인지 각각 쓰시오.**

ㄱ. 물방울에서 증발한 수증기가 작은 빙정에 달라붙어 점점 커지면 무거워져 지표면으로 눈이 되어 떨어진다.

ㄴ. 구름 속의 물방울과 물방울이 충돌하여 합쳐지면서 점점 무거운 빗방울을 만들어 지표면으로 떨어져 비를 내린다.

ㄱ : ( )

ㄴ : ( )

확인+6 **강수량은 비, 눈, 우박 등이 지표에 내린 양을 통틀어서 말하는데, 비 외의 고체 물질은 녹여서 우량계에 넣어 모두 합한 양으로 나타낸다. 강수량의 측정 단위는 무엇인지 쓰시오.**

( )

01

포화 상태와 포화 수증기량에 대한 설명으로 옳은 것은 ○표, 옳지 않은 것은 ×표 하시오.

(1) 포화 상태는 어떤 온도에서 공기가 최대한의 수증기를 포함한 상태이다. (   )

(2) 포화 상태에서는 물에서 공기 중으로 나가는 분자 수와 물속으로 들어오는 분자의 수가 같다. (   )

(3) 포화 수증기량은 포화 상태의 공기 $1m^3$ 속에 들어 있는 수증기의 양(g)이다. (   )

(4) 포화 수증기량 이상의 수증기를 포함하게 되면 수증기는 물로 변한다. (   )

02

다음 그래프는 온도 변화에 따른 포화 수증기량 곡선을 나타낸 것이다. A 공기 1kg을 10℃로 냉각할 때 수증기의 응결량은?

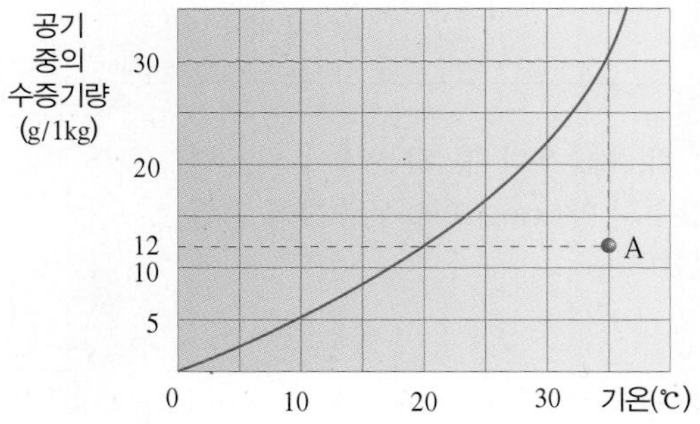

① 5g ② 7g ③ 12g ④ 18g ⑤ 30g

[03~04] 다음 표는 온도와 포화 수증기량과의 관계를 나타낸 것이다. 15℃의 현재 공기 1kg 속에는 수증기가 9.4g 포함되어 있다고 할 때, 다음 물음에 답하시오.

온도 (℃)	0	5	10	15	20
포화수증기량 (g/kg)	4.8	6.8	9.4	12.8	17.3

03

현재 공기의 이슬점은 몇 ℃인지 쓰시오.

(   )℃

04

현재 공기의 상대 습도를 %로 구하시오.(소수 첫째 자리까지 구하시오.)

(   )%

정답 및 해설 37쪽

05

구름이 생성되는 과정을 설명한 다음 글의 빈칸에 알맞은 말을 써 넣으시오.

> 공기가 상승하면서 기압 감소로 부피 팽창 → ㉠(　　　　)팽창으로 인한 기온 하강 → ㉡(　　　　) 도달로 수증기가 응결하면서 물방울 생성 → 구름 생성

06

다음 〈보기〉 중 구름이 만들어지는 경우만을 있는 대로 골라 기호로 나타내시오.

〈 보기 〉

ㄱ. 지표면이 부분적으로 가열될 때
ㄴ. 저기압 중심으로 공기가 모여들 때
ㄷ. 공기가 산의 빗면을 타고 올라갈 때
ㄹ. 따뜻한 공기가 찬 공기를 밀어 올릴 때

07

다음은 비나 눈을 만드는 구름을 나타낸 것이다. 관계 있는 것끼리 선으로 연결하시오.

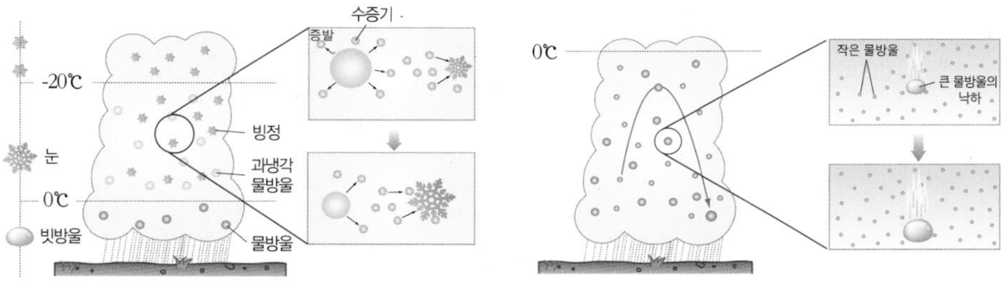

(가)　　　　(나)

(가) ·　　　　· ㉠ 빙정설 ·　　　　· ① 열대 지방의 따뜻한 비

(나) ·　　　　· ㉡ 병합설 ·　　　　· ② 중위도 ~ 고위도 지방의 찬 비

08

비, 눈, 우박 등 지표에 내린 강수의 양을 통틀어서 측정한 것으로 mm 단위로 나타내는 강수의 양은 무엇인지 쓰시오.

(　　　　)

유형 익히기 & 하브루타

[유형11-1] 대기 중의 수증기

다음 표는 온도와 포화 수증기량과의 관계를 나타낸 것이다. 15℃의 현재 공기 1kg 속에는 수증기가 9.4g 포함되어 있다. 현재 공기의 상태를 해석한 내용으로 옳은 것만을 〈보기〉에서 있는 대로 고른 것은?

온도 (℃)	0	5	10	15	20
포화 수증기량 (g/kg)	4.8	6.8	9.4	12.8	17.3

〈 보기 〉

ㄱ. 이 공기는 현재 포화 상태이다.
ㄴ. 이 공기 5kg 속에는 47g의 수증기가 들어 있다.
ㄷ. 이 공기는 1kg 속에 3.4g의 수증기를 더 포함할 수 있다.
ㄹ. 온도를 5℃로 냉각시키면 증발 현상이 일어난다.

① ㄱ, ㄴ　② ㄴ, ㄷ　③ ㄷ, ㄹ　④ ㄱ, ㄴ, ㄹ　⑤ ㄴ, ㄷ, ㄹ

Tip!

01 오른쪽 그림은 온도에 따른 포화 수증기량의 관계를 나타낸 것이다.

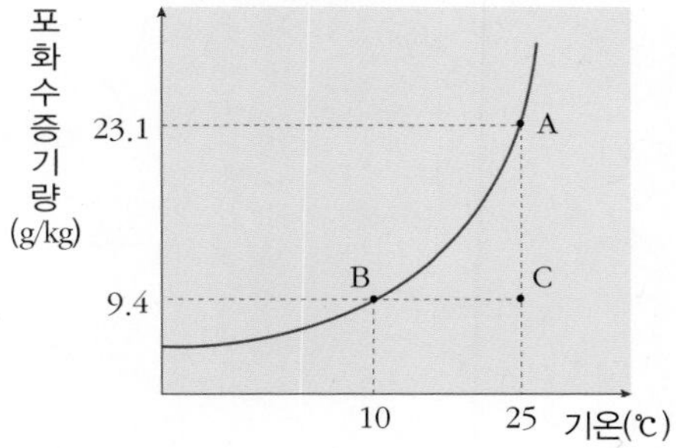

(1) A~C 중 포화 상태에 있는 공기를 모두 고르시오.

(2) C 상태의 공기 1kg이 최대한 포함할 수 있는 수증기량은 몇 g인가?

(　　　)g

02 빈칸에 알맞은 말을 각각 써 넣으시오.

불포화 상태의 공기를 포화 상태가 되게 하려면 ㉠(　　　　)을(를) 낮추거나, ㉡(　　　　)를 더 공급해 준다.

정답 및 해설 38쪽

[유형11-2] 이슬점

다음 그림은 온도에 따른 포화 수증기량의 관계를 나타낸 것이다. 다음 물음에 답하시오.

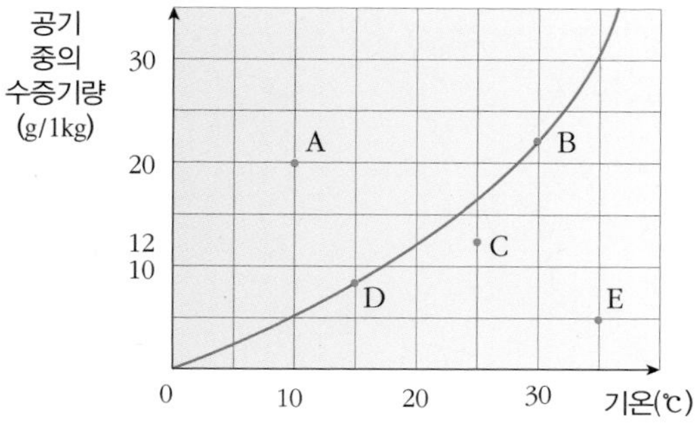

(1) A~E 중 공기 1kg 중에 포함된 수증기의 양이 가장 많은 공기는?

(2) A~E 중 이슬점의 온도가 가장 낮은 공기는?

(3) A~E 중 10℃로 냉각시켰을 때 응결량이 가장 많은 공기는?

03 이슬점에 대한 설명으로 옳은 것은 ○표, 옳지 않은 것은 ×표 하시오.

(1) 공기의 온도가 내려가면서 수증기가 응결하기 시작하는 온도이다. (　　)

(2) 공기 중에 포함된 수증기량이 적을수록 이슬점이 높다. (　　)

(3) 응결량은 현재 온도에서 불포화 공기를 포화 상태로 만드는데 필요한 수증기량이다. (　　)

04 다음 그림과 같이 얼음을 넣은 시험관을 물에 넣은 후 시험관 표면에 물방울이 맺히기 시작할 때의 온도를 재었다. 이 실험으로 측정할 수 있는 것은 무엇인지 쓰시오.

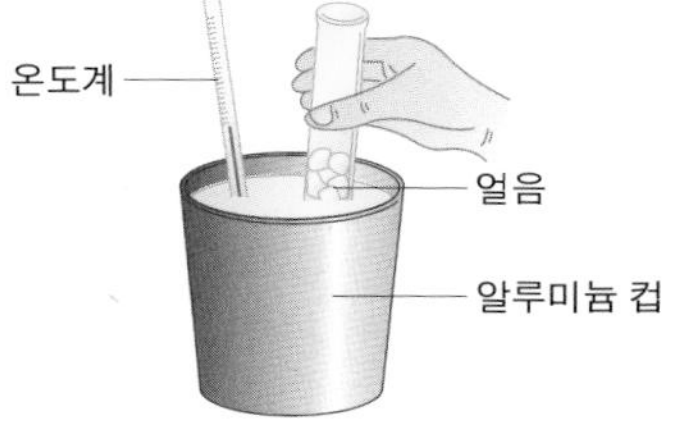

(　　　　　)

Tip!

[유형11-3] 상대 습도

다음 그림은 3일 동안의 기온, 상대 습도, 이슬점의 변화를 나타낸 것이다.

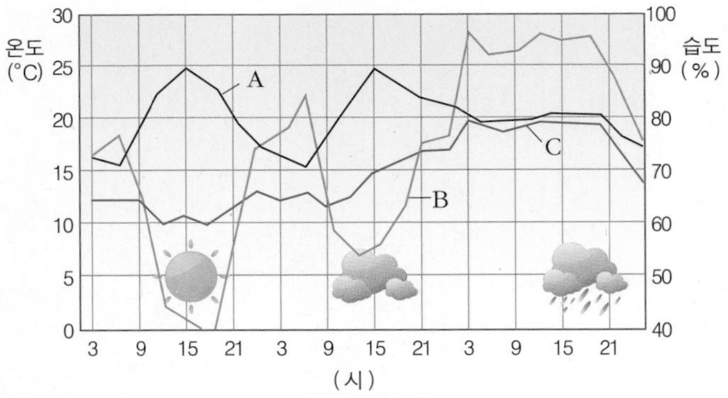

(1) A~C는 기온, 상대 습도, 이슬점 중 무엇인지 각각 쓰시오.

(2) 괄호 안에 알맞은 말을 고르시오.

① 기온의 일교차가 커서 습도 변화가 큰 날은 (맑은 날, 흐린 날, 비오는 날)이다.

② 하루를 기준으로 변화량이 가장 적은 것은 (기온, 상대 습도, 이슬점)이다.

05 현재 기온에서 포화 수증기량이 23.5g/kg인 공기의 상대 습도가 30.0%일 때 현재 공기 1kg에 포함되어 있는 수증기량은 몇 g인지 구하시오.

( )g

06 다음 그림은 습도표의 일부분을 나타낸 것이다.

습구 온도 (℃)	건구와 습구의 온도 차 (℃)			
	1	2	3	4
15	90	81	73	65
16	90	82	74	66
17	91	82	74	67
18	91	83	75	68
19	91	83	76	69

방 안에서 측정한 습구 온도가 19℃일 때, 상대 습도가 76%였다. 방 안에서 측정한 건구 온도는 몇 ℃일까?

( )℃

정답 및 해설 38쪽

[유형11-4] 구름

다음은 구름이 만들어지는 과정을 간단히 나타낸 것이다. 빈칸에 알맞은 말을 써 넣으시오.

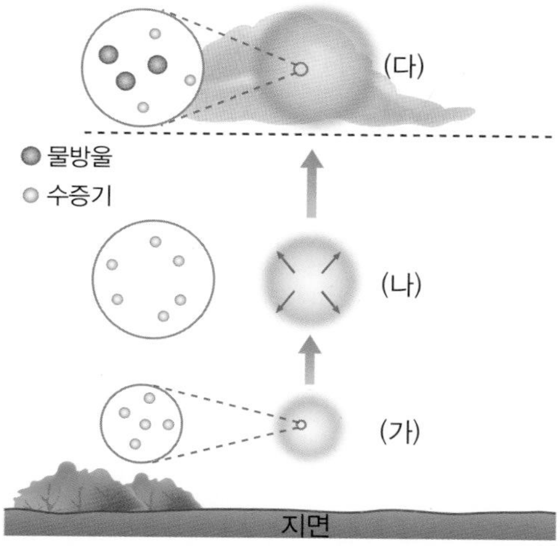

(가) : 공기 덩어리가 상승할수록 주변의 기압이 점점 ㉠(　　　)한다.

(나) : 공기 덩어리가 ㉡(　　　) 팽창하면서 기온이 점점 내려간다.

(다) : 공기 덩어리의 온도가 ㉢(　　　)에 도달하면 수증기가 응결하여 물방울이 생성된다.
⇒ 구름이 생성된다.

㉠ : (　　　)　㉡ : (　　　)　㉢ : (　　　)

07 지표면 부근에서 공기 덩어리가 상승하고 있다. 이 공기 덩어리에서 일어나는 변화에 대한 설명으로 옳은 것만을 〈보기〉에서 있는 대로 고르시오.

〈 보기 〉

ㄱ. 기압이 낮아진다.　　ㄴ. 온도가 높아진다.
ㄷ. 부피가 팽창한다.　　ㄹ. 밀도가 작아진다.

08 다음은 구름이 생성되는 과정을 나타낸 것이다. 빈칸에 알맞은 말을 써 넣으시오.

㉠(　　) 상승 → 기압 감소 → 단열 ㉡(　　) → 기온 하강
→ ㉢(　　) 도달 → 수증기 응결 → 물방울 생성 → 구름 생성

Tip!

유형 익히기 & 하브루타

[유형11-5] 구름의 종류

다음 〈보기〉에서 구름이 생성될 수 있는 조건을 설명한 것으로 옳은 것만을 있는 대로 고르시오.

〈 보기 〉

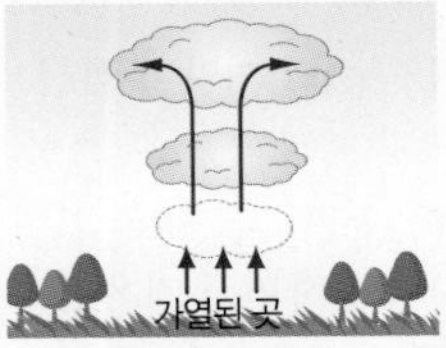

ㄱ. 지표면이 부분적으로 가열될 때

ㄴ. 따뜻한 공기가 찬 공기를 밀어 올릴 때

ㄷ. 공기가 산의 빗면을 타고 내려올 때

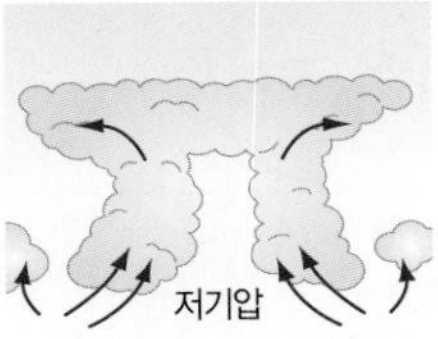

ㄹ. 저기압 중심으로 공기가 모여들 때

09 다음 중 구름이 생성되는 경우를 모두 고르시오.(3개)

① 공기 덩어리가 상승할 때
② 공기가 산비탈을 타고 오를 때
③ 지표면이 부분적으로 냉각될 때
④ 고기압 중심으로 공기가 하강할 때
⑤ 찬 공기가 따뜻한 공기 밑으로 파고들 때

10 다음 그림은 공기의 상승으로 수직으로 생성된 구름을 나타낸 것이다. 이 구름과 관계 있는 것을 〈보기〉에서 모두 고르시오.

〈 보기 〉

ㄱ. 적운형 구름이다.
ㄴ. 층운형 구름이다.
ㄷ. 상승 운동이 강할 때 나타난다.
ㄹ. 상승 운동이 약할 때 나타난다.

정답 및 해설 38쪽

[유형11-6] 눈과 비

다음 그림은 서로 다른 지역의 강수 과정을 나타낸 것이다. 다음 물음에 답하시오.

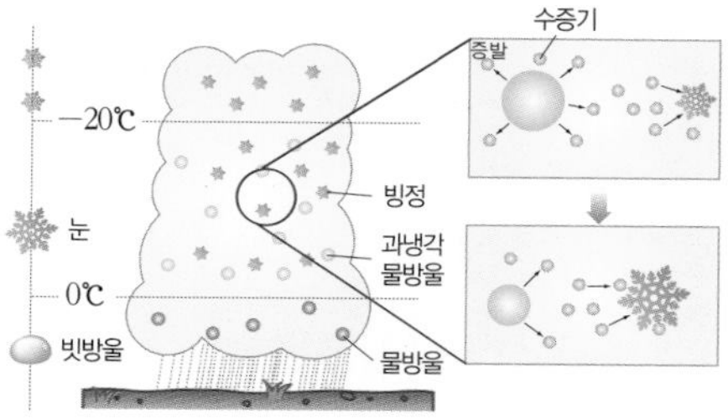

(가)

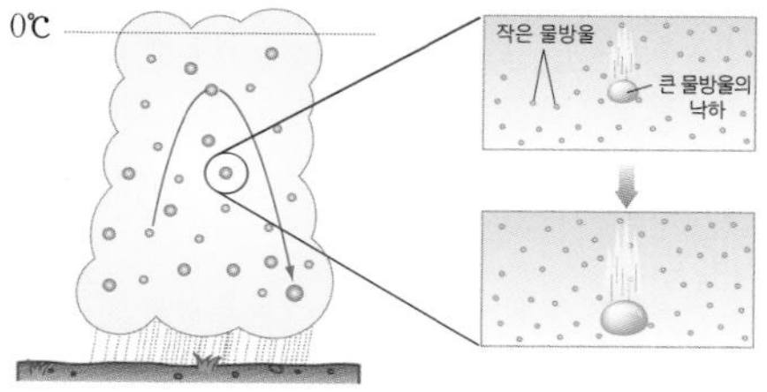

(나)

(1) (가)와 (나)의 그림이 나타내는 강수 이론을 각각 쓰시오. (가) : ( ) (나) : ( )

(2) 지구상에서 (가)와 (나)로 비나 눈의 형성을 설명할 수 있는 지역을 위도별로 각각 쓰시오.

(가) : ( ) (나) : ( )

11

다음 그림은 우리나라에 내리는 강수 현상을 설명할 수 있는 구름의 내부 모습을 나타낸 것이다. 이 구름에 대한 설명으로 옳지 <u>않은</u> 것은?

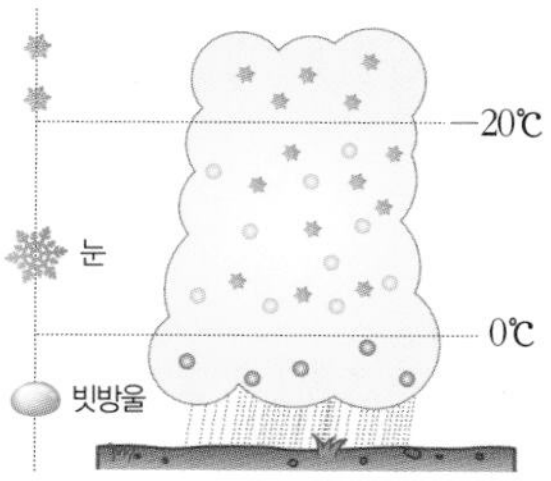

① 빙정설로 설명할 수 있다.
② 증발한 수증기가 빙정에 달라붙는다.
③ 빙정과 물방울이 충돌하여 합쳐진다.
④ 구름 속에 빙정과 물방울이 섞여 있다.
⑤ 눈이 되어 떨어지다 녹으면 찬 비가 된다.

12

오른쪽 그림은 수직으로 발달된 구름의 내부 모습을 나타낸 것이다. 이에 대한 설명으로 옳은 것만을 <보기>에서 있는 대로 고른 것은?

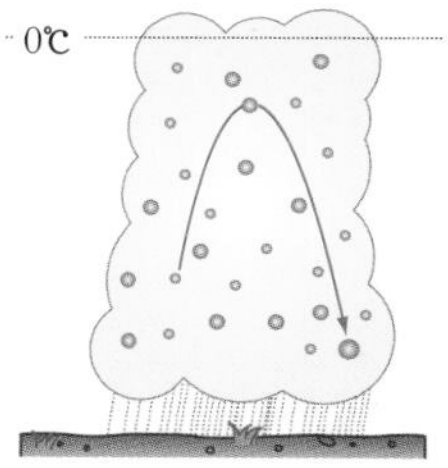

〈 보기 〉

ㄱ. 저위도 지방에 비를 내리는 구름이다.
ㄴ. 물방울과 물방울의 충돌로 합쳐진다.
ㄷ. 얼음 알갱이의 성장으로 눈이 만들어진다.

① ㄱ ② ㄴ ③ ㄷ
④ ㄱ, ㄴ ⑤ ㄴ, ㄷ

창의력 & 토론마당

01 영재는 작은 비닐 하우스 화원을 운영하고 있었다. 어느 날 실수로 출입문을 닫지 않고 저녁을 먹다 깜짝 놀라 비닐 하우스로 달려가 온도계를 확인해 보니 10℃ 였다. 황급히 영재는 비닐하우스 출입문을 닫고 보일러를 가동시키면서 온도-습도 조절 장치의 온도를 18℃, 습도를 80%로 설정하였다.

설정한 온도와 상대 습도에 도달하기 위해 비닐 하우스에 추가로 필요한 수증기량은 몇 g인지 다음의 기온과 포화 수증기량과의 관계를 나타낸 표를 참고하여 구하시오.(단, 현재의 공기는 포화 상태이고, 비닐 하우스 내부의 공기의 질량은 50kg이다.)

[기온에 따른 포화 수증기량]

기온(℃)	0	2	4	6	8	10	12	14	16
포화 수증기량 (g/kg)	4.8	5.6	6.4	7.3	8.3	9.4	10.7	12.1	13.6
기온(℃)	18	20	22	24	26	28	30	32	34
포화 수증기량 (g/kg)	15.4	17.3	19.4	21.8	24.4	27.3	30.4	33.8	37.6

정답 및 해설 39쪽

02 그림은 20℃에서 1kg 당 약 10.7g의 수증기를 포함한 공기 덩어리가 산을 넘어 D 지점에 도달하는 과정을 나타낸 것이다. 건조한 공기가 상승할 때는 1km마다 10℃, 습윤한 공기가 상승할 때는 1km마다 5℃, 이슬점은 1km마다 2℃씩 하강한다. 기온과 포화 수증기량과의 관계를 나타낸 표를 참고하여 물음에 답하시오.

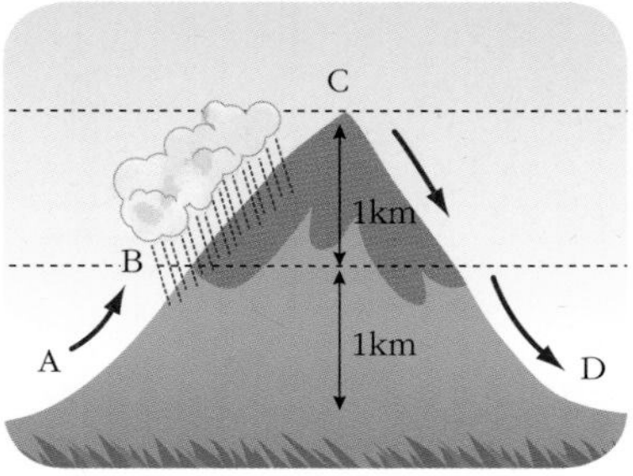

[기온에 따른 포화 수증기량]

기온(℃)	0	2	4	6	8	10	12	14	16
포화 수증기량 (g/kg)	4.8	5.6	6.4	7.3	8.3	9.4	10.7	12.1	13.6
기온(℃)	18	20	22	24	26	28	30	32	34
포화 수증기량 (g/kg)	15.4	17.3	19.4	21.8	24.4	27.3	30.4	33.8	37.6

(1) A~D에서의 기온과 이슬점을 구하시오.

	A	B	C	D
기온(℃)				
이슬점(℃)				

(2) 이 공기 덩어리가 상승하여 구름이 만들어지는 높이는 몇 km인가?

03

다음은 습도에 영향을 미치는 요인을 알아보기 위해 아래와 같이 온도계를 설치하고 실험을 하였다. 물음에 답하시오.

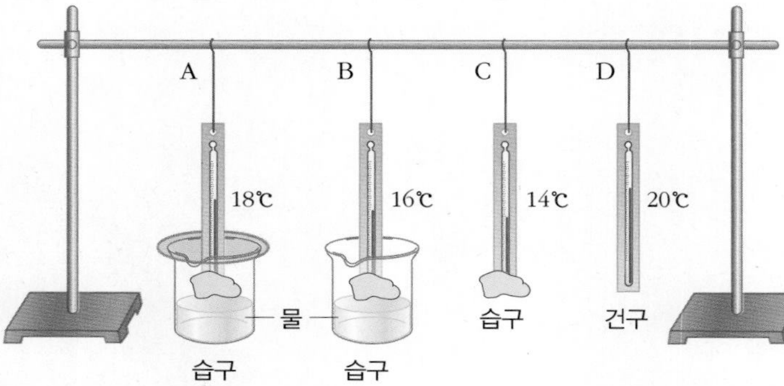

A	상온의 물을 담은 덮개를 씌운 비커 속에 젖은 헝겊을 씌운 온도계를 설치하였다.
B	비커에 덮개를 씌우지 않고 나머지 조건은 그림 A와 같다. 현재 온도계의 눈금은 16℃를 가리키고 있다.
C	온도계의 구부를 젖은 헝겊으로 싸기만 하였다. 현재 온도계의 눈금은 14℃를 가리키고 있다.
D	아무 장치도 하지 않은 온도계이며 현재 온도계의 눈금은 20℃를 가리키고 있다.

(1) 상대 습도가 가장 높을 것으로 생각되는 경우는 A~C 중 어느 것이며 그 이유는 무엇인지 서술하시오.

(2) A의 경우가 C의 경우일 때 보다 온도가 더 높게 나타났다. 그 이유는 무엇인지 설명해 보시오.

(3) 다음 〈보기〉는 우리 주변에서 일어날 수 있는 상황을 나타낸 것이다. C와 가장 비슷한 상황은 무엇인지 고르시오.

〈 보기 〉

ㄱ. 장마철에는 시원하다.
ㄴ. 마당에 물을 뿌리면 시원하다.
ㄷ. 바닷가는 시원하다.
ㄹ. 나무 그늘에서는 시원하다.

정답 및 해설 39쪽

04 동훈이는 구름이 생성되는 원리인 단열 변화를 알아보기 위하여 다음 그림과 같이 장치한 후, 플라스크 내부의 변화를 관찰하는 실험을 실시하였다.

[과정]
① 플라스크에 온도계를 끼우고 고무마개로 막은 후 공기 펌프를 연결한다.
② 공기 펌프를 압축시켰다가 공기 펌프의 마개를 열면서 플라스크 속의 변화를 관찰한다.

[결과]
플라스크 안이 약간 흐려진다.

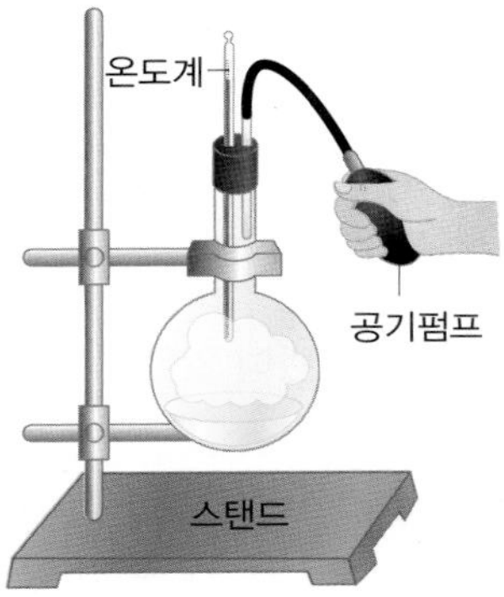

(1) 동훈이가 위의 실험에서 플라스크 내부의 변화를 더 잘 관찰할 수 있는 방법을 제시해 보시오.

(2) 아래 그림은 우리 일상 생활 속에서 볼 수 있는 단열 변화 현상들을 나타낸 것이다.

A	B	C	D
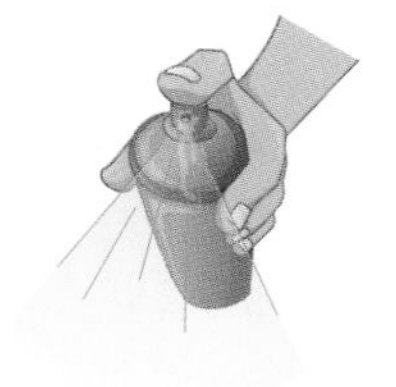			
스프레이를 사용한 후 통을 만져 보면 매우 차다.	타이어에 공기를 주입하면 펌프의 고무관이 따뜻해진다.	입을 오므로 '호~'하고 불면 뜨거운 음식을 식힐 수 있다.	공기가 들어간 풍선에서 바람을 빼면 차가운 바람이 나온다.

단열 상태에서 기체의 부피가 변할 때 온도가 변하는 현상으로 단열 팽창과 압축이 있다. 위의 현상들을 일어나는 원리에 따라 분류해 보시오.

스스로 실력 높이기

A

01 어떤 온도에서 공기가 최대한의 수증기를 포함하는 상태를 무엇이라고 하는지 쓰시오.

( ) 상태

02 다음 빈칸에 알맞은 말을 써 넣으시오.

> 포화 수증기량은 포화 상태의 공기 ( ) 속에 들어 있는 수증기의 양이다.

03 공기가 냉각되어 공기 중의 수증기가 응결되어 물방울이 맺히기 시작하는 온도를 무엇이라 하는지 쓰시오.

( )

04 다음 빈칸에 알맞은 말을 써 넣으시오.

> ㉠( ) 습도는 포화 수증기량에 대한 현재 공기에 포함되어 있는 수증기량의 비율로 사용하는 단위는 ㉡( )이다.

05 다음 빈칸에 알맞은 말을 써 넣으시오.

> 구름은 수증기의 ㉠( )로 생긴 작은 물방울과 ㉡( ) 알갱이가 하늘에 떠 있는 것이다.

06 다음 빈칸에 알맞은 말을 써 넣으시오.

> 구름은 공기의 ( ) 운동이 일어나는 곳에서 만들어진다.

07 대기 중의 물이 구름 속에서 눈이나 비가 되어 지표면으로 떨어지는 현상을 무엇이라 하는지 쓰시오.

( ) 현상

08 다음에서 설명하는 강수 이론은 무엇인지 쓰시오.

> 중위도와 고위도 지방에서 내리는 찬 비를 설명하는 이론으로 물방울에서 증발한 수증기가 작은 빙정에 달라붙어 점점 커지면서 무거워져 지표면으로 눈이 되어 떨어지다 녹으면 비가 된다.

( )

09 다음 그림은 기온에 따른 포화 수증기량을 나타낸 것이다.

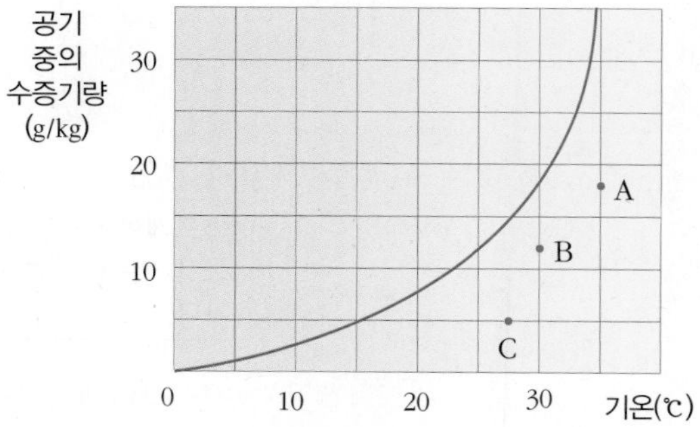

A, B, C 공기의 이슬점을 각각 쓰시오.

- A : ( )℃
- B : ( )℃
- C : ( )℃

정답 및 해설 40쪽

10 다음 그림은 습도표의 일부분을 나타낸 것이다.

습구 온도 (℃)	건구와 습구의 온도 차 (℃)			
	1	2	3	4
15	90	81	73	65
16	90	82	74	66
17	91	82	74	67
18	91	83	75	68
19	91	83	76	69

실험실에서 측정한 건구 온도가 22℃이고, 습구 온도가 18℃였다. 실험실의 상대 습도는 몇 % 인지 구하시오.

( ) %

B

[11~12] 다음 그림은 온도에 다른 포화 수증기량을 나타낸 것이다. 다음 물음에 답하시오.

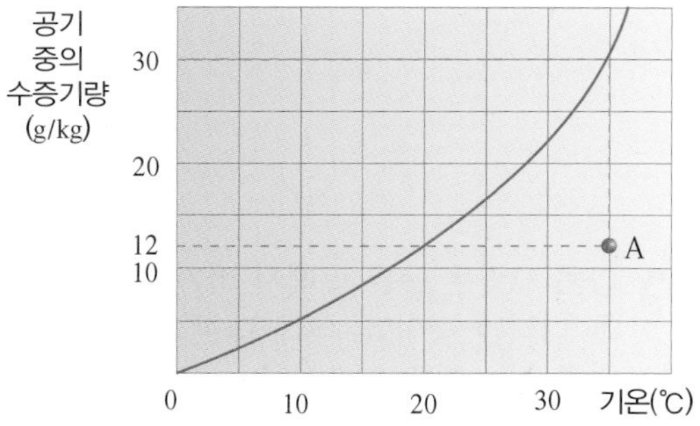

11 다음 글은 A 공기를 포화 상태로 만들기 위한 방법이다. 빈칸에 알맞은 답을 써 넣으시오.

> 불포화 상태의 A 공기를 포화 상태로 만들기 위해서는 공기의 온도를 ㉠( )℃까지 냉각하거나 공기 1kg 당 수증기 ㉡( )g씩을 더 넣어 준다.

12 A 공기를 20℃로 냉각시켰을 때의 상대 습도는 몇 % 인지 구하시오.

( ) %

[13~14] 다음과 같은 장치를 한 후 컵 표면에 물방울이 맺힐 때의 온도를 잿더니 26.5℃였다.

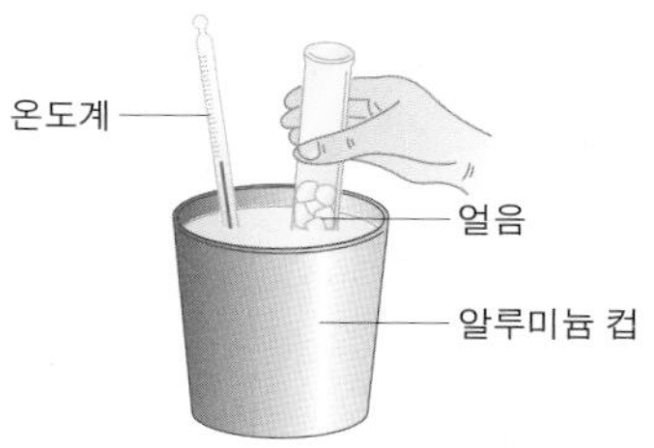

13 다음은 공기 중으로 나가는 물방울과 물속으로 들어오는 분자 수를 나타낸 것이다. 위 실험 장치에서 물방울이 맺히는 순간을 나타낸 모형을 (가)와 (나) 중에서 고르고, 이때의 상태를 무엇이라 하는지 쓰시오.(단, A는 공기 중으로 나가는 물 분자 수이고, B는 물속으로 다시 들어오는 물 분자 수를 나타낸다.)

(가) A > B (나) A = B

· 물방울이 맺히는 순간의 모형 :

· 이때의 상태 : ( ) 상태

14 다음 빈칸에 알맞은 말을 써 넣으시오.

> 26.5℃는 이 공기의 ( )이다.

15 현재 기온에서 공기의 포화 수증기량이 40g/kg 이고, 공기 중에 포함되어 있는 수증기량이 20.8g 일 때, 이 공기의 상대 습도를 구하시오.

(　　　) %

16 구름의 생성 과정을 알아보기 위하여 다음과 같은 장치를 하였다.

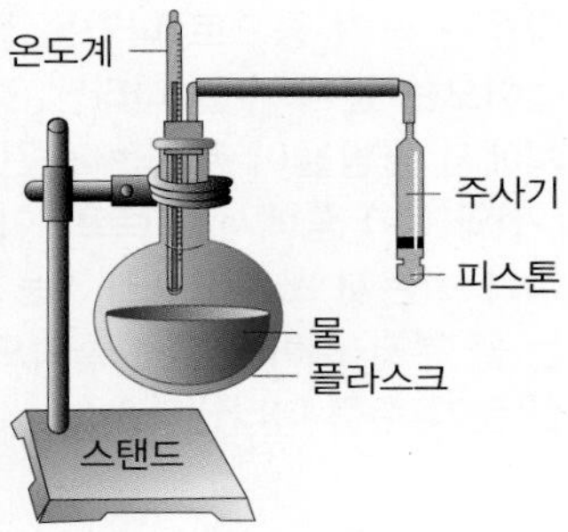

다음 표는 피스톤을 밀었다가 잡아당겼을 때 플라스크 안에서 일어나는 변화를 정리한 것이다. ㉠~㉢에 알맞은 답을 고르시오.

피스톤	잡아당길 때
부피 변화	㉠(감소, 증가)
온도 변화	㉡(높아짐, 낮아짐)
플라스크 속 변화	㉢(흐려짐, 맑아짐)

17 다음 글은 구름이 생성되는 과정을 간략하게 나타낸 것이다. ①~⑤ 중 옳지 <u>않은</u> 것은?

> ① 지표에 있던 공기가 상승한다. → ② 공기가 올라갈수록 주변의 기압이 증가한다. → ③ 공기가 단열 팽창한다. → ④ 공기의 온도가 내려가면서 이슬점에 도달한다. → ⑤ 물방울이 생성되면서 구름이 만들어진다.

18 다음 〈보기〉 중 구름이 만들어지는 경우만를 있는 대로 고른 것은?

〈 보기 〉

ㄱ. 지표면이 부분적으로 냉각될 때
ㄴ. 저기압 중심으로 공기가 모여들 때
ㄷ. 공기가 산의 빗면을 타고 상승할 때
ㄹ. 따뜻한 공기가 찬 공기를 타고 올라갈 때

① ㄱ, ㄴ　② ㄷ, ㄹ　③ ㄱ, ㄷ, ㄹ
④ ㄴ, ㄷ, ㄹ　⑤ ㄱ, ㄴ, ㄷ, ㄹ

19 오른쪽 그림은 공기의 상승 운동에 의해 만들어진 것이다. 위와 같은 모양의 구름에 대한 설명으로 옳은 것은?

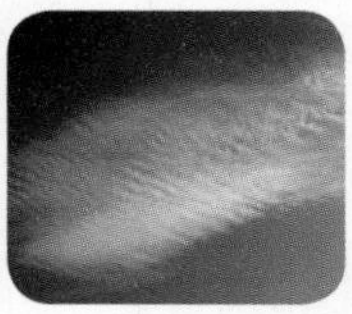

① 적운형 구름이다.
② 수평으로 얇게 발달한다.
③ 빗방울이 만들어지기 쉽다.
④ 지표에 가까운 곳에서만 만들어진다.
⑤ 공기의 상승 운동이 강할 때 나타난다.

20 다음 그림은 구름 속에서 비가 만들어지는 과정을 나타낸 것이다. 이에 대한 설명으로 옳은 것만을 있는 대로 고르시오.

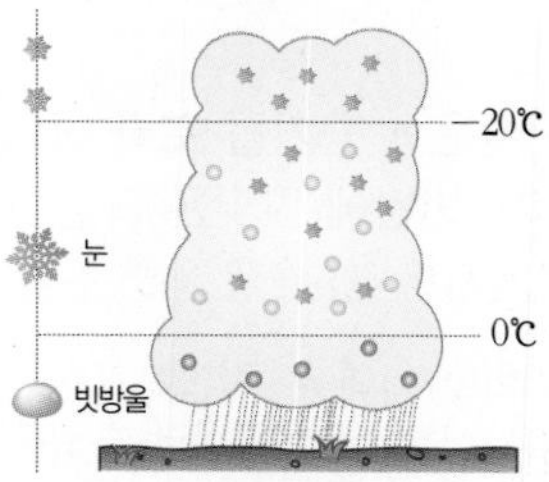

① 찬비가 내리는 과정이다.
② 이와 같은 이론을 병합설이라 한다.
③ 저위도 지방에 내리는 비를 설명한다.
④ 작은 물방울들이 충돌하면서 합쳐진다.
⑤ 얼음 알갱이의 성장으로 눈이 만들어진다.

정답 및 해설 40쪽

C

21 다음 〈보기〉 중 공기 중의 수증기가 포화 상태인 것만을 있는 대로 고른 것은?

〈 보기 〉

ㄱ. 물의 증발 속도와 응결 속도가 같다.
ㄴ. 습도계의 건구와 습구의 온도가 같다.
ㄷ. 공기의 현재 온도가 이슬점의 온도와 같다.

① ㄱ ② ㄴ ③ ㄱ, ㄴ
④ ㄴ, ㄷ ⑤ ㄱ, ㄴ, ㄷ

22 다음 그림은 어느 날 하루 동안 기온과 이슬점의 하루 동안의 변화량를 측정하여 그래프로 나타낸 것이다.

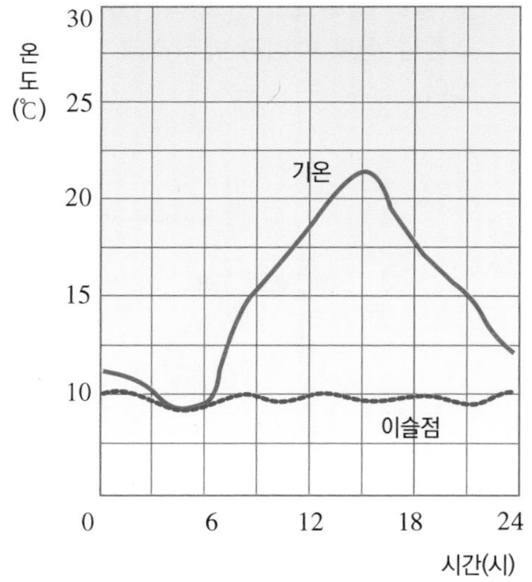

이 그래프에 대한 해석으로 옳은 것을 모두 고르시오.(3개)

① 이날 낮에는 비가 내렸을 것이다.
② 상대 습도는 6시경에 가장 높았다.
③ 상대 습도는 15시 경에 가장 낮았다.
④ 하루 동안 공기 중의 수증기량은 거의 일정하였다.
⑤ 기온은 태양의 고도가 가장 높은 12시 경에 가장 높았다.

23 수현이는 서로 다른 네 지역 A~D의 습도를 비교하기로 하였다. 다음 표는 수현이가 네 지역에서 측정한 습도계의 건구와 습구의 온도이다.

	A	B	C	D
건구 온도(℃)	22	24	26	28
습구 온도(℃)	20	18	26	27

네 지역 A~D의 습도를 비교하여 증발이 가장 활발하게 일어나는 곳은 어디인지 쓰시오.

24 그림은 상승하는 공기 덩어리의 상태 변화를 알아보기 위한 실험이다.

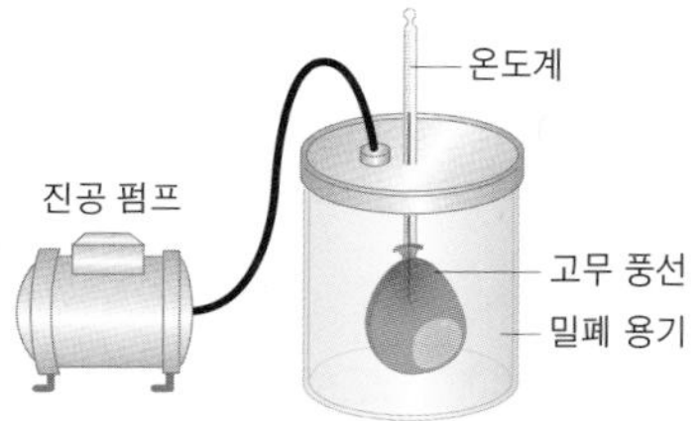

[실험 과정]
(가) 그림과 같이 공기를 조금 넣은 고무 풍선을 온도계에 단단히 묶는다.
(나) 진공 펌프를 밀폐 용기에 연결하여 용기 속의 공기를 밖으로 빼내면서 고무 풍선의 상태를 관찰한다.

고무 풍선 내부의 물리적 변화에 대한 설명으로 옳은 것만을 〈보기〉에서 있는 대로 고른 것은?(단, 고무 풍선 안과 밖 사이에 열의 출입은 없다.)

〈 보기 〉

ㄱ. 부피는 증가한다.
ㄴ. 압력은 일정하다.
ㄷ. 온도는 높아진다.
ㄹ. 상대 습도는 증가한다.

① ㄱ, ㄴ ② ㄱ, ㄹ ③ ㄴ, ㄷ
④ ㄴ, ㄹ ⑤ ㄷ, ㄹ

25 다음 그림은 두 가지 강수 이론을 나타낸 것이다. 이에 대한 설명으로 옳은 것을 모두 고르시오.(2개)

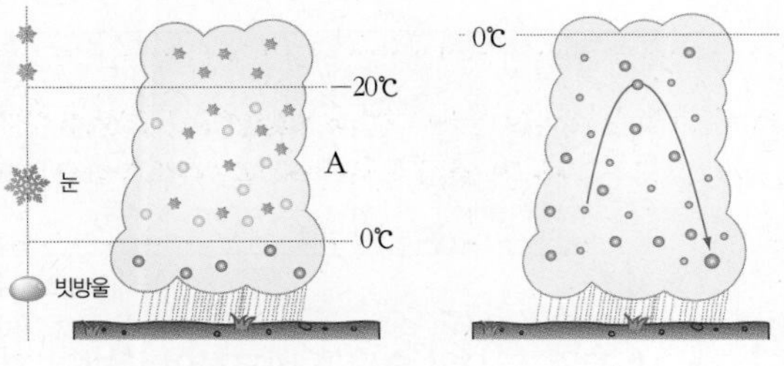

(가) (나)

① (가)는 빙정설, (나)는 병합설이다.
② (가)에서는 따뜻한 비가 내린다.
③ (나)에서는 찬 비가 내린다.
④ (가)의 A부분에서 빙정이 성장한다.
⑤ (나)에서 빙정은 서로 충돌하면서 성장한다.

26 연희는 상대 습도를 측정하기 위하여 다음 그림과 같이 장치한 후 기온을 측정하는 실험을 하였다. 기온과 포화 수증기량의 관계를 나타낸 그래프를 이용하여 실험실 안의 상대 습도는 몇 %인지 구하시오.(소수 첫째 자리까지 구하시오.)

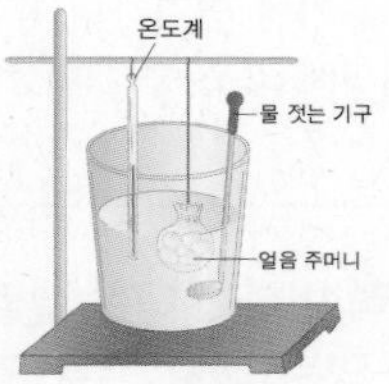

· 실험실의 현재의 기온 : 20℃
· 유리컵 표면이 흐려지기 시작할 때의 물의 온도 : 10℃

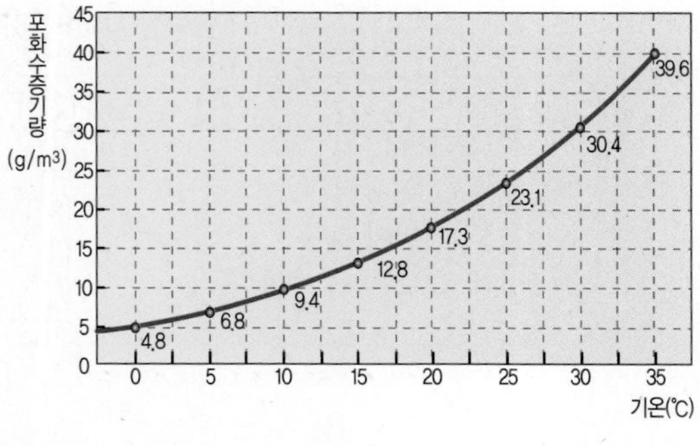

27 다음 그림은 바람이 없는 맑은 날 어느 지역의 기온과 이슬점 온도를 나타낸 것이다. 이날 이 지역에서 안개가 발생하였다면 몇 시부터 몇 시 사이에 발생했을지 이유와 함께 쓰시오.

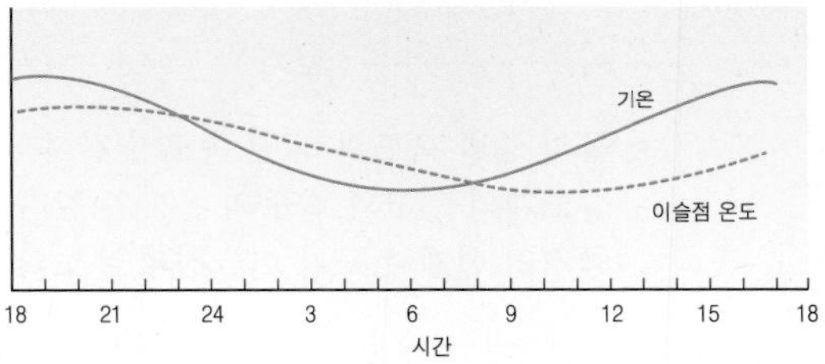

28 다음 그림과 같은 장치를 한 후 주사기의 피스톤을 눌러 플라스크 안의 공기를 압축시켰다가 피스톤을 뒤로 빼니까 플라스크 안이 뿌옇게 흐려졌다.

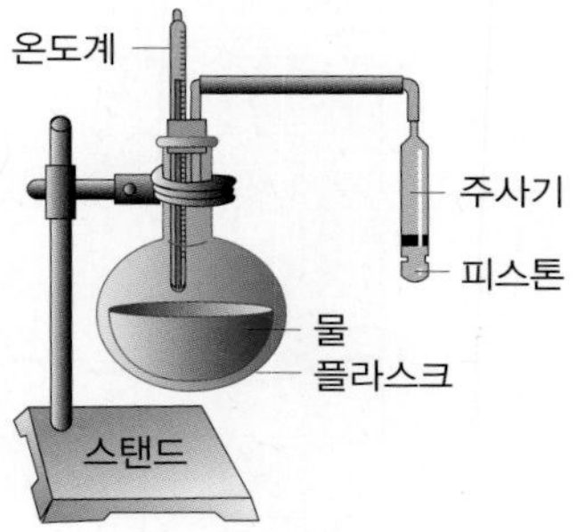

다음 단어를 모두 사용하여 플라스크 안이 뿌옇게 흐려지는 이유를 설명하시오.

팽창, 온도, 응결

정답 및 해설 40쪽

29 지표면 부근에 있는 25℃, 이슬점 15℃인 공기를 강제로 상승시켜 고도 2km에 도달시켰다. 이 공기가 상승할 때 구름을 형성하기 시작하는 고도는 몇 km인지 구하시오.(단, 불포화 공기는 1km 상승할 때마다 온도가 10℃ 감소하고, 이슬점은 변화없다고 가정한다.)

30 다음 그림은 모양이 다른 네 가지 구름 A~D의 내부 기온 분포를 나타낸 것이다.

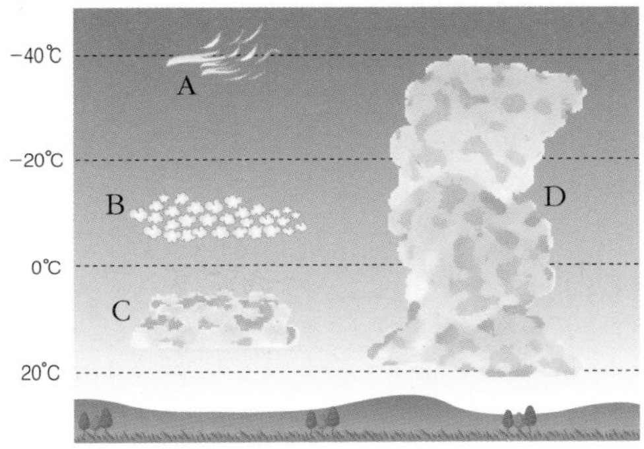

구름 A~D 중 우박이 형성되는데 유리한 구름의 종류를 고르고, 그 이유를 서술하시오.

창의력 서술

31 높은 산을 중심으로 동에서 서로 바람이 분다고 할 때, 산의 동쪽에만 비가 많이 내리는 경향이 있다고 한다. 그 이유는 무엇인지 설명하시오.

32 구름은 다양한 높이에 다양한 모양으로 발생하며 모양에 따라 적운형 구름과 층운형 구름으로 나뉜다. 이중 어느 구름이 더 비를 내릴 가능성이 높을지 이유와 함께 서술하시오.

12강. 바람

1. 기압

(1) 기압 : 지표면 위에 쌓인 공기의 무게에 의하여 생기는 대기의 압력이다.

(2) 기압의 방향과 크기

① 기압이 작용하는 방향 : 모든 방향에서, 같은 크기로 고르게 작용

② 기압의 크기

<table>
<tr><th>토리첼리의 실험</th><th>기압의 변화</th></tr>
<tr><td>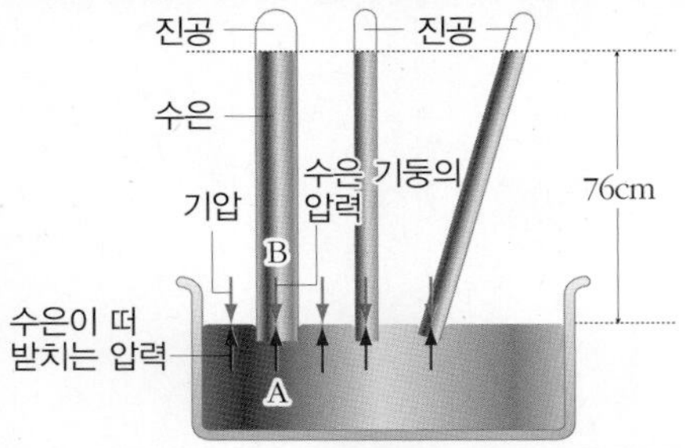
</td><td>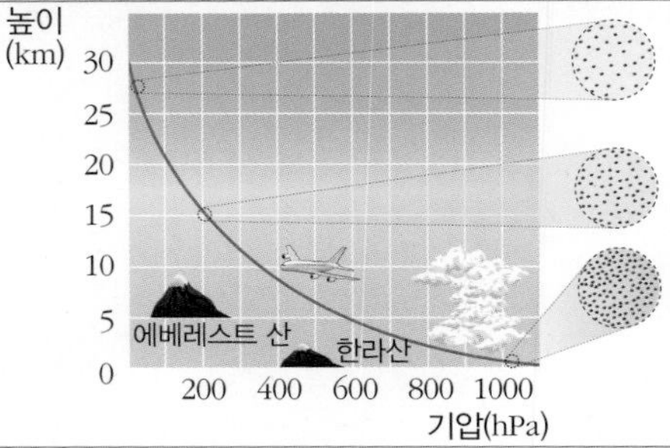
</td></tr>
<tr><td>· 유리관에 수은을 가득 채운 후, 수은이 담긴 그릇에 거꾸로 세운다. → 유리관 속의 수은이 76cm 높이까지 내려오다 멈춘다.
· 유리관의 굵기나 기울어진 정도를 다르게 해도 수은 기둥의 높이는 일정하다.
· 수은면에 작용하는 기압 = 수은 기둥이누르는 압력(B) = 수은이 떠받치는 압력(A)</td><td>· 높이 상승 → (쌓인) 공기 양 감소 → 기압 감소
· 지표면의 공기는 계속 움직인다.
→ 기압은 측정 장소와 시간에 따라 변함</td></tr>
<tr><td colspan="2">1기압 = 높이 76 cm의 수은 기둥이 밑면에 작용하는 압력 = 76 cmHg
= 높이 10 m의 물기둥이 밑면에 작용하는 압력 = 1013hPa</td></tr>
</table>

개념확인 1 다음 기압에 대한 설명으로 옳은 것은 ○표, 옳지 않은 것은 ×표 하시오.

(1) 높이 올라갈수록 기압은 커진다. ( )

(2) 1기압은 76cm의 물 기둥이 밑면에 작용하는 압력과 같다. ( )

확인+1 오른쪽 그림은 토리첼리의 실험을 나타낸 것이다. 이에 대한 설명으로 옳지 않은 것은?

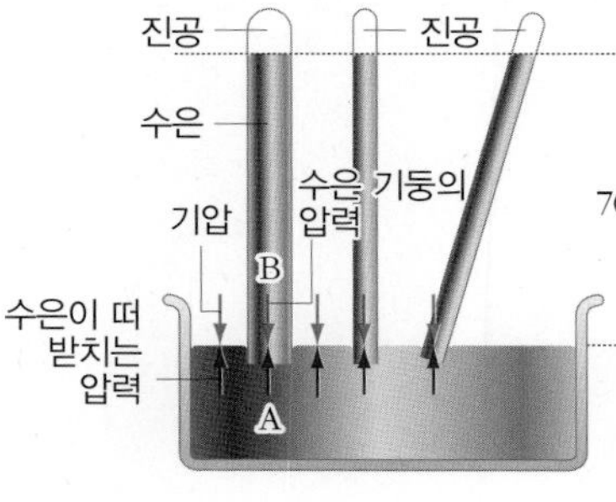

① 기압을 측정할 수 있는 실험이다.
② 압력 A와 B는 서로 같다.
③ 유리관의 굵기를 다르게 해도 수은 기둥의 높이는 일정하다.
④ 유리관의 기울어진 정도를 다르게 하면 수은 기둥의 높이는 변한다.
⑤ 1기압은 높이 76cm의 수은 기둥이 밑면에 작용하는 압력과 같다.

간단실험
기압의 작용 방향 확인
① 페트병에 따뜻한 물을 넣고 뚜껑을 잠근 후, 얼음물이 담긴 수조 속에 넣는다.
② 페트병이 찌그러진 모습을 관찰한다.

기압의 측정
토리첼리가 수은 기둥을 이용하여 기압의 크기를 최초로 측정함

기압의 단위
① 기압(atm)
② cmHg, mmHg
③ hPa(헥토파스칼) :
1 hPa은 $1m^2$의 면적에 100 N의 힘이 작용할 때의 압력 = 100 Pa
1 atm = 76 cmHg = 1033.6 H_2O
(수은의 밀도는 물의 13.6배이므로 같은 압력이 작용하려면 물기둥의 높이는 76 × 13.6 = 1033.6 cm가 된다.)

기압계
① 수은 기압계 : 기압을 정밀하게 측정
② 아네로이드 기압계 : 기압의 변화에 따라 진공의 금속통의 부피가 변하는 원리 이용, 간편하게 기압을 측정

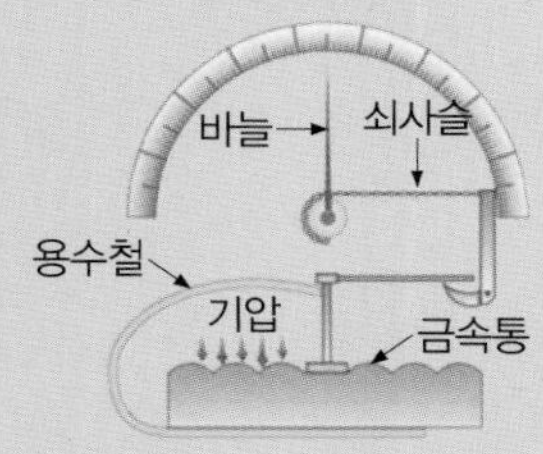

③ 자기 기압계 : 연속적인 기압의 변화 측정

생각해보기★
토리첼리가 기압을 측정할 때 수은을 이용한 이유는 무엇일까?

2. 고기압과 저기압

(1) 바람 : 기압 차에 의해 생기는 공기의 흐름

① 바람은 기압이 높은 곳에서 낮은 곳으로 분다.
② 두 지점의 기압 차이가 클수록 바람이 강하게 분다.
③ 등압선 : 기압이 같은 지점을 연결한 선으로 1000 hPa을 기준으로 4 hPa 간격으로 그린다. 등압선 간격이 좁을수록 바람이 세게 분다.

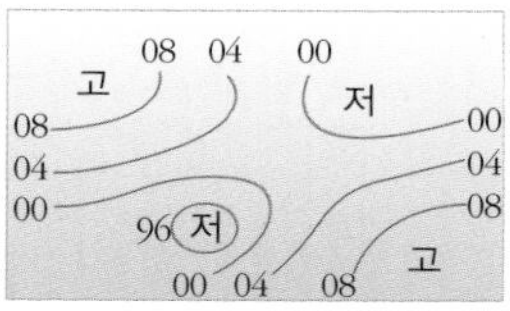

▲ 등압선

(2) 기압과 날씨

① 고기압과 저기압에서의 바람 (북반구 기준)

고기압에서의 바람	저기압에서의 바람
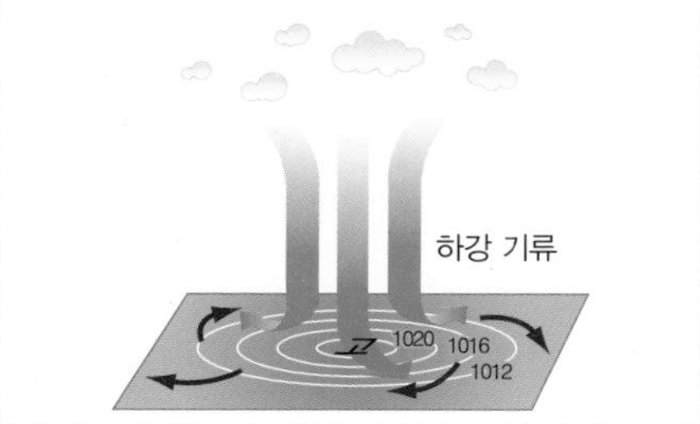	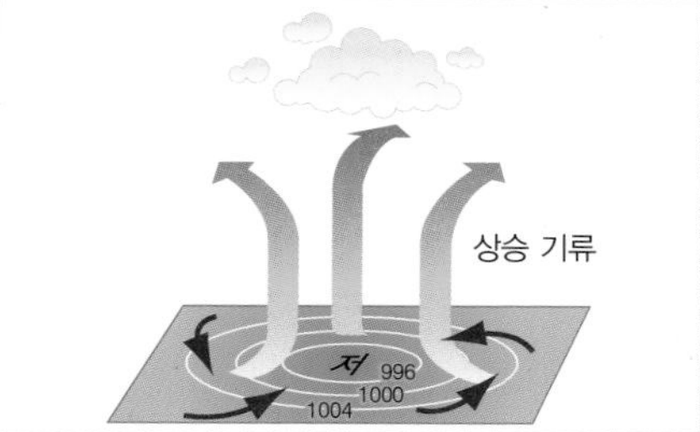
· 고기압 : 주위보다 기압이 높은 곳 · 바람이 시계 방향으로 불어 나감 · 중심부에서는 공기의 하강 기류가 생김 → 구름 소멸, 맑은 날씨가 나타남	· 저기압 : 주위보다 기압이 낮은 곳 · 바람이 반시계 방향으로 불어 들어감 · 중심부에서는 공기의 상승 기류가 생김 → 구름 생성, 비가 내리기도 함

② 고기압과 저기압의 생성 장소에 따른 종류

고기압	저기압
한랭 고기압 - 추운 지방에서 생성 온난 고기압 - 더운 지방에서 생성	온대성 저기압 - 따뜻한 공기와 차가운 공기가 만나는 곳에서 생성 열대성 저기압 - 열대 해상에서 생성

바람이 부는 원리

· 가열되는 지역의 공기는 가벼워져서 상승 → 지표면의 기압은 낮아짐
· 냉각되는 지역의 공기는 무거워져서 하강 → 지표면의 기압은 높아짐
→ 지표면에서 바람은 고기압에서 저기업으로 분다.

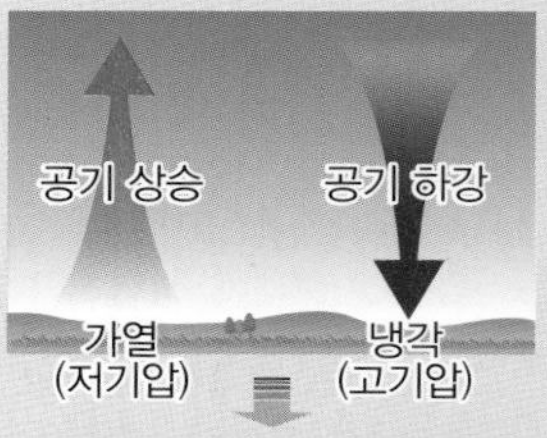

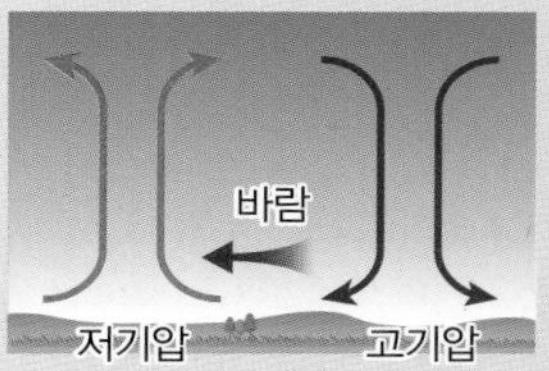

고기압의 종류

이동 상태에 따라 이동성 고기압과 정체성 고기압으로도 분류된다.

정답 및 해설 42쪽

개념확인 2 **다음 중 바람에 대한 설명으로 옳은 것은 ○표, 옳지 않은 것은 ×표 하시오.**

(1) 바람은 기압이 높은 곳에서 낮은 곳으로 분다. (　　)
(2) 두 지역의 기압 차이가 작을수록 바람이 강하게 분다. (　　)

생각해보기★★

북반구를 기준으로 봤을 때, 고기압에서 바람이 시계 방향으로 불어 나가는 이유가 무엇일까?

확인 + 2 **다음 〈보기〉에서 북반구 지역에서 발생한 고기압에서의 바람에 대한 설명으로 옳은 것만을 있는 대로 골라 쓰시오.**

〈 보기 〉
ㄱ. 중심부에서는 공기의 하강 기류가 생긴다.
ㄴ. 바람이 시계 방향으로 불어 나간다.
ㄷ. 대체적으로 구름이 생성되고, 비가 내리기도 한다.

(　　　　)

3. 해륙풍과 계절풍

(1) 해륙풍

① 해안 지역에서 육지와 바다의 가열과 냉각 속도의 차이 때문에 생기는 바람
② 하루를 주기로 바람의 방향이 바뀜

<table>
<tr><th colspan="4">낮 : 해풍</th><th colspan="4">밤 : 육풍</th></tr>
<tr><td>기온</td><td>육지 > 바다</td><td>기압</td><td>육지 < 바다</td><td>기온</td><td>육지 < 바다</td><td>기압</td><td>육지 > 바다</td></tr>
<tr><td colspan="4">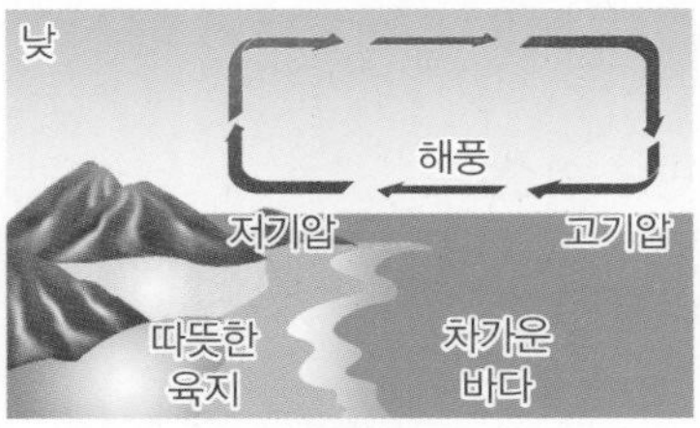

바람 부는 방향 : 바다 → 육지</td><td colspan="4">

바람 부는 방향 : 육지 → 바다</td></tr>
<tr><td colspan="4">육지가 바다보다 빨리 가열 → 육지 쪽의 공기 상승 → 육지 기압이 바다보다 낮음</td><td colspan="4">육지가 바다보다 빨리 냉각 → 바다 쪽의 공기 상승 → 육지 기압이 바다보다 높음</td></tr>
</table>

(2) 계절풍 : 대륙과 해양 사이에서 1년을 주기로 바람의 방향이 바뀌어 부는 바람

<table>
<tr><th colspan="4">여름철 : 해양 → 대륙으로 부는 바람
남서 · 남동 계절풍(우리나라)</th><th colspan="4">겨울철 : 대륙 → 해양으로 부는 바람
북서 계절풍(우리나라)</th></tr>
<tr><td>기온</td><td>대륙 > 해양</td><td>기압</td><td>대륙 < 해양</td><td>기온</td><td>대륙 < 해양</td><td>기압</td><td>대륙 > 해양</td></tr>
<tr><td colspan="4">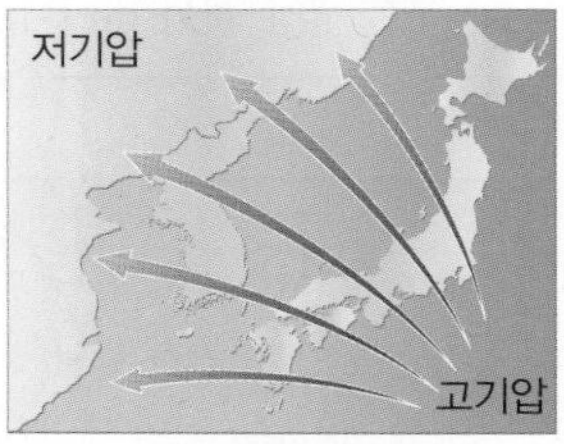

바람 부는 방향 : 해양 → 대륙</td><td colspan="4">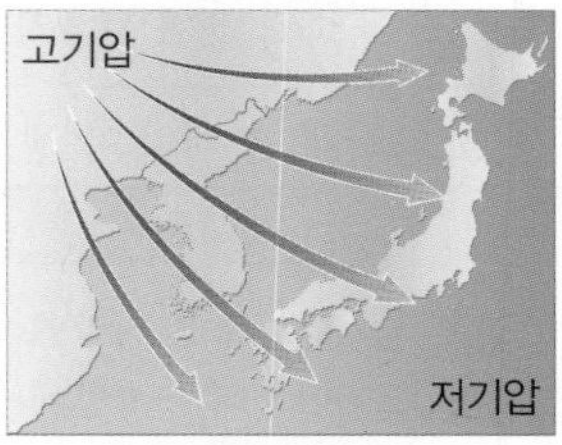

바람 부는 방향 : 대륙 → 해양</td></tr>
<tr><td colspan="4">대륙이 해양보다 빨리 가열 → 대륙 쪽의 공기 상승 → 대륙의 기압이 해양보다 낮음</td><td colspan="4">대륙이 해양보다 빨리 냉각 → 해양 쪽의 공기 상승 → 대륙의 기압이 해양보다 높음</td></tr>
</table>

간단실험
물과 모래의 온도 변화
① 같은 양의 물과 모래를 수조에 각각 준비한다.
② 전등을 물과 모래 사이에 놓고, 물과 모래에 같은 양의 열이 가해지도록 켜서 물과 모래의 온도 변화를 측정한다.

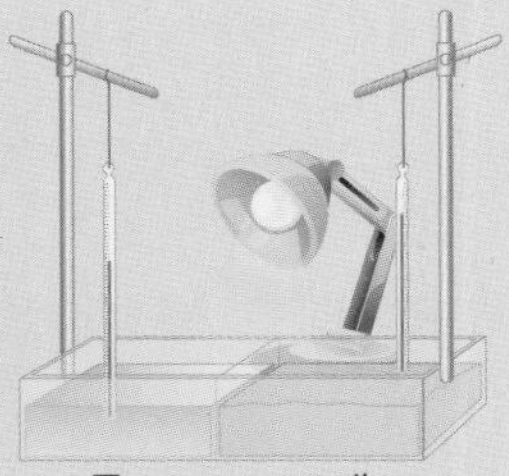

→ 물보다 모래가 비열이 작으므로 더 빨리 뜨거워진다. 이때 모래 지역은 저기압, 물 지역은 고기압이 된다.

물과 모래의 비열
물의 비열은 1.00kcal/(kg·℃)이고, 모래의 비열은 0.19kcal/(kg·℃)이므로 같은 양의 물과 모래가 있다면 모래가 물보다 빨리 가열되고, 빨리 냉각된다.

미니사전
비열 [比 견주다 熱 덥다] 어떤 물질 1g의 온도를 1℃만큼 올리는 데 필요한 열량

개념확인 3 해안 지역에서 육지와 바다의 가열과 냉각 속도의 차이 때문에 생기는 바람을 무엇이라 하는지 쓰시오.

( )

확인 +3 우리나라에 계절풍이 부는 이유와 관련이 없는 것은?

① 지구가 자전하기 때문에
② 물보다 모래의 비열이 작기 때문에
③ 대륙이 해양보다 온도 변화가 크기 때문에
④ 겨울철에는 대륙의 기압이 해양보다 높기 때문에
⑤ 여름철에는 대륙의 기압이 해양보다 낮기 때문에

4. 대기 대순환

(1) 대기 대순환 : 지구 전체 규모로 순환하는 대기의 운동

① 발생 원인 : 위도에 따른 태양 복사 에너지의 흡수량과 지구 복사 에너지의 방출량 차이

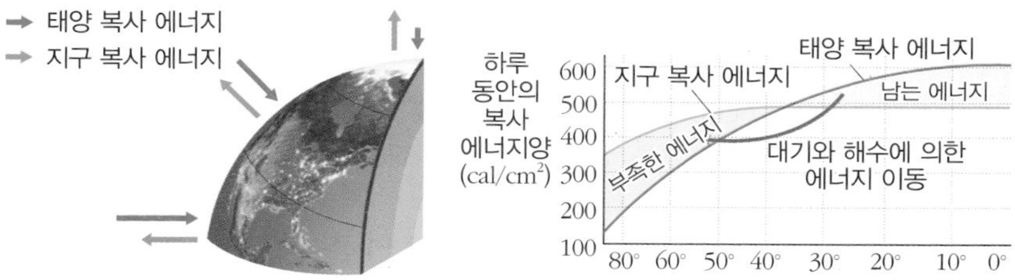

▲ 위도별 태양 복사 에너지와 지구 복사 에너지

(2) 대기 대순환 모형

① 지구의 자전에 의해 적도와 극 사이에 3개의 순환이 일어난다.
② 대기 대순환에 의해 극동풍, 편서풍, 무역풍이 분다.

구분	실제 지구의 대기 대순환	지구가 자전하지 않을 경우
모형	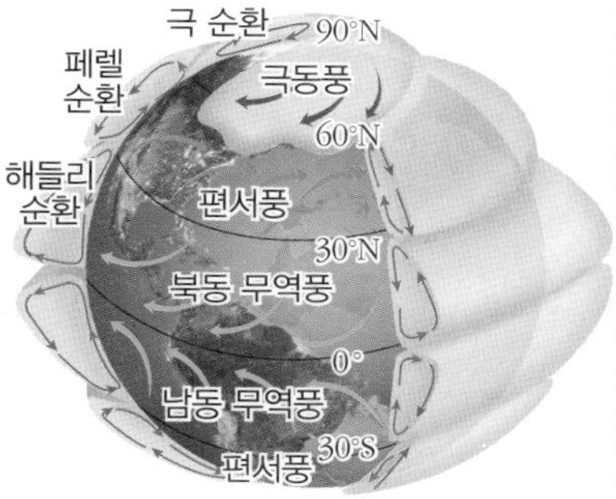 북반구와 남반구에 각각 3개의 순환	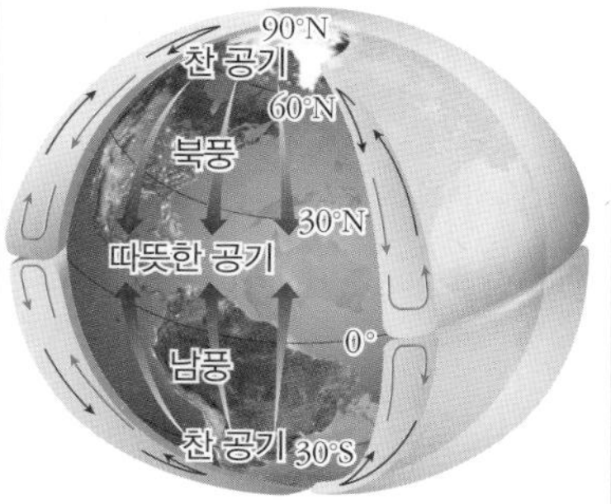 북반구와 남반구에 각각 1개의 큰 순환
지표면에 부는 바람	위도 60° ~ 극지방 : 극동풍 위도 30° ~ 위도 60° : 편서풍 적도 ~ 위도 30° : 무역풍	북반구 : 북풍 남반구 : 남풍

③ 극동풍 : 극 지방에서 저위도 쪽을 향하여 부는 북동풍(편동풍)
편서풍 : 중위도 지방에서 부는 남서풍
무역풍 : 저위도 지방에서 부는 북동풍(편동풍)

정답 및 해설 42쪽

개념확인 4 **지구 전체 규모로 순환하는 대기의 운동을 무엇이라 하는지 쓰시오.**

( )

확인 + 4 **다음의 ㉠과 ㉡에 들어갈 알맞은 말을 각각 쓰시오.**

> 지구의 대기 대순환에서 지구의 ㉠( )에 의해 적도와 극 사이에 ㉡( )개의 순환이 일어난다.

태양 고도와 지표면에 도달하는 태양 복사 에너지

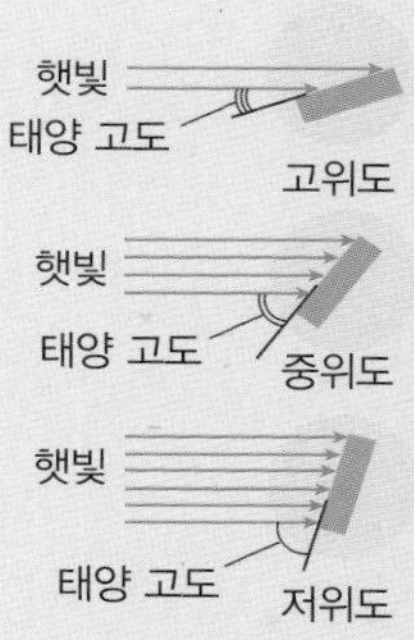

지구의 에너지 평형

위도별 에너지는 불균형 상태이지만 대기와 해수에 의해 에너지가 이동하여 지구 전체적으로는 에너지 평형을 이룬다.

3개의 순환

① 극 순환 : 극지방에서 냉각된 공기가 하강하여 위도 60°지역에서 상승
② 페렐 순환 : 위도 30°지역에서 하강한 공기가 위도 60°부근에서 상승
③ 해들리 순환 : 적도 지방에서 가열된 공기가 상승하여 위도 30°부근에서 하강

지구의 자전과 바람

지구가 자전하면 전향력이 발생하여 북반구에서는 바람의 진행 방향의 오른쪽으로, 남반구에서는 바람의 진행 방향의 왼쪽으로 휘어지게 된다.

미니사전

전향력 지구 자전에 의해 운동하는 물체에 작용하는 가상의 힘

개념 다지기

01 **오른쪽 그림은 어느 지역에서 유리관에 수은을 가득 채우고 수은이 담긴 그릇에 거꾸로 세운 모습을 나타낸 것이다. 이에 대한 설명으로 옳지 않은 것은?**

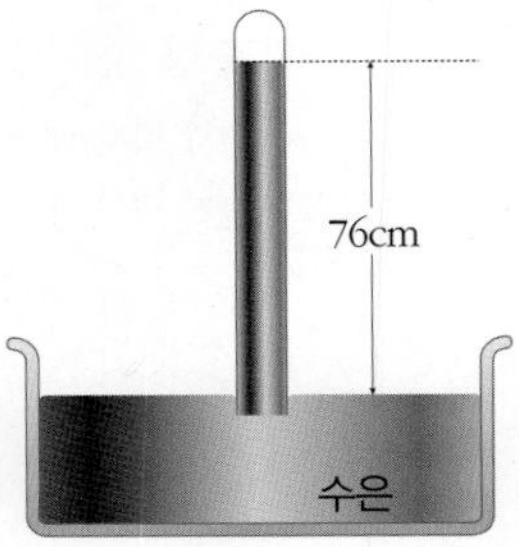

① 이 지역의 기압은 76cmHg이다.
② 유리관을 기울여도 수은 기둥의 높이는 일정하다.
③ 유리관의 굵기가 굵어지면 수은 기둥의 높이가 낮아진다.
④ 이 지역의 기압이 높아지면 수은 기둥의 높이는 더 높아진다.
⑤ 유리관에 수은 대신 물을 채웠다면 물기둥의 높이는 약 10m가 되었을 것이다.

02 **북반구에서 부는 바람에 대한 설명으로 〈보기〉에서 옳은 것만을 있는 대로 고른 것은?**

〈 보기 〉

ㄱ. 바람은 기압이 높은 곳에서 낮은 곳으로 분다.
ㄴ. 두 지점의 기압 차이가 클수록 바람이 강하게 분다.
ㄷ. 고기압 지역으로 바람이 반시계 방향으로 불어 들어간다.

① ㄱ　② ㄴ　③ ㄷ　④ ㄱ, ㄴ　⑤ ㄱ, ㄷ

03 **다음 그림은 해안 지역에서 부는 바람을 나타낸 것이다. 이에 대한 설명으로 옳지 않은 것은?**

① 주로 낮에 부는 바람이다.
② 육지보다 바다의 기온이 더 높다.
③ 육지보다 바다의 기압이 더 크다.
④ 물과 모래의 비열 차이에 의해 생기는 현상이다.
⑤ 육지 쪽의 공기가 상승하고, 바다 쪽의 공기가 육지 쪽으로 이동한다.

정답 및 해설 42쪽

04 다음 그림은 우리나라 부근의 대륙과 해양 사이에서 부는 바람을 나타낸 것이다. 이에 대한 설명으로 옳은 것을 〈보기〉에서 모두 고른 것은?

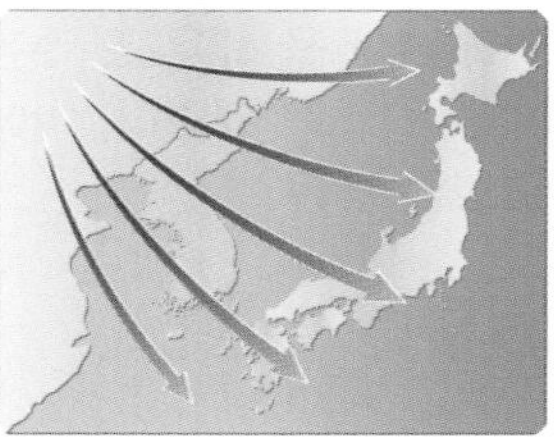

〈 보기 〉

ㄱ. 대륙의 기압이 해양보다 높다.
ㄴ. 대륙 쪽의 기온이 해양 쪽의 기온보다 높다.
ㄷ. 이 바람은 우리나라 겨울철에 부는 바람이다.

① ㄱ　② ㄴ　③ ㄷ　④ ㄱ, ㄴ　⑤ ㄱ, ㄷ

05 지구의 대기가 북반구와 남반구에 각각 1개의 큰 순환을 이루지 못하고 북반구와 남반구에 각각 3개의 순환을 이루는 이유로 가장 적절한 것은?

① 지구가 자전하기 때문에
② 지구가 둥근 타원체이기 때문에
③ 지구가 태양 주위를 공전하기 때문에
④ 지구의 위도별 에너지가 불균형하기 때문에
⑤ 위도에 따른 태양 복사 에너지의 흡수량과 지구 복사 에너지의 방출량 차이 때문에

06 다음 그림은 지구의 대기 대순환 모형이다. A~C 바람의 명칭이 바르게 짝지어진 것은?

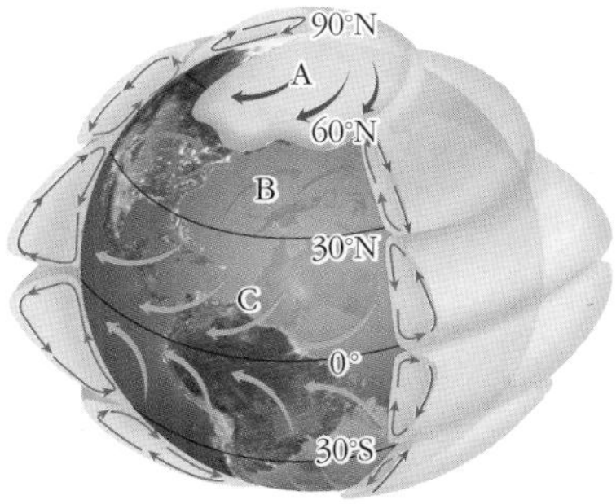

① A - 무역풍　② A - 편서풍　③ B - 편서풍
④ B - 극동풍　⑤ C - 극동풍

유형 익히기 & 하브루타

[유형12-1] 기압

오른쪽 그림과 같이 유리관에 수은을 채우고, 수은이 담긴 그릇에 거꾸로 세웠더니 수은 기둥의 높이가 76cm가 되었다. 이에 대한 설명으로 옳은 것만을 〈보기〉에서 있는 대로 고른 것은?

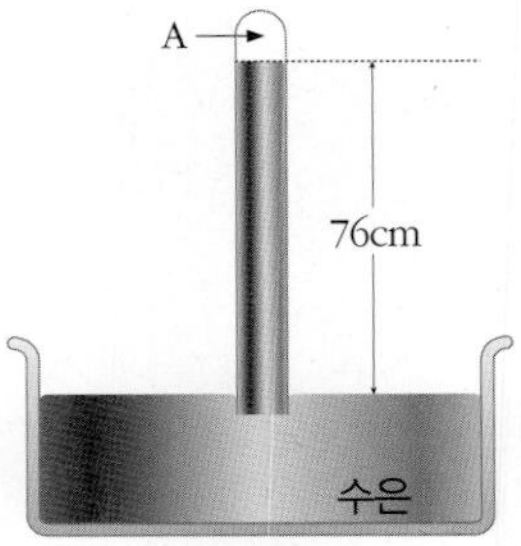

〈 보기 〉

ㄱ. A 부분은 공기로 차 있다.
ㄴ. 유리관의 굵기가 2배 굵어지면 수은 기둥의 높이는 38cm가 된다.
ㄷ. 현재보다 기압이 낮아지면 수은 기둥의 높이도 낮아진다.

① ㄱ　② ㄴ　③ ㄷ　④ ㄱ, ㄴ　⑤ ㄱ, ㄷ

Tip!

01 다음 그림은 같은 장소에서 실시한 토리첼리의 실험이다. 유리관 (가) ~ (다)에 들어 있는 수은 기둥의 높이를 각각 A ~ C 라고 할 때, A ~ C 를 올바르게 비교한 것은?

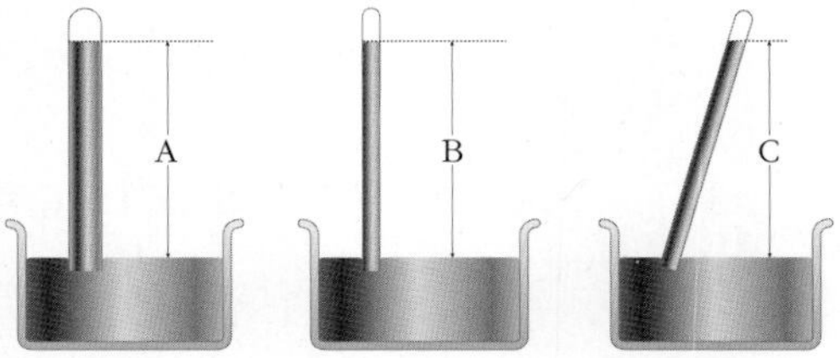

(가)　(나)　(다)

① A = B = C　② A > B > C　③ A < B < C
④ A = B > C　⑤ A > B = C

02 다음 중 1기압이 <u>아닌</u> 것은?

① 1 atm
② 76 cmHg
③ 1013 hPa
④ 물기둥 약 1 m의 압력
⑤ 수은 기둥 76 cm의 압력에 해당하는 공기의 압력

정답 및 해설 42쪽

[유형12-2] 고기압과 저기압

다음 그림은 지표면이 가열 또는 냉각되는 지역에서의 공기의 흐름을 나타낸 것이다. 이에 대한 설명으로 옳지 <u>않은</u> 것은?

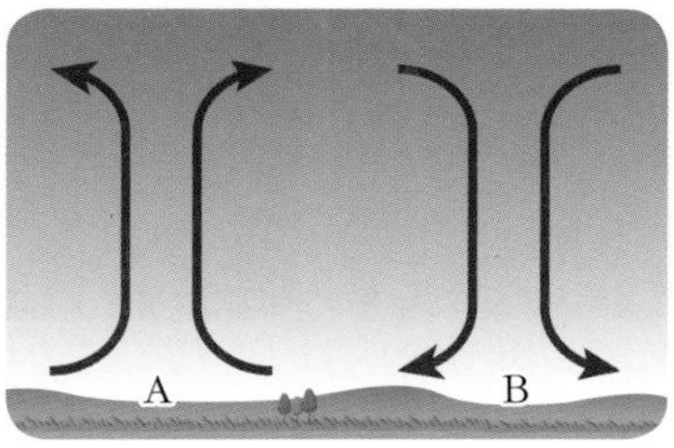

① 바람은 B에서 A 방향으로 분다.
② A 지역의 지표면은 냉각되었다.
③ A 지역 지표면의 기압은 낮아졌다.
④ B 지역 지표면의 기압은 높아졌다.
⑤ B 지역 공기는 주변 지역의 공기보다 무겁다.

03

오른쪽 그림은 북반구 어느 지역의 등압선을 나타낸 것이다. 이에 대한 설명으로 옳은 것은?

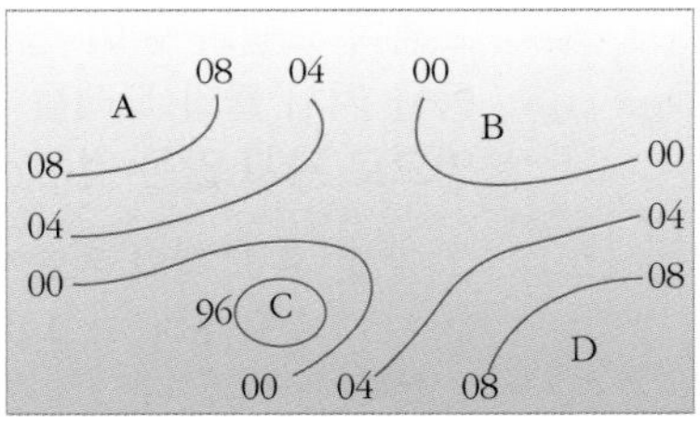

① A 지역으로 바람이 불어 들어온다.
② B 지역에서 A 지역으로 바람이 분다.
③ D 지역에서 B나 C 지역으로 바람이 불어 나간다.
④ B 지역의 중심부에서는 공기의 하강 기류가 생긴다.
⑤ D 지역에서는 반시계 방향으로 바람이 불어 나간다.

04

다음 중 기압에 대한 설명으로 옳지 <u>않은</u> 것은?

① 바람은 고기압에서 저기압으로 분다.
② 바람은 기압 차에 의해 생기는 공기의 흐름이다.
③ 두 지점의 기압 차이가 클수록 바람이 강하게 분다.
④ 지표의 온도가 높은 곳에서 지표의 온도가 낮은 곳으로 바람이 분다.
⑤ 지구가 자전하기 때문에 북반구의 경우 고기압에서의 바람은 시계 방향으로 불어 나간다.

Tip!

유형 익히기 & 하브루타

[유형12-3] 해륙풍과 계절풍

다음 그림은 어느 해안 지역의 낮과 밤을 나타낸 것이다. (가)와 (나)에서 부는 바람을 바르게 비교한 것은?

(가) (나)

	구분	(가)	(나)
①	바람	육풍	해풍
②	기온	육지 < 바다	육지 > 바다
③	기압	육지 < 바다	육지 > 바다
④	부는 방향	육지 → 바다	육지 ← 바다
⑤	공기가 상승하는 쪽	바다	육지

Tip!

05 오른쪽 그림과 같이 실험 장치를 설치하고, 전등을 켜서 물과 모래를 가열했다. 이에 대한 설명으로 옳지 않은 것은?

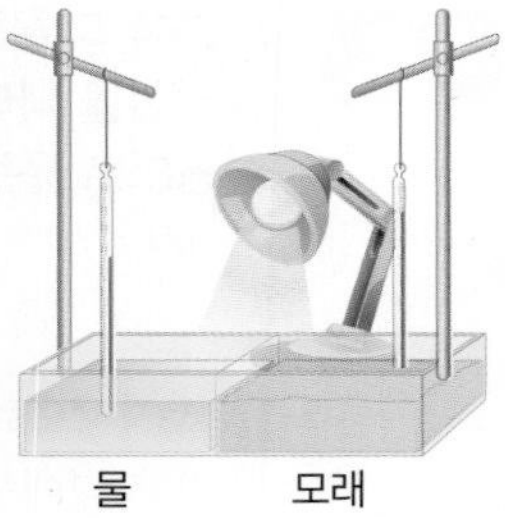

① 30분 후 모래의 온도가 물의 온도보다 높다.
② 모래가 물보다 비열이 작기 때문에 빨리 가열된다.
③ 30분 후 모래 쪽의 기압보다 물 쪽의 기압이 더 높다.
④ 이 실험과 같은 원리로 해륙풍과 계절풍이 부는 것이다.
⑤ 물과 모래 사이에 향을 피우면 향 연기는 물 쪽으로 이동한다.

06 오른쪽 그림은 우리나라 부근의 해양에서 대륙으로 부는 바람을 나타낸 것이다. 이에 대한 설명으로 옳지 않은 것은?

① 우리나라에는 북서 계절풍이 분다.
② 이 바람은 여름철에 부는 바람이다.
③ 대륙의 기압이 해양의 기압보다 낮다.
④ 대륙 쪽의 공기가 상승했기 때문에 이러한 바람이 분다.
⑤ 대륙이 해양보다 빨리 가열되기 때문에 이러한 바람이 분다.

정답 및 해설 42쪽

[유형12-4] 대기 대순환

다음 그림은 지구가 자전할 때와 자전하지 않을 때의 대기 대순환 모형을 순서 없이 나타낸 것이다. 이에 대한 설명으로 옳은 것만을 〈보기〉에서 있는 대로 고른 것은?

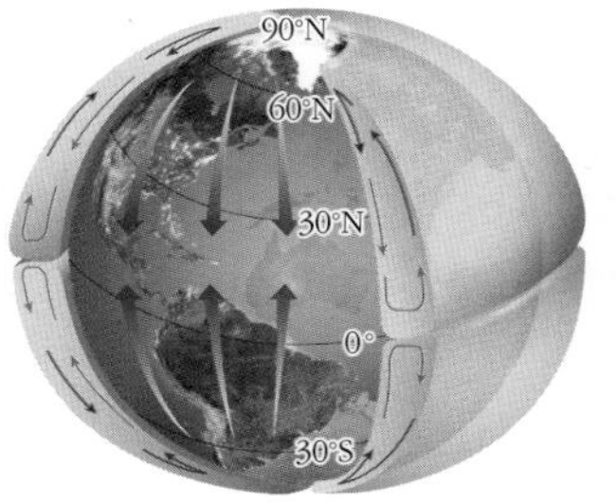

(가)

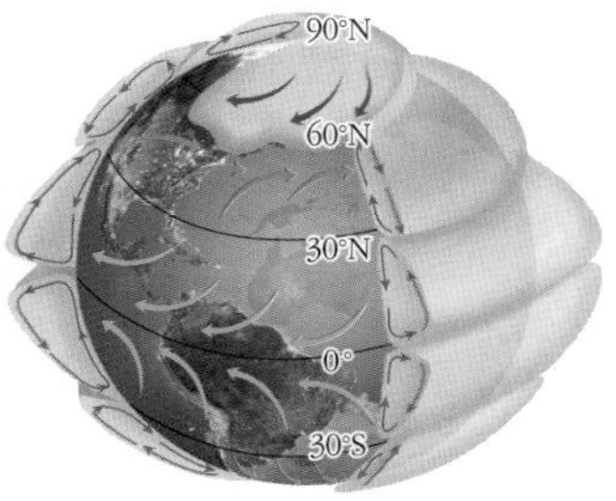

(나)

〈 보기 〉

ㄱ. (가)는 지구가 자전할 때의 대기 대순환 모형이다.
ㄴ. (나)에서는 북반구와 남반구에 각각 3개의 순환이 일어난다.
ㄷ. 지구가 자전하기 때문에 대기 대순환에 의해 극동풍, 편서풍, 무역풍이 분다.

① ㄱ ② ㄴ ③ ㄷ ④ ㄱ, ㄴ ⑤ ㄴ, ㄷ

07

오른쪽 그림은 대기 대순환 모형을 나타낸 것이다. A ~ C 바람의 명칭을 바르게 짝지은 것은?

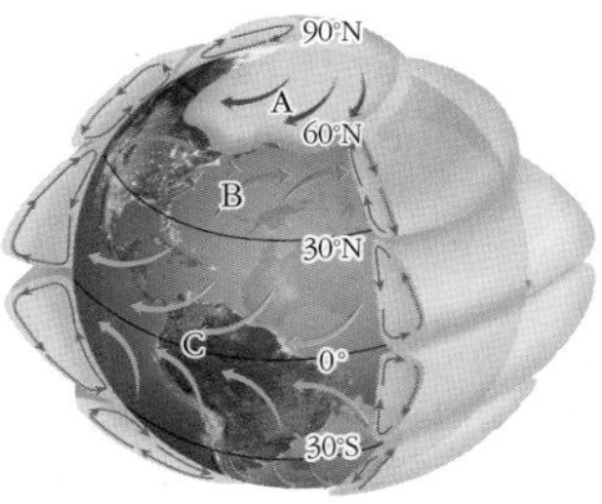

	A	B	C
①	무역풍	편서풍	극동풍
②	무역풍	극동풍	편서풍
③	편서풍	극동풍	무역풍
④	극동풍	편서풍	무역풍
⑤	극동풍	무역풍	편서풍

Tip!

08

대기 대순환의 발생 원인으로 가장 알맞은 것은?

① 지구가 자전하기 때문에
② 지구 온난화 현상 때문에
③ 지구의 오존층이 파괴되었기 때문에
④ 지구가 태양 주위를 공전하기 때문에
⑤ 위도에 따른 태양 복사 에너지의 흡수량 차이 때문에

창의력 & 토론마당

01 경남 합천 해인사 장격각에는 팔만대장경이 오랜 세월 동안 원형 그대로의 모습을 간직하며 잘 보관되어 있다. 나무에 새겨진 팔만대장경이 이렇게 오랫동안 원형 그대로의 모습을 간직할 수 있었던 것은 습기를 막아주고 적절한 온도를 유지시켜 주었기 때문이다. 이를 위해 장경각에는 물이 있는 계곡 아랫쪽을 향하여 위, 아래에 두 개의 창이 나 있는데, 그 중 아래 창은 작게 만들어져 있고, 위의 창은 더 크게 만들어져 있다. 반대로 산꼭대기 쪽의 창 두 개는 아래 창이 크고, 위 창이 작게 만들어져 있다.

▲ 계곡 쪽을 향한 창문

▲ 산 쪽을 향한 창문

(1) 낮에는 그림 (가)에서 처럼 계곡 쪽 아래 창문에서 산 쪽 위 창문으로 바람이 분다. 밤에 장경각 안으로 부는 바람의 방향을 화살표로 그림 (나)에 나타내시오.

(가)

(나)

(2) 낮에 장경각으로 부는 바람의 방향을 보고, 계곡 쪽 아래 창문을 작게 만든 이유를 쓰시오.

(3) 밤에 장경각으로 부는 바람의 방향을 보고, 산 쪽 아래 창문을 크게 만든 이유를 쓰시오.

정답 및 해설 43쪽

02 1492년 콜럼버스는 대서양을 횡단하여 아메리카 대륙을 발견하고, 스페인과 아메리카 대륙 사이를 4번이나 왕복하였다. 아래의 그림은 콜럼버스의 항해 경로를 나타낸 것이다. 콜럼버스는 항해를 반복하며 대서양을 횡단하는 시간을 단축시키는 방법을 알게 되었다. 콜럼버스의 세번째 항해와 네번째 항해 경로를 참고하여 콜럼버스가 깨달은 방법이 무엇인지 서술하시오.

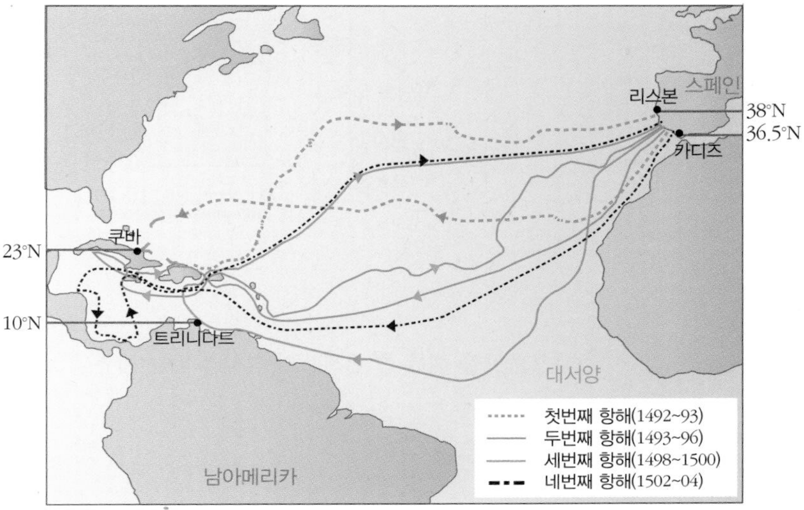

03

다음 그림은 (가) 위도별 지표면에 부는 바람과 (나) 전 세계 표층 해류의 순환을 나타낸 것이다. 표층 해류는 바람의 영향에 의해 각각 동쪽이나 서쪽으로 흐르는 해류를 말한다. 이때 대륙에 의해 흐름이 막히는 곳에서 해류는 남쪽이나 북쪽으로 이동한다.

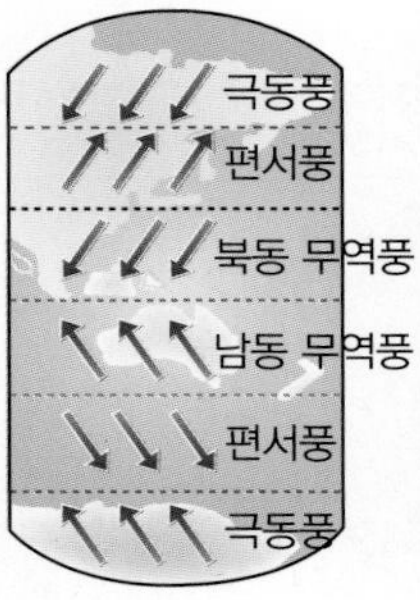

(가)

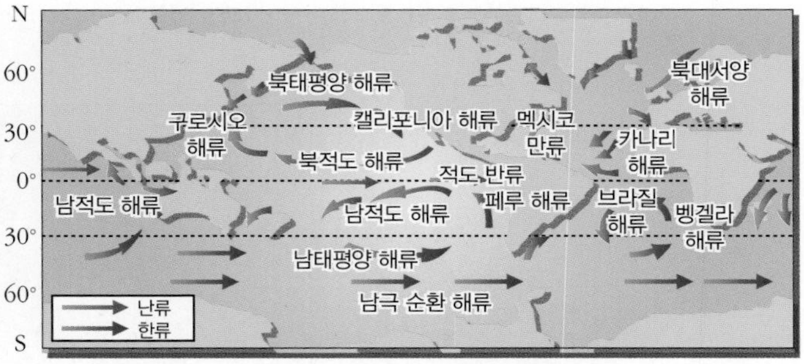

(나)

(1) 표층 해류 중 편서풍의 영향을 받는 해류를 쓰시오.

(2) 대기 대순환과 해수의 순환이 지구에 미치는 영향에 대해 서술하시오.

정답 및 해설 44쪽

04

다음 그림과 같이 지구는 자전하고 있기 때문에 전향력(지구 자전에 의해 운동하는 물체에 작용하는 가상의 힘)의 영향으로 북반구에서는 바람이 진행 방향의 오른쪽으로, 남반구에서는 바람이 진행 방향의 왼쪽으로 휘어진다.

따라서 다음과 같이 북반구와 남반구에 각각 3개의 순환이 일어난다. 그림의 화살표가 공기의 이동을 나타낸 것이라면 북반구의 고위도, 중위도, 저위도에서 부는 바람의 방향이 어떻게 될 지 전향력을 고려하여 각각 그려보자.

스스로 실력 높이기

A

01 **다음 기압에 대한 설명 중 옳은 것은 ○표, 옳지 않은 것은 ×표 하시오.**

(1) 지표면 위에 쌓인 공기의 무게에 의해 생기는 대기의 압력을 기압이라 한다. ( )

(2) 기압은 위에서 아래쪽으로, 같은 크기로 고르게 작용한다. ( )

(3) 기압은 측정 장소와 시간에 따라 변한다. ( )

02 **다음은 유리관에 수은을 가득 채운 후, 수은이 담긴 그릇에 거꾸로 세운 실험을 나타낸 그림이다. 이에 대한 설명 중 옳은 것은 ○표, 옳지 않은 것은 ×표 하시오.**

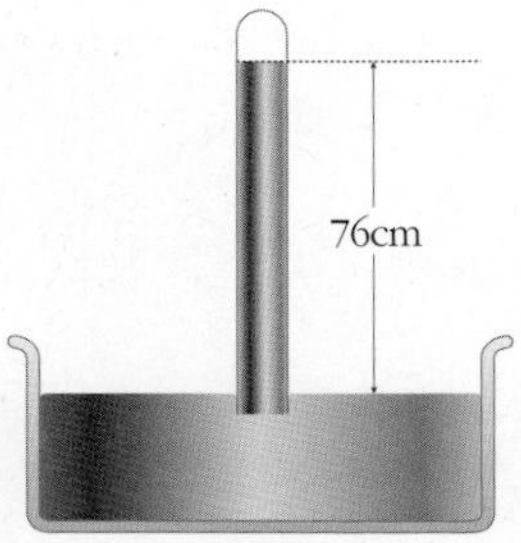

(1) 이 실험으로 토리첼리가 기압의 크기를 최초로 측정했다. ( )

(2) 이 실험이 진행된 장소의 기압은 76cmHg이다. ( )

(3) 이 실험에서 수은이 아닌 물로 실험을 했다면 물기둥의 높이는 약 1m일 것이다. ( )

03 **다음 글의 ㉠과 ㉡에 들어갈 알맞은 말을 쓰시오.**

> ㉠( )은 기압 차에 의해 생기는 공기의 흐름이다.
> ㉡( )은 기압이 같은 지점을 연결한 선으로 1000hPa을 기준으로 4hPa 간격으로 그린다.

㉠( ) ㉡( )

04 **다음 빈칸에 들어갈 알맞은 말을 〈보기〉에서 골라 쓰시오.**

〈 보기 〉

고기압 저기압 시계 반시계

(1) ( )의 중심부에 공기의 상승 기류가 생긴다.

(2) 북반구에 생기는 고기압에서는 바람이 ( ) 방향으로 불어 나간다.

05 **다음 그림은 지표면이 가열 또는 냉각되는 지역에서의 공기의 흐름을 나타낸 것이다. 이 지역의 지표면에서 바람의 방향을 그림에 화살표로 나타내시오.**

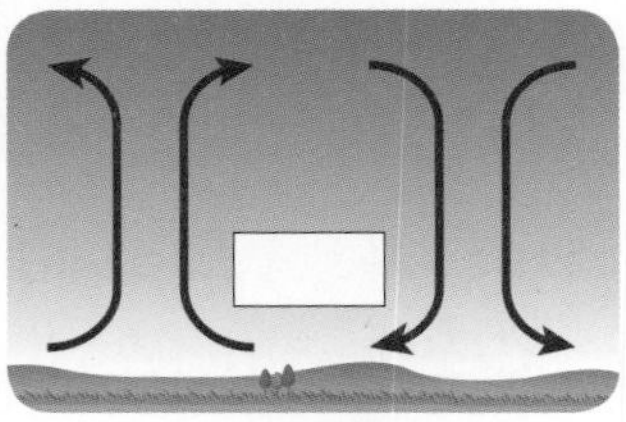

06 **다음 그림은 해안 지역에서 낮에 부는 바람을 나타낸 것이다. 이 바람의 이름을 쓰시오.**

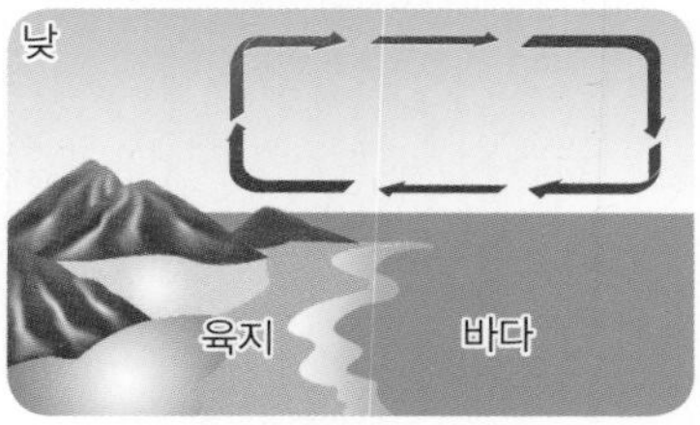

( )

07 **다음 그림은 우리나라 부근의 대륙과 해양 사이에서 부는 바람을 나타낸 것이다. 대륙과 해양 중 고기압인 곳을 쓰시오.**

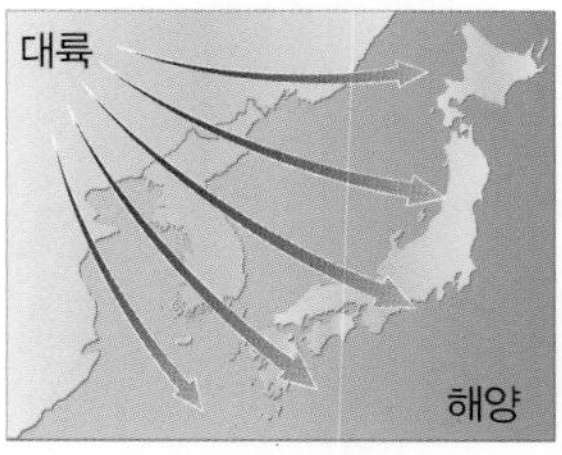

( )

정답 및 해설 44쪽

08 **다음 해륙풍과 계절풍에 대한 설명 중 옳은 것은 O표, 옳지 않은 것은 ×표 하시오.**

(1) 해안 지역에서는 밤에 육지가 바다보다 빨리 냉각되므로 바람은 바다에서 육지 쪽으로 분다. ( )

(2) 여름철에는 대륙이 해양보다 빨리 가열되므로 바람은 해양에서 대륙 쪽으로 분다. ( )

(3) 물과 모래의 비열 차이로 인해 해륙풍과 계절풍이 생기는 것이다. ( )

09 **다음 대기 대순환에 대한 설명 중 옳은 것은 O표, 옳지 않은 것은 ×표 하시오.**

(1) 지구 전 지역의 태양 복사 에너지의 흡수량과 지구 복사 에너지의 방출량이 같기 때문에 대기 대순환이 발생한다. ( )

(2) 실제 지구에는 북반구와 남반구에 각각 3개의 대기 대순환이 일어난다. ( )

(3) 대기와 해수의 순환에 의해 지구가 전체적으로 에너지 평형을 이룬다. ( )

10 **다음 그림은 대기 대순환 모형을 나타낸 것이다. A ~ C 바람의 명칭을 쓰시오.**

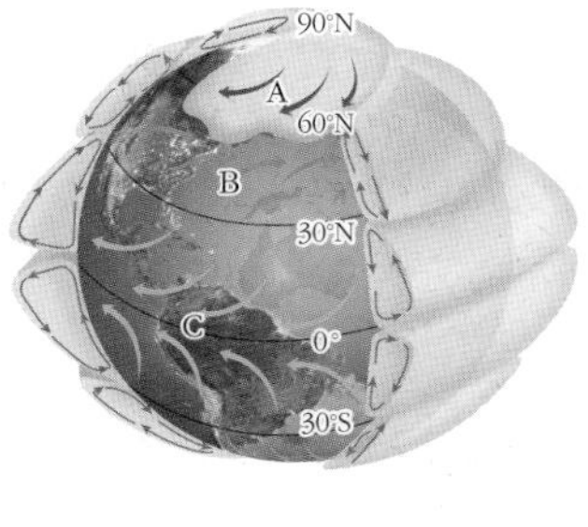

A( ) B( ) C( )

B

11 **다음 그림은 같은 장소에서 실시한 토리첼리의 실험이다. 유리관 (가) ~ (다)에 들어 있는 수은 기둥을 각각 A ~ C 라고 할 때, 이에 대한 설명으로 옳은 것은?**

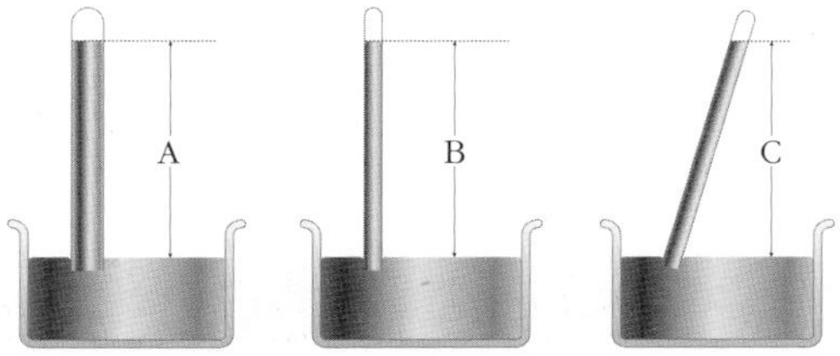

① 수은 기둥의 높이는 B가 제일 높다.
② 수은 기둥의 높이는 C가 제일 낮다.
③ 이 실험을 실시한 장소의 기압이 1기압이라면 A의 높이는 76cm이다.
④ 이 실험을 실시한 장소가 산 정상이라면 A ~ C의 높이는 모두 76cm 이상이다.
⑤ 유리관 안의 물질이 수은이 아닌 물이었다면 A ~ C의 높이는 더 낮아졌을 것이다.

12 **다음은 높이에 따른 기압의 변화를 나타낸 그래프이다. 이에 대한 설명으로 옳은 것만을 〈보기〉에서 있는 대로 고른 것은?**

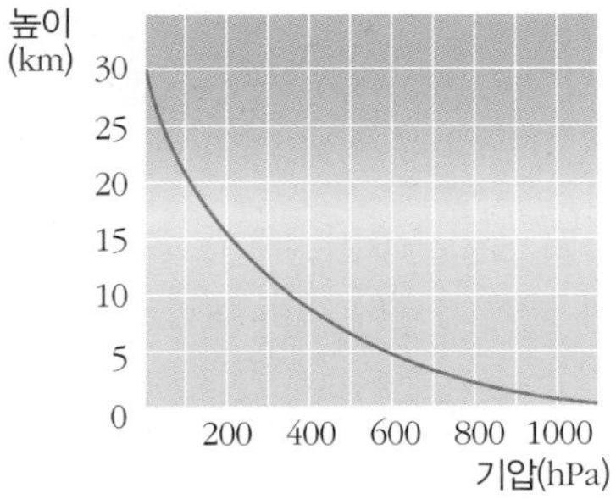

〈 보기 〉

ㄱ. 높이가 높아질수록 기압은 감소한다.
ㄴ. 높이가 높아질수록 위에 쌓인 공기의 양이 증가한다.
ㄷ. 기압은 측정 장소에 따라 변한다.

① ㄱ ② ㄴ ③ ㄷ
④ ㄱ, ㄷ ⑤ ㄱ, ㄴ, ㄷ

[13~14] 다음 그림은 북반구 어느 지역의 등압선을 나타낸 것이다. 물음에 답하시오.

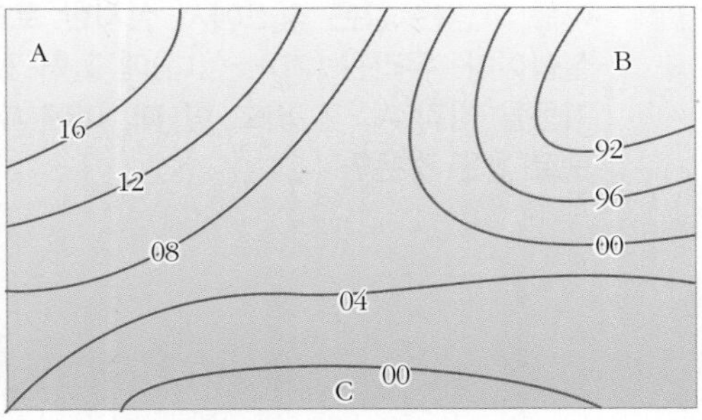

13 위 등압선에 대한 설명으로 옳은 것은?

① A 지역은 저기압이다.
② B 지역의 기압이 가장 높다.
③ A 지역으로 바람이 불어 들어온다.
④ C 지역에서 A 지역으로 바람이 분다.
⑤ C 지역보다 B 지역에 바람이 더 세게 불어 들어온다.

14 A ~ C 지역에 대한 설명으로 옳지 않은 것은?

① C 지역의 중심부는 날씨가 맑다.
② A 지역의 중심부에서는 구름이 소멸된다.
③ A 지역의 중심부에서는 공기의 하강 기류가 생긴다.
④ B 지역의 중심부에서는 공기의 상승 기류가 생긴다.
⑤ C 지역에는 바람이 반시계 방향으로 불어 들어온다.

15 다음 그림은 어느 해안 지역의 낮의 모습을 나타낸 것이다. 이에 대한 설명으로 옳지 않은 것은?

① 육지 쪽의 공기가 상승한다.
② 기온은 육지가 바다보다 높다.
③ 기압은 육지가 바다보다 작다.
④ 바람은 육지에서 바다 쪽으로 분다.
⑤ 이때 부는 바람을 해풍이라고 한다.

16 다음 그림은 우리나라 부근의 대륙에서 해양 쪽으로 부는 바람을 나타낸 것이다. 이에 대한 설명으로 옳은 것만을 〈보기〉에서 있는 대로 고른 것은?

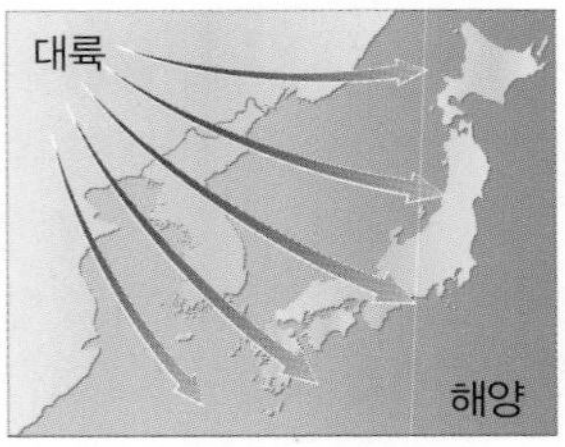

〈 보기 〉

ㄱ. 이 바람이 부는 때는 겨울이다.
ㄴ. 대륙이 고기압, 해양이 저기압이다.
ㄷ. 대륙의 기온이 해양의 기온보다 높다.

① ㄱ ② ㄴ ③ ㄷ
④ ㄱ, ㄴ ⑤ ㄱ, ㄷ

17 다음 그림과 같이 수조에 모래와 물을 각각 담아 온도계를 설치한 다음, 전등을 켜서 모래와 물을 가열했다. 이에 대한 설명으로 옳은 것만을 〈보기〉에서 있는 대로 고른 것은?

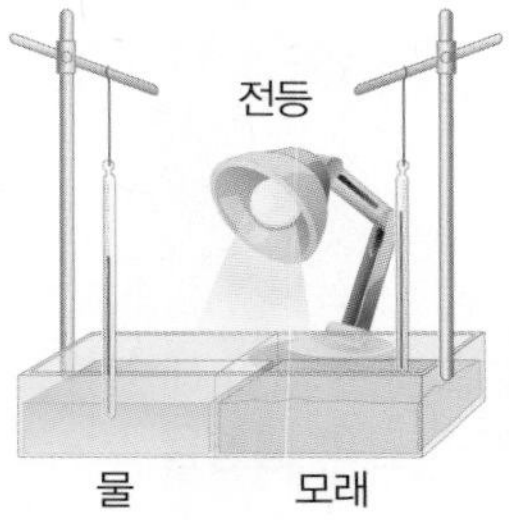

〈 보기 〉

ㄱ. 전등을 켜고 가열시키면 물 쪽의 공기는 상대적으로 가벼워진다.
ㄴ. 모래와 물의 비열 차이 때문에 온도 변화 정도가 다르다.
ㄷ. 전등을 켜고 가열시키면 모래보다 물 쪽의 기압이 더 높다.

① ㄱ ② ㄴ ③ ㄷ
④ ㄱ, ㄴ ⑤ ㄴ, ㄷ

정답 및 해설 44쪽

18 다음 그림은 위도별 태양 복사 에너지와 지구 복사 에너지의 크기를 화살표의 크기로 나타낸 것이다. 이에 대한 설명으로 옳지 <u>않은</u> 것은?

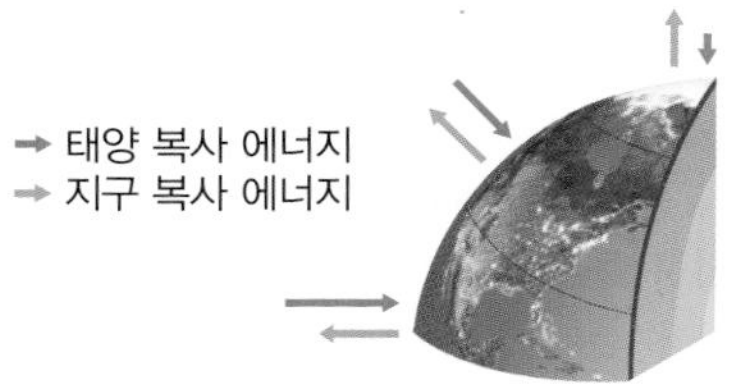

① 고위도의 공기는 하강한다.
② 저위도의 공기는 상승한다.
③ 저위도는 에너지 과잉 상태이다.
④ 고위도에서는 남는 에너지가 발생한다.
⑤ 지구가 둥글기 때문에 위도에 따라 흡수하는 태양 복사 에너지양이 다르다.

19 다음 그림은 대기 대순환 모형을 나타낸 것이다. 이에 대한 설명으로 옳은 것만을 〈보기〉에서 있는 대로 고른 것은?

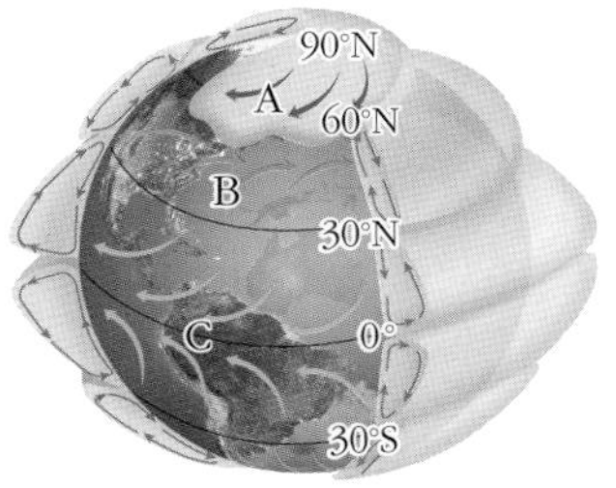

〈 보기 〉

ㄱ. A는 극동풍으로 북반구에서만 분다.
ㄴ. B는 동쪽에서 서쪽으로 부는 바람이다.
ㄷ. C는 저위도 지방에 부는 무역풍이다.

① ㄱ　② ㄴ　③ ㄷ　④ ㄱ, ㄴ　⑤ ㄴ, ㄷ

20 다음 그림은 두 가지 대기 대순환 모형을 나타낸 것이다. 이 두 대기 대순환이 차이가 나는 이유로 가장 적절한 것은?

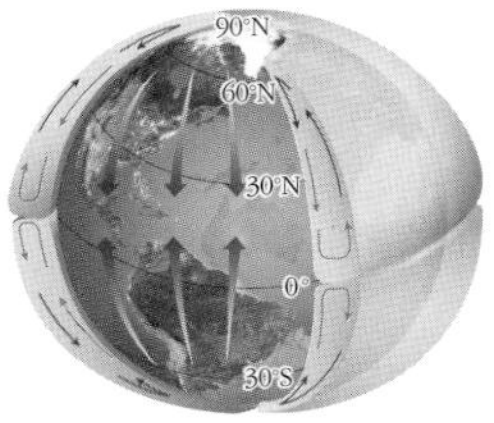

(가)

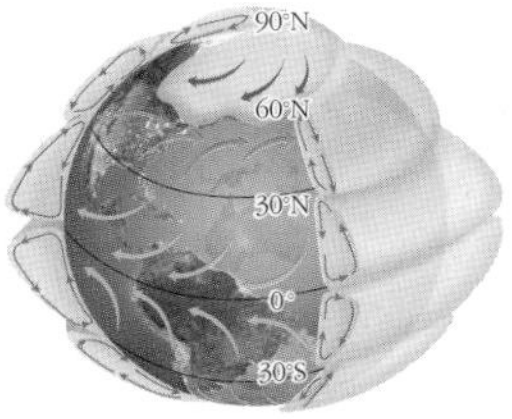

(나)

① 지구 공전의 유무　② 지구 바다의 유무
③ 지구 대기의 유무　④ 지구 자전의 유무
⑤ 지구 평균 온도의 차이

C

21 다음 그림은 어떤 지역에서 실시한 토리첼리 실험이다. 이때 수은 기둥의 높이가 70cm였다. 이에 대한 설명으로 옳은 것만을 〈보기〉에서 있는 대로 고른 것은? (단, 수은의 밀도는 $13.6 g/cm^3$, 물의 밀도는 $1 g/cm^3$이다.)

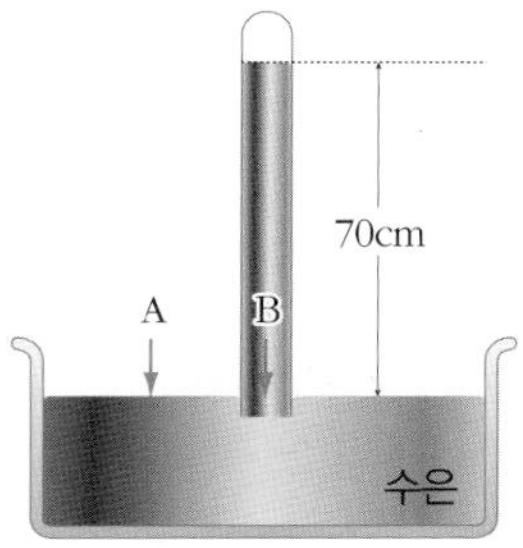

〈 보기 〉

ㄱ. 이 지역의 기압은 1기압보다 낮다.
ㄴ. 그릇의 수은면에 작용하는 기압(A)과 유리관 속의 수은 기둥이 누르는 압력(B)은 같다.
ㄷ. 수은 대신 물을 이용해서 실험을 한다면, 물 기둥의 높이는 952cm가 된다.

① ㄱ　② ㄴ　③ ㄷ　④ ㄱ, ㄴ　⑤ ㄱ, ㄴ, ㄷ

22 다음은 해안가에 부는 바람에 의해 바다 쪽으로 날리는 깃발의 모습이다. 이에 대한 설명으로 옳지 <u>않은</u> 것은?

① 육풍이 불고 있다.
② 육지가 바다보다 고기압인 상태이다.
③ 육지의 온도가 바다보다 낮은 상태이다.
④ 주로 오후 12시부터 오전 12시까지 이 바람이 분다.
⑤ 이와 같은 원리로 겨울철 우리나라에는 북서 계절풍이 분다.

23 다음은 날씨와 관련된 어느 기사이다. 아래의 글을 읽고, ㉠에 들어갈 알맞은 말을 쓰시오.

> 노을은 아침에도 생기지만 저녁이 훨씬 더 뚜렷하고 아름답다. 이것은 공기 중에 떠 있는 오염 물질의 양이 많기 때문이다. 먼지가 많을수록 빛은 산란이 더욱 잘 된다. 우리나라의 경우에는 고기압이 서쪽에 위치하고 있을때 선명한 노을을 볼 수 있다. 이는 고기압이 구름의 발생을 막고 대기의 오염 물질을 지표 근처에 머물게 하는 특성을 가지고 있기 때문이다. 이때 지표 부근의 오염 물질은 태양으로부터 오는 가시광선 중 파장이 짧은 파란색은 산란시키고 파장이 긴 붉은색은 공기층을 통과시켜 붉고 아름다운 노을을 만들어 낸다.
> 이러한 이유로 '저녁 노을은 맑음, 아침 노을은 비'라는 속담이 있다. 서쪽 하늘에 저녁 노을이 생기면 서쪽 하늘에 먼지가 많다는 것을 뜻하며, 먼지가 많다는 것은 고기압권 내에서 날씨가 좋다는 뜻이 된다. 반면 동쪽 하늘에 아침 노을이 붉게 물들면 이미 고기압이 동쪽으로 지나가고 서쪽의 저기압이 다가와 비가 올 확률이 높다는 의미이다.
> 서쪽 하늘의 노을을 바라봐야 날씨를 예측할 수 있는 이유는 우리나라가 중위도 지역에 위치해 있기 때문이다. 중위도 지역은 연중 ㉠(　　　　)의 영향을 받는다. 따라서 구름이나 저기압, 고기압 등 기상 현상은 서쪽에서 동쪽으로 흘러간다.

㉠ (　　　　)

[24~25] 다음 그림은 지구의 대기 대순환을 나타낸 모형이다. ㉠~㉢은 북반구의 대기 대순환을 나타낸 것이다. 다음 물음에 답하시오.

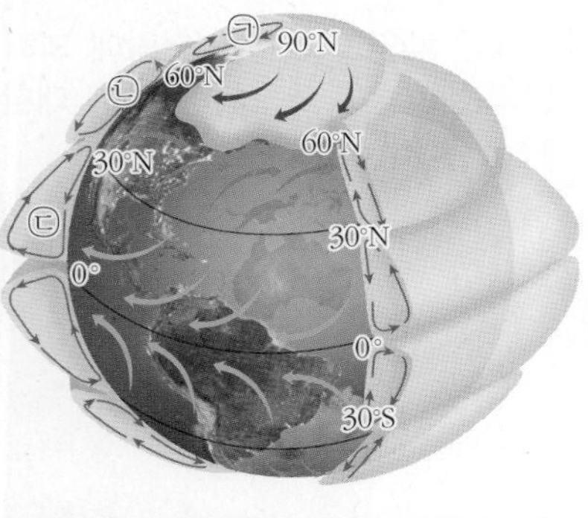

24 ㉠~㉢에서의 공기의 수직 운동으로 볼 때, 구름이 생성되고, 비가 내릴 가능성이 있는 지역을 〈보기〉에서 있는 대로 고르시오.

〈 보기 〉

ㄱ. 적도　ㄴ. 30°N　ㄷ. 60°N　ㄹ. 북극

(　　　　)

25 ㉠~㉢의 순환에 대한 설명으로 옳지 <u>않은</u> 것은?

① 지구 자전에 의해 ㉠ ~ ㉢의 순환이 일어난다.
② ㉠의 순환은 극지방에서 냉각된 공기가 하강하여 위도 60°지역에서 상승한다.
③ ㉡의 순환은 페렐 순환으로 지표면에 편서풍을 형성하는 순환이다.
④ ㉢의 순환은 해들리 순환으로 위도 30°의 공기가 상승하여 적도 지방에서 하강하는 순환이다.
⑤ 지구가 자전하지 않는다면 ㉠ ~ ㉢의 순환은 합쳐져서 큰 한 개의 순환이 될 것이다.

[26~28] 다음 그림은 토리첼리가 기압의 크기를 측정하기 위해서 사용한 실험 장치를 나타낸 것이다. 다음 물음에 답하시오.

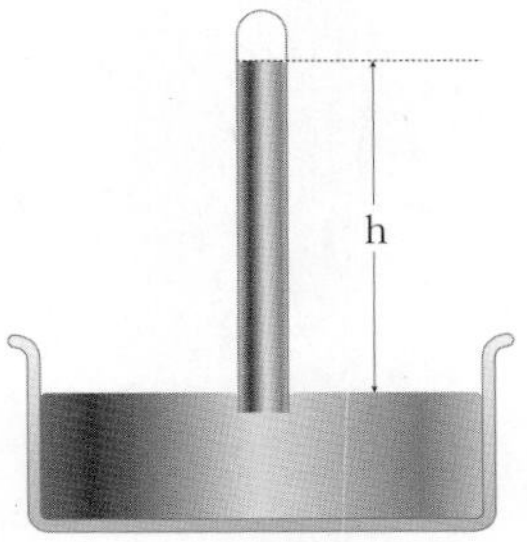

26 유리관의 굵기가 가늘어지거나 굵어지면 수은 기둥의 높이 h는 어떻게 변하는지 쓰시오.

27 위의 수은 기둥의 높이가 더 낮아지지 않고 높이 h에서 멈춘 이유를 서술하시오.

정답 및 해설 44쪽

28 한라산 정상에서 이 실험을 한다면, 수은 기둥의 높이는 어떻게 변하는지 쓰시오.

29 다음 그림은 어느 지역의 지표면이 가열 또는 냉각되어 공기가 상승하고 하강하는 모습을 나타낸 것이다. 여기서 지표면 위의 바람은 어느 쪽으로 불지 쓰고, 그 이유를 기압 변화와 관련지어 설명하시오.

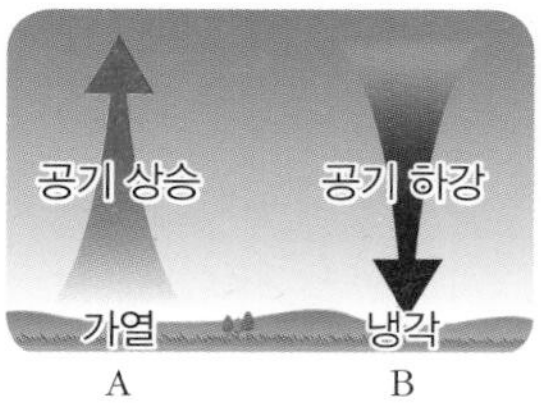

30 다음 그림은 지구가 자전하지 않는 경우의 대기 대순환 모형이다. 그림과 같이 북반구와 남반구에 각각 1개의 큰 순환이 일어나는 이유가 무엇인지 서술하시오.

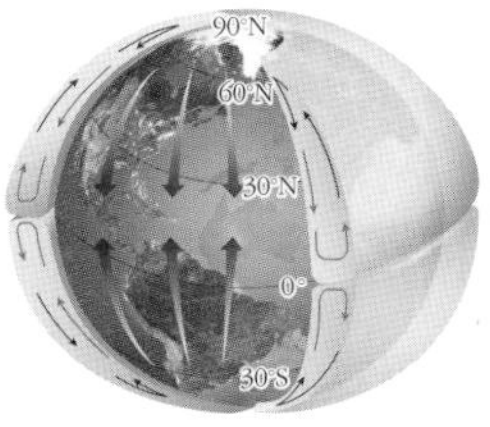

창의력 서술

31 헬륨 가스 등을 넣은 풍선은 줄을 놓치면 하늘 높이 올라가 버린다. 이 풍선은 하늘 끝까지 올라갈까? 아니라면 어떤 과정이 일어날까?

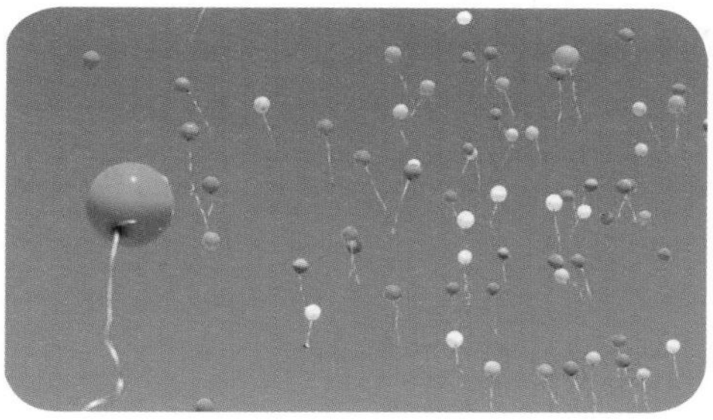

32 수은은 물의 13.6배의 밀도를 가지고 있고, 에탄올은 물의 약 0.79배의 밀도를 가지고 있다. 일정한 기압에서 수은과 물과 에탄올을 가지고 토리첼리의 실험을 실시할 때, 수은 기둥의 높이는 5cm였다고 한다면 에탄올 기둥의 높이는 몇 cm일까? 소수점 첫째 자리에서 반올림하여 나타내시오.

13강. 날씨의 변화

1. 기단 1

(1) **기단** : 기온이나 습도 등의 대기 상태가 비슷한 거대한 공기 덩어리이다.

(2) **기단의 성질** : 발생지의 성질에 따라 결정된다.

발생지	고위도	저위도	대륙	해양
기단의 성질	기온이 낮음	기온이 높음	건조함	습함

(3) **기단의 변질** : 기단이 발생지와 성질이 다른 곳으로 이동하면서 기온과 습도가 변해 기단의 성질이 변한다.

온난한 기단이 찬 대륙으로 이동할 때	한랭한 기단이 따뜻한 바다 위를 통과하여 따뜻한 대륙으로 이동할 때
	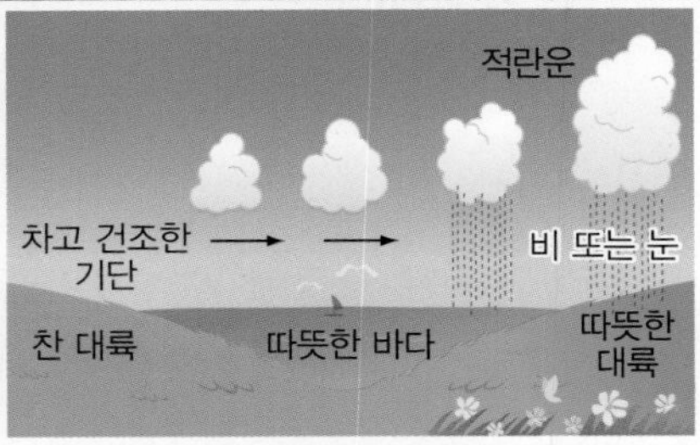
· 기단 하층 온도 하강, 대기 안정 · 온도 하강으로 인한 층운형 구름 또는 안개 발생 · 날씨가 비교적 맑음	· 기단 하층 온도 상승, 습해짐 → 상승 기류 나타남 · 적운형 구름 발생 · 강한 비 또는 눈 내림

기단의 발생
기단은 넓은 범위에 걸쳐 기온과 습도 등의 성질이 일정한 공기가 모여 만들어 진다. 따라서 기단은 주로 넓은 대륙이나 해양에서 발생한다.

생각해보기★
온난한 기단이 따뜻한 대륙으로 이동하면 어떤 변화가 있을까?

개념확인 1 기온이나 습도 등의 대기 상태가 비슷한 거대한 공기 덩어리를 무엇이라 하는지 쓰시오

( )

확인+1 다음 중 온난한 기단이 찬 대륙으로 이동할 때 일어나는 변화에 대한 설명으로 옳지 않은 것은?

① 대기가 안정된다.
② 상승 기류가 나타난다.
③ 층운형 구름이 발생한다.
④ 날씨가 비교적 맑아진다.
⑤ 기단 하층의 온도가 낮아진다.

미니사전
기단 [氣 공기 團 모이다] 성질이 일정하고 거대한 공기덩어리
변질 [變 변하다 質 성질] 성질이 달라지거나 물질의 질이 변함

2. 기단 2

(1) 우리나라 주변의 기단

① 우리나라는 중위도의 대륙과 해양의 경계에 위치하기 때문에 계절에 따라 영향을 받는 기단의 종류가 다르다.

② 우리나라 주변의 기단과 날씨

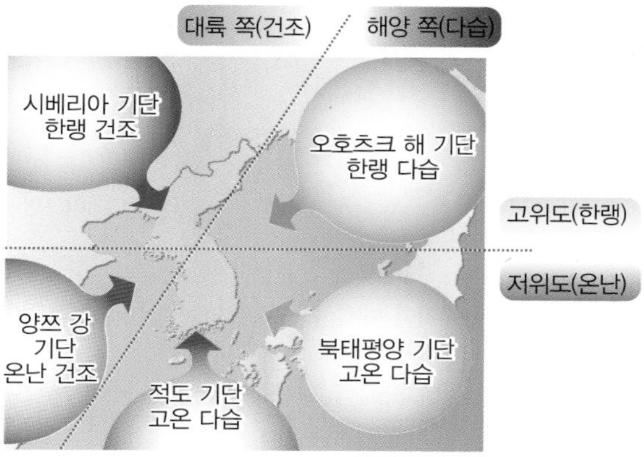

기단	양쯔 강 기단	오호츠크 해 기단	북태평양 기단	시베리아 기단	적도 기단
성질	온난 건조	한랭 다습	고온 다습	한랭 건조	고온 다습
영향을 주는 계절	봄·가을	초여름	여름	겨울	여름 ~ 초가을
날씨	· 심한 일기 변화 · 온난하고 건조한 날씨 · 황사 현상(봄)	· 장마 전선 형성 · 동해안 저온 현상	· 장마 전선 형성 · 무덥고 습한 날씨	· 춥고 건조한 날씨 · 한파, 폭설	· 태풍

우리나라 주변 기단의 발생지

① 대륙에서 발생한 기단 : 시베리아 기단, 양쯔 강 기단

② 해양에서 발생한 기단 : 오호츠크 해 기단, 북태평양 기단, 적도 기단

생각해보기★★

한랭 건조한 시베리아 기단의 영향으로 폭설이 나타나는 이유는 무엇일까?

정답 및 해설 46쪽

개념확인 2 다음에서 설명하는 기단이 무엇인지 기단의 이름을 쓰시오.

· 겨울철 우리나라에 영향을 준다.
· 한랭 건조한 성질을 지닌 기단

(　　　　　)

확인 +2 우리나라 주변의 기단에 대한 설명으로 옳지 않은 것은?

① 양쯔 강 기단은 봄과 가을에 영향을 준다.
② 장마 전선을 형성하는 기단은 오호츠크 해 기단이다.
③ 적도 기단은 고온 다습한 기단으로 태풍을 몰고 온다.
④ 북태평양 기단으로 인해 무덥고 건조한 날씨가 나타난다.
⑤ 시베리아 기단으로 인해 겨울에 춥고 건조한 날씨가 나타난다.

미니사전

장마 전선 여름철에 우리나라의 남쪽 지방에 머물면서 장마를 가져오는 전선

간단실험
전선의 생성 원리
① 빨간색 잉크를 섞은 따뜻한 물이 담긴 수조를 준비한다.
② 비커에 파란색 잉크를 섞은 차가운 물을 담은 후, 수조의 한 쪽 벽면에 차가운 물을 천천히 흘려준다.
③ 물의 움직임을 관찰한다.

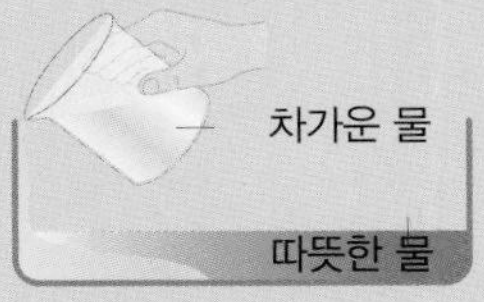

전선의 기호

온난 전선	
한랭 전선	
폐색 전선	
정체 전선	

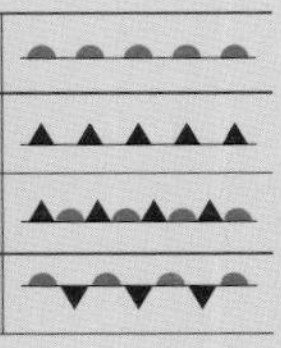

폐색 전선의 종류
① 한랭형 폐색 전선

② 온난형 폐색 전선

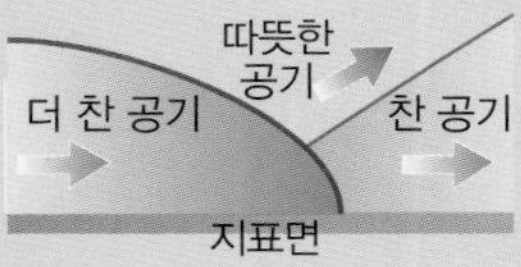

3. 전선 1

(1) 전선면과 전선
① 전선면 : 성질이 다른 두 기단이 만나서 생긴 경계면
② 전선 : 전선면과 지표면이 만나서 이루는 선

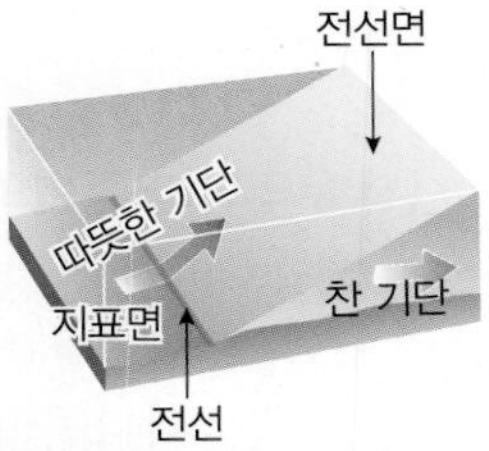

(2) 전선의 종류
① 한랭 전선과 온난 전선

구분	한랭 전선	온난 전선
형성 모습	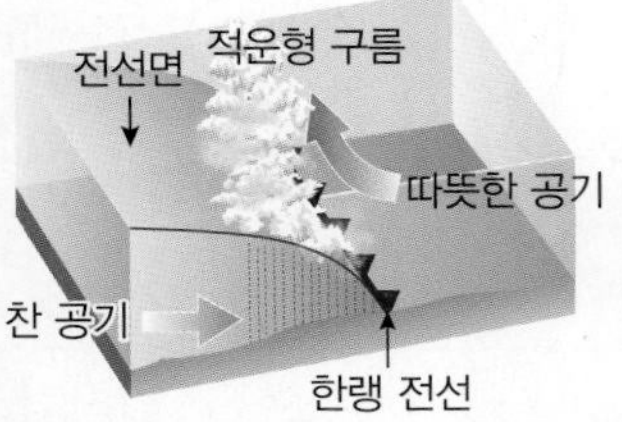	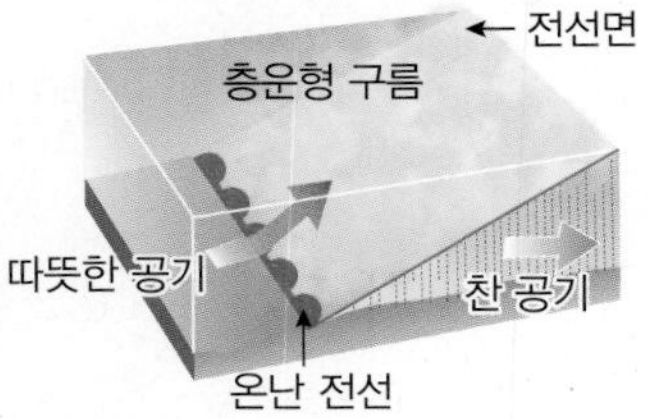
형성 조건	찬 공기가 따뜻한 공기를 밀어 올리면서 따뜻한 공기 쪽으로 이동	따뜻한 공기가 찬 공기를 타고 올라가면서 찬 공기 쪽으로 이동
전선면의 기울기	급경사	완만
전선 이동 속도	빠름	느림
구름	적운형 구름	층운형 구름
강수 구역	좁은 지역	넓은 지역
비의 종류	소나기성 비	지속적인 비
통과 후의 변화	기온 : 하강 기압 : 상승	기온 : 상승 기압 : 하강

② 폐색 전선 : 한랭 전선이 온난 전선보다 이동 속도가 빨라 두 전선이 겹쳐져 형성되는 전선
③ 정체 전선 : 찬 공기와 따뜻한 공기의 세력이 비슷하여 전선이 이동하지 않고 한 곳에 머물러 있는 전선 → 장마 전선

개념확인 3 **다음 ㉠과 ㉡에 알맞은 말을 쓰시오.**

> 성질이 다른 두 기단이 만나서 생긴 경계면을 ㉠(   )이라 하고, 찬 공기가 따뜻한 공기를 밀어 올리면서 따뜻한 공기 쪽으로 이동하며 형성되는 전선을 ㉡(   ) 전선이라고 한다.

확인 +3 **다음 그림은 어떤 전선을 나타낸 것이다. 이 전선에 대한 설명으로 옳지 않은 것은?**

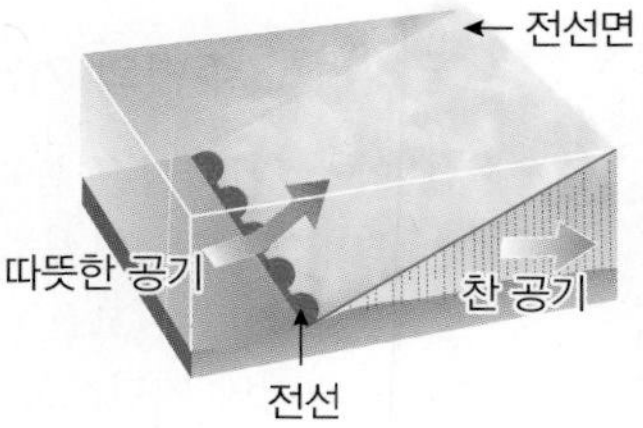

① 층운형 구름이 생긴다.
② 전선의 이동 속도가 빠르다.
③ 전선이 통과한 후에는 기온이 상승한다.
④ 전선이 통과한 후에는 기압이 하강한다.
⑤ 지속적으로 넓은 지역에 걸쳐 비가 내린다.

미니사전
한랭 [寒 춥다 冷 차다] 날씨가 춥고 참
온난 [溫 데우다 暖 따뜻하다] 날씨가 따뜻함
폐색 [閉 닫다 塞 막히다] 닫혀서 막힘
정체 [停 머무르다 滯 막히다] 나아가지 못하고 한 자리에 머물러 그침

4. 전선 2

(1) 온대 저기압

① 중위도 지방에서 발생하는 온난 전선과 한랭 전선을 동반하는 저기압
② 온대 지방에서 북쪽의 찬 기단과 남쪽의 따뜻한 기단이 만나 발생
③ 편서풍에 의해 서쪽에서 동쪽으로 이동한다.

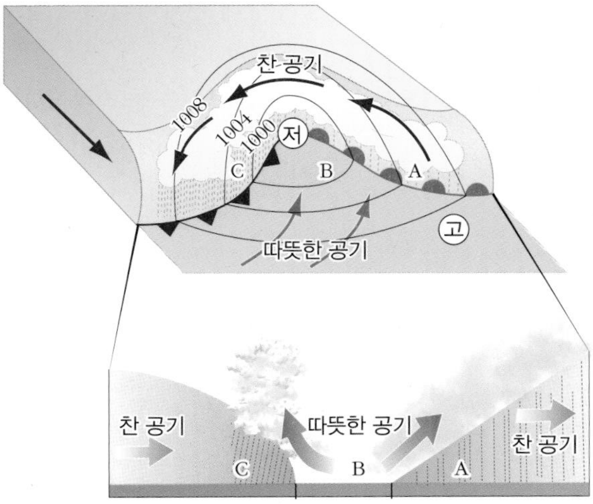

지점	A 지역 (온난 전선 앞)	B 지역 (온난 전선과 한랭 전선 사이)	C 지역 (한랭 전선 뒤)
구름 형태	층운형 구름	맑음	적운형 구름
강수 형태	지속적인 이슬비	-	소나기성 비
강수 구역	넓음	-	좁음
풍향	남동풍	남서풍	북서풍
기온	낮음	높음	낮음

열대 저기압

· 저위도 지역(열대 지방)에서 발생하는 저기압으로 전선을 동반하지 않는다.
· 열대 저기압 중 중심 부근의 최대 풍속이 17m/s 이상인 것을 태풍이라고 한다.

▲ 태풍의 위성 사진

A지역의 날씨 변화

· 시간이 지남에 따라 A 지역은 B 지역의 날씨, C 지역의 날씨가 순차적으로 나타남
· A지역의 풍향 변화 : 남동풍→남서풍→북서풍

생각해보기★★★

온대 저기압은 편서풍에 의해 서쪽에서 동쪽으로 이동하면서 점차 소멸하게 된다. 온대 저기압이 소멸되는 이유는 무엇일까?

정답 및 해설 46쪽

개념확인 4 중위도 지방에서 발생하는 온난 전선과 한랭 전선을 동반하는 저기압을 무엇이라 하는지 쓰시오.

(　　　　　　)

확인 +4 다음 그림은 온대 저기압을 나타낸 것이다. A ~ C 지역 중 기온이 가장 높은 곳은 어느 지역인가?

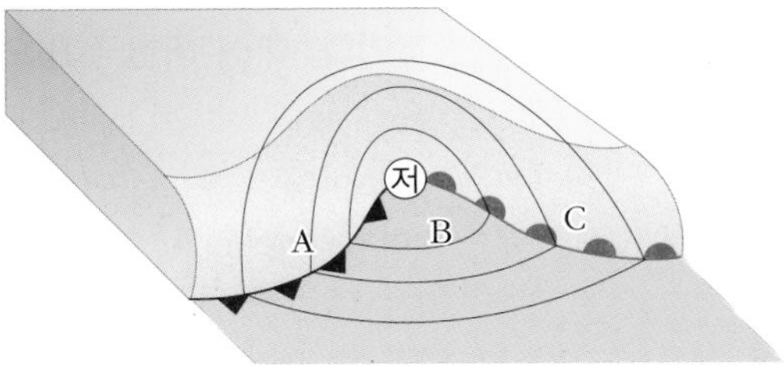

(　　) 지역

5. 일기 예보

(1) 일기도

① 일기도 : 일정한 시각에 기상 관측 기구를 통하여 관측한 여러 가지 기상 요소들을 등압선, 고 · 저기압, 전선 등과 함께 지도에 나타낸 것

② 일기도 작성 목적 : 현재의 일기 상태를 파악하거나 앞으로 다가올 날씨를 예측하기 위해

기상 관측 기구

(2) 일기 예보 과정 : 일기도를 일정한 시간 간격을 두고 작성하여 분석 · 종합 후 예보

기상 관측 → 자료 수집 및 처리 → 현재 일기도 작성 → 예상 일기도 작성 → 일기 예보

(3) 일기도에 사용하는 기호

일기 현상	● 비	눈	≡ 안개	소나기	뇌우	진눈깨비
풍속	◎ 무풍	1m/s	2m/s	5m/s	7m/s	25m/s
구름	○ 맑음	구름 조금(갬)	구름 많음	● 흐림		
기타	온난 전선	한랭 전선	정체 전선	폐색 전선		
	Ⓗ 고기압	Ⓛ 저기압	태풍			

예

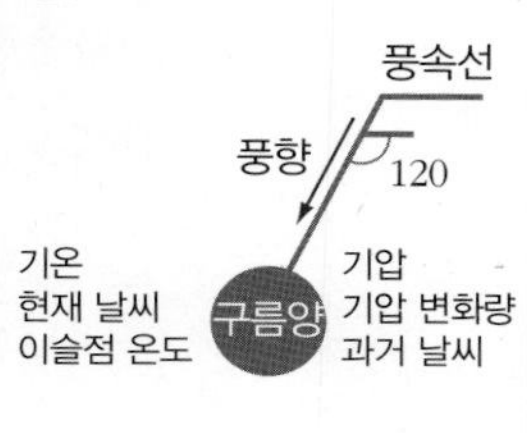

일기 예보의 종류

① 일일 예보 : 24~48시간 정도의 기상 상태를 예보

② 장기 예보 : 주간, 월간 또는 계절 간의 기상 상태를 예보

③ 기상 주의보 : 폭설, 강풍, 호우 등으로 피해가 예상될 때

④ 기상 경보 : 폭풍, 태풍 등으로 큰 피해가 예상될 때

생각해보기★★★★

기상에 갑작스러운 변화나 이상 현상이 생겼을 때 특별히 발표하는 보도를 기상 특보라고 한다. 기상 특보의 종류에는 무엇이 있을까?

개념확인 5 일정한 시각에 기상 관측 기구를 통하여 관측한 여러 가지 기상 요소들을 등압선, 전선 등과 함께 지도에 나타낸 것을 무엇이라 하는지 쓰시오.

( )

확인+5 다음은 일기 기호를 나타낸 것이다. 이에 대한 설명으로 옳지 <u>않은</u> 것은?

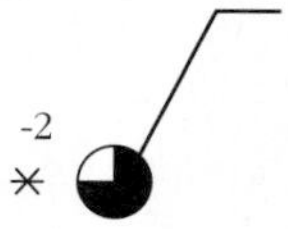

① 눈이 내린다.
② 기온은 -2℃이다.
③ 북동풍의 바람이 분다.
④ 구름의 양은 많은 편이다.
⑤ 바람은 7m/s의 속력으로 분다.

미니사전

뇌우 [雷 천둥 雨 비] 번개와 천둥을 발생시키는 폭풍우

진눈깨비 비와 눈이 함께 내리는 것

6. 우리나라의 날씨

(1) 우리나라 일기의 특징 : 사계절이 비교적 뚜렷하다.

계절	봄 · 가을	여름	겨울
영향을 주는 기단	양쯔 강 기단	오호츠크 해 기단(초여름) 북태평양 기단	시베리아 기단
기압 배치	이동성 고 · 저기압이 교대로 통과	남고북저형 기압 배치	서고동저형 기압 배치
특징	· 온난 건조한 날씨 · 일기 변화 심함	· 고온 다습한 날씨 · 남동 계절풍 · 장마 전선 형성	· 한랭 건조한 날씨 · 북서 계절풍

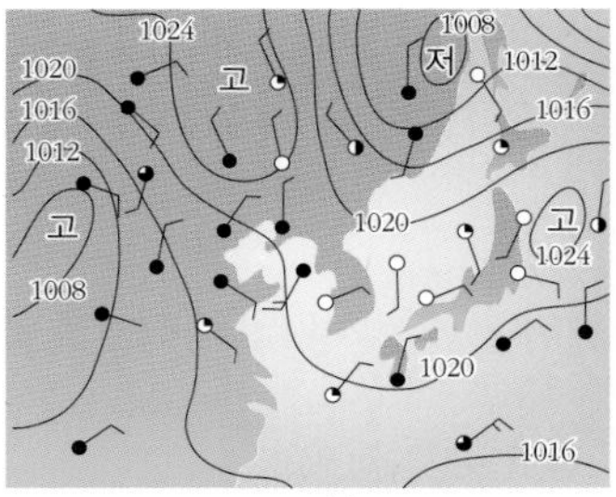

▲ 봄

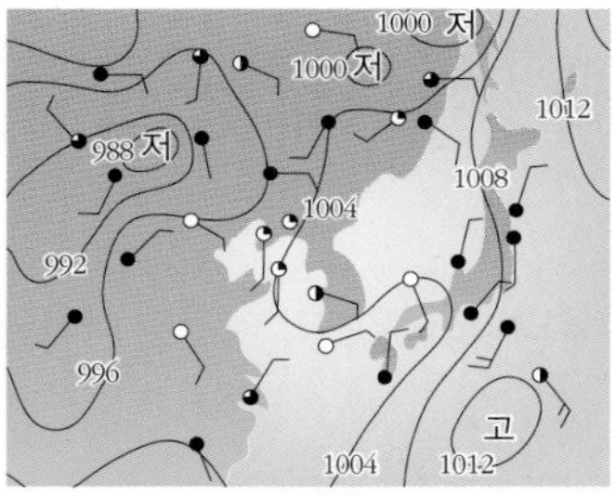

▲ 여름

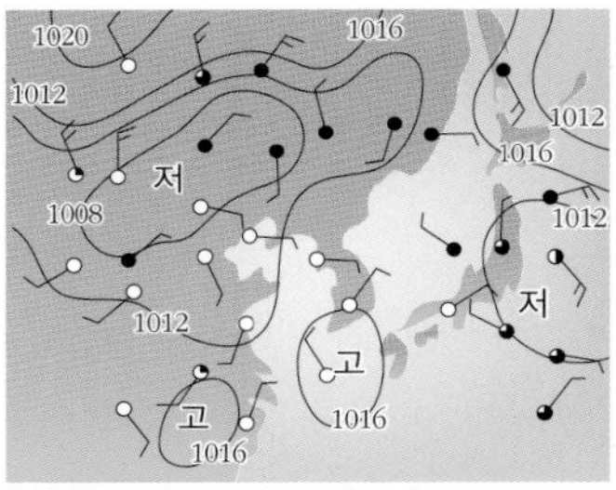

▲ 가을

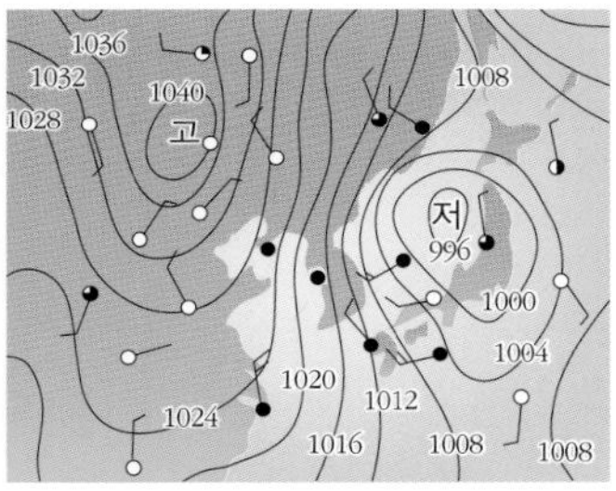

▲ 겨울

> **생각해보기★★★★★**
> 여름에 남고북저형 기압 배치를 이루는 이유는 무엇일까?

정답 및 해설 46쪽

개념확인 6 우리나라에서 다음과 같은 특징을 갖는 계절은 언제인지 쓰시오.

고온 다습한 날씨가 나타나고, 남동 계절풍이 분다.

( )

확인 +6 다음은 우리나라의 어떤 계절의 일기도를 나타낸 것이다. 어떤 계절의 일기도인지 쓰시오.

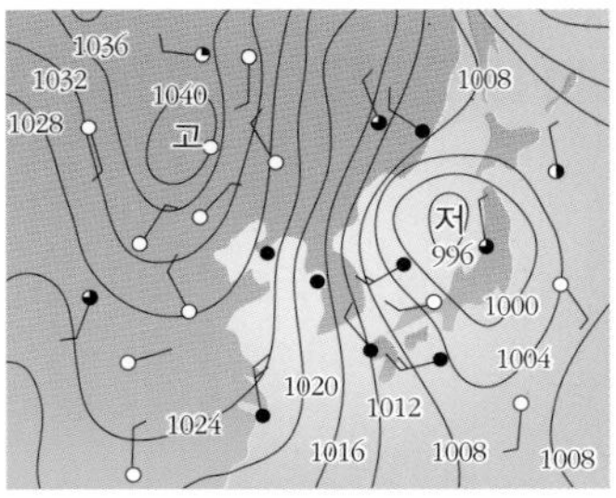

( )

개념 다지기

01 다음 중 기단의 발생지에 따른 기단의 성질이 올바르게 연결된 것은?

	고위도	저위도	대륙	해양
①	저온	고온	건조	습함
②	고온	저온	건조	습함
③	고온	저온	습함	건조
④	저온	고온	습함	건조
⑤	고온	저온	건조	건조

02 다음 그림은 우리나라 주변의 기단을 나타낸 것이다. A ~ D 기단의 이름을 쓰시오.

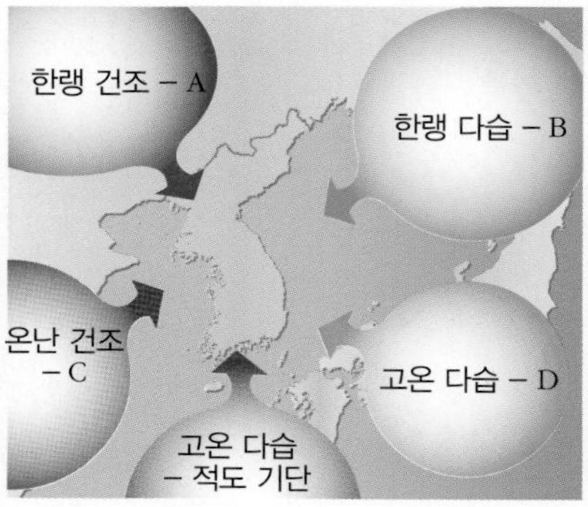

A - (　　　　　　) 기단　B - (　　　　　　) 기단
C - (　　　　　　) 기단　D - (　　　　　　) 기단

03 오른쪽 그림은 어떤 전선을 나타낸 것이다. 이에 대한 설명으로 옳지 않은 것은?

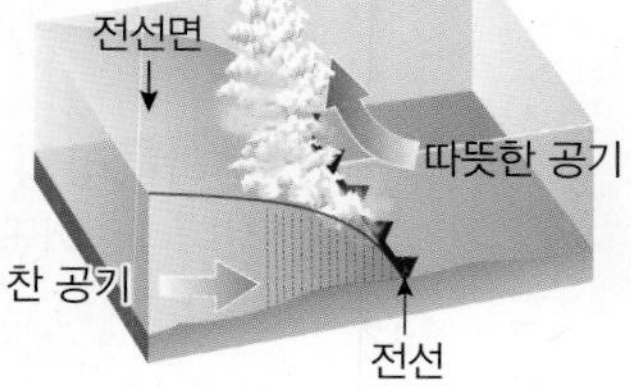

① 이 전선은 한랭 전선이다.
② 좁은 지역에 소나기성 비가 내린다.
③ 이 전선으로 인해 층운형 구름이 생긴다.
④ 이 전선이 지나간 지역의 기온이 하강한다.
⑤ 이 전선이 지나간 지역의 기압은 상승한다.

정답 및 해설 47쪽

04

다음 그림은 온대 저기압을 나타낸 것이다. A~C 지역에 대한 설명으로 옳지 않은 것은?

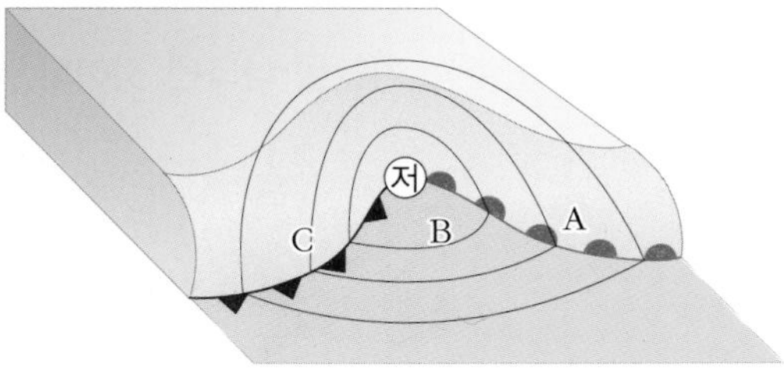

① A 지역에는 층운형 구름이 발달한다.
② A 지역에는 지속적인 이슬비가 내린다.
③ B 지역은 기온이 낮고, 남동풍이 분다.
④ C 지역에는 적운형 구름이 발달한다.
⑤ C 지역에는 좁은 구역에 소나기성 비가 내린다.

05

다음 〈보기〉는 일기 예보 과정을 순서없이 나열한 것이다. 이를 순서대로 올바르게 나열하시오.

〈 보기 〉

ㄱ. 현재 일기도를 작성한다.
ㄴ. 자료를 수집 및 처리한다.
ㄷ. 기상 요소를 관측한다.
ㄹ. 예상 일기도를 작성하고, 일기 예보를 한다.

(   ) - (   ) - (   ) - (   )

06

다음 중 우리나라의 여름철 일기에 대한 설명으로 옳은 것은?

① 남동 계절풍이 분다.
② 양쯔 강 기단의 영향을 받는다.
③ 서고동저형 기압 배치가 나타난다.
④ 온난 건조한 날씨가 많이 나타난다.
⑤ 이동성 고기압과 저기압이 교대로 통과한다.

유형 익히기 & 하브루타

[유형13-1] 기단

다음 그림은 우리나라에 영향을 주는 기단을 나타낸 것이다. 이에 대한 설명으로 옳은 것만을 〈보기〉에서 있는 대로 고른 것은?

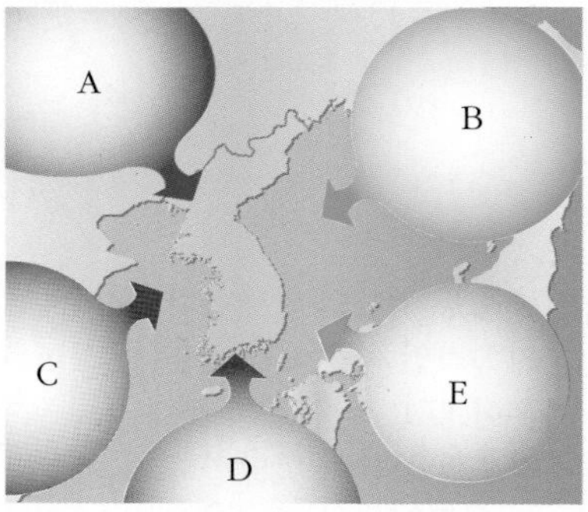

〈 보기 〉

ㄱ. B, D, E 기단은 습도가 높은 기단이다.
ㄴ. A 기단은 겨울철에 우리나라에 영향을 준다.
ㄷ. C 기단은 온난하고 건조한 기단인 양쯔 강 기단이다.

① ㄱ ② ㄴ ③ ㄷ ④ ㄱ, ㄴ ⑤ ㄱ, ㄴ, ㄷ

Tip!

01 다음 그림은 온난한 기단이 따뜻한 대륙에서 찬 대륙으로 이동하는 모습을 나타낸 것이다. 이에 대한 설명으로 옳지 않은 것은?

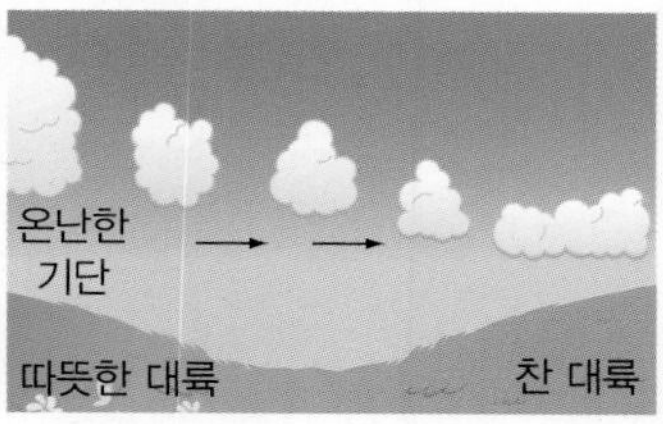

① 이동 후 기단이 습해진다.
② 이동 후 기단 하층의 온도는 낮아진다.
③ 기단의 이동으로 기단의 성질이 변하게 된다.
④ 이동 후 기단에 의해 날씨가 비교적 맑아진다.
⑤ 이동 후 찬 대륙에는 층운형 구름 또는 안개가 생긴다.

02 기단의 성질은 발생지의 성질에 따라 결정된다. ㉠~㉣에 들어갈 말로 적절한 것을 〈보기〉에서 골라 쓰시오.

〈 보기 〉

기온이 높음 기온이 낮음 습함 건조

발생지	고위도	저위도	대륙	해양
기단의 성질	㉠( )	㉡( )	㉢( )	㉣( )

정답 및 해설 47쪽

[유형13-2] 전선

다음 그림은 한랭 전선과 온난 전선의 모습을 순서 없이 나타낸 것이다. 이에 대한 설명으로 옳은 것만을 〈보기〉에서 있는 대로 고른 것은?

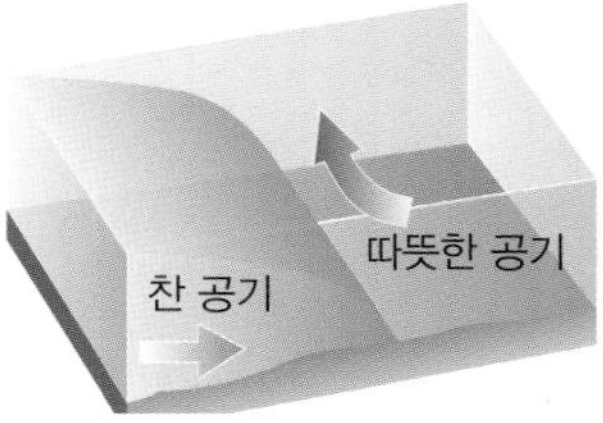

(가)

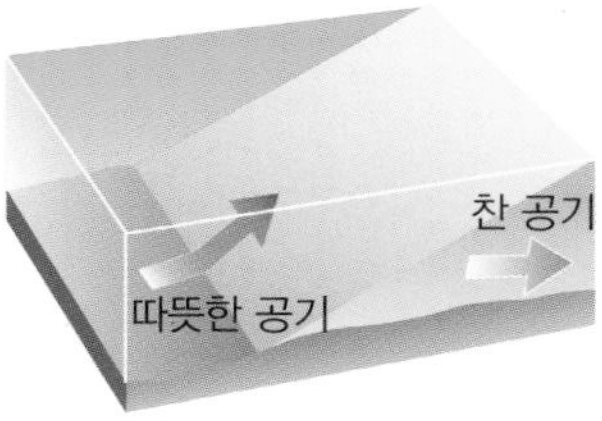

(나)

〈 보기 〉

ㄱ. (가)는 한랭 전선, (나)는 온난 전선이다.
ㄴ. (가)에서는 적운형 구름이 발생하고, 좁은 지역에 소나기성 비가 내린다.
ㄷ. (나)의 전선 이동 속도는 (가)보다 빠르다.

① ㄱ ② ㄴ ③ ㄷ ④ ㄱ, ㄴ ⑤ ㄱ, ㄷ

03 다음 그림은 전선의 기호를 나타낸 것이다. 각각에 알맞은 전선의 이름을 쓰시오.

(1) (　　　　) 전선

(2)  (　　　　) 전선

(3)  (　　　　) 전선

(4)  (　　　　) 전선

04 오른쪽 그림은 온난 전선을 나타낸 것이다. 이에 대한 설명으로 옳은 것은?

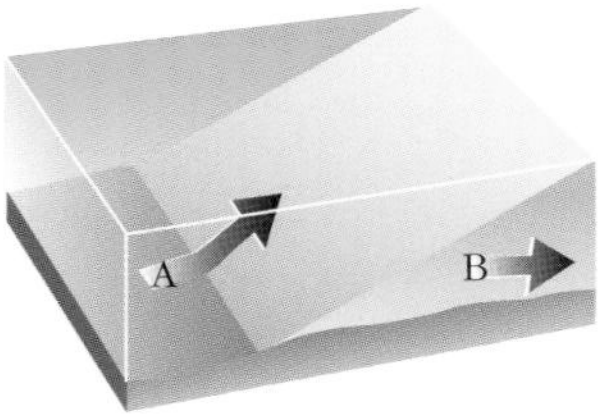

① A는 찬 공기이다.
② B는 따뜻한 공기이다.
③ 층운형 구름이 발달한다.
④ 좁은 지역에 소나기성 비가 내린다.
⑤ 찬 공기가 따뜻한 공기를 타고 올라가면서 형성된 전선이다.

Tip!

[유형13-3] 온대 저기압

다음 그림은 우리나라 부근의 일기도를 나타낸 것이다. 이에 대한 설명으로 옳은 것만을 〈보기〉에서 있는 대로 고른 것은?

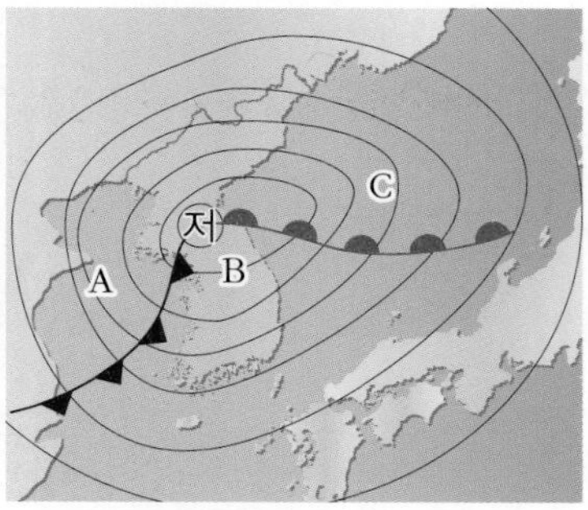

〈 보기 〉

ㄱ. A 지역에는 소나기성 비가 내린다.
ㄴ. C 지역보다 B 지역의 기온이 더 높다.
ㄷ. 이 저기압은 편서풍에 의해 동쪽에서 서쪽으로 이동한다.

① ㄱ ② ㄴ ③ ㄷ ④ ㄱ, ㄴ ⑤ ㄴ, ㄷ

Tip!

05 다음 중 온대 저기압에 대한 설명으로 옳지 않은 것은?

① 편서풍에 의해 이동한다.
② 주로 중위도 지방에서 발생한다.
③ 온난 전선과 한랭 전선을 동반하는 저기압이다.
④ 북쪽의 찬 기단과 남쪽의 따뜻한 기단이 만나 발생한다.
⑤ 전선과 전선 사이 지역은 전선의 영향으로 기온이 낮고, 비가 내린다.

06 오른쪽 그림은 온대 저기압의 단면을 나타낸 것이다. 이에 대한 설명으로 옳은 것만을 〈보기〉에서 있는 대로 고른 것은?

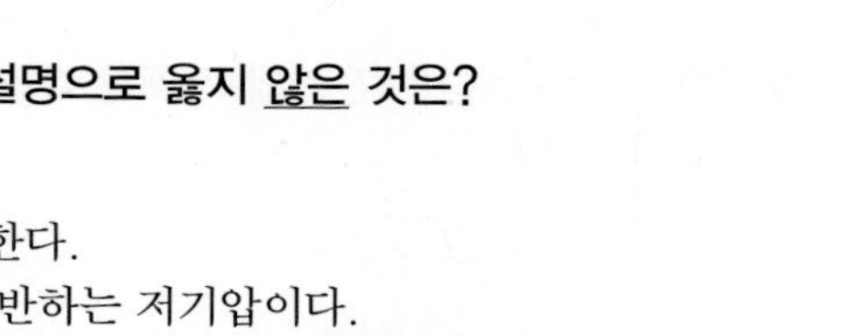

〈 보기 〉

ㄱ. (가)는 한랭 전선, (나)는 온난 전선이다.
ㄴ. A 지역에 부는 바람은 북서풍이다.
ㄷ. C 지역에는 적운형 구름이 생성된다.

① ㄱ ② ㄴ ③ ㄱ, ㄴ ④ ㄴ, ㄷ ⑤ ㄱ, ㄴ, ㄷ

정답 및 해설 47쪽

[유형13-4] 우리나라의 날씨

다음 그림은 우리나라 어느 한 계절의 일기도를 나타낸 것이다. 이에 대한 설명으로 옳지 않은 것은?

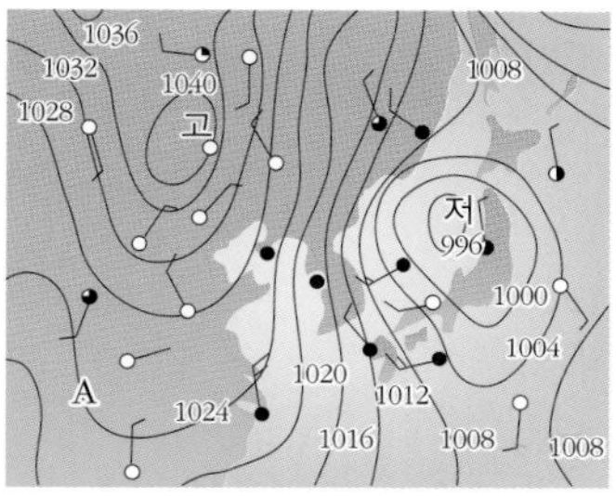

① 현재 서울의 날씨는 흐리다.
② 현재 우리나라의 계절은 겨울이다.
③ 현재 시베리아 기단의 영향을 받는다.
④ 현재 우리나라는 북서 계절풍이 불고 있다.
⑤ 우리나라에는 A 지역보다 바람이 약하게 불고 있다.

07 다음 그림은 우리나라 어느 한 계절의 일기도이다. 이 일기도를 통해 알 수 있는 우리나라의 계절은 무엇인가?

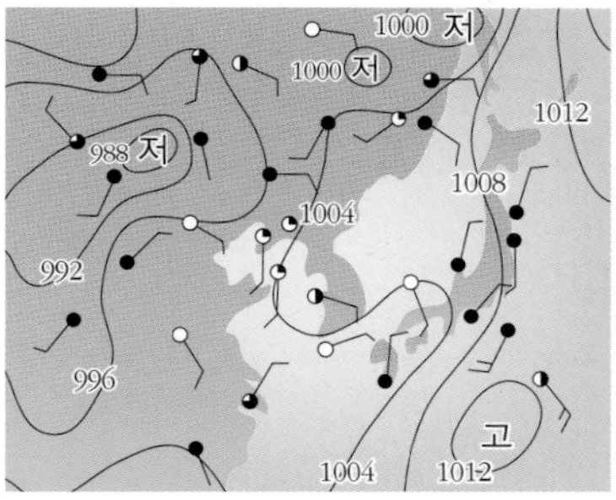

(　　　　　)

08 우리나라 일기의 특징으로 옳지 않은 것은?

① 봄과 가을에는 양쯔 강 기단의 영향을 받는다.
② 봄과 가을에는 이동성 고 · 저기압이 교대로 통과한다.
③ 여름에는 남고북저형 기압 배치로 남동 계절풍이 분다.
④ 여름에는 적도 기단의 영향으로 장마 전선이 형성된다.
⑤ 겨울에는 시베리아 기단의 영향으로 한랭 건조한 날씨가 나타난다.

Tip!

01 다음은 온대 저기압의 발생과 소멸을 나타낸 그림이다.

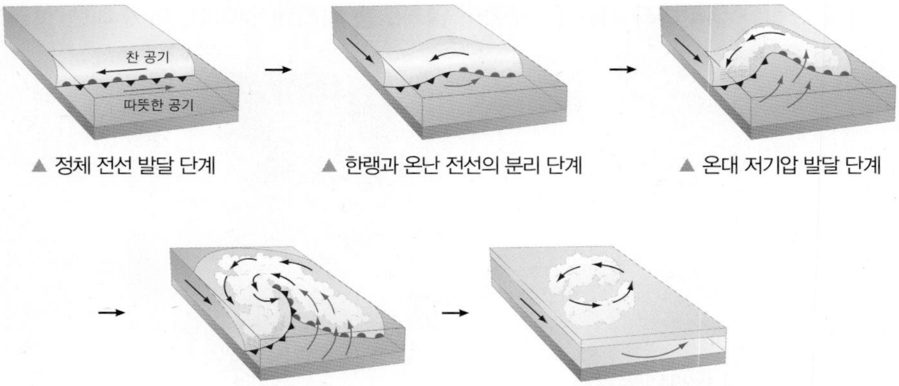

▲ 정체 전선 발달 단계 → ▲ 한랭과 온난 전선의 분리 단계 → ▲ 온대 저기압 발달 단계 → ▲ 폐색 전선 형성 단계 → ▲ 온대 저기압 소멸 단계

온대 저기압에서 폐색 전선이 형성되고, 소멸되는 이유는 한랭 전선과 온난 전선의 이동 속도 차이 때문이다. 한랭 전선과 온난 전선의 이동 속도에 차이가 생기는 이유를 서술하시오.

정답 및 해설 48쪽

02 표 (가)는 온대 저기압과 열대 저기압을 비교한 것이고, 그림 (나)는 온대 저기압이 만들어지는 과정을 나타낸 것이다.

구분	발생지	전선	등압선	풍속
온대 저기압	중위도 지방	있음	타원형	비교적 약함
열대 저기압	열대 해상	없음	원형	강함

(가)

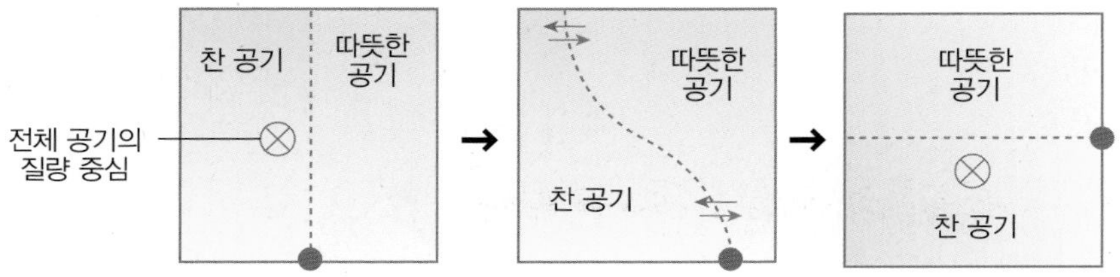

(나)

표 (가)와 그림 (나)를 이용하여 온대 저기압과 열대 저기압의 에너지원을 비교하여 설명하시오.

03

다음은 어느 날 우리나라 주변의 일기도를 나타낸 것이다. 다음 물음에 답하시오.

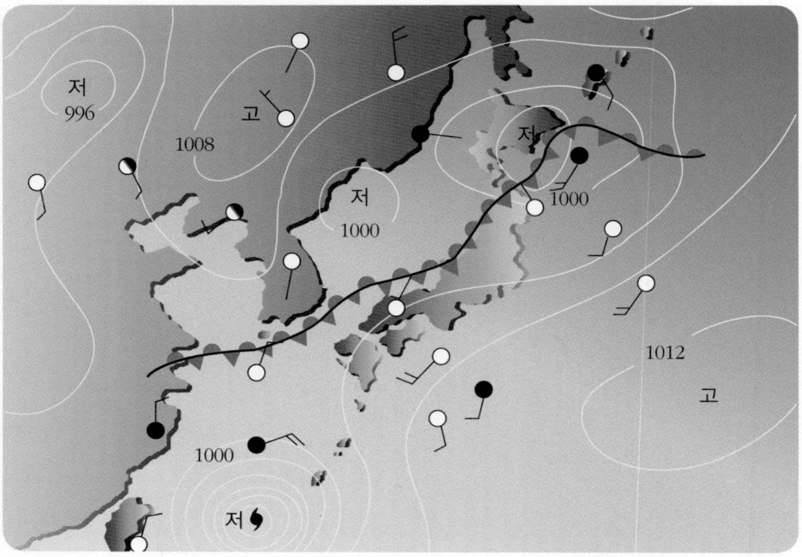

(1) 현재 우리 나라의 날씨는 어떠한지 설명하시오.

(2) 앞으로 우리나라의 날씨에 영향을 줄 수 있는 요인을 2가지 이상 찾아보고, 그 요인에 의해 날씨가 어떻게 변화할 수 있는지 설명하시오.

(3) 이 일기도는 어느 계절의 일기도인지 3가지 이상의 근거를 들어 설명하시오.

정답 및 해설 49쪽

04 일기예보는 기상 실황 파악 → 자료 수집 → 예보 작성 → 통보 과정을 통하여 나오게 된다. 다음 그림 (가)는 지상 일기도를, (나)는 언론 매체에서 일기 예보를 하는 모습을 나타낸 것이다. 다음 물음에 답하시오.

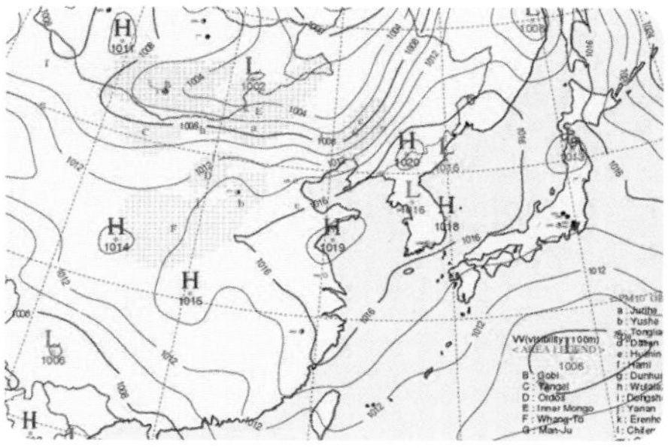

(가)

(나)

(1) 아래 그림은 위의 그림 (가)와 같은 일기도에 표현되어 있는 일기 기호와 그 해석을 나타낸 것이다. 빈 칸에 ㉠~㉣에 들어갈 알맞은 내용을 적어보시오.

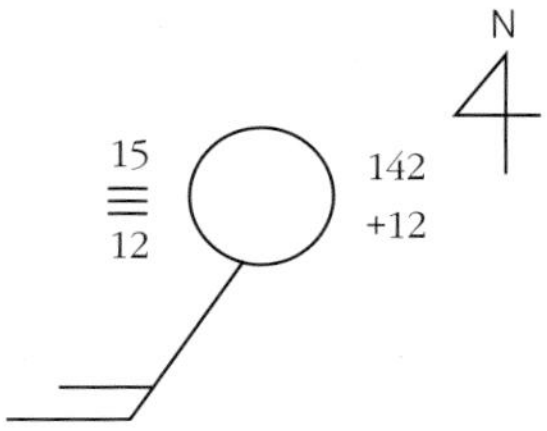

기온	15℃	㉠	12℃
날씨	㉡	운량	맑음
풍속	7 m/s	기압	㉢
풍향	㉣	기압변화	1.2 hPa 상승

㉠(　　　　) ㉡(　　　　) ㉢(　　　　) ㉣(　　　　)

(2) 다음 〈보기〉는 위의 그림 (나)처럼 우리가 언론 매체를 통해서 일기예보를 할 때 듣게 되는 내용을 나타낸 것이다. 어색한 문장이 있는 것을 〈보기〉에서 모두 골라서 바르게 수정하시오.

〈 보기 〉

ㄱ. 내일은 한반도의 전역에 걸친 기압골의 영향으로 맑은 날씨가 지속될 것입니다.

ㄴ. 내일은 한랭 전선의 영향으로 차차 흐려져서 한차례 소나기가 내린 이후에 맑게 개겠습니다.

ㄷ. 내일은 새벽에 안개가 끼면서 비가 내리다가 오후 들어 차차 맑아지겠습니다.

ㄹ. 내일은 시베리아 고기압이 다가옴에 따라 한반도 전역이 한랭하고 건조한 날씨가 될 것입니다.

A

01 다음의 설명 중 옳은 것은 ○표, 옳지 않은 것은 ×표 하시오.

(1) 한 번 발생된 기단은 이동을 해도 성질이 변하지 않는다. (　　)

(2) 기단의 성질은 발생지의 성질에 따라 달라진다. (　　)

(3) 저위도의 해양에서 발생된 기단은 기온이 높고, 습한 성질을 갖는다. (　　)

[02~04] 다음 그림은 우리나라 주변의 기단을 나타낸 것이다. 다음 물음에 답하시오.

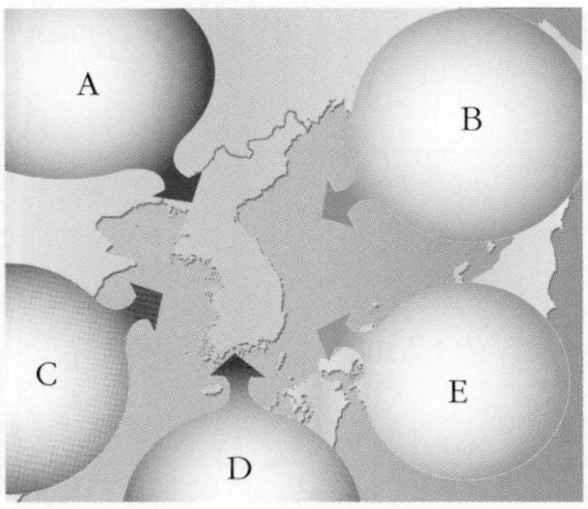

02 A~E 기단 중 습도가 높은 기단을 모두 쓰시오.

(　　　　　)

03 A~E 기단 중 다음 글에서 설명하는 기단의 기호를 쓰시오.

우리나라 겨울철에 영향을 주는 기단으로 한랭 건조한 기단이다.

(　　　)

04 여름과 초가을에 태풍을 발생시키는 기단은 무엇인지 기호를 쓰시오.

(　　　　　)

05 다음 빈칸에 들어갈 알맞은 말을 〈보기〉에서 골라 쓰시오.

〈 보기 〉

정체　　한랭　　온난　　폐색

(1) (　　　　) 전선은 장마 전선과 같이 찬 공기와 따뜻한 공기의 세력이 비슷하여 전선이 이동하지 않고 한 곳에 머물러 있는 전선이다.

(2) 찬 공기가 따뜻한 공기를 밀어 올리면서 따뜻한 공기 쪽으로 이동하는 전선을 (　　　　) 전선이라고 한다.

06 다음 그림과 같이 따뜻한 공기가 찬 공기를 타고 올라가면서 찬 공기 쪽으로 이동하며 형성되는 전선을 무엇이라 하는가?

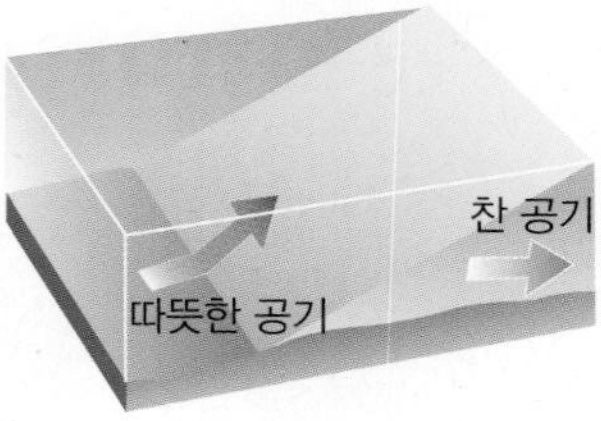

(　　　　) 전선

[07~08] 다음 물음에 답하시오.

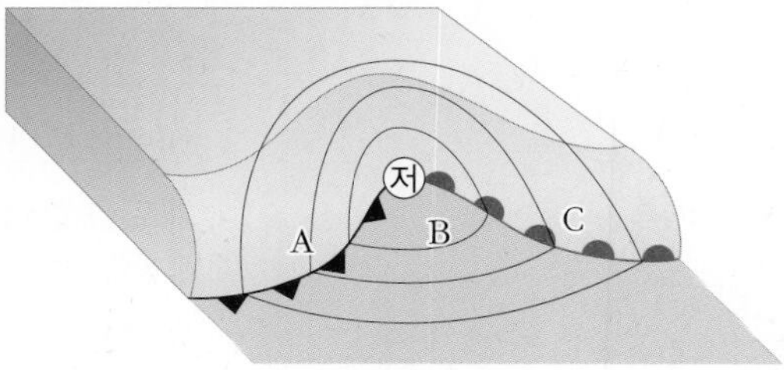

07 위와 같이 온난 전선과 한랭 전선을 동반하는 저기압을 무엇이라 하는가?

(　　　　) 저기압

정답 및 해설 49쪽

08 A ~ C 지역 중 날씨가 맑을 것이라 예상되는 지역은?

(   )

09 다음 〈보기〉는 일기 예보 과정을 순서없이 나열한 것이다. 이를 순서대로 올바르게 나열하시오.

〈 보기 〉
ㄱ. 기상 요소를 관측한다.
ㄴ. 자료를 수집 및 처리한다.
ㄷ. 예상 일기도를 작성하고, 일기 예보를 한다.
ㄹ. 현재 일기도를 작성한다.

(   ) - (   ) - (   ) - (   )

10 남고북저형 기압 배치를 이루고, 남동 계절풍이 부는 계절은 우리나라의 어느 계절인가?

(   )

B

11 다음 중 기단에 대한 설명으로 옳지 않은 것은?

① 기단은 주로 넓은 대륙이나 해양에서 발생한다.
② 대륙에서 발생한 기단은 대체로 건조한 성질을 띤다.
③ 온난한 기단이 찬 대륙으로 이동하면 기단 하층의 온도는 높아진다.
④ 기단이 발생지와 성질이 다른 곳으로 이동하면서 기단의 성질이 변한다.
⑤ 우리나라는 중위도의 대륙과 해양의 경계에 위치하기 때문에 계절에 따라 각기 다른 기단의 영향을 받는다.

[12~13] 다음 그림은 우리나라 주변의 기단을 나타낸 것이다. 다음 물음에 답하시오.

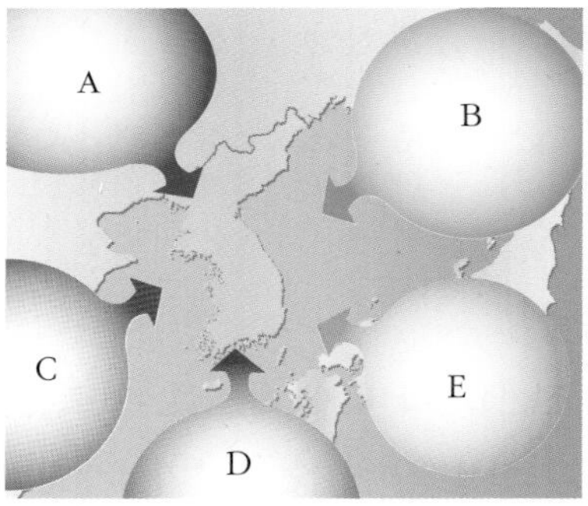

12 A ~ E 기단의 이름을 바르게 짝지은 것은?

① A - 북태평양 기단 ② B - 양쯔 강 기단
③ C - 시베리아 기단 ④ D - 적도 기단
⑤ E - 오호츠크 해 기단

13 A ~ E 기단에 대한 설명으로 옳은 것만을 〈보기〉에서 있는 대로 고른 것은?

〈 보기 〉
ㄱ. A 기단은 한랭 건조한 성질을 띤다.
ㄴ. B 기단과 E 기단이 만나 장마 전선을 형성한다.
ㄷ. C 기단은 태풍을 발생시키는 기단이다.

① ㄱ ② ㄴ ③ ㄷ
④ ㄱ, ㄴ ⑤ ㄴ, ㄷ

[14~15] 다음 그림은 성질이 다른 두 기단이 만나서 형성된 전선을 나타낸 것이다. 다음 물음에 답하시오.

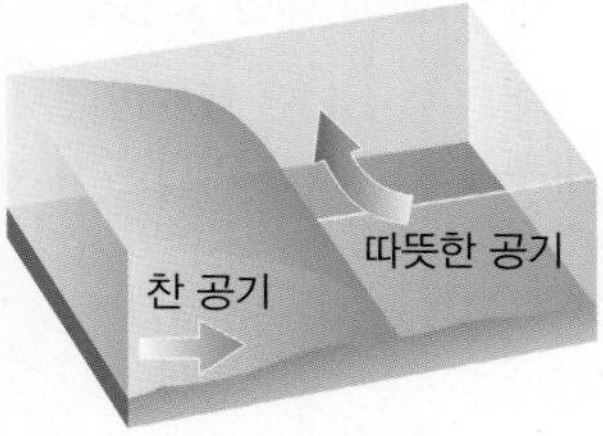

(가)

(나)

14 전선 (가)와 (나)의 이름을 올바르게 짝지은 것은?

	전선 (가)	전선 (나)
①	한랭 전선	온난 전선
②	온난 전선	한랭 전선
③	한랭 전선	정체 전선
④	온난 전선	폐색 전선
⑤	정체 전선	온난 전선

15 전선 (가)와 (나)에 대한 설명으로 옳지 않은 것은?

① 전선 (가)에서는 소나기성 비가 내린다.
② 전선 (가)에서는 적운형 구름이 생성된다.
③ 전선 (가)가 전선 (나)보다 빠르게 이동한다.
④ 전선 (나)에서는 좁은 지역에 이슬비가 내린다.
⑤ 전선 (나)에서는 전선면에 층운형 구름이 생성된다.

16 다음 전선에 대한 설명으로 옳은 것만을 〈보기〉에서 있는 대로 고른 것은?

〈 보기 〉
ㄱ. 폐색 전선은 두 전선이 겹쳐져 형성되는 전선이다.
ㄴ. 폐색 전선은 온난 전선이 한랭 전선보다 이동 속도가 빠르기 때문에 형성된다.
ㄷ. 정체 전선의 예로는 장마 전선이 있다.

① ㄱ ② ㄴ ③ ㄷ
④ ㄱ, ㄴ ⑤ ㄱ, ㄷ

[17~18] 다음 그림은 우리나라 부근의 일기도이다. 다음 물음에 답하시오.

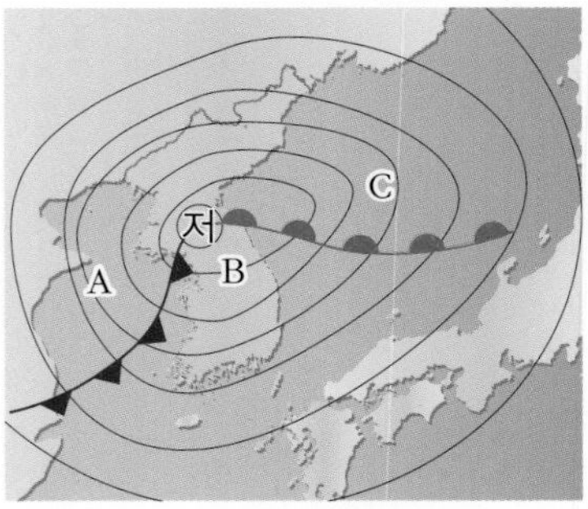

17 그림에 대한 설명으로 옳은 것만을 〈보기〉에서 있는 대로 고른 것은?

〈 보기 〉
ㄱ. A 지역 하늘에는 적운형 구름이 떠 있다.
ㄴ. B 지역의 날씨는 맑고, 기온은 비교적 높다.
ㄷ. C 지역은 비 온 후 날씨가 맑아질 것이다.

① ㄱ ② ㄴ ③ ㄷ
④ ㄱ, ㄴ ⑤ ㄱ, ㄴ, ㄷ

18 C 지역의 풍향 변화로 옳은 것은?

① 남서풍 → 남동풍 → 북동풍
② 남동풍 → 남서풍 → 북서풍
③ 북동풍 → 북서풍 → 남동풍
④ 북서풍 → 북동풍 → 북서풍
⑤ 남동풍 → 북서풍 → 남서풍

19 다음 그림은 온대 저기압의 단면을 나타낸 것이다. 이에 대한 설명으로 옳은 것만을 〈보기〉에서 있는 대로 고른 것은?

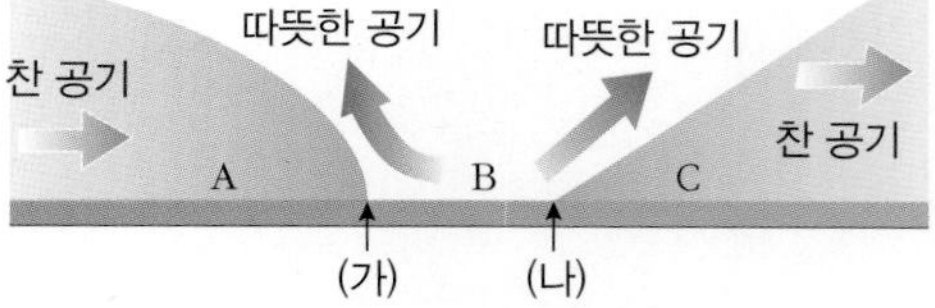

〈 보기 〉
ㄱ. 전선 (가)는 온난 전선이다.
ㄴ. B 지역은 현재는 비가 내리고 있지만, 비 갠 후, 날씨가 맑아질 것이다.
ㄷ. C 지역에는 남동풍이 불고 있다.

① ㄱ ② ㄴ ③ ㄷ
④ ㄱ, ㄴ ⑤ ㄱ, ㄴ, ㄷ

정답 및 해설 49쪽

20 다음 그림은 우리나라 부근의 일기도를 계절별로 나타낸 것이다. 이에 대한 설명으로 옳은 것만을 〈보기〉에서 있는 대로 고른 것은?

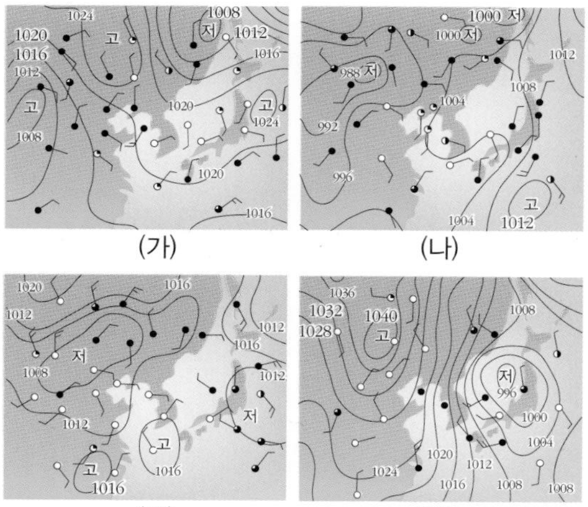
(가) (나)
(다) (라)

〈 보기 〉

ㄱ. (가)와 (다) 계절에는 이동성 고기압과 저기압이 교대로 우리나라를 통과한다.
ㄴ. (나) 계절에는 우리나라에 남동 또는 남서 계절풍이 분다.
ㄷ. (라) 계절에 우리나라는 오호츠크 해 기단의 영향을 받는다.

① ㄱ ② ㄴ ③ ㄷ
④ ㄱ, ㄴ ⑤ ㄱ, ㄴ, ㄷ

C

21 다음 그림 (가)는 우리나라 주변의 기단을 나타낸 것이고, 그림 (나)는 어느 날의 우리나라 위성 사진을 나타낸 것이다. 그림 (나)와 같은 날씨에 영향을 미치는 기단을 그림 (가)에서 찾아 기호를 쓰고, 그 기단의 이름을 쓰시오.

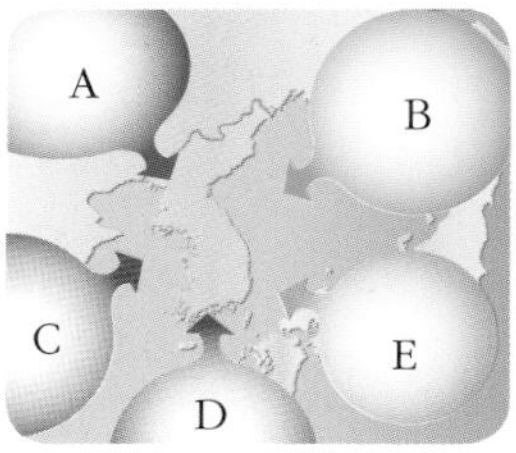

(가)

(나)

기단의 기호 : (   )
기단의 이름 : (   )

22 다음 그림은 적도 기단을 제외한 우리나라 주변 기단을 기온과 습도에 따라 구분하여 나타낸 것이다. 이에 대한 설명으로 옳은 것은?

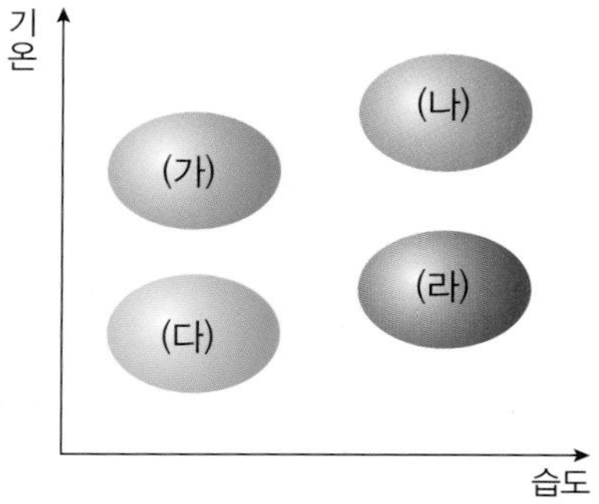

① (가)는 시베리아 기단으로 폭설과 한파를 발생시킨다.
② (나)는 양쯔 강 기단으로 초여름 우리나라 날씨에 영향을 준다.
③ (다)는 태풍 발생의 근원이 되는 기단이다.
④ (라)는 봄과 가을의 우리나라 날씨에 영향을 주는 기단이다.
⑤ (나)와 (라)가 만나 우리나라에서 장마 전선을 형성한다.

23 그림은 우리나라 부근의 일기도이다. 저기압 A와 B에 대한 설명으로 옳지 않은 것은?

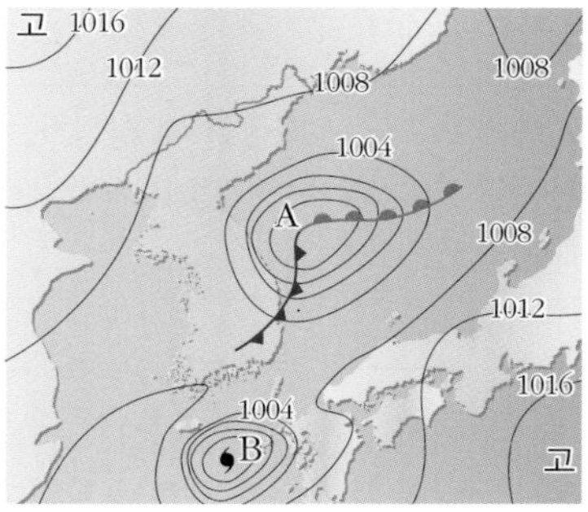

① A는 동쪽 방향으로 이동한다.
② A의 중심부에는 공기의 하강 기류가 생긴다.
③ B의 중심 부근의 최대 풍속은 17m/s 이상이다.
④ B가 A보다 더 강한 바람을 동반한 저기압이다.
⑤ B는 적도 기단에 의해 우리나라 쪽으로 북상한다.

24 다음 그림과 같이 온대 저기압이 발생하면 서에서 동으로 이동하다가 발생 후 3~4일이 지나면 소멸된다. 온대 저기압이 소멸되는 이유로 가장 적절한 것은?

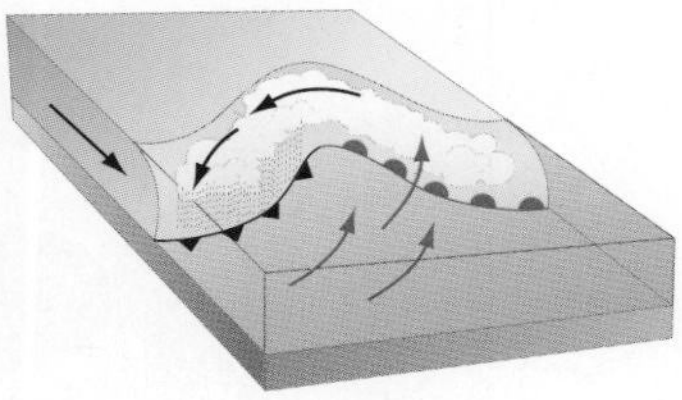

① 다른 저기압과 충돌하기 때문에
② 따뜻한 공기와 찬 공기가 섞이기 때문에
③ 따뜻한 공기가 차가운 공기를 모두 밀어내기 때문에
④ 따뜻한 공기는 위로, 차가운 공기는 아래로 이동하기 때문에
⑤ 한랭 전선의 이동 속도가 온난 전선보다 빨라서 두 전선이 겹쳐지며 에너지가 소비되기 때문에

25 다음은 우리나라에서 나타나는 기상 현상과 그에 수반되는 자연 재해를 설명한 것이다. 이에 대한 설명으로 옳은 것만을 〈보기〉에서 있는 대로 고른 것은?

시베리아 기단이 확장될 때 발생하는 자연 재해로 동해안 지역에서는 지붕이 내려앉는 피해가 발생하기도 한다.

〈 보기 〉

ㄱ. 이 기상 현상은 폭설이다.
ㄴ. 강한 상승 기류에 의해 형성된다.
ㄷ. 층운형 구름이 생성될 때 잘 일어난다.

① ㄱ　② ㄴ　③ ㄷ
④ ㄱ, ㄴ　⑤ ㄱ, ㄴ, ㄷ

26 다음 그림과 같이 차고 건조한 성질을 가진 기단이 따뜻한 바다 위를 지나면 기단의 성질이 어떻게 변하는지 서술하시오.

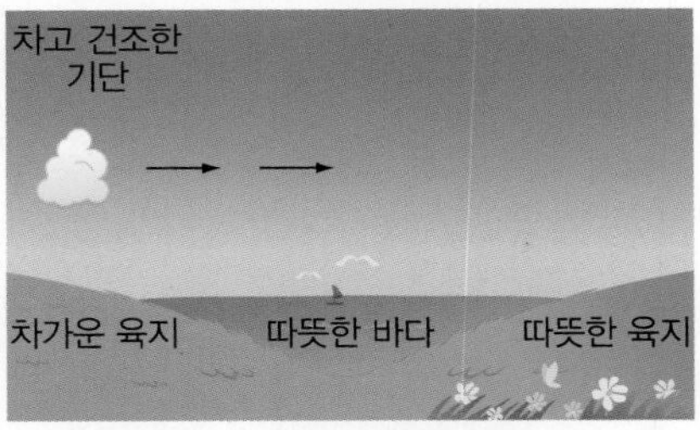

27 고위도의 바다와 저위도의 육지에서 발생한 기단의 성질을 비교하여 서술하시오.

28 우리나라에 영향을 미치는 기단 중 여름철과 관련된 기단을 모두 쓰고, 이 중 동해안 지역의 저온 현상과 관련이 있는 기단이 무엇인지 서술하시오.

정답 및 해설 49쪽

29 온대 저기압이 이동하는 방향을 쓰고, 온대 저기압이 그 방향으로 이동하는 이유를 서술하시오.

30 다음 그림은 찬 공기와 따뜻한 공기가 만나서 형성된 전선의 단면이다. A~D 지역 중 강수 현상이 일어나는 지역과 그 지역의 강수 형태를 설명하시오.

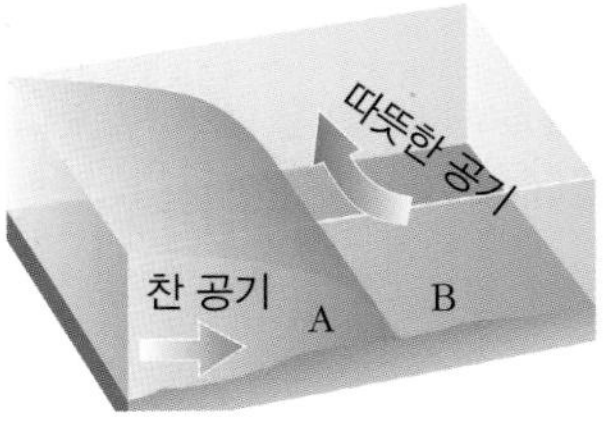

(가)

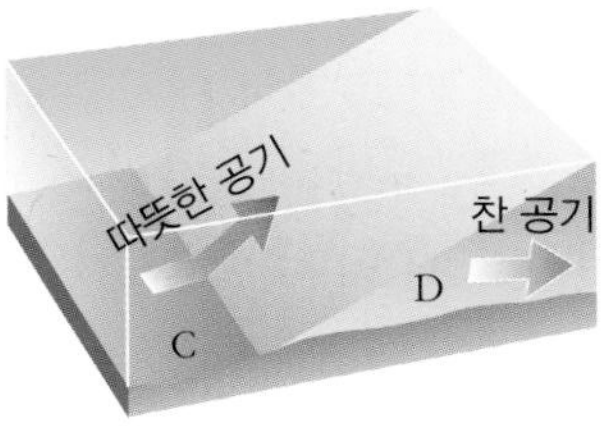

(나)

창의력 서술

31 우리나라는 겨울에 서고동저형의 기압 배치가 나타난다. 이 같은 기압 배치가 일어나는 이유는 무엇일까?

32 다음 일기 기호를 보고, 이 일기 기호가 있는 곳의 일기에 대하여 설명하시오.

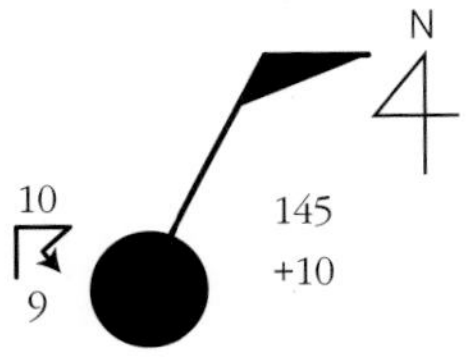

인공 강수

인공 강우란?

구름층은 형성되어 있으나 대기 중에 응결핵 또는 빙정핵이 적어 구름 방울들이 빗방울로 성장하지 못할 때, '비 씨앗'을 뿌려 특정 지역에 인공적으로 비 또는 눈을 내리게 하는 기술을 말한다.

▲ 인공 강우를 위한 '비 씨앗'을 뿌리기 위해 지상의 발전 시설이나 쏘아올린 로켓, 비행기 등이 이용된다.

인공 강우의 역사

강수의 기원이 밝혀지기 전까지는 비를 내리기 위해 불을 지르거나 대포를 쏘아 올리는 등 여러 가지 방법이 시도되었다. 1933년 토르 베르예론(Bergeron)에 의해 빙정설이 발표되고, 1938년 발터 핀트아이젠(Walter Findeisen)은 빙정설에 따라 인공적으로 빙정핵을 구름 속에 뿌리면 비 또는 눈을 오게 할 수 있다고 주장하였다. 인공강우가 최초로 성공한 것은 1946년 빈센트 섀퍼(Vincent Schaefer) 박사에 의해서이다. 빈센트 섀퍼는 안개로 가득 찬 냉장고에 드라이아이스 파편을 떨어뜨리자 얼음 결정들이 만들어진다는 사실을 발견하였고, 이를 바탕으로 실제 구름에 드라이아이스를 뿌리면 눈을 만들 수 있겠다는 생각을 하였다. 그는 비행기를 타고 미국 매사추세츠주 바크처 산맥 4,000m 높이로 올라가 구름에 드라이아이스를 뿌렸고, 얼마의 시간이 지난 후 구름은 눈송이로 변해 땅으로 떨어졌다. 1947년 보네거트(Benard Vonnegut)는 아이오딘화 은을 태웠을 때 생기는 미세한 결정이 -50℃ 이하에서 빙정핵으로서 유효하게 작용하는 것을 발견하였고, 이를 토대로 인공 강우 실험을 실시해 성공하였다. 그 이후 세계 각지에서 인공 강우에 대한 연구가 활발해졌다.

인공 강우 실험 방법

① 중위도 또는 한대 지방 : 물방울과 빙정이 섞여 있는 구름의 경우 구름 입자를 빙결시켜 많은 입자들이 응결핵으로 작용하여 비나 눈이 내릴 수 있다. -10℃ 이하의 구름에는 드라이아이스, -4℃ ~ -6℃ 이하의 구름이면 아이오딘화 은을 뿌린다.

정답 및 해설 51쪽

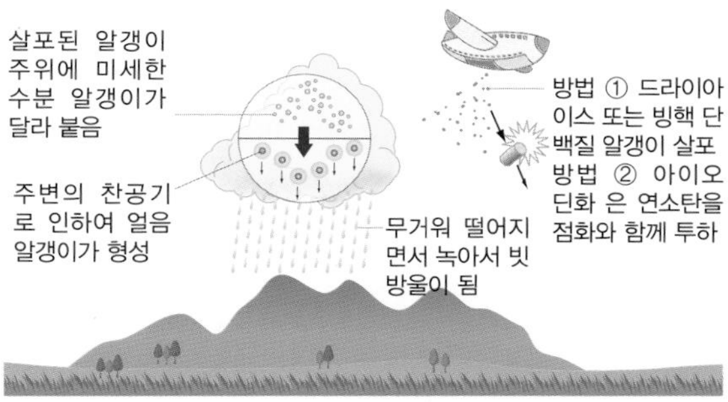

▲ 인공 강우 실험 방법 (출처 : 한국 수자원 공사)

② 열대 지방 : 0℃ 이상의 구름에는 염화나트륨이나 염화 칼륨 같은 흡수성 물질을 사용하여 구름 물방울을 흡수해 몸집을 키운 후 빗방울로 떨어지게 한다.

인공 강우 실험 사례

세계 기상 기구(WMO)에 의하면 현재 세계 약 40여 개국에서 인공 강우 관련 기상 조절 연구를 하고 있다. 1980년대부터는 실용화하여 수자원 확보, 수력 발전, 농작물 경작 등에 광범위하게 이용되고 있다.

우리 나라의 인공 강우 실험 현황을 살펴보면 다음과 같다.

- 중위도 편서풍대에 위치하여 주 1회 정도 기압골이 통과할 때 비교적 구름이 많이 발생해 인공 강우 실험에 비교적 좋은 환경
- 1990년 중반부터 인공 강우 실험을 시도하였으나 좁은 국토와 열악한 실험 환경이 기술 상용화를 어렵게 함
- 2009년 3월 30일 국립 기상 연구소 팀이 공식적으로 국내 첫 인공 강우 실험 성공

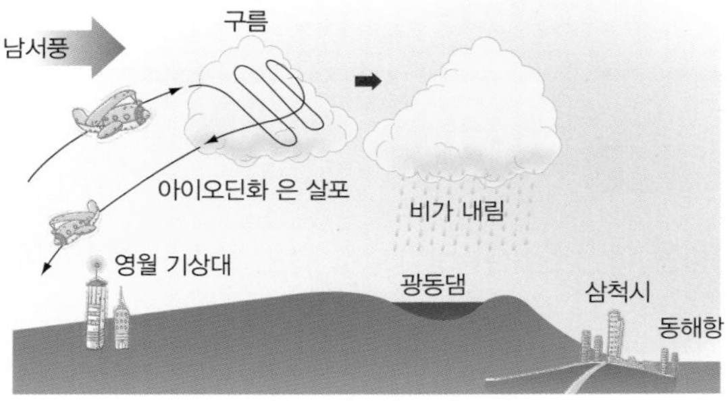

▲ 우리나라 인공강우 실험

인공 강우는 과학 기술 자체 뿐만 아니라 구름의 선택과 장소, 뿌리는 시간과 양의 조정 등 종합적인 경험의 축적이 필요하다. 21세기는 물 전쟁의 시대이므로 기상 조절, 특히 인공 강우 실용화의 필요성은 더욱 절실하다.

Q1

인공적으로 비를 내리게 하기 위해서는 아이오딘화 은을 살포하거나 드라이아이스 가루와 같은 냉매를 공기 중에 뿌리는 방법이 사용된다. 이러한 물질이 구름 속에서 하는 역할과 인공 강우에 의해 비가 내리는 과정을 서술하시오.

Project 4 - 탐구

[탐구-1] 구름의 발생

준비물 둥근바닥 플라스크, 온도계, 고무마개, 고무관, 스탠드, 향, 주사기

탐구 과정

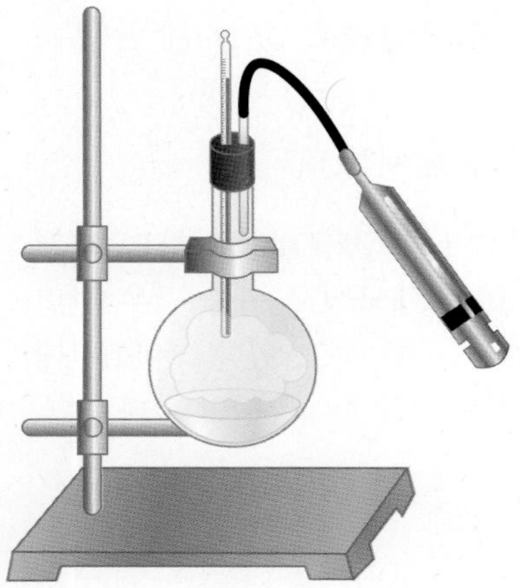

① 왼쪽 그림과 같이 둥근바닥 플라스크에 물을 조금 넣고 온도계를 끼운 고무마개를 이용하여 플라스크의 입구를 막는다.

② 온도계와 고무관을 끼운 고무마개와 주사기를 고무관으로 연결한 후 플라스크 내부의 처음 온도를 측정한다.

③ 주사기의 피스톤을 잡아당기면서 플라스크 안의 변화를 관찰하고 온도를 측정한다.

④ 주사기의 피스톤을 밀어 넣으면서 플라스크 안의 변화를 관찰하고 온도를 측정한다.

⑤ 플라스크 속에 향 연기를 조금 넣은 후 위의 ③과 ④ 과정을 반복한다.

가설 설정

이 실험은 어떤 원리를 알아보기 위한 것인지 한 문장으로 정리하여 쓰시오.

탐구 결과

다음 표를 작성하시오.

과정		플라스크 내부 공기 부피 변화 (늘어난다, 줄어든다)	기온 변화		플라스크 속 변화
			처음 온도(℃)	나중 온도(℃)	
향 연기를 넣지 않았을 때	피스톤을 잡아당겼을 때				
	피스톤을 밀어넣었을 때				
향 연기를 넣었을 때	피스톤을 잡아당겼을 때				
	피스톤을 밀어넣었을 때				

정답 및 해설 51쪽

탐구 문제

1. 다음은 구름이 생성될 수 있는 조건을 나타낸 것이다. 빈칸에 알맞은 말을 쓰시오.

> 구름이 잘 생성되기 위해서는 수증기가 충분히 공급되고 (　　　　　)에 의해 기온이 낮아지며 먼지, 그을음 같이 응결을 도와주는 물질인 (　　　　　)이 대기 중에 존재해야 한다.

2. 다음 〈보기〉는 실험에 대한 설명을 나타낸 것이다. 옳은 것만을 있는 대로 고르시오.

〈 보기 〉

ㄱ. 향 연기를 넣어주면 플라스크 안의 온도가 상승한다.
ㄴ. 주사기의 피스톤을 잡아당기면 플라스크 내부 공기의 부피가 팽창한다.
ㄷ. 주사기의 피스톤을 밀어넣으면 플라스크 내부 수증기의 응결이 일어난다.
ㄹ. 주사기의 피스톤을 잡아당기면 플라스크 내부 공기의 상대 습도가 증가한다.

< 생활 속 간편 실험 >

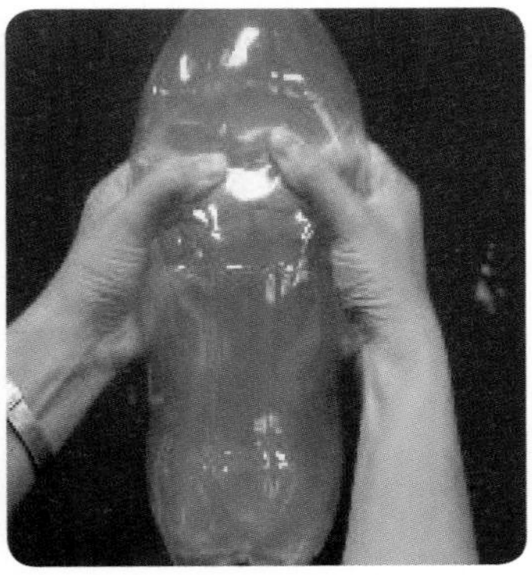

① 빈 PET 병에 물을 약간 넣고 향연기를 조금 넣는다.
② 병마개를 닫아 공기가 출입할 수 없도록 한다.
③ 병을 꾹 눌러 압축하면서 변화를 관찰한다.
④ 눌렀던 손을 놓았을 때 PET 병 안에서 일어나는 변화를 관찰한다.

[탐구-2] 복사 평형

준비물 검정 싸인펜, 알루미늄 컵 3개, 스타이로폼 뚜껑 3개, 전등, 온도계 3개

실험 과정

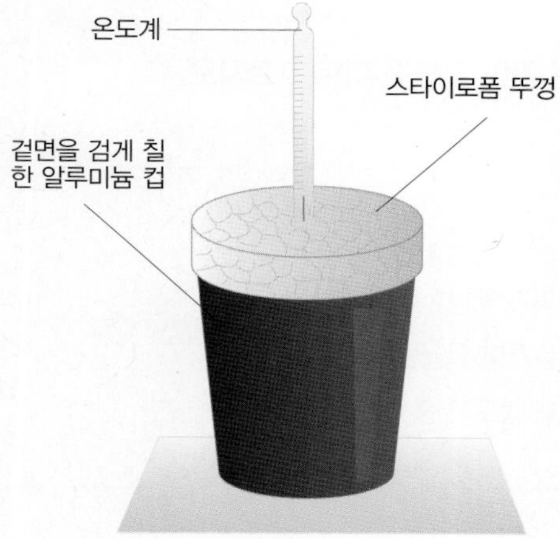

(가)

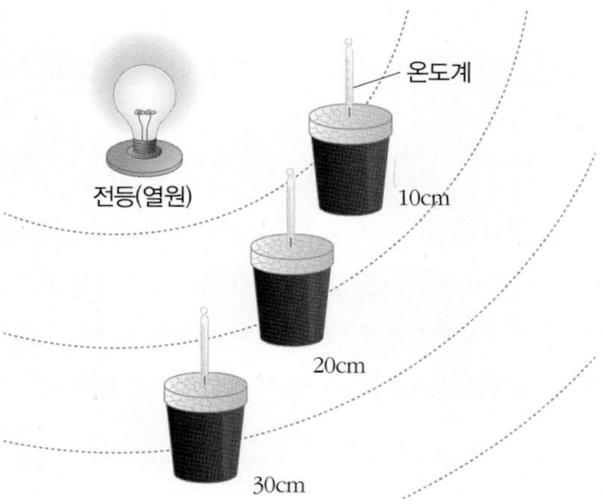

(나)

① 그림 (가)와 같이 검게 칠한 알루미늄 컵 3개에 온도계를 꽂은 스타이로폼 뚜껑을 씌워서 준비한다.

② 그림 (나)와 같이 전등(광원)의 중심으로부터 각각 10cm, 20cm, 30cm 떨어진 거리에 알루미늄 컵을 각각 놓는다.

③ 전등에 불을 켜기 전에 컵속의 온도를 측정한다.

④ 전등을 켜고 2분마다 컵 속 공기의 온도를 측정한다.

⑤ 시간이 지나도 더 이상 온도가 올라가지 않을 때까지 온도를 측정하여 기록한다.

실험 결과

[시간에 따른 컵 속의 온도 변화]

	0분	2분	4분	6분	8분	10분	12분	14분	16분	18분	20분
10cm	15.0	17.0	21.5	25.0	27.2	29.0	30.5	31.8	32.0	32.0	32.0
20cm	15.0	16.5	18.0	19.5	20.7	21.5	22.0	22.7	23.2	23.5	23.5
30cm	15.0	16.4	17.0	18.0	18.5	19.0	19.3	19.5	19.8	20.0	20.0

정답 및 해설 51쪽

[시간에 따른 컵 속의 온도 변화 그래프]

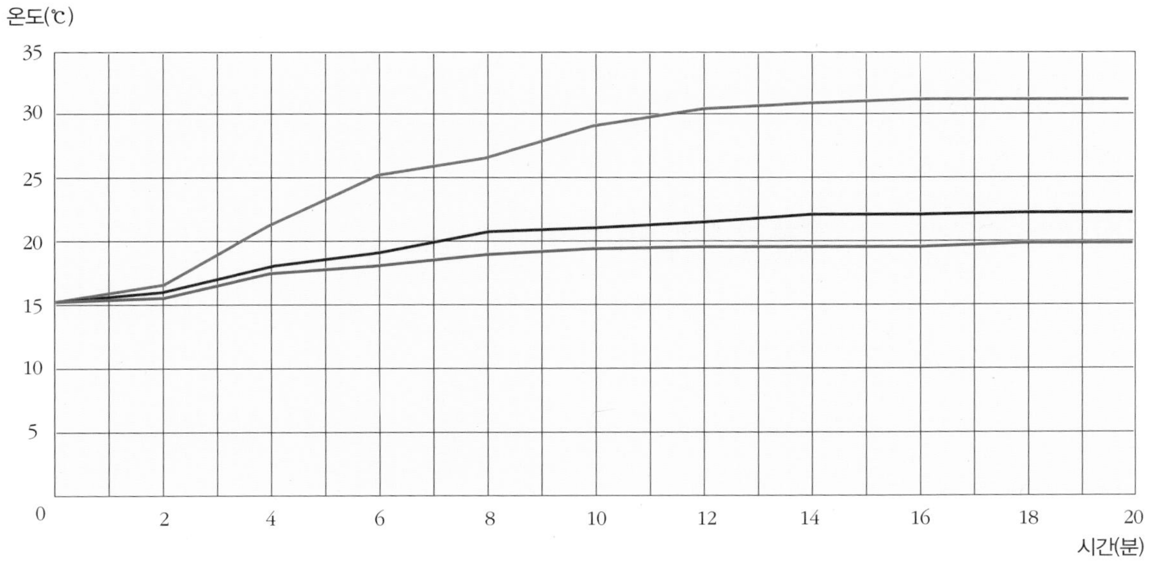

결론 도출

1. 알루미늄 컵 속의 공기 온도가 전등을 켠 후 변하는 과정을 설명하고, 그렇게 변하는 이유를 서술하시오.

2. 전등과 알루미늄 컵 사이의 거리가 멀어짐에 따라 복사 평형 온도는 어떻게 변하며, 그 이유는 무엇인지 서술하시오.

일반화

알루미늄 컵을 지구, 전등을 태양이라고 가정하고 지구에서의 복사 에너지의 출입을 설명하시오.

MEMO

세페이드

세페이드

창의력과학

세페이드

2F. 지구과학(상) 개정판

정답과 해설

윤찬섭
무한상상 영재교육 연구소

〈온라인 문제풀이〉
[스스로 실력 높이기] 는 동영상 문제풀이를 합니다.
http://cafe.naver.com/creativeini

무한상상

세페이드 I 변광성은 지구에서 은하까지의 거리를 재는 기준별이며 우주의 등대라고 불린다.

사람은 누구나 창의적이랍니다.
창의력 과학의 세계로 오심을 환영합니다!

창의력과학

세페이드

2F. 지구과학(상)

정답과 해설

무한상상

http://cafe.naver.com/creativeini

1강. 지권의 구성 물질 I - 광물

개념 확인 10~15쪽

1. (1) 생태계 (2) 태양계 (3) 순환계
2. ㉠ 광물 ㉡ 암석 ㉢ 지각
3. ㉠ 무색 ㉡ 검은색 ㉢ 황록색
4. ㄱ, ㄴ, ㅁ 5. (1) C (2) A (3) B 6. ②, ③

6. 답 ②, ③
해설 ① 조암 광물 중 장석의 부피비가 가장 크다.
④ 철과 마그네슘이 많이 포함되면 무겁다(밀도가 크다).
⑤ 산소와 규소가 많이 포함된 광물은 밝은색을 나타낸다.

확인+ 10~15쪽

1. 산소, 이산화 탄소 2. ⑤ 3. 조흔색
4. ㉠ 석고 ㉡ 형석 ㉢ 정장석 ㉣ 금강석
5. ㉠ 석영 ㉡ 흑운모 ㉢ 방해석
6. (1) ㄱ, ㄴ (2) ㄷ, ㄹ, ㅁ (3) ㄴ

1. 답 산소, 이산화 탄소
해설 생물은 광합성과 호흡 작용을 통하여 산소와 이산화탄소의 양을 조절하여 지구 온도 조절에 기여한다.

3. 답 조흔색
해설 광물을 조흔판에 긁었을 때 나타나는 가루의 색이며, 광물의 종류가 다르면 겉보기 색이 같더라도 조흔색은 다르게 나타난다.

4. 답 ㉠ 석고 ㉡ 형석 ㉢ 정장석 ㉣ 금강석
해설

굳기	2	4	6	10
표준 광물	석고	형석	정장석	금강석

생각해보기 10~15쪽

★ 산소 원자는 지구에 풍부한 원소 중에서 전자를 끌어당기는 능력이 가장 크므로 대부분의 원소와 결합하여 산화물 상태로 존재하기 때문이다.

★★ 광물에 들어있는 철과 마그네슘은 대부분 산화물의 형태로 들어있다. 따라서 붉은색의 산화철과 검은색의 산화 마그네슘으로 인해 광물의 색이 어두운 것이다.

개념 다지기 16~17쪽

01. ②	02. ③	03. ⑤	04. ②
05. ⑤	06. ①	07. ④	08. ①

01. 답 ②
해설 광물은 한 가지 원소가 아닌 여러가지 원소로 이루어져 있다.

03. 답 ⑤
해설 무게로는 광물을 구별할 수 없다. 광물을 구별하는 방법으로는 색, 조흔색, 굳기, 쪼개짐, 깨짐으로 구별할 수 있다.

06. 답 ①
해설 석영은 깨짐이 나타나고 방해석은 쪼개짐이 나타나므로 망치로 두드려 본다.

08. 답 ①
해설 (가)의 광물들은 밝은색을 나타내고, (나)의 광물들은 어두운 색을 나타내므로 색으로 구분 가능하다.

유형 익히기 & 하브루타 18~23쪽

[유형 1-1] ③	01. ②	02. ⑤
[유형 1-2] ④	03. ②	04. ③
[유형 1-3] ③	05. ①	06. ④
[유형 1-4] ①, ②	07.②	08. ⑤
[유형 1-5] ⑤	09. ④	10. ②
[유형 1-6] ⑤	11. ③	12. ⑤

[유형 1-1] 답 ③
해설 ㄱ. 과정 A는 화석 연료의 연소로 인한 이산화 탄소의 발생에 해당한다.
ㄷ. 과정 B는 이산화 탄소가 물에 용해되는 과정, 과정 C는 바다에서 침전된 물질이 석회암 등 암석이 되는 과정이다.
ㄴ. 온실 효과는 기권에서 일어나는 현상이다. 기권과 수권 사이의 과정과는 상관 없다.

01. 답 ②
해설 수권에서는 날씨 변화와 지구 에너지의 순환과 분배에 기여하며 생명체의 물질 대사, 암석의 풍화와 순환에 영향을 준다. 수증기는 기권에 포함된다.

02. 답 ⑤
해설 육수 중 분포가 가장 큰 것은 빙하이다.

[유형 1-2] 답 ④

해설 지각을 구성하는 원소 중 전체 질량의 98% 이상을 차지하는 원소를 지각 구성 8대 원소라고 한다. 이 원소 중에서 산소와 규소가 대부분을 구성한다.

03. 답 ②

해설 암석을 이루는 구성 단위는 광물이다.

[유형 1-3] 답 ③

해설 조흔색은 광물을 조흔판에 긁었을 때 나타나는 가루의 색이다. 금, 황철석, 황동석은 조흔색이 모두 다르기 때문에 조흔색으로 구별할 수 있다. 그러므로 조흔판인 초벌구이 자기판에 그어서 조흔색으로 구별한다.

05. 답 ①

해설 금은 노란색, 자철석은 검은색으로 겉보기 색과 조흔색이 같다.

[유형 1-4] 답 ①, ②

해설 A와 B는 색이 다르고, 쪼개짐/깨짐이 다르므로 색을 관찰하거나 망치로 두드려 본다.

07. 답 ②

해설 모스 굳기는 10개의 광물의 굳기 순서를 상대적으로 정한 것으로 금강석이 인회석보다 2배 단단하다고 할 수 없다.

08. 답 ⑤

해설 ① 모든 광물이 쪼개짐이 나타나는 것은 아니다.
② 광물의 색과 조흔색은 다르다. 금과 자철석만 색과 조흔색이 같다.
③ 광물마다 굳기가 다르다. 광물의 크기와는 무관하다.
④ 광물에 가장 많이 포함된 원소는 산소와 규소이다.

[유형 1-5] 답 ⑤

해설 조암 광물 중 가장 많은 부피를 차지하며, 도자기의 원료로 사용되고 흰색의 광물을 나타내는 광물은 장석이다.

09. 답 ④

해설 활석은 종이나 화장품을 만들 때 쓰인다.

[유형 1-6] 답 ⑤

해설 A는 장석, B는 석영이다. A, B는 철과 마그네슘을 거의 포함하지 않는다. 그래서 밀도가 작고, 밝은색을 나타낸다.

11. 답 ③

해설 겉보기 색은 두 광물 모두 무색 투명이므로 구별할 수 없다.

12. 답 ⑤

해설 쪼개짐을 나타내는 광물은 흑운모, 방해석이다. 석영과 흑요석은 깨짐을 나타낸다.

창의력 & 토론마당 24~27쪽

01

· 색, 조흔색, 경도 등을 육안 등의 방법으로 측정
· 탄산염 광물은 염산과의 반응 여부로 감정
· 미세한 결정은 휴대용 확대경을 이용

해설 야외에서 화강암에 들어 있는 대표적인 고철질 광물은 각섬석과 흑운모이다. 각섬석은 주상의 단단한 광물이며, 흑운모는 판상의 관물로 칼로 쉽게 뜯어낼 수 있다. 흑운모는 아주 얇은 판상으로 관찰되며 각섬석은 주상 또는 침상으로 관찰된다. 광물 색깔에서 흑운모는 흑갈색 내지 흑색이며 각섬석은 녹흑색 내지 흑색을 띤다.

02

(1) 광물의 색에는 광물이 지닌 고유의 색이 있지만 자수정은 광물에 불순물이 섞이거나 변질되어 보라색을 나타낸다.
(2) 결정이 자랄 수 있는 환경이 아니거나, 인공적으로 석영(수정)이 만들어 질 때 자신의 모양을 갖지 못하고 타형이 된다.

해설 (2) 광물은 암석을 이루는 것이므로, 광물로서의 석영은 다양한 온도, 압력의 조건과 주변 광물과의 작용 등에 의해 결정이 성장하지 못하고 결정 모양을 갖추지 못하게 되어 '타형'이 된다.

03

(1) 지권과 기권 사이의 상호 작용이다.
(2) 화석 연료가 연소되어 이산화 탄소가 생성된다.

해설 (1) 화산 분출 과정에서 화산재, 화산 가스 등이 대기로 분출되므로 화산 활동은 지권과 기권의 상호 작용이다.
(2) 지권에 속하는 화석 연료가 연소되어 이산화 탄소가 발생하고 대기 중 이산화 탄소 농도를 높여 지구 온난화의 원인이 된다.

04

A : 석영, B : 흑운모, C : 금강석,
D : 방해석, E : 장석, F : 철

해설 B 운모는 전기를 잘 통하지 않고, 얇게 쪼개지므로 다리미의 절연제로 적절하다.
D 시멘트는 석회암으로 만들고, 석회암은 탄산 칼슘으로 이루어진다. 방해석의 주성분도 탄산 칼슘이다.

스스로 실력 높이기 28~33쪽

01. 생물권 02. A : 장석 B : 석영
03. 방해석 04. 자철석 05. 석영
06. ㉠ 무색 ㉡ 흰색 ㉢ 짧은 기둥 ㉣ 7
07. 흑운모, 방해석 08. 장석
09. ㉠ 석영, 장석 ㉡ 흑운모, 감람석, 각섬석, 휘석
10. 철, 마그네슘 11. ④ 12. ③
13. ① 14. ③ 15. ④, ⑤ 16. ②
17. ② 18. ③ 19. ② 20. ③
21. A : ㄷ B : ㄱ C : ㄴ 22. ③ 23. ⑤
24. ① 25. ④ 26.~32. 〈해설 참조〉

02. 답 A : 장석, B : 석영
해설 조암 광물의 부피비 : 장석 〉 석영 〉 휘석 〉 운모

09. 답 밝은색 : 석영, 장석. 어두운색 : 흑운모, 각람석, 감섬석, 휘석
해설 석영 : 무색, 흰색. 장석 : 흰색, 분홍색.
흑운모 : 검은색. 감섬석 : 어두운 녹색, 갈색.
휘석 : 어두운 녹색. 감람석 : 황록색.

10. 답 철, 마그네슘
해설 광물이 어두운 색을 나타내는 이유는 철과 마그네슘이 포함되었기 때문이다.

11. 답 ④
해설 지구를 둘러싸고 있는 지구 대기권은 기권이다. 외권은 구성 요소 중 가장 바깥 영역에 해당하며, 태양 에너지를 지구 내부로 공급하며 지구 자기장은 태양풍과 우주선을 막아주는 구성 요소이다.

12. 답 ③
해설 원시 지구의 탄생 이후 지구계를 구성하는 요소들 간에는 다양한 상호 작용을 거쳐 현재와 같은 모습으로 진화되어왔다. 최근에는 인간 활동이 지구계에 미치는 영향이 점차 커지고 있다.
지구계의 구성 요소 사이에는 끊임없는 상호 작용이 이루어지며, 이 과정에서 물질 교환과 에너지 교환이 이루어진다. 각 구성 요소들은 독립된 영역으로만 존재하는 것은 아니다. 한 예로 생물권의 영역은 지권, 기권, 수권과 공간적으로 겹쳐 있다.

13. 답 ①
해설 석영과 장석은 밝은 색 조암 광물로 밀도가 매우 작다. 또한, 철과 마그네슘을 거의 포함하지 않아 밝은 색을 나타낸다.

15. 답 ④, ⑤
해설 그림에 나타난 광물은 방해석이다. 방해석은 모스 굳기가 3이고 자성이 없다. 조흔판보다 굳기가 작으므로 조흔색을 관찰할 수 있다.

16. 답 ②
해설 그림에 나타난 광물은 장석이다. 장석은 두꺼운 판 모양으로 쪼개짐이 나타난다.

17. 답 ②
해설 석영은 밝은 색 광물이지만 휘석, 각섬석은 어두운 색 광물이다. 석영과 장석은 휘석, 감람석보다 밀도가 작으므로 가볍다.

18. 답 ③
해설 황록색인 감람석의 결정형은 짧은 기둥이고, 망치로 두드리면 깨진다. 조흔색은 흰색이고, 굳기는 6.5~7이다.

19. 답 ②
해설 ② 감람석은 깨짐이 나타난다.
⑤ 6가지 주요 조암 광물의 조흔색은 모두 흰색이다.

20. 답 ③
해설 흑운모는 전기가 잘 통하지 않아 절연체로 사용된다.
① 석영은 유리, 반도체, 태양 전자판으로 쓰인다.
② 장석은 도자기, 주방 타일로 쓰인다.

21. 답 A : ㄷ B : ㄱ C : ㄴ
해설 ㄱ. 생물의 유해가 묻혀 석유가 되는 것은 생물권과 지권 사이의 상호 작용이다.
ㄴ. 바닷가의 바위가 파도에 의해 깎이는 현상은 수권과 지권 사이의 상호 작용에 의한 것이다.
ㄷ. 화산재가 햇빛을 차단해 기온이 하강하는 현상은 기권과 지권 사이의 상호 작용에 의한 것이다.

22. 답 ③
해설 화강암의 표면에서 관찰할 수 있는 조암 광물은 석영과 장석, 흑운모로 A가 흑운모, B가 석영, C가 장석이다. 석영과 장석은 철과 마그네슘을 거의 포함하고 있지 않아 밝은 색을 보이며 주성분이 산소와 규소이다. 석영은 반도체와 유리의 재료, 장석은 도자기 원료, 흑연은 전기 절연체로 사용된다.
장석은 두꺼운 판 모양으로 쪼개지며, 얇은 판상으로 쪼개지는 광물은 흑운모이다.

23. 답 ⑤
해설 황동석은 동전, 전선 등에 쓰인다.

24. 답 ①
해설 ② 민들레 씨앗이 바람에 날려 이동하는 것은 생물권과 기권의 상호작용이다.
③ 태양 복사 에너지가 지구 대기로 들어오는 것은 외권과 기권의 상호 작용이다.

④ 태풍이 이동하여 북쪽 지역에 비를 뿌리는 것은 수권과 기권의 상호작용이다.
⑤ 물이 암석을 녹여 동굴을 형성하는 것은 지권과 수권의 상호 작용이다.

25. 답 ④
해설 **④ 금강석과 방해석은 겉보기 색이 모두 흰색이므로 서로 구분할 수 없다.**
① 같은 탄소 원소로 이루어진 금강석과 흑연의 성질은 다르다.
② 조암 광물의 부피비 순은 장석 〉 석영 〉 휘석 〉 운모 이다.
③ 석고가 형석보다 무른 광물이므로 서로 문지르면 석고가 긁힌다.
⑤ 방해석은 탄산 칼슘으로 이루어지므로 산과 반응하여 이산화 탄소(거품)가 발생한다.

26. 답 이 광물은 자철석이다. 자철석은 철가루나 클립등의 쇠 붙이를 끌어 당기는 성질인 자성이 있다.

27. 답 왼쪽은 석영, 오른쪽은 방해석이다.
① 결정형 : 석영은 육각기둥 모양, 방해석은 기울어진 육면체 모양
② 쪼개짐과 깨짐 : 석영은 깨짐, 방해석은 기울어진 육면체 모양으로 쪼개짐
③ 굳기 : 두 광물을 서로 긁었을 때 긁히는 쪽이 방해석, 긁는 쪽이 석영이다.
그 외의 구별 방법으로는 염산 반응, 복굴절 등이 있다. 염산과의 반응에서 방해석은 염산과 반응하여 이산화 탄소가 발생하지만, 석영은 변화가 없다. 방해석은 글씨 위에 놓으면 글씨가 2개로 보이는 복굴절 현상이 나타나지만 석영은 그렇지 않다.

28. 답 자욱. 무게로는 광물을 구별할 수 없다.

29. 답 철과 마그네슘이 많이 포함되어 있기 때문이다. 철과 마그네슘은 공기중에서 산화되어 검게 변한다. 그렇기 때문에 철과 마그네슘이 많이 포함된 흑운모, 각섬석, 휘석, 감람석은 어두운 색을 나타낸다.

30. 답 쪼개짐이 나타나는 이유는 특정 방향으로 분자끼리 매우 약한 결합을 하고 있기 때문이다. 쪼개짐이 나타나지 않는 이유는 광물이 사방으로 고르게 강한 결합을 하고 있기 때문이다.

31. 답 지질학적, 환경학적 기반 조사. 건축 기반 조사. 범죄 수사 등에 이용할 수 있다.

32. 답 손톱의 굳기는 2.5, 동전의 굳기는 3.5, 유리의 굳기는 5.5 이다. 모스 굳기계(모스가 표준 광물 10개의 굳기 순서를 상대적으로 정한 것)에서 손톱보다 굳기가 낮은 활석(1)과 석고(2)는 손톱에 의해 긁히므로 C는 석고나 활석 중 하나이다. 동전보다 굳기가 낮은 방해석(3)이 D이다. 유리보다 굳기가 낮은 형석(4)과 인회석(5)중 하나가 A이다. 그리고 유리(5.5)보다 굳기가 높은 정장석(6), 석영(7), 황옥(8), 강옥(9), 금강석(10) 중 하나가 B이다. (괄호 안 숫자는 각 광물의 굳기이다.)

2강. 지권의 구성 물질 II - 암석

개념 확인 34~37쪽

1. ㉠ 심성암 ㉡ 현무암 ㉢ 안산암 ㉣ 화강암
2. ㉠ 층리 ㉡ 화석
3. 열, 엽리
4. (1) O (2) X (3) O

4. 답 (1) O (2) X (3) O
해설 (2) 화성암은 마그마가 냉각되어 생성되는 암석이다.

확인+ 34~37쪽

1. (1) 현 (2) 화 (3) 화
2. (1) C (2) B (3) A
3. (1) 규암 (2) 대리암 (3) 화강 편마암 (4) 편마암
4. ㉠ 퇴적암 ㉡ 변성암 ㉢ 화성암

생각해보기 34~37쪽

★ 현무암과 화강암 두 암석 모두 마그마가 굳어져 생성된 암석이다. 두 암석은 매우 단단한 암석이며, 단단한 정도는 매우 비슷하다. 이러한 특징 때문에 화강암은 비석이나 건물의 외벽에서 주로 쓰인다.

★★ 퇴적암은 강이나 계곡에 있는 돌이나 흙 등이 내려와 중류에서 작게 부서지는 과정을 거친다. 그리고 강이나 계곡의 하류에서 작은 모래들이 퇴적된다. 퇴적된 상태로 오랜 시간 지나면 돌이 되는 것이 퇴적암이 생성 과정이다. 퇴적암은 지구에 바다가 생겼을 때부터 만들어지기 시작했으므로 생성 시기는 수천만~수십억 년이다.

★★★ 편암, 편마암 같이 압력을 받아 변성된 변성암에는 엽리가 나타난다. 그러나 규암, 대리암과 같은 한 가지 광물로만 이루어진 변성암은 큰 결정을 이룰 뿐 엽리를 보이지는 않는다.

개념 다지기 38~39쪽

01. ①	02. ①	03. ④
04. ③	05. ④	06. ③

01. 답 ①
해설 마그마나 용암의 지표 부근에서는 화산암이 생성되고, 지하 깊은 곳에서는 심성암이 생성된다.

02. 답 ①
해설 조흔색과 암석의 굳기는 광물을 구별할 때 사용한다.
암석은 암석의 색, 구성광물의 결정 크기로 구별 가능하다.

03. 답 ④
해설 화강암과 현무암은 마그마가 식어서 굳어진 암석이다. 화산암은 마그마의 냉각 속도가 빠르고, 현무암은 느리다.

04. 답 ③
해설 화산재는 굳으면 응회암이 된다.

05. 답 ④
해설 편마암과 규암, 대리암은 높은 열과 압력을 받아서 생성되어 매우 단단하다. 그렇기 때문에 조각상, 정원석 등에 쓰인다.

06. 답 ③
해설 퇴적암은 열과 압력을 받아 변성암이 된다. 화성암은 풍화, 침식을 받아 퇴적물이 된다. 마그마는 냉각되어 화성암이 된다.

유형 익히기 & 하브루타 40~43쪽

[유형 2-1] ②	01. ④	02. ①
[유형 2-2] (1) C (2) F (3) A (4) B (5) E (6) D		
	03. ①	04. ④
[유형 2-3] ⑤	05. ④	06. ④
[유형 2-4] ②	07. ③	08. ①

[유형 2-1] 답 ②
해설 (가)는 화강암, (나)는 현무암이다.
화강암은 석영과 장석 등을 상대적으로 많이 포함하여 밝은 색을 띠며, 비석과 건물 외벽에 이용되는 암석이다. 현무암은 감람석과 휘석을 많이 포함하고 있어 어두운 색을 띠며, 맷돌이나 돌하르방을 만드는데 이용된다.

01. 답 ④
해설 암석은 생성 과정에 따라 분류한다. 화성암은 마그마가 생성되어 만들어지며, 퇴적암은 퇴적물이 퇴적되어 굳어지면서 생성된다. 그리고 변성암은 원래 암석이 열과 압력에 의해 성질이 변하여 생성된 암석이다.

02. 답 ①
해설 화성암은 마그마나 용암의 냉각에 의해 생성된 암석이다. 화석을 포함하기도 하며 층리가 나타나는 암석은 퇴적암이다. 화성암의 결정 크기는 마그마의 냉각 속도에 의해 결정된다. 화성암은 이러한 결정의 크기에 따라 화산암과 심성암으로 구분한다. 높은 결과 압력을 받아 생성된 것은 변성암이고, 어두운 광물과 밝은 광물이 교대로 평행한 줄무늬를 이룬 엽리는 변성암에서 나타나는 특징이다.

[유형 2-2] 답 (1) C (2) F (3) A (4) B (5) E (6) D
해설

퇴적암	퇴적물
소금	암염
석회질 물질	석회암
화산재	응회암
진흙	셰일
모래 , 진흙	사암
자갈 , 모래 , 진흙	역암

03. 답 ①
해설 퇴적암의 특징은 층리가 나타나고 암석에 화석을 포함하는 것이다. 층리는 알갱이의 크기나 색이 다른 퇴적물이 여러 겹으로 쌓여서 만들어진 줄무늬이며, 화석은 퇴적 당시 과거에 살던 생물의 유해나 흔적이 퇴적암 속에 남아 있는 것을 말한다.

04. 답 ④
해설 엽리는 광물이 압력에 수직한 방향으로 길게 배열하여 생긴 평행한 줄무늬이고, 큰 결정은 암석이 변성되는 과정에서 암석을 구성하고 있던 광물이 열에 의해 녹았다가 다시 굳어지면서 결정이 커지는 것으로 모두 변성암의 특징이다. 기공은 용암 속에 있던 기체가 빠져나가면서 표면에 생긴 구멍으로 화성암인 현무암의 특징이다.

[유형 2-3] 답 ⑤
해설 셰일은 열에 의해 변성 작용을 받으면 혼펠스로 변하며, 열과 압력이 강해질수록 점판암 - 편암 - 편마암으로 변해간다. 사암, 석회암은 변성 작용을 받으면 각각 규암, 대리암으로 된다.
⑤ 화강암은 열과 압력을 받아 화강편마암이 된다.

05. 답 ④
해설 층리와 화석은 퇴적암에서 나타나는 특징이며, 암석 표면에 나타나는 기공은 마그마가 냉각되는 과정에서 나타나므로 화성암의 특징이 된다.

06. 답 ④
해설 석회암과 대리암은 모두 구성 광물이 방해석으로 같다. 따라서 묽은 염산과 반응하여 이산화 탄소를 발생시키며 반응한다. 석회암은 대부분 생물체의 유해가 퇴적되어 만들어지며, 석회암이 열에 의해 변성 작용을 받게 되면 결정 입자가 큰 대리암이 된다. 석회암은 퇴적 과정에서 생물체의 유해를 포함할 수 있어 화석이 발견될 수 있다.

[유형 2-4] 답 ②

해설 암석의 순환 과정에서 A는 높은 열과 압력에 의한 변성작용 과정을, B는 암석이 지하깊은 곳에서 녹는 과정을, C는 마그마의 냉각 과정을 나타낸다. 지구계의 상호 작용에서 D 과정에 의해 바다에서 생물체의 유해가 퇴적되어 석회암이 만들어지며, 석탄, 석유의 연소에 의해 기권에 이산화 탄소가 이동하는 것은 E 과정의 예에 해당된다.

07. 답 ③

해설 석회암은 시멘트의 원료로 주로 사용되며, 조각상이나 장식제로 쓰이는 것은 대리암이다.

08. 답 ①

해설 화강암과 현무암은 마그마가 굳어 생성된 화성암이고, 석회암과 역암, 사암, 셰일은 퇴적암이며, 대리암, 편마암은 변성암이다.

창의력 & 토론마당 44~47쪽

01 (1) 대리석은 본래 석회암이었다. 석회암이 높은 열과 압력을 받아 변성 작용을 한 후, 일부 광물이 높은 열에 의해 약간 녹았다가 다시 굳어지는 작용으로 인해 광물 알갱이가 커지고 다시 광물끼리 모여서 얼룩무늬를 만드는 재결정 작용을 통해 아름다운 무늬를 가지게 된다.

(2) 대리석은 무른 암석이고 단단하지 않다. 또한 산성비에도 약하여 붕괴의 위험이 있다.

02 강에 있는 암석은 운반되는 과정에서 풍화에 약한 조각들이 제거되고 마모된다. 이 과정에서 크기가 비슷한 조각들이 쌓이며 암석 조각의 크기가 더 작은 것들은 하류 쪽으로 계속 운반된다.

03 (1) A : 혼펠스, B : 대리암, C : 규암

(2) 혼펠스 : 셰일이 압력의 영향을 거의 받지 않고 높은 열을 받아 만들어진 암석이다. 조직이 매우 치밀하고 단단하며 엽리가 나타나지 않는다.

대리암 : 석회암이 열과 압력을 받아 대리암이 되며, 색과 무늬가 아름다워서 장식재로 많이 사용된다.

규암 : 사암이 열과 압력을 받아 변성 작용을 거치면 규암이 된다. 모래로 이루어진 사암의 표면은 거칠지만, 변성 작용으로 성질이 변하여 규암의 표면은 매끈하여 유리, 철 제련의 재료로 쓰인다.

해설 그림의 지층은 퇴적암인 석회암, 사암, 셰일 층에 마그마가 뚫고 들어가 화강암이 생성된 것이다. 따라서 화강암이 생성될 당시 마그마가 이동하면서 주변 암석이 고온의 열에 의해 변성 작용을 받아 변성암이 만들어진 것이다. 열에 의한 변성 작용을 받으면 셰일은 혼펠스로, 사암은 규암으로, 석회암은 대리암으로 변성된다.

04 (1) 퇴적암은 주로 바다, 호수에서 생성되므로 그곳에 서식하는 생물이 죽어서 함께 퇴적되면 화석이 된다. 화성암은 고온의 마그마가 식어서 생성되므로 화석을 포함할 수 없다. 변성암은 변성도에 따라 화석의 존재 여부가 결정된다. 퇴적암이 약한 변성을 받았을 경우에는 화석이 남아 있을 수 있지만, 높은 압력과 열을 받게되면 생물체가 파손되어 화석으로 발견되기 어렵다.

(2) 건열, 연흔, 사층리, 점이층리가 있다.

해설 (2) 건열은 건조한 기후, 연흔은 얕은 물속 환경이었음을 나타내며, 사층리는 바람이나 물에 의해 퇴적물이 이동할 때 생성된다. 점이층리는 비교적 깊은 바다에서 퇴적물이 한꺼번에 유입될 때 생성된다.

스스로 실력 높이기 48~53쪽

01. 화성암　02. 유문암

03. 변성암　04. 대리암

05. A : 변성암　B : 퇴적암　C : 화성암

06. A : 화산암　B : 심성암

07. (1) c　(2) b　(3) a　08. (라)-(가)-(다)-(나)

09. (1) ⓓ　(2) ⓒ　(3) ⓑ　(4) ⓐ

10. 암석의 생성 과정(원인)　11. ③

12. ③　13. ⑤　14. ①　15. ④

16. ④　17. ④　18. ③　19. ⑤

20. ①　21. B, E　22. ⑤　23. ④

24. ①, ③　25. ②　26.~ 32. 〈해설 참조〉

11. 답 ③

해설 화성암은 광물 결정의 크기와 암석의 색깔에 따라 구분한다. 화산암과 심성암으로 분류한 기준 (가)는 암석의 생성 장소에 따른 광물 결정의 크기이고, (나)와 같이 분류한 기준은 암석의 색이다. 반려암은 어두운 광물이 많이 포함하여 어두운 색을 띠고, 유문암은 밝은 광물이 많이 포함되어 밝은 색을 띤다.

12. 답 ③

해설 화성암은 화산암과 심성암으로 구분한다. 화산암은 마그마가 지표 부근에서 빨리 식어 결정의 크기가 작은 세립질의 암석이고, 심성암은 마그마가 지하 깊은 곳에서 식어 결정의 크기가 큰 조립질의

암석이다. 그래프에서 (가), (라)는 화산암, (나), (다)는 심성암에 해당된다. 화산암인 (가), (라) 중 어두운 암석인 (가)는 현무암, 밝은 암석인 (라)는 유문암이고, 심성암인 (나), (다) 중 어두운 암석인 (나)는 반려암, 밝은 암석인 (다)는 화강암이다.

13. 답 ⑤
해설 화산암 (A)과 심성암 (B)의 알갱이의 크기가 서로 다른 이유는 마그마의 냉각 속도가 다르기 때문이다. 화산암은 마그마가 지표 부근에서 빨리 식어 알갱이의 크기가 작고, 심성암의 경우 마그마가 지하 깊은 곳에서 서서히 식어 결정의 크기가 크다.

14. 답 ①
해설 화산암은 현무암, 안산암, 유문암이 있고, 심성암은 반려암, 섬록암, 화강암이 있다. 현무암과 반려암은 어두운 광물이 많아 어두운 색을 띠는 암석이고, 유문암과 화강암은 밝은 광물이 많아 밝은 색을 띠는 암석이다.

15. 답 ④
해설 역암은 자갈, 모래, 진흙, 사암은 모래, 셰일은 진흙이 굳어져서 만들어진 암석이다. 따라서 암석을 이루는 알갱이의 크기에 따라 분류한 것이다.

16. 답 ④
해설 응회암은 화산재가 쌓여 만들어진 퇴적암이다. 화산 활동이 일어나면 용암 분출과 화산재를 포함하여 여러 가지 물질들이 나오게 되는데 화산재는 비교적 입자가 작아 먼곳까지 이동하여 쌓여서 퇴적암을 만들게 된다.

17. 답 ④
해설 셰일은 진흙, 사암은 모래가 퇴적 작용을 거쳐 생성된다. 역암은 자갈, 모래, 진흙이 쌓여 생성된다. 응회암은 화산 활동이 일어날 때 분출된 화산재가 퇴적되어 생성된 퇴적암이다. 석회암은 물속에 녹아 있는 석회질 물질이 침전되거나 생물체의 석회질이 퇴적되어 형성된 퇴적암이다.

18. 답 ③
해설 화강 편마암은 화강암, 규암은 사암, 대리암은 석회암이 변성 작용을 받아 형성된 변성암이다. 셰일은 변성 작용을 받는 동안 열과 압력이 높아짐에 따라 점판암, 편암, 편마암으로 나타난다.

19. 답 ⑤
해설 암석 (가)는 퇴적암으로 역암, (나)는 변성암으로 편마암, (다)는 화성암으로 화강암이다. 암석 (가), (나), (다)의 생성 원인은 모두 다르다.
역암은 진흙, 모래, 자갈로 이루어진 퇴적암이다. 역암은 퇴적물이 쌓일 수 있는 해안가나 물가에서 만들어질 수 있으며 화석을 포함할 수 있다. 편마암은 암석이 열과 압력을 받아 만들어진 변성암으로 엽리가 나타난다. 편마암은 변성 과정에서 화석이 남아 있기 힘들어 발견되기 어렵다. 화강암은 마그마가 지하 깊은 곳에서 서서히 냉각되어 만들어진 화성암이다.

20. 답 ①
해설 화성암은 마그마가 굳어 생성된 암석으로 암석의 색과 구성 광물의 결정 크기로 분류할 수 있다. 암석의 색을 결정하는 것은 암석에 포함된 구성 원소와 구성 광물들에 따라 달라지는데, 구성 원소로는 철과 마그네슘, 구성 광물로는 감람석, 휘석, 각섬석 등이 많이 포함된 암석일 경우 색이 어둡다. 반대로 구성 원소 중 산소와 규소의 함량이 상대적으로 많고, 석영과 장석이 많이 포함된 경우 밝은 색을 띠게 된다. 구성 광물의 결정 크기는 마그마의 냉각 장소(냉각 속도)에 따라 달라진다.

21. 답 B, E
해설 A는 밝은색이며 알갱이 크기가 큰 것으로 보아 심성암 중 하나인 화강암이다.
B는 자갈이 포함된 것으로 보아 퇴적암인 역암이다.
C는 밝고 어두운 색 광물들이 교대로 띠를 이루어 줄무늬(엽리)를 형성하는 것으로 미루어 압력에 의한 변성 작용을 받은 편마암 등의 변성암이다.
D는 검은색으로 알갱이가 작은 구조의 화성암인 현무암이다.
E는 화산재가 쌓여 굳은 퇴적암인 응회암이다.
화석이 발견될 수 있는 암석은 퇴적암으로 B와 E이다.

22. 답 ⑤
해설 제주도 용머리 해안은 바다 속에서 강력한 화산 폭발로 분출된 화산 분출물이 층층이 쌓여 형성되었다. 용머리 해안은 층리가 파도에 침식되어 기기묘묘한 모습을 이루고 있다.

23. 답 ④
해설 A는 원래의 암석이 높은 열과 압력에 의해 광물이 재배열되어 엽리가 나타나는 변성암이 특징이다. B는 마그마가 급히 냉각될 때 암석 표면에 공기가 빠져나가며 기공이 생성된 것이다. 현무암은 유색 광물이 많아 어두운 색을 띠는 화산암이다. C에서 화석을 포함할 수 있는 암석은 대부분 퇴적암이며, 모래 알갱이가 굳어 생성된 암석은 사암이다.

24. 답 ①, ③
해설 실험은 마그마의 냉각 속도에 따른 화성암의 광물 결정 크기를 알아보기 위한 실험이다. 따라서 액체 스테아르산은 마그마에 해당된다. 더운물에서 액체 스테아르산을 냉각시키는 과정 B는 지하에서 마그마가 서서히 식어 생성되는 심성암에 해당하고, 얼음물에서 냉각시키는 과정 C는 지표 부근에서 마그마가 빨리 식어 생성되는 화산암에 해당된다. 따라서 B의 스테아르산 결정의 크기가 C보다 크다.

25. 답 ②
해설 C는 스테아르산이 얼음물에서 냉각되어 입자가 작아 화성암 중 화산암인 유문암과 현무암의 결정과 비슷하다.

26. 답 엽리가 나타나는가?
해설 묽은 염산과 반응하지 않으면 규암과 편마암인데 두 암석은 모두 변성암이며 편마암에서만 엽리가 나타난다.

27. 답 A : 대리암, B : 편마암

해설 대리암은 구성 광물이 방해석으로 묽은 염산과 반응한다. 대리암과 규암은 엽리가 나타나지 않는 대표적인 변성암이다. 따라서 규암과 편마암을 가장 쉽게 구분할 수 있는 방법은 암석에서 엽리가 나타나는지 확인하는 것이다.

28. 답 굳기, 결정형을 비교한다.

해설 어떤 광물을 다른 광물과 구별할 수 있는 광물의 특성에는 색, 조흔색, 굳기, 결정형, 깨짐 및 쪼개짐, 자성, 염산 반응 등이 있다. 석영과 금강석의 경우 모두 다 무색 투명한 광물로 색과 조흔색 등 특성이 같지만 굳기와 결정형이 다르다. 굳기는 금강석이 10, 석영이 7이며, 결정형은 금강석이 팔면체, 석영이 육각 기둥 모양을 보인다.

29. 답 엽리, 암석에 가해지는 압력에 의해 광물이 재배열되기 때문이다.

해설 변성되기 전의 암석은 화강암이다. 화강암이 압력을 받게 되면 입자가 압력 방향에 수직한 방향으로 길게 재배열되어 평행하게 줄무늬 구조가 있는 화강 편마암이 된다.

30. 답 **맷돌은 현무암으로 만든다. 맷돌은 전통적 가정용 분말기로서, 둥글넙적하게 다듬은 두 개의 돌을 포개고 거기에 곡식 등을 넣으면서 돌리면 가루로 분쇄되어 나오기도 하고, 또는 불린 콩을 갈아서 두부를 만들기도 한다. 이와 같이 맷돌은 돌의 압력, 마찰을 이용하여 거친 표면으로 곡식을 가는 것이기 때문에 맷돌의 접촉면이 거칠어야 한다. 따라서 맷돌 재료가 현무암처럼 자연적으로 기공이 많은 표면이 곡식을 갈기 좋기 때문에 현무암을 쓰는 것이다.**

31. 답 석영은 일정한 모양 없이 부서지는(깨짐) 성질을 갖는다. 사암의 성분은 석영이며, 재결정 작용을 받아 규암이 된다. 규암은 사암보다 단단하며 풍화 작용에 강하다. 그러므로 경기도 전곡 지역에서 발굴된 구석기 시대의 주먹도끼는 규암이다.

32. 답 퇴적암에서 볼 수 있는 줄무늬는 층리이다. 층리는 퇴적물이 쌓일 때 퇴적 조건이 달라짐에 따라 퇴적물의 종류와 입자의 크기, 입자의 색깔 등이 달라져 나타나는 평행조직이다. 변성암에서 볼 수 있는 줄무늬는 엽리이다. 엽리는 암석이 변성 작용을 받을 때 규장질 광물(석영, 장석 등의 규소를 많이 포함한 광물)을 이루는 원소들이 이동하여 함께 모이고 흑운모, 각섬석과 같은 고철질 광물(마그네슘, 철 성분을 많이 포함한 광물)들은 잔류하면서 압력에 직각 방향으로 평행하게 재배열되어 생성된 조직이다.

3강. Project 1

서술 54~55쪽

Q1 흑요석은 예리하고 날카로운 면이 있기 때문이다.

해설 흑요석은 예리하고 날카롭기 때문에, 그 자체로 도구로 사용되거나 다른 도구를 만드는데 사용되었다. 현대의 심장 수술에 사용하는 흑요석으로 만든 심장용 메스는 머리카락 두께의 10만분의 3(3nm)두께로 만들어진다.

Q2 흑요석 < 에메랄드 < 다이아몬드

흑요석은 마그마가 지표 가까이 솟아오르면서 만들어졌고, 에메랄드는 마그마가 지하 깊은 곳에서 암석 틈으로 들어가 생성되었기 때문에 흑요석보다는 에메랄드가 지하 깊은 곳에서 생성되었다. 다이아몬드는 열과 압력이 매우 높은 지하에서 생성되었으므로 에메랄드보다 더 깊은 곳에서 생성되었을 것으로 추측된다.

탐구 1. 광물 구별하기 56~57쪽

탐구 결과

(1) 색과 조흔색

광물	색	조흔색
흑운모	검은색	흰색
자철석	검은색	검은색
적철석	검은색	붉은색

광물	색	조흔색
황동석	노란색	녹흑색
황철석	노란색	검은색

(2) 결정형

광물	석영	흑운모	방해석	황철석
결정형	육각 기둥	얇은 육각판	기울어진 육면체	정육면체

(3) 쪼개짐/깨짐

광물	흑운모	방해석	석영	흑요석
쪼개짐/깨짐	얇은 판 모양 쪼개짐	기울어진 육면체 모양, 쪼개짐	깨짐	깨짐

(4) 굳기

석영과 방해석	방해석이 긁힘
활석과 방해석	활석이 긁힘
석영과 활석	활석이 긁힘

굳기 비교:
석영 〉 방해석 〉 활석

(5) 염산과의 반응

광물	염산과의 반응
석영	반응하지 않음
방해석	반응함(이산화 탄소 발생)

(6) 자성

광물	흑운모	자철석	황철석
자성 유무	없음	있음	없음

탐구 문제

1. ②

2. (1) 석영의 굳기는 7로 조흔판의 굳기인 6.5보다 단단하여 조흔색을 관찰할 수 없다.

(2) 결정형, 쪼개짐과 깨짐, 굳기, 염산과의 반응

(3) 형석 > 동전 > 방해석

탐구 2. 암석과 조암광물 58~59쪽

탐구 결과

1. 암석의 관찰

광물	특징	암석 이름
A	광물 결정이 작고 어두운 색이며 암석 표면에 구멍이 많이 나 있다.	현무암
B	진흙이 굳어져서 된 모양으로 조직이 치밀하고 단단하다.	세일
C	광물 결정이 맨눈으로 구별 가능할 정도로 크고 어두운 광물도 눈에 띄며 밝은 색이다.	화강암
D	자갈, 모래, 진흙이 엉겨 붙어 굳어진 모양이다.	역암
E	결정이 커다랗게 보이며 색과 무늬가 독특하다.	대리암
F	광물이 배열된 줄무늬가 있으며 광물들의 결정이 크다.	편마암
G	모래와 진흙이 엉겨 붙어 굳어진 모양이다.	사암

2. 화강암과 반려암 속의 조암 광물 찾기

(1) 화강암의 조암 광물

a	흰색 또는 분홍색이며 가장 많은 부피를 차지한다. → 장석
b	무색 또는 흰색이며 반짝이는 광택이 난다. → 석영
c	검은색으로 반짝이며, 얇은 판 모양이다. → 흑운모

(2) 반려암의 조암 광물

d	어두운 녹색을 띠며 가는 기둥 모양이다. → 각섬석
e	어두운 녹색을 띠며 짧은 기둥 모양이다. → 휘석
f	황록색을 띠며 깨짐이 있다. → 감람석

탐구 문제

1. (암석의 생성 원인에 따른 분류)

· 마그마가 식어서 굳어진 암석(화성암) : A, C
· 퇴적물이 다져지고 굳어져 만들어진 암석(퇴적암) : B, D, G
· 원래의 암석이 열과 압력을 받아 성질과 조직이 변한 암석(변성암) : E, F

2. (1) a : 장석, b : 석영, c : 흑운모

(2) d : 각섬석, e : 휘석, f : 감람석

(3) 밝은색 : 석영, 장석
어두운색 : 흑운모, 감람석, 휘석, 각섬석

Ⅰ 지권의 변화

4강. 지구 내부 구조

개념 확인 62~65쪽

1. (1) ㄷ, ㅁ (2) ㄱ, ㄴ, ㄹ, ㅂ

2. P, S, P, S, PS **3.** (1) (가) (2) C

4. (가) 대륙 지각 (나) 해양 지각 (다) 모호면

3. 답 (1) 가 (나) C

해설 S파는 액체를 통과하지 못하기 때문에 S파가 통과하지 못하는 층인 C구간이 액체로 이루어진 층인것을 알 수 있다.

확인+ 62~65쪽

1. ③ **2.** ② **3.** ④ **4.** ①

1. 답 ③

해설 지구 내부를 조사하는 가장 효과적인 방법은 지진파를 이용하여 분석하는 방법이다.

2. 답 ②

해설 P파는 종파로서 S파보다 빠르고, 진폭이 작다. 매질의 진동 방향과 파의 진행 방향이 평행이며, 고체, 액체, 기체 모두를 통과할 수 있다.

3. 답 ④

해설 지진파는 물질의 종류나 상태에 따라 전파 속도가 달라지고, 서로 다른 물질의 경계면에서는 굴절하거나 반사하기 때문에 지구 내부 구조를 알아내기 위해 사용된다.

4. 답 ①

해설 지표에서 지구 내부로 들어감에 따라 지각 - 맨틀 - 외핵 - 내핵의 층상 구조가 이어진다.

생각해보기 62~65쪽

★ 만일 사과의 지름이 10cm라면 사과로 비유한 지구의 13 km는 약 0.02 cm = 0.2 mm에 해당한다. 사과 껍질의 일반적인 두께가 1mm이기 때문에 0.2mm는 껍질 두께의 1/5에 해당하는 매우 얇은 두께이다. 그렇기 때문에 시추법을 이용하여 지구 내부를 조사하는 데에는 한계가 있는 것이다.

★★ S파가 P파 보다 속도도 느리고 진폭도 크기 때문에 피해도 커진다.

★★★ P파도 고체만 통과할 수 있다면 액체 상태로 되어 있는 외핵을 통과할 수 없게 된다. 그렇기 때문에 지진파가 도달하지 못하는 암영대 구간이 늘어날 것이다.

★★★★ 맨틀이 모두 유동성이 있는 것이 아니다. 압력이 낮은 맨틀 상부 일부분이 녹아 유동성을 갖는 것이다. 이 부분을 연약권이라고 한다.

개념 다지기 66~67쪽

01. ② **02.** ④ **03.** ③

04. ① **05.** ③ **06.** ③

01. 답 ②

해설 지구 내부 구조를 조사하여 연구하는 방법들 중 지진파를 이용하여 분석하는 간접적인 방법이 가장 효과적이고 가장 많이 이용되고 있다.

02. 답 ④

해설 진원에서 가장 가까운 지표면의 지점이 A이기 때문에 지진파는 지표면 중 A에 가장 먼저 도달한다.

① A는 지진이 발생한 곳 바로 위의 지표면의 지점인 진앙이다.

② B는 지진이 발생한 곳인 진원이다.

③ P파의 속도가 S파의 속도보다 더 빠르기 때문에 A에 가장 먼저 도달하는 지진파는 P파일 것이다.

⑤ B에서 발생한 진동이 A로 전달되는 것이 지진이다.

03. 답 ③

해설 지진계는 지면이 흔들리면 받침대는 흔들리지만 무거운 추는 관성에 의해서 원래 자리에 있으려고 하는 원리를 이용하여 지면의 진동을 기록한다.

① ⓐ지점은 P파의 기록이 시작되는 부분이다.

② ⓑ지점은 S파의 기록이 시작되는 부분이다.

④ 진원에서 관측소까지 멀어질수록 ⓐ와 ⓑ의 시간 차이(PS시)가 길어진다.

⑤ ⓐ지점에서 기록이 시작된 지진파의 속도가 ⓑ지점에서 기록이 시작된 지진파의 속도보다 빠르다.

04. 답 ①

해설 지진파는 성질이 다른 매질의 경계면에서 속도가 급격히 달라진다. 그렇기 때문에 지진파의 속도가 급변하는 부분을 경계로 지각, 맨틀, 외핵, 내핵으로 지구 내부의 층상 구조를 구분한다.

05. 답 ③

해설 그래프에서 A는 S파의 진행 속도를 B는 P파의 진행 속도를 나타낸 것이다. 지하 2,900~5,100km구간에서 S파가 통과하지 못하는 것으로 보아 액체 상태임을 알 수 있다. 지진파의 속도는 지구 내부 구조의 층 경계면에서 급격하게 변화한다. 따라서 지진파의 속도를 통해 내부 구조를 구분할 수 있다.
④ 지하로 갈수록 각 층 경계면에서 속도가 급격하게 변하기 때문에 지하로 갈수록 지진파의 속도가 계속 증가한다고 보기는 어렵다.
⑤ 그래프를 통해 속도가 급변하는 구간이 3번이 있음으로 지구 내부가 4개의 층으로 구분할 수 있음을 알 수 있다.

06. 답 ③
해설 A구간은 지각, B구간은 맨틀, C구간은 외핵, D구간은 내핵이다.
③ C구간은 외핵으로 S파가 통과하지 못하는 액체 상태이다.

유형 익히기 & 하브루타 68~71쪽

[유형 4-1] ①	01. ④	02. ①, ⑤
[유형 4-2] ④	03. ③	04. ⑤
[유형 4-3] ②	05. ⑤	06. (가) 지각 (나) 맨틀 (다) 외핵 (라) 내핵
[유형 4-4] ②	07. ①	08. ②

[유형 4-1] 답 ①
해설 지표면에 드릴로 직접 구멍을 뚫고 지구 내부의 물질을 채취하여 조사하는 방법은 시추법이다.

01. 답 ④
해설 지진파 분석은 지구 내부 구조를 알 수 있는 가장 효과적인 방법이다. 지진파의 속도 변화, 굴절, 반사의 특성을 이용하면 지구 내부의 상태나 구성 물질에 대한 정보를 얻을 수 있어 지구 내부 구조를 알아낼 수 있다.

02. 답 ①, ⑤
해설 지구 내부를 조사하는 방법에는 직접적인 방법과 간접적인 방법이 있다. 직접적인 방법에는 직접 땅을 뚫어 지하의 암석을 조사하는 방법, 화산이 폭발할 때 나오는 물질을 조사하는 방법 등이 있으며, 간접적인 방법에는 지진파를 조사하는 방법, 운석을 조사하는 방법, 고온·고압 실험 방법 등이 있다.

[유형 4-2] 답 ④
해설

구분	P파(종파)	S파(횡파)
속도	S파 보다 빠르다	P파 보다 느리다
진폭	작다	크다
통과 물질	고체, 액체, 기체	고체

03. 답 ③
해설 전파 속도가 빠른 P파가 먼저 기록된 후, S파가 나중에 기록된다.

① 지진파 A(P파)의 속도가 B(S파)보다 빠르다.
② 지진파 A(P파)는 고체, 액체, 기체 물질 모두 통과할 수 있다.
④ 지진파 B(S파)는 진폭이 크고, 속도가 느려서 피해가 더 크다.
⑤ 진원 거리가 멀수록 지진파 A와 B의 도착 시간의 차이가 길어진다.

04. 답 ⑤
해설 P파는 지진파의 진행 방향과 매질의 진동 방향이 평행한 종파이고, S파는 지진파의 진행 방향과 매질의 진동 방향이 수직인 횡파이다. 매질의 경계면에서 반사와 굴절이 동시에 일어난다.

[유형 4-3] 답 ②
해설 지구 내부의 구성 물질에 따라 지진파는 굴절이 된다. A지역에는 P파와 S파가 모두 도달하는 지역이다. B지역은 모든 지진파가 도달하지 못하는 암영대로 진앙으로 부터 각 거리 103°~142°가 되는 지역이다. C지역은 액체로 되어 있는 외핵을 통과하지 못하는 S파는 도달하지 못하고 P파만 도달할 수 있는 지역이다.

05. 답 ⑤
해설 진원으로부터 각거리가 암영대보다 큰 지역(142°~180°)의 지표면에는 P파만 도달할 수 있다. S파는 액체로 된 외핵을 통과할 수 없기 때문에 도달할 수 없다.

06. 답 (가) 지각 (나) 맨틀 (다) 외핵 (라) 내핵
해설 (가)는 고체로 되어 있으며 P파와 S파가 모두 통과하는 지각이다. (나)는 고체로 되어 있으며 지각과 마찬가지로 P파와 S파가 모두 통과하며 맨틀이다. (다)는 P파만 통과하며 액체로 되어 있는 외핵이다. (라)는 지구 중심부인 내핵이다.

[유형 4-4] 답 ②
해설 지구 내부의 층상 구조는 지진파의 속도가 급변하는 부분을 경계로 지각(A), 맨틀(B), 외핵(C), 내핵(D)으로 구분한다.
① 지각은 지표에서 모호면까지로 단단한 암석으로 되어 있다. 주로 산소와 규소로 이루어져 있다.
② 맨틀은 지구 전체 부피의 80%이상을 차지하며 지각보다 무거운 감람질의 암석으로 이루어져 있다.
③ 외핵은 S파가 통과하지 못한다.
④ 내핵은 온도와 압력이 매우 높아 고체 상태이다.

07. 답 ①
해설 A는 맨틀, B는 대륙 지각, C는 모호면, D는 해양 지각이라고 한다.
① 밀도는 A 〉 D 〉 B 순으로 A의 밀도가 B의 밀도보다 크다.
② B는 화강암질 암석으로 이루어져 있다.
③ 모호면에서 지진파의 속도는 급격히 빨라진다.
④ 해양 지각은 현무암질 암석으로 이루어져 있으며, 주요 구성 물질은 산소와 규소이다.
⑤ B, C, D를 합쳐서 지각이라고 한다.

08. 답 ②
해설 A는 내핵, B는 외핵, C는 맨틀, D는 지각이다. 지구 내부 구조의 밀도 크기는 내핵 〉 외핵 〉 맨틀 〉 지각 순이다.

창의력 & 토론마당 72~75쪽

01

(1) A (나), B (가)
(2) A지점에서의 PS시 : 10초
B지점에서의 PS시 : 40초
(3) B지점과 진원과의 거리 : 320km
(4) 예1 : 지진파를 전달해주는 매질인 땅이 중간에 없는 부분이 있을 것이다.
예2 : 진원과의 거리가 너무 멀어서 지진파가 전달이 되다가 차츰 약해져서 소멸해 버렸을 것이다.

01. 해설 (1) P파가 먼저 도착한 곳이 진원지와 더 가까운 거리에 있는 관측소가 된다. 그러므로 A관측소에서 측정한 지진 그래프는 (나)이고, B관측소에서 측정한 지진 그래프는 (가)이다.
(2) PS시 = S파 도착 시간 - P파 도착 시간
A관측소에서의 PS시 = 10초 − 0초 = 10초
B관측소에서의 PS시 = 55초 − 15초 = 40초
(3) 그래프는 정비례 그래프이기 때문에 비례식이 성립한다. 그러므로 A지점과 진원과의 거리 : B지점과 진원과의 거리 = A지점에서의 PS시 : B지점에서의 PS시이다.
80km : B지점과 진원과의 거리 = 10초 : 40초
B지점과 진원과의 거리 = 320km

02

(1) 압력이 높아질수록 물질은 잘 녹지 않아 녹기 시작하는 온도인 녹는점이 높아진다. 내핵에서는 압력이 높기 때문에 물질의 녹는점이 높아져 물질이 녹지 못하는 것이다. 반면에 외핵에서는 압력이 내핵보다 낮기 때문에 그만큼 녹는점이 낮다. 따라서 온도가 더 낮아도 액체 상태로 존재할 수 있는 것이다.
(2) 마그마는 내부에 있던 맨틀 물질이 상승하면 압력이 낮아져서 생성되는 것이다. 맨틀 하부의 깊은 곳에서는 압력이 높아 고체의 상태를 유지하여 마그마가 생성될 수 없다.

02. 해설 마그마 생성의 주요 원인은 압력이 낮아지는 것이다. 일반적으로 물질은 높은 압력 하에서는 잘 녹지 않는다. 맨틀은 지하 깊은 곳에서 높은 압력을 받고 있으므로 고체 상태를 유지하는 것이다. 하지만 맨틀 이 고온의 상태를 유지하면서 지표면으로 상승하게 되면 압력이 낮아지므로 녹아서 마그마가 되는 것이다. 마그마 생성의 또 하나의 요인은 맨틀에 물 등의 성분이 섞이면서 암석의 녹는점이 낮아지는 것이다.

03

공통점 : 두 지진계 모두 구슬과 추의 관성에 의해 지진의 발생 여부를 알 수 있게 해준다.
차이점 : 후풍지동의는 지진의 발생 여부, 처음 지진의 방향만을 알 수 있을 뿐, 지진의 규모나 시간에 따른 지진의 변화, 지진이 처음 일어난 위치 등은 알기 어렵다.

해설 '후풍지동의'는 지진이 발생했을 때, 땅과 함께 진동하는 용에 대해 입에 물려 있는 구슬은 멈춰 있으려고 하는 관성으로 떨어지게 된다. 만약, 상하 진동을 측정할 수 있게 하고, 진원의 위치를 확인 가능하게 한다면 현재에도 사용할 수 있는 지진계가 될 것이다.

04

(1) 암영대가 나타나는 각도는 103° 보다 작아지고, 끝나는 각도는 142° 보다 커져서 암영대의 각도가 넓어진다.
(2) 달에 직접 가서 달을 관찰하기 어렵기 때문에 월진계를 통해 월진계에 기록된 달의 지진파를 분석하여 달의 내부 구조를 알기 위해서이다.

04. 해설 (1) 지구 내부를 전파하는 P파는 맨틀과 외핵의 경계에서 굴절하여 암영대가 형성된다. 따라서 외핵의 두께가 두꺼워지면 암영대가 나타나는 각도의 시작 각도는 103° 보다 작아지고, 끝나는 각도인 142° 보다 커져서 암영대의 각도가 넓어진다.

스스로 실력 높이기 76~81쪽

01. (1) 직 (2) 간 (3) 직
02. (1) O (2) X (3) O
03. ⑤
04. (1) P (2) S (3) S
05. (A) 진앙 (B) 진원
06. (가) P (나) S
07. ②
08. ④
09. (1) X (2) O (3) O
10. 맨틀
11. ⑤
12. ②
13. ①
14. ②
15. 흰자위 : 맨틀, 노른자위 : 핵, 달걀 껍질 : 지각
16. 암영대
17. ③
18. 모호면
19. ③
20. ③
21. ①
22. ⑤
23. ②
24. ⑤
25. ③
26.~32. 〈해설 참조〉

01. 답 (1) 직 (2) 간 (3) 직
해설 (1) 드릴로 땅에 구멍을 뚫어 지구 내부 물질을 조사하는 방법은 시추법으로 직접적인 조사 방법이다.
(2) 실험실 내에서 지구 내부와 비슷한 상태로 만들어서 실험하는 방법은 고온 · 고압 실험 방법으로 간접적인 조사 방법이다.
(3) 화산 분출물을 조사하는 화산 분출물 조사 방법은 직접적인 조사 방법이다.

02. 답 (1) O (2) X (3) O
해설 (2) 진앙으로부터 각거리 103°~142°되는 지역은 지진파가

도달하지 못하는데 이 구간을 암영대라고 한다. 이는 맨틀과 외핵의 경계면에서의 지진파의 굴절로 인하여 도달할 수 없는 것이다.

03. 답 ⑤
해설 ① (가)는 간접적인 조사 방법이다.
② (나)는 직접적인 조사 방법이다.
③, ⑤ 지진파 분석 방법은 지각부터 내핵까지의 정보를 모두 알 수 있기 때문에 가장 효과적인 방법이다.
④ (나)는 약 200km 깊이(맨틀 일부)까지의 물질만 알 수 있다.

04. 답 (1) P (2) S (3) S
해설 (1) 지진파 중 P파의 속도가 가장 빠르다.
(2) S파는 고체 물질만 통과할 수 있으며, P파는 고체, 액체, 기체 물질 모두 통과할 수 있다.
(3) S파는 파의 진행 방향과 매질의 진동 방향이 수직인 횡파이다.

05. 답 (A) 진앙 (B) 진원
해설 진원은 지진이 발생한 곳이며, 진앙은 진원 바로 위의 지표면의 지점을 말한다.

06. 답 (가) P파 (나) S파
해설 지진파 중 P파가 먼저 도달하고, S파가 나중에 도달하여 기록된다.

07. 답 ②
해설 ①, ③ 지진파는 에너지가 전달되는 과정으로 진폭은 P파보다 S파가 더 크다.
④ P파는 고체, 액체, 기체를 모두 통과하지만 S파는 고체만 통과할 수 있다.
⑤ 파동은 고체를 통과할 때 속도가 가장 빠르다.

08. 답 ④
해설 지진파는 물질의 종류나 상태에 따라 전파 속도가 달라지고, 서로 다른 물질의 경계면에서는 굴절하거나 반사하기도 한다. 이 성질을 이용하여 지구 내부의 구조를 알아낼 수 있었다.

09. 답 (1) X (2) O (3) O
해설 (1) 대륙 지각은 평균 두께가 약 35km이고, 해양 지각은 평균 두께가 약 5km로 대륙 지각이 해양 지각보다 더 두껍다.

11. 답 ⑤
해설 땅속에서 지진이 발생하면 지구 내부와 지표면을 따라 모든 방향으로 지진파가 퍼져 나간다.

12. 답 ②
해설 그림은 매질의 진동 방향과 파의 진행 방향이 수직인 횡파, S파이다.
① 횡파인 S파이다.
② P파 보다 느린 약3~4km/s의 속력으로 진행한다.
③ 속도가 느리고 진폭이 크기 때문에 피해 정도가 크다.
④ S파는 고체만 통과할 수 있다.
⑤ 지표면을 따라 전달되는 지진파는 L파이다.

13. 답 ①
해설 지진파가 기록될 때는 전파 속도가 빠른 P파가 먼저 기록된 후, S파가 나중에 기록된다. 그러므로 (가)는 P파, (나)는 S파이다.

	P파	S파
① 속도	빠르다	느리다
② 진폭	작다	크다
③ 통과 물질	고체, 액체, 기체	고체
④ 파동의 종류	종파	횡파
⑤ 파의 진행 방향	매질의 진동 방향과 평행	매질의 진동 방향과 수직

14. 답 ②
해설 지각의 생성 시기는 지각을 구성하고 있는 암석에 포함된 방사성 동위 원소의 분석을 통해 확인 한다.

17. 답 ③
해설 지진파는 물질의 종류나 상태에 따라 전파 속도가 달라지고, 서로 다른 물질의 경계면에서는 굴절하거나 반사한다. 그렇기 때문에 지진파가 도달하지 못하는 지역인 암영대가 발생한다. 또한 맨틀은 고체 상태로 P파와 S파 모두 통과하지만 외핵은 액체 상태로 S파가 통과하지 못한다.

19. 답 ③
해설 ① 대륙 지각이 해양 지각보다 두껍다.
② 대륙 지각의 평균 두께는 약35km이고, 해양 지각의 평균 두께는 약 5km이다.
④ 지각과 맨틀의 주요 구성 물질은 산소와 규소이다.
⑤ 지진파의 전달 속도는 맨틀보다 지각에서 더 느리다.

20. 답 ③
해설 ① 지구 내부의 층상 구조에 따른 밀도 차이는 내핵(D) 〉 외핵(C) 〉 맨틀(B) 〉 해양 지각 〉 대륙 지각 이다.
② 지구 내부의 층상 구조에 따른 두께 차이는 맨틀(B) 〉 외핵(C) 〉 내핵(D) 〉 대륙 지각 〉 해양 지각 이다.
④ C는 액체 상태이기 때문에 지진파 중 S파는 통과할 수 없다.
⑤ D는 온도와 압력이 매우 높아 고체 상태이다.

21. 답 ①
해설 지진파가 최초로 기록되는 관측소는 지진 발생 지점과 가장 가까운 관측소가 될 것이다.

22. 답 ⑤
해설 P파가 도착한 후부터 S파가 도착할 때까지의 시간 차이인 PS시가 가장 긴 경우는 지진 발생 지점과 관측소의 위치가 가장 먼 경우이다.

23. 답 ②
해설 지구 내부의 깊이에 따른 지진파의 속도 변화 그래프만을 이용해서 각 층의 구성 물질을 알 수는 없다.

24. 답 ⑤
해설 (가)는 지각, (나)는 맨틀, (다)는 외핵, (라)는 내핵, (A)는 S파, (B)는 P파이다. (나)와 (다)의 경계에서 S파가 통과하지 못하는 이유는 (다)의 물질의 상태가 액체이기 때문이다. S파는 고체만 통과할 수 있는 지진파이다.

25. 답 ③

해설

구분	구성 물질	물질의 상태
대륙 지각	산소, 규소	고체
해양 지각	산소, 규소	고체
맨틀	산소, 규소	고체
외핵	철, 니켈	액체
내핵	철, 니켈	고체

26. 답 지구 내부로 들어갈수록 온도와 압력이 높아지기때문에 현재 기술로는 13km까지만 뚫고 들어갈 수 있다. 13km 깊이는 지각의 일부분만을 알 수 있는 깊이이다.

27. 답 지진파는 물질의 종류나 상태에 따라 속도가 달라지고, 서로 다른 물질의 상태의 경계면에서는 굴절하거나 반사하는 성질이 있다. 그러므로 직접적인 방법을 이용하면 지구의 겉부분만을 알 수 있지만, 지진파를 이용하면 깊은 곳에 들어가보지 않고도 지진파의 변화와 속도를 통해 지구 내부 깊은 곳의 정보도 알 수 있으므로 가장 효과적인 방법이 된다.

28. 답 지진이 발생한 지점인 진원과 관측소가 멀어질수록 P파와 S파의 도착 시간의 차이인 PS시가 커진다. 지진파 전달 거리가 멀수록 속력이 빠른 지진파의 도착 시간과 속력이 느린 지진파의 도착 시간의 차이가 커지기 때문이다.

29. 답 지진계는 지면이 흔들리면 받침대는 흔들리지만 추는 관성에 의하여 원래 자리에 있으려하기 때문에 지진의 진동이 기록되는 것이다. 그러므로 추가 무거울수록 추의 관성이 커지기 때문에 더욱 정밀한 지진의 측정이 가능해진다.

30. 답 A는 지각, B는 맨틀, C는 외핵, D는 내핵이다. 지진파의 속도 변화는 B와 C의 경계면에서 가장 크게 나타낸다. 그 이유는 맨틀은 고체 상태이고, 외핵은 액체 상태이다. 두 층의 경계면에서는 지진파가 통과하는 매질의 상태가 변하기 때문에 속도 변화가 가장 큰 것이다.

31. 답 불연속적 물리량은 ㄱ,ㄴ,ㅁ이며, 증가하는 물리량은 ㄷ, ㄹ,ㅁ이다.

ㄱ. P파의 속도는 맨틀에서 외핵으로 들어갈 때 급 감소한다.

ㄴ. S파는 맨틀에서 외핵으로 들어가지 못한다.

ㄷ. 온도는 지구 내부로 갈수록 점점 높아져 중심에서 4,500 ~ 6,000℃가 된다.

ㄹ. 압력은 지표면에서 지구 중심까지 일정한 비율로 증가한다.

ㅁ. 밀도는 불연속면을 경계로 하여 계단식으로 변화하며 증가한다.

32. 답 A는 고체만 통과하는 S파이며, B는 고체 · 액체 · 기체를 모두 통과하는 P파이다. 지진파 그래프 분석 결과, 3번의 불연속면(35, 2900, 5100km)이 존재하는 것으로 보아 지구 내부는 4개의 층((가),(나),(다),(라))으로 이루어져 있다는 것을 알 수 있으며, 외핵(다)에 S파(A)가 도달하지 않는 것으로 보아 (다)는 액체 상태로 이루어져 있음을 알 수 있다.

5강. 지권의 변화

개념 확인 82~87쪽

1. (가) 대륙 이동설 (나) 맨틀 대류설 (다) 해저 확장설
2. 해저 확장설 **3.** ③, ⑤ **4.** ②, ⑤
5. 화산 활동 **6.** ④

3. 답 ③, ⑤

해설 판은 지구의 겉부분을 둘러싸고 있는 지각(대륙 지각, 해양 지각)과 맨틀의 윗부분(상부 맨틀)을 포함한 두께 약100km의 크고 작은 암석판을 말한다.

4. 답 ②, ⑤

해설 대륙판과 대륙판이 충돌하여 산맥이 발생하는 충돌형 경계와 판과 판이 서로 어긋나면서 반대 방향으로 이동하는 경계인 보존형 경계에서는 지진만 일어난다.

6. 답 ④

해설 ④ 내진 설계는 지진의 피해를 줄이기 위한 방법이다.

확인+ 82~87쪽

1. ① **2.** (1) ㉢ (2) ㉠ (3) ㉡ **3.** (1) ㉡ (2) ㉠
4. (1) ㉠ (2) ㉡ **5.** 화산대, 지진대 **6.** ②

1. 답 ①

해설 ① 해양 지각 위의 퇴적물 두께가 점점 두꺼워지는 것은 해저 확장설의 증거이다.

6. 답 ②

해설 ② 땅속 열을 이용한 지열 발전은 화산 활동에 의한 혜택이다.

생각해보기 82~87쪽

★ 대륙이 하나로 되어 있다면 배를 이용한 교통 수단의 필요성이 없을 것이다. 국경의 이동이 육로를 통해서 쉽게 가능하기 때문에 열차만을 이용하여 전세계 일주도 가능할 것이다. 또한 이동이 쉽다는 것은 하나의 문화권으로 전세계가 통합이 될 수도 있었을 것이며, 다양한 문화와 다양한 언어 등이 발달되지 않았을 것이다.

개념 다지기 88~89쪽

01. ③	02. ②	03. ③	04. ④
05. ③	06. ⑤	07. ①	08. ⑤

01. 답 ③
해설 판 구조론이 정립되기 까지 대륙 이동설 - 맨틀 대류설 - 해저 확장설 순서대로 등장하였다.

02. 답 ②
해설 인도, 아프리카, 남아메리카, 오스트레일리아에 동시대에 살았던 고생물 화석이 분포하는 것은 대륙 이동설의 증거이다.

03. 답 ③
해설 해양 지각이 해령에서 생성되어 대칭적으로 확장하여 이동하기 때문에 해령에서 멀어질수록 해양 지각의 나이는 많아지며, 해저 지각에 쌓인 퇴적물의 두께는 점점 두꺼워진다.

04. 답 ④
해설 ① ㉠은 해양 지각으로 얇고 무겁다.
② ㉡은 대륙 지각으로 두껍고 가볍다.
③ ㉢은 상부 맨틀로 맨틀의 일부이다.
④ ㉣은 연약권으로 상부 맨틀이 부분적으로 녹아서 대류가 일어나는 부분이다.
⑤ ㉠, ㉡, ㉢을 합쳐서 판이라고 한다.

05. 답 ③
해설 ① 해양판이 대륙판보다 밀도가 커서 두 판이 만나게 되면 밀도차에 의해 무거운 해양판이 대륙판 아래로 들어가게 된다.
②, ③, ④ 지구 표면은 여러 개의 판으로 이루어져 있다. 판은 1년에 수 cm정도 이동을 하며 이동 속도와 이동 방향은 일정하지 않고 장소와 판에 따라 다르다. 이러한 판이 이동하는 원동력은 맨틀의 대류 때문이며, 판과 판의 경계에서 지각 변동이 활발하게 일어난다.
⑤ 판은 지각과 맨틀의 윗부분(상부 맨틀)을 포함한 두께 약 100km의 크고 작은 암석판을 말한다.

06. 답 ⑤
해설 수렴형 경계(섭입형 경계) - 해구, 호상 열도, 습곡 산맥. 수렴형 경계(충돌형 경계) - 습곡 산맥. 발산형 경계(해양판의 발산) - 해령. 발산형 경계(대륙판의 발산) - 열곡대로 짝지을 수 있다.

07. 답 ①
해설 화산대와 지진대는 판의 경계에서 집중적으로 나타나며, 거의 일치하는 모습을 보인다. 환태평양 지역에서 전세계의 지진과 화산 활동의 60%이상이 발생한다.

08. 답 ⑤
해설 ⑤ 지진이 발생하였을 때에는 엘리베이터를 이용하지 않는 것이 좋다.

유형 익히기 & 하브루타 90~95쪽

[유형 5-1] ④	01. ⑤	02. ④
[유형 5-2] ④	03. ⑤	04. ③
[유형 5-3] ④	05. ④	06. ④
[유형 5-4] ③	07. ④	08. ①
[유형 5-5] ③	09. ④	10. ②
[유형 5-6] ④	11. ④	12. ⑤

[유형 5-1] 답 ④
해설 대륙 이동설이란 약 3억 년 전에는 판게아라는 초대륙으로 모든 대륙이 하나로 모여있다가 약 2억 년 전부터 분리되면서 이동하여 현재와 같은 대륙 분포를 이루었다고 주장한 학설이다.

01. 답 ⑤
해설 대륙 이동설은 대륙을 이동시키는 원동력에 대한 근본적인 원인을 제시하지 못하는 한계를 가지고 있었다.

02. 답 ④
해설 ②, ③은 해저 확장설의 증거이다.
⑤ 히말라야 산맥은 충돌형 경계에서 발달한 습곡 산맥이다.

[유형 5-2] 답 ④
해설 그림을 통해 해령으로부터 양쪽으로 멀어짐에 따라 암석의 나이가 많아 짐을 알 수 있다. 이는 해저 확장설의 증거이다.

03. 답 ⑤
해설 ①, ② 해저 확장설 - 해령으로부터 멀어질수록 암석의 나이가 많아진다.
③ 맨틀 대류설 - 지구 내부의 맨틀이 열에 의해 대류한다.
④ 대륙 이동설 - 과거에는 모든 대륙이 하나의 땅덩어리로 이루어져 있었다.

04. 답 ③
해설 지권의 변화에 대한 학설은 대륙 이동설 → 맨틀 대류설 → 해저 확장설 → 판 구조론 순으로 발달되었다.

[유형 5-3] 답 ④
해설 그림 (가)와 (나)는 두 판이 서로 가까워지면서 부딪치는 경계인 수렴형 경계이다.
(가)는 상대적으로 밀도가 큰 해양판이 대륙판을 만나 대륙판 밑으로 비스듬히 들어가면서 습곡 산맥과 해구를 만든다.
(나)는 대륙판과 대륙판이 충돌하면서 습곡 산맥이 발생한다. 충돌형 경계에서는 지진이 활발하게 일어나고 화산 활동은 거의 일어나지 않는다.

05. 답 ④
해설 A는 대륙 지각, B는 상부 맨틀, C는 연약권, D는 해양 지각이다. 판은 대륙 지각과, 해양 지각, 맨틀의 윗부분인 상부 맨틀을 포함한 암석판을 말한다.

06. 답 ④
해설 마리아나 해구는 태평양 북마리아나 제도의 동쪽에서 남북 방향으로 2,550km의 길이로 뻗어있는 해구이다. 대륙판과 해양판이 부딪치면서 만든 섭입형 경계이다.

[유형 5-4] 답 ③
해설 그림은 해양판과 해양판이 서로 반대 방향으로 멀어지는 발산형 경계이다. 발산형 경계에서는 해령이 발달하며, 해령은 맨틀이 상승하는 곳으로 새로운 해양 지각이 만들어진다.

07. 답 ④
해설 발산형 경계는 두 판이 서로 멀어지는 경계로 해저에 분포하는 해령과 육지에서는 열곡대가 대표적인 지형이다.

08. 답 ①
해설 그림은 해양판과 해양판이 서로 어긋나면서 반대 방향으로 이동하는 보존형 경계이다. 보존형 경계에서는 변환 단층이 발달하며, 새로운 지각이 만들어지거나 없어지지 않는다.

[유형 5-5] 답 ③
해설 전 세계적으로 화산 활동과 지진이 활발한 화산대와 지진대의 분포는 판의 운동과 밀접하게 관련이 있다. 대부분의 화산 활동과 지진은 판의 경계부에서 발생하며, 지진대와 화산대는 거의 일치하여 발생 지역이 띠 모양으로 나타나는 특징을 보인다. 화산 활동의 60% 정도는 태평양 주변부인 환태평양 지역에서 발생한다. 판의 중심부는 대부분 판들의 상호 작용이 일어나지 않는 지역으로 지진이나 화산 활동이 거의 발생하지 않는다.

09. 답 ④
해설 지진과 화산 활동은 판의 중심부 보다는 판의 상호 작용이 일어나는 경계부에서 활발하게 발생한다. 또한 발생하는 지역은 전세계적으로 고르게 분포하는 것이 아니라 판의 경계부를 따라 나타나기 때문에 띠처럼 길게 나타난다. 화산 활동이 발생하는 지역에서는 지진도 활발하게 일어나 지진대와 화산대는 대체로 일치한다.

10. 답 ②
해설 지진대와 화산대는 주로 판의 경계를 따라 좁은 범위에 걸쳐서 띠모양으로 발달한다. 일본에서 지진이 자주 일어나는 이유는 판의 경계에서 가까운 곳에 위치해 있기 때문이다.

[유형 5-6] 답 ④
해설 지진이 발생하였을 때 대처하기 위해서는 화재에 대비하여 가스 밸브를 잠그고, 문을 열어 출구를 확보해야 한다. 또한 건물이나 가로등, 전선 등에서 멀리 피하고 떨어지는 물체에 주의해야 한다. 그리고 가급적 엘리베이터는 이용하지 않는 것이 좋으며, 실내에 있을 때는 테이블 밑으로 들어가거나 방석 등으로 머리를 보호하는 것이 좋다.

11. 답 ④
해설 화산재가 햇빛을 차단하여 지구의 평균 기온이 내려가는 등의 피해가 발생한다.

12. 답 ⑤
해설 흙벽돌은 철근이 들어간 콘크리트 구조물에 비해 지진이 발생하였을 때 쉽게 무너진다. 아이티 지진에서도 인명 피해가 컸던 이유 중의 하나가 밀집된 흙벽 때문이었다.
② 지진이 발생했을 때 화재로 인한 2차적 피해가 발생할 수 있으므로 화재를 쉽게 진압할 수 있는 자동 소화 장치를 설치하는 것이 필요하다.
①, ④ 건물의 창문이나 기둥에 대각선 지지대를 설치하고, 지붕의 무게를 줄이기 위해 기와보다는 양철을 활용하면 내진에 효과적이다.
③ 송유관의 연결 부위를 고무로 연결하면 완충 작용으로 파손이 적어진다.

창의력 & 토론마당 96~99쪽

01

(1) 대륙판인 인도판과 대륙판인 유라시아판이 충돌하여 인도판이 유라시아판 아래로 비스듬히 들어가면서 지진이 발생한 것이다.

(2) 규모가 큰 지진이었으며, 진원의 깊이가 상대적으로 얕았고, 주민들 대부분이 비보강 벽돌로 지어진 지진에 취약한 집에 살고 있어서 더욱 피해 규모가 커졌다.

01. 해설 지진이 일어난 네팔 지역은 히말라야 산맥이 위치한 곳이다. 이 히말라야 산맥은 인도판과 유라시아 판의 충돌형 경계에서 생겨난 습곡 산맥으로 두 지각판이 만나는 지진대에 속한 곳이다. 그렇기 때문에 빈번한 지진 활동이 계속 발생하고 있다.
네팔에 발생한 지진의 규모(7.8)는 1934년 카트만두 동부를 강타한 강진(규모 8.0 이상) 이후 81년 만에 최대 규모를 보였다. 네팔 대지진이 2010년 1월 아이티에서 발생한 강진(규모 7.0)보다 16배 정도 강력하다고도 한다. 또한 진원의 깊이가 상대적으로 얕았다는 점도 피해를 키웠다. 네팔 지진은 25일 정오 직전 카트만두에서 북서쪽으로 81km, 대표적 휴양·관광 도시인 포카라에서는 동쪽으로 68km 떨어진 람중 지역에서 발생했다. 진원의 깊이는 약 11km로 얕은 편이다. 그리고 수도 카트만두를 비롯한 카트만두 계곡 지역 일대에는 인구 250만 명이 허술하게 지어진 주택에 밀집해 살고 있어 지진이 발생하면 큰 피해를 볼 수밖에 없다. 지진이 발생한 지역의 주민들은 지진에 약한 비(非)보강 벽돌로 지어진 집에 주로 살고 있었다. 강력한 규모, 얕은 진원, 취약한 건물 등으로 피해가 커진 이번 지진은 네팔 역사상 1934년 대지진 이후 최악의 참사로 기록됐다.

02 백두산은 해양판인 태평양 판과 대륙판인 유라시아 판이 서로 가까워지면서 부딪치는 경계(수렴형 경계)에서 상대적으로 밀도가 큰 태평양 판이 유라시아 판 아래로 비스듬히 들어가면서 발생한 화산이다.

02. 해설 백두산 연구가 활발해진 이유는 백두산이 폭발할 가능성이 있다는 주장이 계속 제기되어 오고 있기 때문이다. 화산 전문가들은 미국의 옐로스톤, 일본의 후지산과 함께 백두산을 세계적으로 가장 위험한 화산으로 꼽고 있기도 하다. 화산이 폭발하기 직전에는 화산 지진이 발생하고, 화구가 급격히 부풀어 오르는 등의 전조 현상이 나타나는데 백두산도 10여 년 전 이러한 징조를 보였다고 한다. 또한 백두산의 높이가 2000년대 들어 10cm나 높아졌으며, 백두산 천지의 온천수 온도도 올라갔다고 한다. 하지만 너무 걱정하지 않아도 되는 것은 보통 화산이 가까운 시일 내에 폭발할 수도 있다고 할 때 그 시일은 '100년 이내'라고 한다.

03 히말라야 산맥은 맨틀 대류에 의해 두 대륙판이 충돌하는 충돌형 경계에서 만들어진 습곡 산맥이다. 지금도 그 두 대륙판인 인도판과 유라시아판의 충돌이 계속 되고 있기 때문에 2014년에 발생한 네팔 지진과 같은 지진들도 발생하고 있으며, 산의 높이도 계속 상승하고 있다.

04 상대적으로 대륙 지각보다 밀도가 큰 해양 지각은 최고 2~3억 년이 지나면 대륙 지각 밑으로 섭입하여 없어지지만, 대륙 지각은 맨틀 위에 떠 있는 상태로 섭입하지 않고 이동만 하기 때문에 대륙 지각의 평균 나이가 해양 지각의 평균 나이보다 많은 것이다.

04. 해설 밀도가 낮은 대륙 지각은 맨틀 위에 떠 있는 상태이므로, 판의 충돌이 발생하더라도 맨틀 아래로 침강하지는 않는다. 따라서 한번 생성된 대륙 지각은 풍화, 침식 작용에 의해서가 아니라면 좀처럼 소멸되지 않는다. 그러나 밀도가 상대적으로 큰 해양 지각은 해령에서 생성되어 확장되다가 대륙판을 만나면 그 아래로 섭입하여 맨틀 아래로 사라지기 때문에 해양 지각의 나이는 대륙 지각의 나이에 비해 매우 젊은 것이다. 하지만 해양 지각의 일부는 수렴부에서 '오피올라이트'라는 암석으로 지표면에 보존된다. 여기서 '오피올라이트'란 섭입하는 해양 지각의 일부가 대륙 지각의 경계부에 달라 붙어 남아있는 암석으로 해양 지각의 지층 연구에 이용된다.

05 지진 A는 해양판(나즈카판)과 대륙판(남아메리카판)이 만나 충돌하는 경계에서 발생한 지진이다. 이때 해양판이 대륙판 밑으로 섭입해 들어가면서 해구와, 호상 열도, 습곡 산맥을 발달시킨다. 이때 화산 활동과 지진이 일어난다.

지진 B는 대륙판과 대륙판이 만나 충돌하는 경계에서 발생한 지진이다. 이때 두 대륙판이 충돌하면서 습곡 산맥을 발달시키며, 화산 활동은 일어나지 않고 지진이 일어난다.

05. 해설 2001년 발생한 지진 A는 페루에서 발생한 지진으로 나즈카 판과 남아메리카 판의 경계에서 발생한 지진이다. 최소 75명 사망, 2,687명 부상, 쓰나미로 64명이 실종이 되었다. 또한 17,510채의 집이 파괴되고, 35,549채가 피해를 입었으며 많은 역사적 건물들이 피해를 입거나 파괴가 되는 큰 지진이었다. 지진과 더불어 쓰나미도 함께 발생하여 피해를 키웠는데 쓰나미의 높이가 약 7m에 이르고 해안으로부터 내륙으로 1km 이상까지 침수가 되기도 하였다.
2015년 발생한 지진 B는 네팔에서 발생한 지진이다.

스스로 실력 높이기 100~105쪽

01. (1) X (2) O (3) O
02. 판게아, 대륙 이동설
03. 맨틀 대류설 **04.** 해저 확장설
05. (1) X (2) O (3) O **06.** (1) X (2) X (3) O
07. ① **08.** ⑤ **09.** (1) X (2) X (3) X
10. 지진 **11.** ④ **12.** ⑤
13. 해령, 열곡대 **14.** ④ **15.** ④
16. ③ **17.** ② **18.** ⑤ **19.** ②
20. ⑤ **21.** (A) ㄱ (B) ㄴ, ㄹ, ㅁ (C) ㄷ
22. ③ **23.** ⑤ **24.** ⑤ **25.** ①
26.~32. 〈해설 참조〉

01. 답 (1) X (2) O (3) O
해설 (1) 멀리 떨어져 있는 두 대륙의 고생물 화석 분포가 비슷한 것이 대륙 이동설의 증거이다.

05. 답 (1) X (2) O (3) O
해설 판 구조론이란 움직이는 크고 작은 10여 개의 판으로 지구 표면이 이루어져 있으며, 그 판들이 맨틀 대류에 의해 서서히 움직이는 것을 말한다.

06. 답 (1) X (2) X (3) O
해설 판이란 지구의 겉부분을 둘러싸고 있는 지각과 맨틀의 윗부분(상부 맨틀)을 포함한 두께 약 100km의 크고 작은 암석판을 말한다. 판과 판의 경계 부분에서 지각 변동이 활발하게 일어난다.

07. 답 ①

해설 판은 지구의 겉부분을 둘러싸고 있는 지각과 맨틀의 윗부분(상부 맨틀)을 포함한 두께 약 100km의 크고 작은 암석판을 말한다. 판의 종류에는 암석판과 해양판이 있으며, 맨틀의 대류에 의해 판이 이동한다.

08. **답** ⑤
해설 판과 판이 만나는 곳에서는 지진이나 화산 활동이 일어나며, 습곡 산맥이 만들어지고, 변환 단층이 만들어지기도 한다.

09. **답** (1) X (2) X (3) X
해설 (1) 대륙판과 해양판이 충돌하면 상대적으로 밀도가 큰 해양판이 대륙판 밑으로 비스듬히 들어간다.
(2) 보존형 경계에서는 지진 활동은 활발하게 일어나지만 화산 활동은 거의 일어나지 않는다.
(3) 발산형 경계에서는 지진과 화산 활동 모두 활발하게 일어난다.

11. **답** ④
해설 A는 해저 확장설이다. 해저 확장설이란 해령에서 새로운 해양 지각이 만들어져서 양옆으로 이동하면서 해저가 점점 넓어지고, 해구에서 소멸한다는 주장이다.
① 판 구조론에 대한 설명이다.
② 맨틀 대류설에 대한 설명이다.
③, ⑤는 대륙 이동설에 대한 설명이다.

12. **답** ⑤
해설 ① A지점에서는 해구가 발달한다.
② A지점에서는 해양 지각이 냉각되어 대륙 지각 밑으로 들어가게 된다.
③ B지점에서는 맨틀이 상승한다.
④ B지점에서는 해령이 발달하고 지구 내부의 뜨거운 열에 의하여 맨틀이 상승하면서 지각을 분리하여 수평 방향으로 이동시키며 새로운 지각을 형성한다.

14. **답** ④
해설 새로운 지각이 형성되는 경계는 해양판이 발산되는 경계인 (라)이다.
(가) 대륙판과 대륙판이 충돌하여 생기는 경계,
(나) 판과 판이 서로 어긋나면서 반대 방향으로 이동하는 경계,
(다) 해양판과 대륙판이 충돌하여 상대적으로 밀도가 더 큰 해양판이 대륙판 밑으로 비스듬히 들어가는 섭입형 경계로 모두 새로운 지각이 형성되는 경계가 아니다.

15. **답** ④
해설 지각이 소멸되는 경계는 수렴형 경계이다.

16. **답** ③
해설 마그마가 상승하는 경계는 마그마가 상승하여 화산 활동이 일어나는 경계로 섭입형 경계와 발산형 경계이다.

17. **답** ②
해설 히말라야 산맥은 남반구의 인도-오스트레일리아 판(대륙판)이 북상하여 유라시아 판(대륙판)과 충돌하는 충돌형 경계에서 발생한 거대한 습곡 산맥이다.

18. **답** ⑤
해설 안데스 산맥은 상대적으로 밀도가 큰 해양판인 태평양 판이 대륙판인 남아메리카 판 밑으로 비스듬히 들어가는 섭입형 경계에서 발생한 습곡 산맥이다.
① 바다 속에 해령이 생성되는 경계는 해양판의 발산형 경계이다.
②, ④ 알프스 산맥이나 히말라야 산맥이 충돌형 경계에서 발생한 산맥이다.
③ 대륙이 갈라지면서 열곡대가 발생하는 경계는 대륙판의 발산형 경계이다.

19. **답** ②
해설 화산 활동이 주는 영향에는 화산 활동으로 인한 피해와 화산 활동으로 생기는 혜택이 있다. 우선 화산 활동에 의한 피해는 화산 가스, 화산재, 용암 등 화산 분출물에 의한 인명과 재산 피해, 화산재가 햇빛을 차단하여 지구의 평균 기온이 내려가는 등의 피해가 있다. 화산 활동에 의한 혜택으로는 화산 지대에서 지열을 발전이나 난방으로 이용하는 것이나, 화산 활동이 일어날 때 광물이 형성되어 유용함을 줄 수 있다.
② 화산 활동으로 쌓인 화산재는 일시적으로 피해를 줄 수 있지만, 식물의 성장에 필요한 성분이 포함되어 있다. 따라서 화산재가 쌓인 지역이 오랜 시간이 지나면 식물이 자라기 좋은 무기질이 풍부한 비옥한 토양을 만든다.

20. **답** ⑤
해설 ⑤ 지진은 짧은 시간 동안 발생하기 때문에 멀리 떨어진 곳으로 대피하기 보다는 가까운 안전한 지대로 몸을 피하는 것이 좋다. 지진이 발생하였을 때는 화재에 의한 피해를 막기 위해 가스 밸브를 잠그고, 탈출구 확보를 위해 출입문은 열어둔다. 그리고 방석 등으로 머리를 보호하고 주변 견고한 가구 아래로 대피하는 것이 좋다. 또한 정전에 의해 고립될 위험이 있기 때문에 건물 내에서 탈출할 때에는 엘리베이터를 이용하면 안 된다.

21. **답** (A) ㄱ (B) ㄴ, ㄹ, ㅁ (C) ㄷ
해설 A는 화산 활동이 활발하며 새로운 해양 지각이 생성되는 곳으로 해령이다. B는 해양 지각이 소멸되는 해구로 주변에 호상 열도와 습곡 산맥이 발달할 수 있다.
C는 판이 어긋나는 보존형 경계로 변환 단층이 발달한다. 보존형 경계에서는 지진이 발생되지만 화산 활동은 드물다.

22. **답** ③
해설 A - 해구, B - 해령, C - 변환 단층이다.

23. **답** ⑤
해설 ① A 지역은 섭입형 경계이다.
② B 지역은 발산형 경계이다.
③ C 지역에서는 지진 활동이 활발하다.
④ B에서 A로 갈수록 퇴적물의 두께가 두꺼워진다.

24. 답 ⑤

해설 전 세계적으로 지진이 발생하는 지역에서 화산 활동이 활발하게 일어나며, 화산대와 지진대는 대부분 판의 경계부와 일치한다. 이는 판의 상호 작용으로 지진과 화산 활동이 일어나기 때문이다.

⑤ 판의 이동 방향은 지역에 따라 발산하기도 하고, 수렴하기도 하면서 지역에 따라 다르다. 태평양의 경우 대략적으로 북서쪽으로 이동한다.

25. 답 ①

해설 A는 대륙판과 해양판이 충돌하여 해양판이 대륙판 밑으로 수렴하는 경계이다.

② 대륙판과 대륙판이 충돌하는 충돌형 경계이다.

③ 해양판이 발산하는 경계이다.

④ 대륙판이 발산하는 경계이다.

⑤ 해양판과 해양판이 서로 어긋나면서 이동하는 보존형 경계이다.

26. 답 현재 여러 대륙에 분포되어 있는 빙하의 흔적을 남극을 중심으로 하나로 합치면 빙하의 흔적과 이동 방향이 일치한다. 이는 대륙 이동설의 증거로 과거에 대륙이 하나로 모여 있다가 분리되면서 이동하여 현재와 같은 대륙 분포를 이루었다고 주장하는 학설이다.

27. 답 두 판이 서로 가까워지면서 부딪치는 경계는 수렴형 경계, 두 판이 서로 반대 방향으로 멀어지는 경계는 발산형 경계, 두 판이 서로 어긋나면서 반대 방향으로 이동하는 경계를 보존형 경계라고 한다.

28. 답 판과 판이 반대 방향으로 이동하면서 서로 어긋나는 경계에서 변환 단층이 발달한다.

29. 답 산안드레아스 단층은 태평양 판과 북아메리카 판이 서로 반대 방향으로 어긋나면서 이동할 때 생기는 보존형 경계에서 만들어진 변환 단층이다. 보존형 경계에서는 지진 활동만 일어나며, 새로운 지각이 만들어지거나 없어지지 않는다.

30. 답 동아프리카 열곡대는 대륙이 갈라지면서 생기는 발산형 경계에서 발달한 지형이다. 열곡대가 형성될 때 지진과 화산 활동이 모두 활발하게 일어난다.

31. 답 히말라야 산맥과 안데스 산맥은 판의 경계 중 수렴형 경계 특히, 판과 판이 충돌하여 형성된 습곡 산맥에 해당된다. 천발, 심발 등의 지진 활동이 활발하게 일어난다. (진원의 깊이에 따라 천발, 중발, 심발 지진 발생)

32. 답 히말라야 산맥은 대륙판과 대륙판이 충돌하여 형성된 습곡 산맥이다. 주로 천발 지진이 발생하지만, 대륙판끼리의 충돌로 마그마 생성이 되지 않아 화산 활동은 드물다. 안데스 산맥은 해양판과 대륙판이 충돌하여 형성된 습곡 산맥으로 천발과 심발 지진이 일어난다. 또한, 물을 포함한 해양판과의 충돌로 판과의 충돌 시 마찰열로 인해 마그마가 형성되어 화산 활동도 빈번하다.

6강. Project 2

논/구술 106~107쪽

Q1 육지가 생성된 것은 약 22.3시간 전, 한반도가 생성된 것은 약 15시간 전, 독도가 탄생된 것은 약 1.5분 전이다.

해설 육지 생성 시간

4600000000 : 24 = 4400000000 : x, x ≒ 22.3(시간)

한반도가 생성된 시간

4600000000 : 24 = 2900000000 : x, x ≒ 15(시간)

독도가 탄생한 시간

4600000000 : 24 = 4500000 : x, x ≒ 1.5(분)

탐구1 지구 내부 구조의 탐사 방법 108~109쪽

〈탐구 결과〉

1. 지구 내부 조사 방법

구분	직접적인 조사 방법	간접적인 조사 방법
조사 방법	시추법, 화산 분출물 조사	지진파 분석, 지질 구조 조사, 고온 · 고압 실험

2. 지진파 분석 방법으로 지진파가 지구 내부를 통과할 때 반사, 굴절하는 지진파의 특성을 이용하여 지구 내부 구성 물질을 알 수 있기 때문이다.

〈탐구 속 읽기 자료〉

Q1 운석은 지구를 형성시킨 재료로 추정되며 지구 구성 물질은 운석 성분과 유사하기 때문이다.

탐구2. 지구 내부 구조 모형 만들기 110~111쪽

1. 지구 내부 구조 모형 각 층의 두께 계산하기

지구 내부 구조	지구 실제 분포 깊이 (km)	지구 모형에서의 분포 깊이(cm)
지각	0~35	0.025
맨틀	35~2900	0.025~2.25
외핵	2900~5100	2.25~4
내핵	5100~6400	4~5

〈탐구 문제〉

1.

경계면	A와 B	B와 C	C와 D
깊이(km)	5~35	2900	5100

2. B, 맨틀

3. 핵의 온도가 매우 높아 외핵은 액체 상태로 존재하기 때문에 맨틀과 외핵 사이 경계에서 지진파의 속도가 갑자기 느려진다.

4. 맨틀의 구성 물질은 주로 규소나 마그네슘이고, 핵에는 주로 철이 들어 있다. 따라서 맨틀과 핵의 경계를 지나면서 밀도가 크게 증가한다.

5. C, C층은 액체 상태로 되어 있고, S파는 액체층을 통과하지 못한다.

Ⅲ 수권

7강. 수권의 구성

개념 확인 114~119쪽

1. 해수, 담수 2. 산악 빙하 3. (1) ㉡ (2) ㉠
4. 78 5. ⑤ 6. 혼합층

4. 답 78
해설 염분비 일정의 법칙에 의해 해수에 녹아 있는 각 염류 사이의 비율은 모든 바다에서 일정하다.

확인+ 114~119쪽

1. ② 2. ⑤ 3. ②, ⑤
4. ③ 5. ④ 6. ③

1. 답 ②
해설 수권의 역할은 크게 지구의 평균 기온 유지, 생명체의 생명 활동 유지, 지형 변화가 있다.

2. 답 ⑤
해설 ① 빙하는 하루에 수 cm~수 m 정도로 느리게 이동한다.
② 산악 빙하는 울퉁불퉁한 모양이며, 대륙 빙하는 대체로 평평한 모양이다.
③ 빙하는 추운 극지방뿐만 아니라 모든 위도의 높은 산악 지대에서도 형성된다.
④ 빙하는 오랜 시간 동안 눈이 쌓이면서 단단하게 다져져 만들어진 얼음덩어리가 중력에 의해 낮은 곳으로 천천히 이동하는 것이다.

3. 답 ②, ⑤
해설 염분은 강수량보다 증발량이 더 높은 지역, 강물의 유입이 적은 지역, 해수가 어는 지역에서 더 높다.

4. 답 ③
해설 염분 분포는 강물의 유입량과 계절에 따른 강수량, 해안에 가까운 정도에 따라 다르다. 하지만 해수에 녹아 있는 각 염류의 비는 항상 일정하다. 우리나라의 염분 분포를 비교해 보면 동해가 황해보다 강물 유입량이 적어 염분이 높고, 겨울철에는 여름철보다 강수량이 적어 염분이 더 높다. 그리고 해안에서 가까운 바다일수록 강물이 많이 유입되기 때문에 염분이 낮다.

5. 답 ④

해설 ① 서해는 수심이 얕고 대륙의 영향을 받아 수온의 연교차가 크다.
② 동해는 수심이 깊어 수온의 연교차가 작다.
③, ⑤ 겨울철이 여름철보다 해수면이 받는 태양 복사 에너지량이 적기 때문에 수온이 더 낮다.

6. 답 ③
해설 ①, ② 저위도에서는 태양 복사 에너지를 많이 받아 표층과 심층의 수온차가 크기 때문에 표층 수온이 높고, 수온 약층이 잘 발달되어 있다.
⑤ 중위도에서는 바람이 강하게 불기 때문에 혼합층의 두께가 가장 두껍게 발달한다.

생각해보기 114~119쪽

★ 빙하가 녹은 물이 빙하의 갈라진 틈을 통해 바닥으로 스며들 경우, 'moulins'라 불리는 원통형의 큰 동굴이 형성되는데, 그 크기가 지름 10미터에 이르기도 한다. 스며드는 물의 양이 많아질수록 윤활유 역할을 하여 빙상의 이동 속도를 가속시킨다. 즉, 기온이 높은 여름철에 빙하가 더 많이 녹기 때문에 여름철 빙하의 속도가 더 빠른 것이다.
★★ 우리나라 지형은 동쪽이 태백 산맥에 의해 높은 지형을 보이고, 서쪽은 동쪽에 비해 낮은 지형을 보인다. 물은 높은 곳에서 낮은 곳으로 흐르는 성질이 있으므로 동해보다 황해의 강물 유입량이 더 많다.
★★★ ① 대륙은 해양보다 쉽게 가열이 된다. 그렇기 때문에 대륙이 많은 북반구의 표층 수온이 더 높다. ② 동해안 해수욕장의 개장 날짜가 각각 다른 이유는 바다의 표층 수온 분포가 지역별, 위도별로 다르기 때문이다. 일반적으로 저위도의 수온이 더 높기 때문에 개장 날짜가 더 빠르다.

개념 다지기 120~121쪽

01. ③	02. ⑤	03. ③	04. ④
05. ②	06. ④	07. ③	08. ⑤

01. 답 ③
해설 ① 빙하는 담수의 대부분을 차지하는 육지의 물이다.
② 자원으로써의 물은 유한하기 때문에 일상생활에서 물을 아끼는 습관이 필요하다.
④ 수권이란 지구에 존재하는 모든 물을 말하며, 해수와 담수로 구분한다.
⑤ 담수 중 가장 큰 비율을 차지하는 것은 빙하이다.

02. 답 ⑤
해설 빙하는 극 지역이나 고산 지대에서 오랜 시간 동안 눈이 쌓이면서 단단하게 다져져 만들어진 얼음덩어리가 중력에 의해 낮은 곳으로 천천히 이동하는 것이다.

03. 답 ③
해설

영향을 주는 요인	염분이 높은 곳	염분이 낮은 곳
강수량과 증발량	강수량 〈 증발량	강수량 〉 증발량
강물의 유입량	강물 유입이 적은 곳	강물 유입이 많은 곳
해수의 결빙과 해빙	해수가 어는 지역	빙하가 녹는 지역

04. 답 ④
해설 염류 중 가장 많은 양을 차지하는 것은 짠맛을 내는 염화 나트륨이고, 그 다음으로 많은 양을 차지하는 것이 쓴맛을 내는 염화 마그네슘이다.

05. 답 ②
해설 ① 바닷물 1kg(250g × 4) 속에 염류 32g(8g × 4) → 32‰
② 바닷물 1kg(1000g) 속에 염류 35g → 35‰
③ 바닷물 1kg(2000g ÷ 2) 속에 염류 30g(60g ÷ 2) → 30‰
④ 바닷물 1kg(10,000g ÷ 10) 속에 염류 34g(340g ÷ 10) → 34‰
⑤ 바닷물 1kg(500g × 2) 속에 염류 31g(15.5g × 2) → 31‰

06. 답 ④
해설 염분비 일정의 법칙에 의해 염분과 상관없이 염류 사이의 구성 비율은 일정하다. 그러므로 알고자 하는 염화 나트륨의 양을 x로 하면 35‰ : 27g = 70‰ : x 이라는 식을 얻을 수 있다. 비례식의 성질을 이용하면 35‰ × x = 70‰ × 27g 이 된다.
∴x = 54g

07. 답 ③
해설 ① 고위도로 갈수록 태양 복사 에너지의 흡수량이 적기 때문에 수온이 더 낮다.
② 북반구가 남반구보다 육지가 더 많기 때문에 수온이 더 높다.
④ 우리나라 주변 바다의 표층 수온은 지역별, 계절별로 다르다.
⑤ 해수면에 입사하는 태양 복사 에너지량의 영향을 가장 많이 받는다.

08. 답 ⑤
해설 ① 햇빛에 의한 가열과 바람에 의한 혼합 작용으로 수온이 일정한 층은 혼합층이다.
② 혼합층의 두께는 중위도가 가장 두껍다.
③ 바람이 강하게 불면 혼합층이 두껍게 발달한다.
④ 깊이에 따라 수온이 급격하게 낮아지는 층은 수온 약층이다.

유형 익히기 & 하브루타		122~127쪽
[유형 7-1] ②	01. ②	02. ⑤
[유형 7-2] ④	03. ④	04. ④
[유형 7-3] ③	05. ④	06. ②
[유형 7-4] ④	07. ③	08. ④, ⑤
[유형 7-5] ⑤	09. ④	10. ④
[유형 7-6] ⑤	11. ③	12. ⑤

[유형 7-1] 답 ②

해설 수권에서 가장 많은 부피를 차지하는 것(A)은 해수이고, 담수에서 가장 많은 부피를 차지하는 것(B)은 빙하이다. 그 다음으로는 지하수(C), 강과 호수(D) 순이다.

01. 답 ②

해설 ㄱ. 수권은 지구에 존재하는 모든 물을 말하며, 해수와 담수로 구분한다.
ㄴ. 담수 중 빙하가 차지하는 비율은 담수의 약 79%정도로 가장 많은 비율을 차지한다.
ㄷ. 우리나라는 전체 물의 양 중 약 73%는 손실되어 사용하지 못하고 약 27% 만 수자원으로 사용되기 때문에 물을 절약하여야 한다.

02. 답 ⑤

해설 ⑤ 빙하는 녹여서 이용 가능한 물로 바꾸기 어렵다.

[유형7-2] 답 ④

해설 빙하를 시추하여 뽑아낸 얼음 기둥인 빙하 코어 분석을 통해 다양한 연구가 가능하다. 빙하 속에 갇힌 공기를 이용하여 대기 환경과 기후를 추정할 수 있으며, 빙하 속 화산재를 통해 화산 활동 여부와 화산 활동 시기를 알 수 있다.
빙하의 나이테 같은 줄무늬를 통해 빙하의 생성 시기를 추정할 수 있고, 빙하 속 꽃가루를 통해 그 시대에 분포했던 식물의 종류와 그 당시 환경을 파악할 수 있다.
④ 빙하 코어의 두께를 통해 빙하가 만들어지기까지 걸린 시간을 알 수는 없다.

03. 답 ④

해설 ㄷ. 빙하에서 떨어진 얼음 조각을 통해서가 아니라 빙하 코어라는 빙하 속에서 시추한 얼음 기둥을 분석하여 빙하 나이테를 통해 빙하의 생성 시기를 추정할 수 있다.

04. 답 ④

해설

눈송이 → 눈 알갱이 → 만년설 → 빙하

[유형7-3] 답 ③

해설 염분에 영향을 주는 요인으로는 강수량과 증발량, 강물의 유입량, 해수의 결빙과 해빙이 있다. 문제 속 그래프를 통해서는 강수량과 증발량에 따른 염분의 분포를 알 수 있다.
③ 적도 부근은 강수량이 증발량보다 많기 때문에 염분이 낮다.
⑤ 극 지방의 염분이 낮은 이유는 빙하의 녹는 양이 많기 때문이다.

05. 답 ④

해설

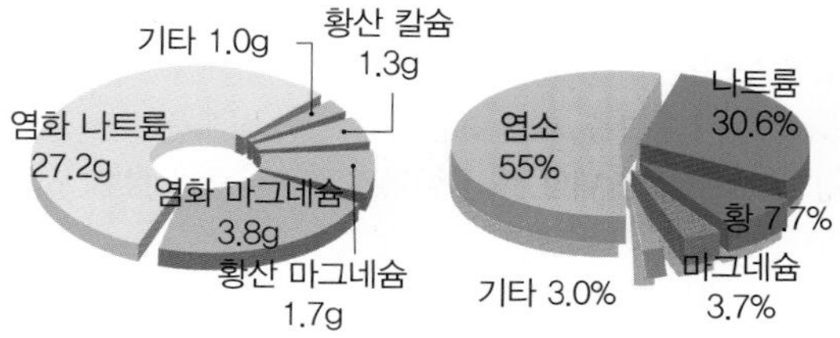

06. 답 ②

해설 염분은 바닷물 1000g 속에 녹아 있는 염류의 총 양을 g수로 나타낸 것이다. 바닷물 500g 속에 들어 있는 총 염류의 양은 13.6g + 1.9g + 0.85g + 0.65g + 0.5g = 17.5g 이다. 따라서 염분은

$$\frac{17.5\text{g}}{500\text{g}} \times 1000 = 35‰\text{이다.}$$

[유형7-4] 답 ④

해설 ④ 바람과 염분 분포와는 상관이 없다.
① 해안에서 가까울수록 강물 유입량이 많아 염분이 낮다.
② 황해의 강물 유입량이 동해보다 더 많아서 황해의 염분이 동해보다 낮다.
③ 여름철에는 강수량이 겨울철보다 많기 때문에 염분이 더 낮다.
⑤ 동해의 염분이 황해보다 더 높기 때문에 같은 양을 증발시키면 더 많은 양의 염화 나트륨을 얻을 수 있다.

07. 답 ③

해설 염분비 일정의 법칙에 의하면 다음과 같은 비례식을 세울 수 있다. (나) : 4g = 40g : 8g ∴ (나) = 20g
35‰ : 20g = (가) : 40g ∴(가) = 70‰

08. 답 ④, ⑤

해설 ① 동해 〉 서해 ② 겨울 〉 여름
③ 강수량이 많은 곳 〈 적은 곳

[유형 7-5] 답 ⑤

해설 ① 고위도로 갈수록 태양 복사 에너지의 흡수량이 적기 때문에 수온이 더 낮다.
②, ⑤ 북반구가 남반구보다 육지가 더 많기 때문에 수온이 더 높다.
③ 같은 위도에 있어도 계절별, 대륙의 분포 정도, 해류에 따라 표층 수온 분포가 다르다.
④ 바람은 해수의 연직 수온 분포와 관련이 있다.

09. 답 ④

해설 ① 고위도로 갈수록 태양 복사 에너지의 흡수량이 적기 때문에 고위도의 수온이 더 낮다.

② 여름철이 겨울철보다 들어오는 태양 복사 에너지량이 더 많기 때문에 여름철 수온이 더 높다.
③, ⑤ 북반구가 남반구보다 육지가 더 많기 때문에 수온이 더 높다.

10. 답 ④
해설 해수의 표층 수온 분포에 영향을 주는 것은 태양 복사 에너지량, 대륙의 분포, 해류의 영향이 있지만 그 중에서 태양 복사 에너지량의 영향을 가장 크게 받는다.

[유형7-6] 답 ⑤
해설 (ㄱ) 혼합층, (ㄴ) 수온 약층, (ㄷ) 심해층
①, ③ 혼합층은 태양 복사 에너지량과 바람의 영향 모두 받는 층이다. 바람이 강할수록 두께가 두껍게 형성된다.
② 모든 위도에서 심해층의 수온은 대체로 일정하다.
④ 적도 해역은 바람이 거의 불지 않아서 (ㄱ) 혼합층의 두께가 얇지만 표층 수온이 높기 때문에 (ㄴ) 수온 약층은 뚜렷하게 발달한다.

11. 답 ③
해설 저위도는 표층 수온이 높고, 수온 약층이 잘 발달된다. 바람이 중위도보다 적게 불므로 혼합층이 얇다.
중위도는 위도 30도 지역의 강한 바람의 영향으로 혼합층이 두껍다. 고위도는 표층 수온이 낮고, 해수의 층상 구조가 나타나지 않는다.

12. 답 ⑤
해설 수온 약층은 깊이에 따라 수온이 급격히 낮아지는 층으로 매우 안정하여 대류가 일어나지 않는 층이다. 그러므로 혼합층과 심해층 사이의 물질과 에너지 교환을 차단한다. 태양 복사 에너지량에만 영향을 받는다.

창의력 & 토론마당 128~131쪽

01 해설 참조

해설 ① 그래프를 통해 약 42만년 동안 대기 중 이산화 탄소의 농도와 기온이 주기적으로 높아졌다가 낮아지는 과정을 반복해 왔다는 것을 알 수 있다. 이는 해수에 용해되는 대기 중의 이산화 탄소의 양이 주기적으로 변해왔음을 알 수 있다.
② 42만 년 동안 빙하기와 간빙기는 약 10만 년을 주기로 반복되어온 사실도 알 수 있다. 현재는 간빙기에 속하게 된다.
③ 이산화 탄소의 농도가 올라갈수록 기온도 함께 올라가는 것으로 보아 온실 효과를 일으키는 대표적인 대기 성분인 이산화 탄소는 지구의 기온을 상승시키는 요인임을 확인할 수 있다.

02 해설 참조

해설 잠수함이 염분이 높은 해수 쪽으로 이동할 때는 해수의 밀도가 커지기 때문에 상대적으로 잠수함의 부력이 커져서 잠수함이 떠오르게 된다. 반대로, 잠수함이 염분이 낮은 해수 쪽으로 이동할 때는 상대적으로 잠수함의 부력이 작아져서 잠수함은 가라앉으려고 한다. 이와 같이 잠수함은 바닷물의 밀도에 따른 중력과 부력의 원리들을 적절히 이용하여 잠수와 부상을 자유자재로 할 수 있는 것이다. 동해에서 출발한 잠수함이 서해로 이동을 하게 되면 황해가 동해보다 강물의 유입량이 많아 염분이 더 낮기 때문에 잠수함의 부력은 동해에서 서해로 갈수록 상대적으로 작아져서 탱크 안에 같은 양의 물이 들어있을 경우 잠수함은 더 가라앉게 될 것이다.

03 (1) 해설 참조 (2) 해설 참조

(1) 심층수는 수심 200m 이상의 깊은 바다, 즉 심해에 있는 바닷물을 말하는데 20도 이상의 온도 차이로 인해 표층수와 섞이지 않는다. 그렇기 때문에 유기물의 농도가 낮으며 대장균이나 일반세균에 의한 오염이 거의 없을 뿐만 아니라, 육지나 공기로부터 오염 물질과의 접촉도 일어나지 않고, 태양광선이 도달할 수 없기 때문에 식물성 플랑크톤에 의한 광합성이 없고 박테리아의 분해력이 상승된다. 그래서 심층수를 지구상에서 가장 깨끗한 물이라고 할 수 있다.
또한, 심층수는 북극이나 남극, 그린랜드 주변 수역에서 생성되어 지구를 천천히 돌게 되는데 한 바퀴 도는데 약 4천년의 시간이 걸린다. 그 기간 동안 수압 30기압 아래에서 숙성되기 때문에, 성질이 안정화되고 각종 효소들의 작용으로 암을 유발하는 활성산소를 잡아 먹는 항산화(抗酸化) 물질도 다량 포함되어 있다.
이러한 이유들로 인하여 심층수에는 인체에 꼭 필요한 4대 미네랄(마그네슘, 칼슘, 칼륨, 나트륨) 외에 아연, 셀레늄, 망간 등이 함유되어 있으며 식물 성장에 필요한 질소나 인, 규산 등의 무기영양소도 많이 포함하고 있다.
이에 따라 각 선진국들은 심층수로부터 기능성 미네랄 물질을 뽑아내거나, 미세조류를 배양해 의학용 물질을 생산하는 등 다양한 연구를 활발하게 진행하고 있는 중이다.
(2) 1970년대 중반부터 연구에 적극 나선 일본은 심층수를 생수나 식료품, 화장품과 같은 생활필수품으로 상품화해 연간 1조원 이상의 매출을 올리고 있다고 한다.
우리나라의 동해도 고품질의 심층수를 손쉽게 얻을 수 있는 좋은 조건을 가지고 있다. 비록 선진국들에 비해 20~30년 정도 늦긴 했지만, 이러한 중요성을 인식해 해양수산부 등에서 강원도 고성군에 심층수 시범 단지를 조성하는 계획을 추진 중이다.
심층수에는 인체에 꼭 필요한 4대 미네랄(마그네슘, 칼슘, 칼륨, 나트륨) 외에 아연, 셀레늄, 망간 등이 함유되어 있으며 식물 성장에 필요한 질소나 인, 규산 등의 무기영양소도 많이 포함하고 있다.
위와 같은 사실들을 포함시켜 다양하게 상품 광고를 해 보자.

04

(1) 사해는 요르단 강을 비롯한 여러 강에서 염류를 함유한 강물이 유입되지만 호수에서 물이 빠져나갈 수 있는 유출구가 없고, 유입 수량과 거의 같은 양의 수분이 증발하게 되므로 염류는 계속 쌓여 염분이 높아지게 되었다.

(2) 염분이 커지면 해수의 밀도가 커지게 된다. 상대적으로 바닷물 속에서 사람의 부력이 커지게 되어 바닷물 위에 사람이 뜰 수 있는 것이다.

(3) 염류의 농도가 높기 때문에 삼투압에 의해 몸의 물이 빠져나가므로 상처가 있는 상태에서는 입수를 해서는 안된다. 또한 반드시 해수 속에서는 물안경을 써서 눈을 보호해야 한다. 그리고 장시간 수영은 안하는 것이 좋다.

해설 삼투압 현상이란 용질의 농도가 낮은 쪽에서 농도가 높은 쪽으로 용매(물)가 옮겨가는 현상이다. 사해에 장시간 수영을 하거나 맨눈으로 사해 물 속에 들어가게 되면 이 삼투압 현상에 의해 몸의 체액(수분)이 바닷물로 빠져나가기 때문에 자칫하면 위험해질 수도 있다.

스스로 실력 높이기 132~137쪽

01. (1) O (2) X (3) O **02.** (1) O (2) X (3) O

03. 수권 **04.** 해수 〉 빙하 〉 지하수 〉 강과 호수

05. 빙하 **06.** ④ **07.** ㄱ. 염류 ㄴ. 해수

08. ③ **09.** ④

10. ㄱ. 혼합층 ㄴ. 수온 약층 ㄷ. 심해층

11. ⑤ **12.** (1) ㉢ (2) ㉡ (3) ㉠ **13.** 32

14. ⑤ **15.** 15 **16.** ② **17.** ②

18.

	혼합층	수온 약층	심해층
태양 복사 에너지	O	O	X
바람	O	X	X

19. ③ **20.** ④

21. 물의 양 : 975g 염류의 양 : 25g

22. ② **23.** ② **24.** ⑤ **25.** ④

26.~32. 〈해설 참조〉

01. 답 (1) O (2) X (3) O
해설 (2) 자원으로서의 물은 주로 담수 중 지하수나 하천수를 이용한다.

02. 답 (1) O (2) X (3) O
해설 (2) 황해의 강물 유입량이 동해보다 많기 때문에 동해의 염분이 황해보다 높다.

06 . 답 ④
해설 ① 빙하는 여름철에 이동 속도가 더 빠르다.
② 모든 위도의 높은 산악 지대에서 형성되는 빙하를 산악 빙하라고 한다. 저위도의 평지는 온도가 높기 때문에 눈이 내리지 않아 빙하가 만들어질 수가 없다.
③ 빙하에 의한 지형 변화로 생기는 지형으로 혼, U자곡, 찰흔, 빙퇴석이 있다.
⑤ 빙하는 담수에서 차지하는 비율이 가장 크다.

08. 답 ③
해설 바닷물 1kg(1000g)에 염류의 구성 원소가 20 + 10 + 2.5 + 1.5 + 1.0 = 35g 녹아 있다. 구성 원소의 양이 염류의 양이 되므로 염분은 35‰이다. (염분은 해수 1kg 속에 녹아 있는 전체 염류의 양을 g수로 나타낸 것이다.

09. 답 ④
해설 염분비 일정의 법칙에 의해 염분은 달라도 해수에 녹아 있는 염류 사이의 비율은 항상 일정하다. 그러므로 염분 60‰인 바닷물에서 염류 A와 B의 성분비는 5 : 1이다.

11. 답 ⑤
해설 대기 중의 수증기는 지구상의 물 중 차지하는 비율이 0.001% 밖에 되지 않지만 기상 현상을 일으키는데 중요한 역할을 한다.

13. 답 32
해설

$$\text{염분}(‰) = \frac{\text{염류의 총 질량(g)}}{\text{해수의 총 질량(g)}} \times 1000$$

그러므로 $\frac{96g}{3000g} \times 1000 = 32‰$

14. 답 ⑤
해설 사해 염분이 200‰이면 사해 1kg을 가열하면 200g의 염류를 얻을 수 있다. 그러므로 사해 3kg(3000g)을 증발시키면 200g × 3 = 600g의 염류를 얻을 수 있다.

15. 답 15
염분비 일정의 법칙에 의하여 지역이나 계절에 상관 없이 염화 나트륨이 차지하는 비율은 항상 같다.

16. 답 ②
해설 염분은 증발량 〉 강수량, 강물 유입량 일 경우 높게 나타나고, 증발량 〈 강수량, 강물 유입량 일 경우 낮게 나타난다.

17. 답 ②
해설 염분비 일정의 법칙에 의해 동해의 황산 염의 양과 사해의 황산 염의 양의 비율 = 2.5 : 12.5 = 1 : 5 이므로 나트륨의 양 (가)는 1 : 5 = (가)g : 50g으로부터 구하면 (가) = 10g이다. 또한 사해의 염소의 양 (나)는 1 : 5 = 20g : (나)g으로부터 구하면 (나) = 100g이다.

18. 답

	혼합층	수온 약층	심해층
태양 복사 에너지	O	O	X
바람	O	X	X

태양 복사 에너지는 혼합층의 온도와, 수온 약층의 두께에 영향을 주며, 바람은 혼합층의 두께에 영향을 준다.

19. 답 ③

해설 (가)는 황해쪽 등온선이 해안선과 나란하게 나타나고 수온이 높은 것으로 보아 여름철 우리나라 주변 표층 수온 분포를 나타내는 것을 알 수 있다. 여름철 황해는 수심이 얕고, 육지의 영향을 많이 받아서 등온선이 해안선에 나란하게 나타난다.
(나)는 동해쪽 등온선이 위도와 거의 나란하게 나타나는 겨울철 우리나라 주변 표층 수온 분포를 나타내는 것을 알 수 있다. 동해는 수온이 태양 복사 에너지의 영향을 받기 때문에 등온선이 위도와 나란하게 나타나는 것이다. 연평균 수온은 난류의 영향을 받아 남해에서 가장 높게 나타난다.

20. 답 ④

해설 ④ 그래프에서 남북 간의 수온 차이는 겨울에 더 크게 나타난다.
① 여름철 수온은 동해에서 가장 낮게 나타난다.
②, ③ 계절에 따른 수온의 변화(연교차)는 수심이 얕고 대륙의 영향을 가장 많이 받는 황해에서 가장 크고, 연중 난류가 흐르는 남해가 가장 작다.
⑤ 해안에 가까운 바다일수록 대륙의 영향을 많이 받기 때문에 수온이 더 낮아진다.

21. 답 975, 25

해설 염분 25‰의 바닷물 1kg 속에서는 물 975g에 염류 25g이 녹아있는 것이다.

22. 답 ②

해설 염분은 증발량 - 강수량의 값이 클수록 높다. (가) 지역의 증발량 - 강수량 = -150, (나) 지역의 증발량 - 강수량 = 20, (다) 지역의 증발량 - 강수량 = -50이다. 그러므로 염분이 높은 순서는 (나) 〉 (다) 〉 (가)이다.

23. 답 ②

해설 표층 수온이 높은 여름일수록 수온 약층이 두껍게 발달하며, 바람이 강하게 부는 겨울일수록 혼합층의 두께가 두꺼워지기 때문에 수온 약층이 시작되는 깊이가 깊어진다.

24. 답 ⑤

해설

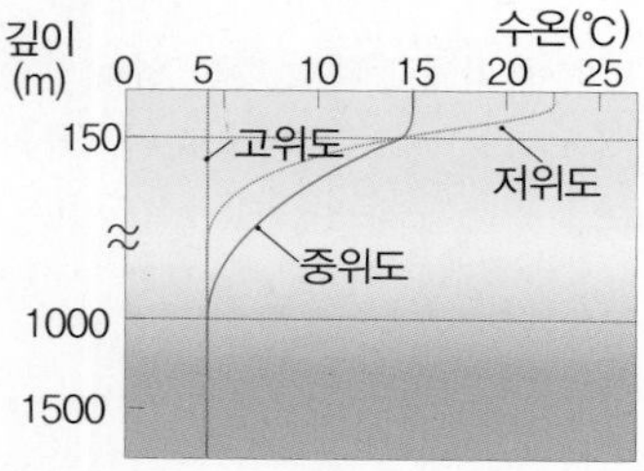

25. 답 ④

해설 ① A는 혼합층으로 바람이 강할수록 두껍게 발달한다.
② B는 수온 약층으로 매우 안정하여 대류가 일어나지 않는다.
③ C는 심해층으로 햇빛이 거의 도달하지 않기 때문에 수온이 낮고 수온 변화가 거의 없는 층이다.
④ (ㄴ) 지역은 저위도 지역으로 태양 복사 에너지를 많이 받아 표층과 심층의 수온 차가 크다.
⑤ (ㄷ) 지역은 중위도 지역으로 바람이 강하게 불어 혼합층의 두께가 가장 두껍다.

26. 답 산악 빙하는 모든 위도의 높은 산악 지대에서 형성되는 빙하로 소규모로 발달하며, 울퉁불퉁한 모양이다. 산악 빙하는 중력에 의해 아래 방향으로 이동하며, 이동 과정에서 U자곡, 혼, 찰흔 등의 빙하 지형을 생성한다. 추운 극지방에서 대륙 규모로 형성되는 대륙 빙하는 대체로 평평한 모양이며, 담수의 대부분을 포함한다. 문제 속 그림에서 제시된 킬리만자로 빙하는 산악 빙하이며, 그린란드 빙하는 대륙 빙하에 속한다.

27. 답 해수가 얼 때 순수한 물만 얼고, 염류는 얼지 않기 때문에 해수가 어는 지역에서는 그 염류에 의해 주위 해수의 염분이 높아진다. 반면에 빙하가 녹는 지역에서는 물(담수)이 해수 속으로 녹아들면서 염분이 낮아지게 된다.

28. 답 해수의 표층 수온은 고위도로 갈수록 태양 복사 에너지의 흡수량이 적기 때문에 수온이 더 낮다.

29. 답 북반구에는 남반구에 비해 육지가 더 많이 분포하고 있다. 육지는 해수보다 비열이 더 작기 때문에 더 빨리 가열된다. 따라서 여름철 육지가 많은 북반구가 더 높은 온도로 가열되어 해수의 표층 수온이 남반구보다 더 높아지게 된다.

30. 답 ㄱ은 혼합층으로 햇빛에 의한 가열과 바람에 의한 혼합 작용으로 수온이 일정한 층을 말한다. 바람이 강할수록 두껍게 발달하기 때문에 중위도 지방에서 가장 두껍게 발달 한다.
ㄴ은 수온 약층으로 깊이에 따라 수온이 급격하게 낮아지는 층이다. 매우 안정하여 대류가 일어나지 않으며 혼합층과 심해층 사이의 해수및 열의 교류를 차단한다. 태양 복사 에너지를 많이 받아 표층과 심층의 수온차가 큰 저위도 지방에서 잘 발달된다.
ㄷ은 심해층으로 햇빛이 거의 도달하지 않기 때문에 수온이 낮고, 수온 변화가 거의 없는 층이다.

31. 답 석회암의 주성분은 탄산 칼슘으로, 물에 녹아 있는 이산화탄소와 반응하여 조금씩 녹는다. 이것이 오랜 시간 동안 반복되면서 침식이 일어나 동굴이 생기게 된다. 석회암 동굴 안에는 탄산 칼슘이 물에 녹는 과정의 반대 과정이 일어나 동굴벽에 종유석, 석순, 석주 등의 구조물이 생기기도 한다.

32. 답 아주 예전에는 각양각색의 꽃가루가 날릴 만큼 식물이 많이 살고 있다가 화산이 폭발했을 것이라고 유추해 낼 수 있다.

8강. 해수의 순환

개념 확인 138~141쪽

1. 표층 순환	2. 심층 순환
3. 조경 수역	4. (1) ㉢ (2) ㉠ (3) ㉡

확인⁺ 138~141쪽

1. ②	2. 난류, 한류
3. 리만 해류, 북한 한류	4. 자정, 해양 오염

1. 답 ②

해설 표층 해류는 표층 수온에 따라 한류와 난류로 구분한다.

생각해보기 138~141쪽

★ 계절과 육지 분포의 영향만 받아 서해, 남해의 수온은 내려갈 것이고, 동해의 수온은 같은 위도상에서는 같아질 것이다.

★★ 우리나라 부근의 해류 - 동한 난류의 영향으로 동해안 지역의 겨울철 기온은 더 높을 것이다.

개념 다지기 142~143쪽

01. ⑤	02. ④	03. ⑤
04. ④	05. ②	06. ⑤

01. 답 ⑤

해설 ① 난류는 저위도에서 고위도로 이동하는 표층 해류로 수온과 염분이 높고, 용존 산소량과 영양 염류가 적다.

② 한류는 고위도에서 저위도로 이동하는 표층 해류로 수온과 염분이 낮고, 용존 산소량과 영양 염류가 많다.

③ 표층 해류는 지속적으로 부는 바람으로 인하여 나타난다.

④ 북반구는 시계 방향, 남반구는 반시계 방향으로 순환한다.

02. 답 ④

해설

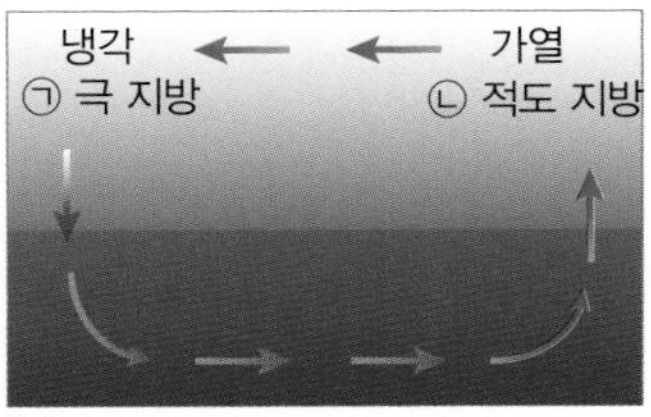

③ 극지방에서 냉각되어 수온이 낮고 염분이 높아진 해수가 가라앉는다.

⑤ 심층수가 떠오를 때는 심층에서 표층으로 영양 염류가 공급된다.

03. 답 ⑤

해설 ① 심층수가 떠오를 때는 심층에서 표층으로 영양 염류가 공급된다.

② 한류는 표층 수온이 낮은 해류이기 때문에 한류가 흐르는 지역은 같은 위도의 다른 지역보다 춥다.

③ 표층수가 가라앉을 때는 표층에서 심층으로 산소가 공급된다.

④ 저위도의 남는 열(에너지)을 고위도로 운반한다.

04. 답 ④

해설 ① 우리나라 주변 난류의 근원은 구로시오 해류이다.

② 우리나라 근처의 조경 수역은 동해에 형성된다.

③ 우리나라 주변 한류의 근원은 리만 해류이다.

⑤ 동한 난류는 구로시오 해류에서 갈라진 쓰시마 해류의 일부가 동해 남부에서 다시 갈라져서 우리나라 동해안을 따라 북상하는 해류이다.

05. 답 ②

해설 겨울철에 우리나라 동해안의 기온이 서해안보다 더 높게 나타나는 원인은 동한 난류인 ㉡ 때문이다.

06. 답 ⑤

해설 해양 사고가 발생하면 빠르게 대처해야 하며, 바다는 순환을 통해 전 지구적으로 연결되어 있기 때문에 국제 조약 등 국가 간의 협력이 필요하다.

유형 익히기 & 하브루타 144~147쪽

[유형 8-1] ④	01. ③	02. ①
[유형 8-2] ④	03. ③	04. ②
[유형 8-3] ①	05. ⑤	06. ②
[유형 8-4] ④	07. ⑤	08. ④

[유형 8-1] 답 ④

해설 ① A는 난류, B는 한류이다.

② 대륙에 의해서 흐름이 막힌 대류는 남쪽이나 북쪽 방향으로 흐른다. 이러한 해류를 경계류라고 한다.

③ 지속적으로 부는 바람으로 인하여 바다 표면에서 흐르는 일정한 방향의 해수의 흐름이 표층 해류이다.

⑤ 표층 해류가 바람의 방향과 같은 방향으로 이동하다가 각 대양에서 서로 연결되어 흐르면서 이루는 자연스러운 순환이 표층 해류의 순환이다.

01. 답 ③

해설 표층 순환은 적도를 경계로 북반구와 남반구에서 대칭적으로 나타난다. 북반구는 시계 방향으로 흐르고, 남반구는 반시계 방향으로 흐른다.

02. 답 ①

해설 난류는 저위도에서 고위도로 흐르는 수온이 높은 해류이다. 염분이 높고, 용존 산소량과 영양 염류가 적다.

[유형 8-2] 답 ④

해설

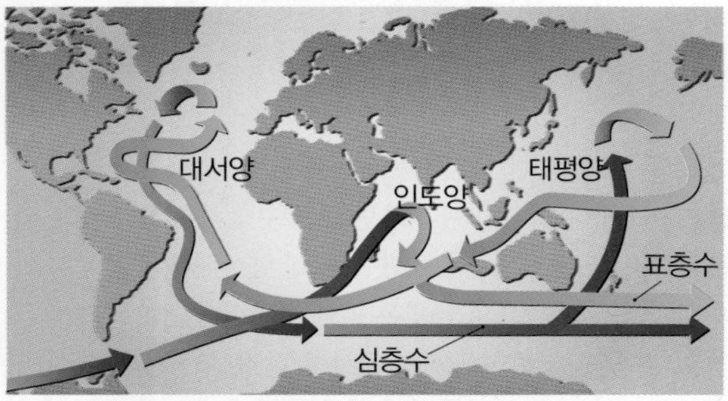

① ㉠은 표층수이다.
② ㉡은 심층수이다.
③ 표층수가 가라앉을 때는 표층에서 심층으로 산소가 공급된다.
⑤ 심층수는 표층수가 냉각되어 수온이 낮고, 염분이 높아져서 밀도가 커지기 때문에 가라앉는 것이다.

03. 답 ③

해설 표층수가 가라앉을 때는 표층에서 심층으로 산소가 공급되며, 심층수가 떠오를 때는 심층에서 표층으로 영양 염류가 공급된다.

04. 답 ②

해설 극 지방에서 냉각되어 수온이 낮고, 염분이 높아진 해수가 가라앉는다. → 해저를 따라 적도 쪽으로 이동하면서 바다 전체를 순환한다. → 따뜻해진 해수는 다시 떠오른다. → 적도 지방에서 가열된 해수는 극 지방으로 이동한다.

[유형 8-3] 답 ①

해설

조경 수역에는 한류성 어종과 난류성 어종이 함께 존재하기 때문에 좋은 어장이 형성된다.

05. 답 ⑤

해설

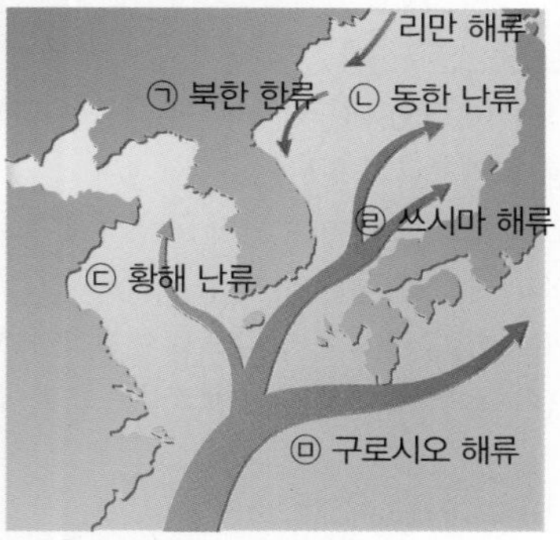

06. 답 ②

해설 우리나라 주변 한류의 근원은 리만 해류이며, 오호츠크 해 연해주를 따라 남하하여 동해로 흐른다. 이때 리만 해류의 일부가 갈라져서 동해로 흐르는 한류가 북한 한류이다.

[유형 8-4] 답 ④

해설 간척 사업 등으로 갯벌과 바다를 매립하는 과정에서 해양 환경이 훼손된다.

07. 답 ⑤

해설 조력 발전은 밀물과 썰물의 낙차를 이용한 발전이다. 이는 해수의 운동에서 직접 에너지를 얻는 자원인 에너지 자원의 일종이다.

08. 답 ④

해설 간척 사업은 바다에서 얻을 수 있는 자원이 아닌 해양 환경을 훼손시키는 환경 오염의 원인이 된다.

창의력 & 토론마당 148~151쪽

01

(1) 아르고는 해류를 따라 이동을 한다. 울릉도 근처에는 동한 난류가 동해안을 따라 북상을 한다. 그러므로 울릉도의 남쪽 부근에 아르고를 투하하여 해류를 따라 울릉도 근처까지 올 수 있도록 해야 한다.

(2) 해수는 끊임없이 전세계를 순환하고 있다. 한 곳에서 발생한 오염원이 그곳에만 머물러 있는 것이 아니기 때문에 전세계적으로 공동 프로젝트를 진행해야 한다.

해설 '아르고(Array for Real-time Geostrophic Oceanography, ARGO)'는 전세계적으로 해양을 실시간으로 감시하기 위한 감시망 구축을 위한 국제공동 프로그램으로 전 세계 30여 개국이 참여하고 있다. 아르고란 그리스 신화에서 이아손이라는 용사가 금모피를 손에 넣기 위한 모험을 떠나면서 타고간 배의 이름이다.
'아르고'는 기상 위성으로는 바다 내부의 정보를 수집하기가 불가능하기 때문에 무인으로 수심 2,000m까지 잠수하여 해류에 따라 떠돌다가 약 10일마다 해면으로 떠오르면서 수분, 염분 등을 관측하고 이 자료를 위성을 통해 송신하는 '플로트'를 투하해 관측과 연구하는 것을 기본으로 한다.
플로트를 통해 수집한 자료는 해양 기상 예측, 해양 장기 변동성 분석, 태풍 통과 시 해양 반응 등 다양한 연구 분야에서 활용되고 있다. 2014년 9월 현재, 3,600여 기의 플로트가 전 지구 해양에서 365일 관측을 하고 있다.
국립기상연구소는 2001년부터 참여하여 매년 10~16개의 플로트를 투하하고 있으며, 해양 순환과 기후 변화의 실험장이라 불리는 동해에서 40기를 이용해 관측하고 있다. 특히 자료 공유를 위한 국제 공인 지역 자료 센터를 운영해 관측과 연구의 효율성을 높이고 있다.

02

(1) 지구 온난화에 의해 해수의 온도가 계속 올라가고 있다. 우리나라 주변을 흐르는 해류의 온도가 상승한 만큼 난류의 영향을 받는 해수의 범위도 점점 북상하게 되며, 난류에 의한 영향이 현재보다 더 강해지게 된다. 그렇기 때문에 한류성 어종이 잡히던 동해의 자리에 난류성 어종이 잡히게 되고, 한류성 어종들은 북상을 하게 되어 주변 어장이 변하게 된 것이다.

(2) 조경 수역의 위치가 조금씩 북상하고 있다.

해설 조경 수역이란 동한 난류와 북한 한류가 만나서 형성되는 어종이 풍부한 어장이다. 지구 온난화에 의해 해수의 온도가 높아짐에 따라 난류의 영향을 받는 해수의 범위가 조금씩 북상하게 되면서 조경 수역도 조금씩 북상하고 있다. 또한 여름철에 주로 잡히던 오징어가 겨울철에 잡히고 있다.

03

온난한 기후가 나타나는 이유는 해류 때문이다. 적도 부근에서 올라오는 맥시코 난류가 미국 동해안을 따라 북상하다가 유럽 연안에 이르러 북대서양 해류로 이어진다. 이 난류가 노르웨이 서안으로 흘러들어가면서 온난한 기후를 만드는 것이다. 우리나라 동해도 동한 난류의 영향으로 겨울철 기온이 같은 위도의 황해안 지역보다 따뜻하다. 이와 같이 해류는 주변 지역의 기후에 영향을 미친다.

04

(1) 해수에 떠서 이동을 하는 기름의 경우 해류의 영향보다는 바람의 영향을 더 많이 받기 때문이다. 우리나라는 겨울철 북서풍의 영향을 받는다. 그러므로 유출된 기름도 북서풍의 영향을 받아 남쪽으로 퍼지게 된 것이다.

(2) 기름이 유출될 경우 최대한 신속하게 확산을 방지하여 최대한 오염되는 면적을 줄이는 것이 좋다. 예상 경로를 파악하여 오일 펜스를 설치하고, 오염원을 빠르게 제거한다. 또한 흡착제를 이용하여 기름을 제거한다. 무엇보다 중요한 것은 기름 유출 사고가 발생하지 않게 하는 것이다.

해설 2007년 12월 7일 오전 7시 6분 충남 태안군 원북면 신도 남서방 6마일 해상에서 예인선과 연결된 밧줄이 끊어진 채 표류하던 삼성중공업 소속 해상 크레인(14만5000t급 크레인선,T-5, T-3 예인선)이 정박 중이던 홍콩 선적 14만6000t급 유조선 '허베이 스피리트호'와 충돌하면서 발생하였다. 5만 2천 드럼통 분량의 기름을 바다에 쏟아낸 사상 최악의 기름 유출 사고였지만 국민들의 적극적인 참여로 빠르게 복구할 수 있었다.

스스로 실력 높이기 152~157쪽

01. 해류 **02.** 반시계(시계 반대), 시계
03. 난, 한, 난 **04.** 온도, 염분
05. (1) ㉡ (2) ㉠ **06.** 동한 난류, 북한 한류
07. ⑤ **08.** ㄱ, ㄷ **09.** ㄹ, ㅂ **10.** ㅅ, ㅇ
11. 바람 **12.** 경계류 **13.** ②
14. 저, 열(에너지), 고 **15.** 동한 난류
16. ⑤ **17.** ③ **18.** ④, ⑤ **19.** 적조
20. ② **21.** ④ **22.** ② **23.** ④
24. ④ **25.** ④ **26.~32.** 〈해설 참조〉

07. 답 ⑤
해설 해수의 열이나 운동에서 직접 에너지를 얻는 자원은 해양 자원 중 에너지 자원에 속한다.

08. 답 ㄱ, ㄷ
해설 주로 식량으로 이용되는 해양 자원을 생물 자원이라고 한다.

09. 답 ㄹ, ㅂ
해설 해수를 직접 이용하는 해양 자원을 해수 자원이라고 한다.

10. 답 ㅅ, ㅇ
해설 해수 속이나 해저에 퇴적되어 있는 해양 자원을 물질 자원이라고 한다.

13. 답 ②
해설 한류와 난류는 표층 수온에 따라 구분하는 표층 해류이다.

	이동 방향	수온	염분	용존 산소량	영양 염류
난류	저위도 → 고위도	높다	높다	적다	적다
한류	고위도 → 저위도	낮다	낮다	많다	많다

16. 답 ⑤
해설 우리나라 주변 난류의 근원이 되는 해류는 구로시오 해류이며, 주변 난류는 황해 난류와 동한 난류가 있다.

17. 답 ③
해설 우리나라 주변에 흐르는 난류는 구로시오 해류, 황해 난류, 동한 난류이다.

18. 답 ④, ⑤
해설 한류성 어종에는 대구, 청어, 숭어, 명태, 연어 등이 있으며, 난류성 어종에는 갈치, 멸치, 오징어, 조기, 고등어, 꽁치 등이 있다.

20. 답 ②

해설 ① 육지에서 만들어지는 생활 쓰레기, 가축 분뇨, 생활 하수, 산업 폐수 등이 바다로 유입되어 바다가 오염이 된다.
③ 중금속이 축적된 해양 생물을 섭취한 사람에게 심각한 질병이 발생한다.
④ 유조선이나 선박 등의 기름 유출 사고로 인하여 발생하는 해양 오염이 생태계에 가장 큰 문제가 된다.
⑤ 바다의 자정 능력보다 많은 오염 물질이 들어오면 원래 상태로 복구되는데 경비와 시간이 많이 들기 때문에 사전 예방이 중요하다.

21. 답 ④

해설 서안 경계류는 대양의 서쪽에 위치한 해류로 수온이 높고, 폭이 좁고, 유속이 빠른 특징이 있다. 대표적인 서안 경계류로는 구로시오 해류, 브라질 해류, 멕시코 만류 등이 있다.

22. 답 ②

해설 주어진 그림은 전세계 표층 해류의 순환을 나타낸 것이다.
① ㄱ은 난류이므로 해수 속에 용존 산소량이 적다.
③ 지속적으로 부는 바람으로 인하여 바다 표면에서 흐르는 일정한 방향의 해수의 흐름을 나타내고 있다.
④ ㄴ은 난류이므로 영양 염류의 양이 적다.
⑤ 전세계 표층 해류의 순환을 알 수 있다.

23. 답 ④

해설 수온과 밀도 분포에 의해 심층 순환이 일어나는 원인을 짐작할 수 있다. 극 지방에서 냉각된 수온이 낮고, 염분이 높아진 해수는 밀도가 커져서 가라앉게 된다. 가라앉은 해수는 해저를 따라 적도 쪽으로 이동하면서 바다 전체를 순환하고, 따뜻해진 해수는 밀도가 작아져서 위로 떠오르게 된다.

24. 답 ④

해설 ① 심층수의 상승속도는 하루에 1cm로 매우 느리고, 해수면까지 올라가는데는 약1000년정도 걸린다.
② 심층 해류는 바다 깊은 곳에서 매우 느리게 흐르는 해류이다.
③ 극지방에서 냉각된 해수는 가라앉아서 해저를 따라 적도 쪽으로 이동하면서 바다 전체를 순환한다.
⑤ 심층수가 떠오를 때는 표층으로 영양 염류를 공급한다.

25. 답 ④

해설 제시된 그림은 일본 남쪽 바다에 강하게 나타나고 있는 구로시오 해류에 의해 수온이 높아진 모습이다. 구로시오 해류는 우리나라 주변 난류의 근원이 된다. 이 구로시오 해류가 제주도 남쪽 부근에서 황해로 흐르면 황해 난류가 되며, 동쪽으로 갈라진 쓰시마 해류의 일부가 동해 남부에서 다시 갈라져서 우리나라 동해안을 따라 북상하는 해류인 동한 난류가 된다.

26. 답 저위도의 따뜻한 해수를 고위도로 운반하고, 고위도의 차가운 해수를 저위도로 운반하면서 지구 전체의 온도를 일정하게 유지시켜준다.

27. 답 극지방에서 냉각되어 수온이 낮고 염분이 높아진 해수가 가라앉아서 해저를 따라 적도 쪽으로 이동하면서 바다 전체를 순환한다. 따뜻해진 해수는 다시 떠오르고, 적도 지방에서 가열된 해수는 극지방으로 이동한다.

28. 답 극지방의 빙하가 녹으면 해수의 염분이 낮아지게 된다. 염분이 낮아진 해수는 밀도가 작아지기 때문에 해수의 침강이 약화되면 심층 순환이 약해지게 되고, 표층 해수의 순환도 약해지게 될 것이다.

29. 답 해수의 연직 운동이 활발하게 일어나서 영양 염류와 플라크톤이 풍부하며, 한류성 어종과 난류성 어종이 함께 존재하기 때문에 좋은 어장이 형성된다.

30. 답 해양 자원을 보존하기 위해서는 사전 예방이 중요하다. 오염 물질이 해양으로 유입되지 않도록 노력해야 하며, 갯벌이나 산란지를 보호하고, 해양 사고에 빠르게 대처할 수 있어야 한다.

31. 답 저위도에서 고위도로 표층 순환한 해수는 차가워지고 염분이 높아 심해로 가라앉고 심층 순환을 통해 저위도로 이동하게 된다. 그런데 지구 온난화로 북극의 빙하가 녹으면 담수가 대량으로 유입되어 바닷물의 염분이 낮아지고 밀도가 작아져 심해로 가라앉기 힘들어진다. 따라서 해류 순환이 느려지거나 멈추게 되고 저위도의 열이 고위도로 운송되기 힘들어져서 이상 기온 현상이 나타난다.

32. 답 해류는 지속적으로 부는 바람을 따라 흐르면서 저위도의 따뜻한 해수를 고위도로 운반하고 고위도의 차가운 해수를 저위도로 운반하는 역할을 한다. 따라서 해류가 멈춰버리면 저위도 지역은 운반하지 못한 열로 인해 더욱 더워지고 고위도 지역은 열을 공급받지 못해 더욱 추워질 것이다.

9강. Project 3

논/구술 158~159쪽

Q1

폴라 보텍스란 북극과 남극 대륙권 중상부와 성층권에 위치하는 극 소용돌이 기류를 말한다.

해설 일반적으로 북극은 일조량이 적기 때문에 대기가 냉각되어 수축하게 된다. 반면에 중위도의 대기는 북극보다 상대적으로 따뜻하기 때문에 대기가 팽창하게 된다. 따라서 중위도의 대기가 극지방의 대기를 밀어내면서 북극을 중심으로 한 고리 모양의 편서풍 제트기류가 발달하는 것이다. 평상시에는 중위도 대기가 더 강하기 때문에 제트기류가 극지방에 가깝게 형성되어 차가운 공기가 남하하지 못하도록 막아주는 역할을 한다. 하지만 편서풍 제트기류가 강해지면 중위도 쪽으로 내려와 한파를 유발하게 된다. 이와 같이 주로 겨울철 극지방의 성층권에 형성되는 강한 저기압성의 흐름 또는 편서풍을 폴라 보텍스라고 한다. 극야 소용돌이(polar night vortex) 또는 극성층권 소용돌이(polar stratospheric vortex)라고도 하며, 주로 여름에는 약화되거나 사라지며, 육지가 많이 분포하는 북반구보다 남반구에서 더욱 많이 나타난다.

Q2

지구 온난화에 의해 극지방에 있는 빙하가 녹게 되면 표층 해수의 염분 농도가 낮아진다. 염분 농도가 낮아진 표층 해수는 밀도가 작아져서 해수가 하강하지 못해 심층 순환이 원활하지 못하게 된다. 심층 순환은 저위도의 남는 열을 고위도로 운반하는 역할을 한다. 심층 순환이 원활하지 않으면 중위도에 따뜻한 해류가 흐르지 못하고, 해류의 흐름이 깨지면서 중위도 지방에 빙하기가 도래하게 된다.

해설 지구 온난화에 의해 빙하기가 도래한다는 다른 가설도 있다. 그 이론은 지구 온난화에 의해 북극 바다의 얼음이 녹으면, 수증기의 양이 증가하고, 수증기의 양이 증가한 만큼 시베리아에 눈이 많이 내리게 되고, 시베리아 공기가 차가워져 시베리아 고기압이 강해진다는 것이다. 시베리아의 공기가 차가워지면 북극 대기의 상층은 더 따뜻해지게 되고 결국 따뜻해진 북극의 공기 압력이 중위도보다 높아지기 때문에 제트기류가 약해지면서 중위도 쪽으로 내려오게 되어 중위도 지역에 한파가 유발된다는 것이다.

탐구-1 해수의 연직 수온 분포 160~161쪽

탐구 결과

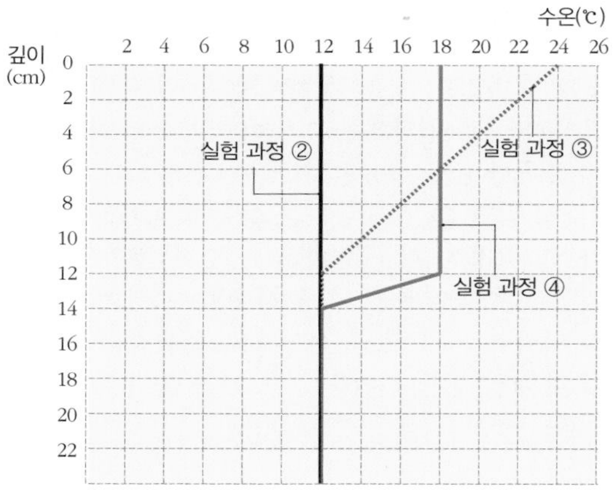

결과 해석

1. 가열하기 전에는 깊이에 따른 수온 변화가 없었으나, 가열하면서부터 표층 수온이 상승하면서 깊이에 따라 수온이 달라지게 된다. 이는 전구의 복사 에너지가 대부분 표층에 흡수되고 깊이 들어갈수록 흡수량이 감소하기 때문이다.

2. 부채질을 함에 따라 수면으로부터 일정 깊이까지 수온이 일정한 층이 형성되었다. 따라서 혼합층은 바람에 의한 혼합작용으로 형성된다는 사실을 알 수 있다.

일반화

적도 지역은 태양 복사 에너지의 양이 많은 반면에 바람이 거의 불지 않기 때문에 혼합층과 수온 약층이 얇게 발달한다.

해설 혼합층은 햇빛에 의한 가열과 바람에 의한 혼합작용으로 인해 수온이 일정한 층으로 바람이 강할수록 두껍게 발달한다. 수온 약층은 바람의 영향을 받지 않고, 태양 복사 에너지 양에 따라서만 두께가 달라지며 혼합층 아래로 수심이 깊어질수록 온도가 빠르게 하강하는 층을 말한다. 적도 지역은 태양 복사 에너지의 양이 많은 반면에 바람이 거의 불지 않기 때문에 혼합층과 수온 약층이 얇게 발달한다.

서술 162~163쪽

01 〈예시 답안 1〉 우리나라는 물부족 국가가 아니라고 생각한다. 삼면이 바다로 되어 있고, 각 지역마다 큰 강을 보유하고 있기 때문에 하천에서 바다로 그냥 흘러가 버리는 물을 잘 활용할 수 있는 기술과 바닷물을 담수로 전환하는 기술이 개발된다면 지금보다 더 풍족한 물을 사용할 수 있을 것이기 때문이다.
〈예시 답안 2〉 우리나라는 물부족 국가라고 생각한다. 그 이유는 각 지역마다 큰 강과 하천은 많이 있지만 그곳을 흐르는 물 중 사용할 수 있는 물의 양은 26% 밖에 되지 않고, 삼면으로 둘러싸고 있는 바닷물은 직접 생활에 이용할 수 있는 물이 아니기 때문이다.

02 〈예시 답안〉 해수 담수화 기술 중 증류법을 활용하면 물을 구할 수 있을 것이다. 바닷물을 용기에 담고 그 위에 비닐을 씌운다. 바닷물을 넣은 용기를 가열하여 바닷물을 끓이게 되면 수증기가 증발하여 차가운 비닐에 닿을 때 수증기가 응결되어 물방울로 맺힐 것이다. 이 물방울을 모으면 식수로 사용할 수 있다.

해설 무인도에서 살아남기 위해서는 무엇보다도 식수가 해결되어야 한다. 물을 구하는 방법으로는 갈증 해결에 도움이 되는 코코넛 같은 열매를 구하거나, 땅 밑에서 나오는 물인 용천수나 바위 틈을 흐르는 물을 찾거나, 동굴 등을 찾아 식수로 쓸 수 있는 물을 구하는 방법이 있는 데 이때는 도구가 필요하지 않다.
만일 비닐같은 도구가 있다면 식물의 도움을 얻는 방법도 있다. 넓은 잎을 갖고 있는 식물은 잎에 있는 기공을 통해서 증산 작용이 일어나 수증기가 밖으로 나오게 된다. 그러므로 잎을 봉지로 감싸 놓으면 일정한 시간이 지난 후에 봉지에 응결 작용이 일어나 수증기를 얻을 수 있을 것이다.
또 다른 방법으로는 비닐과 함께 물을 모을 수 있는 통이 있다면 물을 받는 장치를 만들면 된다. 우선 해가 잘드는 양지바른 곳의 땅을 일정한 깊이로 파서 그 가운데 물을 모을 수 있는 통을 넣어준다. 그리고 통 주위에 바닷물을 부어준 후 구덩이 위를 비닐로 덮어준다. 이때 비닐이 밑으로 가라앉지 않을 수 있도록 가장자리를 고정해 주는 것이 중요하다. 그 다음 돌이나 무거운 것을 비닐의 가운데 올려두면 장치가 완성된다. 시간이 흐르게 되면 햇빛에 의해 바닷물이 증발하게 되고 증발된 수증기가 비닐을 만나 응결되면 비닐을 따라 흘러가서 물을 모으는 가운데 통으로 떨어지게 되는 것이다.

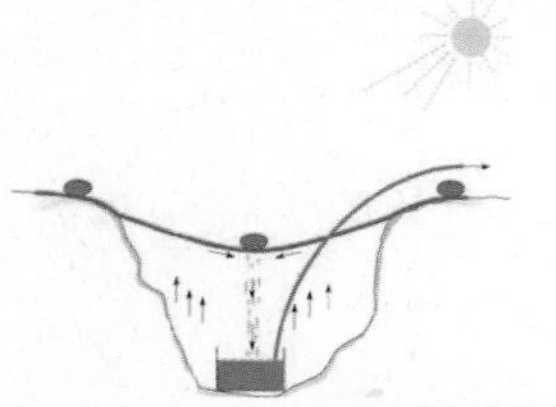

▲ 사막에서 물 얻기

Ⅳ 기권

10강. 기권

개념 확인 166~169쪽

1. ㉠ 1000 ㉡ 기권
2. 복사 평형
3. ㉠ 고도 ㉡ 적도(저위도) ㉢ 극(고위도)
4. (1) ○ (2) × (3) ○

4. 답 (1) ○ (2) × (3) ○
해설 (2) 탄소는 산화물 외에 여러 형태의 화합물로 존재하며 지구계의 각 권 사이를 순환한다.

확인+ 166~169쪽

1. (1) ○ (2) × (3) ○ (4) ○
2. ⑤
3. 온실
4. 온난화

1. 답 (1) ○ (2) × (3) ○ (4) ○
해설 (2) 성층권에는 오존층이 있어 높이 올라갈수록 온도가 증가한다.

2. 답 ⑤
해설 지구가 흡수한 태양 복사 에너지의 양과 지구 복사로 방출하는 에너지의 양은 같다.
①, ② 지구는 지구로 들어오는 태양 복사 에너지의 30%는 반사하고 70%는 흡수한다.
③ 지구 복사 에너지는 주로 적외선이다.
④ 지표면이 대기보다 더 많은 태양 복사 에너지를 흡수한다.

생각해보기 166~169쪽

★ 이산화 탄소 등의 온실 기체의 농도가 평균치보다 높아지면서 온실 효과의 증대로 지구의 평균 기온이 더 높아지는 것을 지구 온난화라고 한다.

개념 다지기 170~171쪽

01. ㉠ 높이 ㉡ 기온
02. (1) A, C (2) B, D (3) B (4) A **03.** ③
04. >, < **05.** ㉠ 대기(해수) ㉡ 해수(대기)
06. ㉠ 온실 효과 ㉡ 기온

02. 답 (1) A, C (2) B, D (3) B (4) A
해설 A : 대류권, B : 성층권, C : 중간권, D : 열권
(1) 대류 현상은 높이 올라갈수록 온도가 낮아지는 층인 A와 C층에서 일어난다.
(2) 높이 올라갈수록 온도가 높아지는 층은 B와 D층이다.
(3) 기층이 안정되어 비행기의 항로로 이용되는 층은 성층권 B이다.
(4) 기상 현상은 대류가 일어나며, 수증기가 많은 A층에서 일어난다.

03. 답 ③
해설 ㄷ. 지구가 흡수하는 태양 복사 에너지의 양과 방출하는 지구 복사 에너지의 양은 같다.
ㄱ. 지구 복사 에너지는 주로 적외선이다.
ㄴ. 지구에 도달하는 태양 복사 에너지는 X선, 자외선, 가시광선, 적외선 등 여러 가지 형태이다.

04. 답 >, <
해설 저위도는 태양 복사 에너지의 흡수량이 지구 복사에너지의 방출량보다 많아 에너지 과잉 상태이고, 고위도는 태양 복사 에너지의 방출량보다 지구 복사 에너지의 방출량이 더 많아 에너지 부족 현상이 나타난다.

05. 답 ㉠ 대기(해수) ㉡ 해수(대기)
해설 지구는 해수와 대기의 순환에 의해 저위도의 남는 에너지를 에너지가 부족한 고위도로 보냄으로써 위도별 연평균 기온을 일정하게 유지시킨다.

유형 익히기 & 하브루타 172~175쪽

[유형 10-1] (1) A : 대류권 B : 성층권 C : 중간권 D : 열권 (2) C
01. ④ **02.** 대류권
[유형 10-2] ③, ④ **03.** ② **04.** ㉠ 같 ㉡ 일정
[유형 10-3] (1) A : 태양 복사 에너지 B : 지구 복사 에너지 (2) ㉠ 저 ㉡ 고
05. >, 저위도, 고위도 **06.** ①
[유형 10-4] ②, ④, ⑤ **07.** ④ **08.** ⑤

[유형 10-1] 답 (1) A : 대류권 B : 성층권 C : 중간권 D : 열권 (2) C
해설 (2) 대류가 일어나는 층은 A(대류권)와 C(중간권)인데, C(중간권)에는 수증기가 거의 없기 때문에 기상 현상이 일어나지 않는다.

01. 답 ④
해설 ㄱ - 중간권, ㄴ - 성층권, ㄷ - 대류권, ㄹ - 열권
지표면에서부터 위쪽으로 나열하면 ㄷ-ㄴ-ㄱ-ㄹ이다.

02. 답 대류권
해설 위로 올라갈수록 온도가 낮아져 대류 현상과 기상 현상이 발생하고, 지구 전체 대기의 70~80%의 공기가 존재하는 것은 대류권이다.

[유형 10-2] 답 ③, ④
해설 ③, ④ 지구 대기로 들어온 태양 복사 에너지의 70%는 대기, 구름, 지표면 등에 의해 흡수되고, 30%는 반사된다.
① 지표면에 흡수되는 태양 복사 에너지는 50%이다.
② 태양 복사 에너지는 지표면, 구름, 대기 등에 의해 30%가 반사된다.
⑤ 대기로 들어온 태양 복사 에너지 중 지구가 흡수한 70%가 지구 복사 에너지를 통해 방출된다.

03. 답 ②
해설 ㄴ. 태양 복사 에너지는 X선, 자외선, 가시광선, 적외선, 전파 등 여러 가지 형태로 이루어진다.
ㄱ. 지구는 주로 적외선 형태로 에너지를 방출한다.
ㄷ. 지구로 들어온 태양 복사 에너지 중 30%는 반사되고, 70%는 지구가 흡수했다가 지구 복사 에너지를 통해 방출된다.

04. 답 ㉠ 같 ㉡ 일정
해설 복사 평형은 물체가 흡수하는 에너지의 양과 방출하는 에너지의 양이 같아 온도가 일정하게 유지되는 상태이다.

[유형 10-3] 답 (1) A : 태양 복사 에너지, B : 지구 복사 에너지 (2) ㉠ 저 ㉡ 고
해설 (1) 고위도와 저위도에서 에너지 차이가 많이 나는 A가 태양 복사 에너지이고, 차이가 많이 나지 않는 B가 지구 복사 에너지이다.
(2) 지구는 대기와 해수의 순환에 의해 저위도의 남는 에너지를 고위도로 보내어 전체적으로 복사 평형이 이루어진다.

05. 답 >, 저위도, 고위도
해설 같은 빛이 비추는 면적이 (가)가 (나)보다 좁으므로 단위 면적당 더 많은 에너지의 양을 얻게 된다. 에너지의 양이 많은 (가)가 저위도, 에너지의 양이 적은 (나)가 고위도를 나타낸다.

06. 답 ①
해설 ② 고위도는 방출하는 에너지가 흡수하는 에너지보다 많으므로 에너지 부족 현상이 나타난다.
③ 중위도 지방은 흡수한 에너지와 방출하는 에너지의 양이 거의 같다.
④ 저위도의 과잉된 에너지의 양과 고위도의 부족한 에너지의 양은 같다.

⑤ 대기와 해수가 저위도의 과잉된 에너지를 에너지가 부족한 고위도로 이동시킨다.
① 저위도의 과잉된 에너지를 고위도로 이동시킴으로써 저위도는 온도가 일정하게 유지된다.

[유형 10-4] 답 ②, ④, ⑤
해설 ② B - 생물은 기권의 이산화 탄소를 이용하여 광합성을 한다.
④ D - 생물권의 생물체가 죽으면서 퇴적되어 지권의 화석 연료가 생성된다.
⑤ E - 탄산염의 생성으로 석회암이 만들어진다.
① 화석 연료가 연소되어 이산화 탄소 기체가 발생하는 것은 지권→기권으로이다.
③ 기권의 이산화 탄소가 해수에 녹아 탄산 이온이 생성되는 것은 기권→수권이다.

07. 답 ④
해설 ④ 탄소는 이산화 탄소 외의 여러 가지 형태의 화합물로 각 권 사이를 순환한다.

08. 답 ⑤
해설 ⑤ 지구 온난화는 수증기, 이산화 탄소 등의 온실 기체의 증가로 인해 발생한다.

창의력 & 토론마당 176~179쪽

01

(1) 오후 2시는 높이 올라갈수록 기온이 낮아진다. 오전 5시의 경우 300m까지는 올라갈수록 기온이 높아지고, 300m 이상에서는 높이 올라갈수록 온도가 내려간다.

(2) 오전 5시. 대류권은 위로 올라갈수록 기온이 낮아지는 불안정한 층으로 대류 현상이 일어난다. 그런데 오전 5시에는 300m까지는 높이 올라갈수록 온도가 높아지므로 대기가 안정되어 대류 현상이 일어나지 않는다. 따라서 발생한 먼지가 옆으로 퍼져 나가지 못하고 한자리에 고여 있게 된다.

해설 (1) 하루 동안의 기온은 해뜨기 직전에 가장 낮고, 그 이후에 점점 높아져서 오후 2~3시 경에 가장 높으며, 그 이후 점점 낮아지기 때문에 오후 2시가 오전 5시보다 지표면의 온도가 높다. 오전 5시에는 높이 300m까지 올라갈수록 기온이 높아지는 층이 형성되어 있다. 밤에 지표면이 태양 복사 에너지를 흡수하지 못하고 지구 복사 에너지를 계속 방출하므로 지표면의 기온이 급격히 떨어져 상층의 기온이 하층의 기온보다 높다.

(2) 오전 5시에는 기온 역전층이 형성되어 있어 대류 현상이 일어나지 않아 대기 오염 물질이 수직으로 이동하지 못하고 공기 중에 머물러 있기 때문이다.

02

(1) 수성은 대기가 없지만 금성은 이산화 탄소 대기를 갖고 있어 온실 효과의 영향으로 높은 표면 온도를 유지하고 있다.

(2) 지구 대기에 의한 온실 효과 때문에 대기가 없을 때보다 대기권과 지표면에 더 많은 에너지가 출입하여 평형 상태를 유지하기 때문이다.

해설 (1) 금성의 대기는 95% 정도가 이산화 탄소로 이루어져 있으며 밀도가 매우 높아 온실 효과가 매우 크기 때문에 표면 온도가 매우 높게 나타난다. 따라서 태양에 더 가까이 있는 수성보다도 표면의 평균 온도가 470℃로 더 높게 지속적으로 유지될 수 있다.

(2) 지표면으로부터 방출된 지구 복사 에너지가 대기에 흡수되고 대기는 다시 이 흡수된 에너지를 공간과 지표면으로 재방출하여 복사 평형을 이룬다. 이러한 온실 효과로 인하여 대기가 없을 때보다 있을 때 더 많은 에너지의 출입으로 평형 상태를 유지하여 지표면의 온도가 더 높아진다.

03

(1) 지구 표면 기온은 계속 상승하고 있다.

(2) 북반구, 대륙

(3) 지구 온난화, 해수면 상승으로 저지대 침수, 기후대 변화(식량 생산 변화 등), 생태계 파괴, 사막화 지역 확대 등

해설 (1) 지구의 표면 기온은 1880년 이래로 평균점(0)을 기준으로 할 때 지속적으로 상승하고 있다.

(3) 지구 온난화로 인한 기후 변화는 자연 생태계의 변화는 물론 인간의 보건, 주거 환경과 농업, 축산 및 산업 활동 전반 등 사회, 경제적인 차원에서 광범위한 영향을 미치게 된다. 폭염과 슈퍼 태풍, 국지적 강수량 분포의 변화, 지역 식생의 변화 등을 야기시키고 해수 온도와 해수면의 상승 등으로 인하여 저지대가 침수되고 사막화 현상, 빙하의 감소 등으로 인하여 우리 생활에 물 부족 현상이 초래될 수도 있다. 또한 기온 상승은 곤충의 서식지 및 서식 기간을 증가시켜 말라리아와 같은 열대성 전염병이나 콜레라와 같은 질병이 더 많이 발생할 수도 있다.

04

〈이익〉
1. 재배가 되지 않아 수입하던 아열대 작물을 키울 수 있다.
2. 잡히지 않던 난류성 어종이 잡힌다. 등

〈손해〉
1. 사과 등 온대성 작물의 값이 오른다.
2. 우리나라에 나타나지 않던 병충해가 나타날 수 있다. 등

스스로 실력 높이기 180~185쪽

01. (1) 기권 (2) 질소, 산소
02. A, C **03.** A, C
04. A : 대류권, B : 성층권, C : 중간권, D : 열권
05. (1) × (2) × (3) ○ (4) ○ (5) ○
06. (1) 복사 (2) 복사 평형
07. 지구 온난화 **08.** 이산화 탄소(CO_2)
09. ② **10.** ④ **11.** ⑤
12. ㉠ 높이 ㉡ 기온 **13.** 오존 **14.** 열권
15. ④ **16.** ④ **17.** ①
18. ①, ②, ④ **19.** ① **20.** ④
21. ② **22.** ② **23.** ⑤ **24.** B, C
25. ② **26.~32.** 〈해설 참조〉

03. 답 A, C
해설 대류는 높이 올라갈수록 온도가 내려가는 A와 C층에서 일어난다.

05. 답 (1) × (2) × (3) ○ (4) ○ (5) ○
해설 (1) 기상 현상은 수증기가 많은 A층에서만 일어난다.
(2) 기층이 안정되어 비행기의 항로로 이용되는 층은 B층이다.

09. 답 ②
해설 ② 지구 온난화로 해수면 상승에 따라 경작 면적은 축소되고 있다.

10. 답 ④
해설 ④ 천연 가스 사용을 확대하면 대기 중의 이산화 탄소 농도가 증가하여 지구 온난화를 가속화시킨다.

11. 답 ⑤
해설 ⑤ 지구 대기는 온실 효과로 지구 복사 에너지를 보존하여 지구의 연평균 기온을 일정하게 유지시킨다.

13. 답 오존
해설 성층권에 존재하는 오존층은 자외선이 지표면으로 들어오는 것을 차단하여 지구 상의 생물을 보호한다.

14. 답 열권
해설 그림은 극지방에서 주로 일어나는 오로라 현상으로 열권에서 발생한다.

15. 답 ④
해설 ㄱ. 태양 복사 에너지는 저위도에서 고위도로 갈수록 줄어든다.
ㄷ. 지구에서의 에너지는 저위도의 남는 에너지가 고위도로 이동된다.
ㄴ. 지구 복사 에너지의 양은 지구 전체에서 비슷하게 이루어진다.(저위도에서 고위도로 갈수록 약간 줄어든다.)

16. 답 ④
해설 ④ 지구가 흡수하는 에너지와 복사를 통해 방출하는 에너지의 양은 같다.
① 저위도의 과잉 에너지가 고위도 쪽으로 이동한다.
② 지구의 고위도 지역은 방출량이 많아 에너지 부족 상태이다.
③ 지구가 받는 태양 복사 에너지의 양은 고위도로 갈수록 감소한다.
⑤ 대기와 해수는 저위도의 에너지를 고위도로 이동시켜 지구의 연평균 기온을 일정하게 유지시킨다.

17. 답 ①
해설 ① 지구 복사는 거의 적외선의 형태로 이루어진다.
② 태양 복사 에너지는 X선, 자외선, 가시광선, 적외선, 전파 등 다양하게 이루어진다.
③ 지구 대기는 태양 복사 에너지의 일부를 반사시킨다.
④ 지구 대기는 지구 복사 에너지의 일부(17%)를 흡수한다.
⑤ 온실 효과에 의해 지구의 연평균 기온은 일정하게 유지되는데, 지구 온난화로 인해 연평균 기온이 계속 상승한다.

18. 답 ①, ②, ④
해설 ③ 화석 연료나 석회암의 형태로 존재하는 것은 지권이다.
⑤ 탄산 이온이나 탄산수소 이온의 형태로 존재하는 것은 수권이다.

19. 답 ①
해설 ㄱ. 화석 연료(지권)의 탄소는 연소를 통해 기권으로 이동된다.
ㄴ. 온실 효과는 탄소가 기권으로 이동될 때 활발해진다.
ㄷ. C는 수권에서 지권으로의 이동으로 대기의 탄소가 늘어나는 것과 관계 없다.

20. 답 ④
해설 이산화 탄소는 화석 연료의 연소 과정에서 많이 발생한다.

21. 답 ②
해설 ㄴ. 기온의 역전으로 대기가 안정되어 대류 현상이 일어나지 않아 대기 중에 생긴 오염 물질이 옆으로 퍼져서 사라지지 않는다.
ㄱ. 대기가 안정되어 대류가 일어나지 않아 기상 현상이 발생하기 힘들다.
ㄷ. 적운형 구름은 강한 상승기류에 의해 연직으로 발달하는 구름인데 대기가 안정되어 상승기류가 생기지 않는다.

22. 답 ②
해설 성층권의 오존층에서 자외선을 흡수함으로써 높이가 올라갈수록 기온이 높아진다.

23. 답 ⑤

해설 ⑤ 지구 대기는 지구 복사 에너지가 우주로 나가는 것을 막아 온실 효과를 일으킨다.

24. 답 B, C
해설 B - 생물이 대기 중의 이산화 탄소를 흡수해서 광합성을 한다. C - 대기 중의 이산화 탄소가 해수 등 물에 용해되어 탄산 이온 또는 탄산수소 이온이 된다.

25. 답 ②
해설 ㄴ. 온실 기체의 대기 중 농도 × 1ppm당 온실 효과에 미치는 영향이
이산화 탄소 = 351 × 1 = 351
프레온 = 0.00225 × 6000 = 13.5
메테인 = 1.675 × 21 = 35.175
이산화 질소 = 0.31 × 290 = 89.9
이므로 이산화 탄소에 의한 온실 효과가 가장 크고, 프레온이 가장 작다.
ㄱ. 1ppm 농도 당 온실 효과에 미치는 영향이 프레온이 가장 크므로 농도가 모두 같다면 프레온에 의한 온실 효과가 가장 크다.
ㄷ. 대기 중의 농도가 2배가 되어도 이산화 탄소에 의한 온실 효과가 가장 크다.

26. 답 B와 D층은 위로 올라갈수록 온도가 올라가기 때문에 기층이 안정되어 대류가 일어나지 않는다.
해설 대류 현상은 밀도가 작은 따뜻한 공기는 위로, 밀도가 큰 찬 공기는 아래로 내려오면서 공기가 순환하는 것인데, B와 D층은 위쪽에 따뜻한 공기가 있기 때문에 공기가 순환하지 못한다. A와 C층은 위쪽에 찬 공기가 있어 공기가 순환하게 된다.

27. 답 A층에는 수증기가 있지만 C층에는 수증기가 없다.
해설 기상 현상은 수증기가 대류하면서 일어나는데, C층에는 수증기가 거의 없기 때문에 비와 눈 등이 만들어지지 않아 기상 현상이 일어나지 않는다.

28. 답 지구에 들어온 태양 복사 에너지만큼 반사나 지구 복사 에너지 방출을 통해 우주 밖으로 내보내기 때문이다.
해설 지구에 들어온 태양 복사 에너지 중 30%는 대기, 구름, 지표면에서 반사되어 우주 공간으로 나가고, 70%는 대기, 구름, 지표면이 흡수되었다가 지구 복사를 통해 다시 우주 공간으로 내보낸다. 들어온 태양 복사 에너지 만큼 반사와 지구 복사를 통해 우주 공간으로 내보내기 때문에 지구의 연평균 기온은 일정하게 유지된다.

29. 답 대기와 해수가 순환하면서 저위도의 남는 에너지를 에너지가 부족한 고위도로 이동시키기 때문이다.
해설 고위도는 에너지가 부족하고 저위도는 에너지가 남는데, 대기와 해수가 저위도의 남는 에너지를 에너지가 부족한 고위도로 보냄으로써 저위도의 기온이 계속 상승하지 않고, 고위도의 기온이 계속 하강하지 않는다.

30. 답 이산화 탄소의 농도가 증가하면서 지구의 연평균기온이 상승하는 지구 온난화가 일어난다.
해설 대기 중의 이산화 탄소의 농도가 증가하면서 온실 효과가 증대되어 지구의 연평균 기온이 상승하는 지구 온난화가 일어난다.

31. 답 성층권에 존재하는 오존층은 생물에 해를 끼치는 태양의 자외선을 차단하는 역할을 한다. 따라서 프레온 가스가 오존층의 오존을 파괴하면 지표면에 도달하는 자외선과 유해광선이 많아져 피부암, 안질환 등의 질병이 늘어나고 생태계의 생장이 저하되거나 돌연변이가 늘어나는 등의 환경 문제가 일어난다.

32. 답 온대 기후에서 자라는 과일인 사과의 생산지가 줄어든다. 열대나 아열대 기후의 과일인 망고, 골드 키위 등의 생산지가 생긴다. 폭염 일수가 늘어난다. 말라리아, 뎅기열 등의 열대성 질환이 발병한다. 등

11강. 구름

개념 확인 186~191쪽

1. 포화 **2.** 이슬점 **3.** ㉠ 상대 ㉡ %
4. 구름 **5.** ④ **6.** ㄱ: 빙정설 ㄴ: 병합설

5. **답** ④
해설 ④ 가열된 공기 중심으로 주변의 공기가 모여들어 공기가 상승할 때 구름이 만들어진다.

확인+ 186~191쪽

1. ㉠ 1 ㉡ 수증기 **2.** 20 ℃ **3.** 56
4. ㉠ 단열 팽창 ㉡ 이슬점
5. 적운형 구름–㉡–①, 층운형 구름–㉠–②
6. mm

2. **답** 20 ℃
해설 이슬점은 공기 중의 수증기가 포화되어 응결하기 시작하는 온도이다. A 공기가 냉각되어 포화 곡선과 만나는 점이 이슬점이므로 20℃이다.

3. **답** 56
해설

$$\text{상대 습도} = \frac{\text{현재 공기에 포함된 수증기량(g/kg)}}{\text{현재 기온에서의 포화 수증기량(g/kg)}} \times 100 = \frac{15.4(\text{g/kg})}{27.5(\text{g/kg})} \times 100 = 56(\%)$$

5. **답** 적운형 구름 - ㉡ - ①, 층운형 구름 - ㉠ - ②
해설 적운형 구름은 공기의 상승 운동이 강할 때 수직으로 두껍게 발달하는 구름이다. 층운형 구름은 공기의 상승 운동이 약해서 수평으로 얇게 발달하는 구름이다.

6. **답** mm
해설 강수량은 지표에 내린 모든 형태의 물(비, 눈, 우박 등)을 액체 상태로 만들어 우량계에 넣은 후 높이로 그 양을 잰다.

생각해보기 186~191쪽

★ 1kg의 질량이 같은 공기(기체)는 온도가 높을수록 부피가 증가한다. 따라서 온도가 높아서 부피가 더 큰 공기가 더 많은 양의 수증기를 포함할 수 있다.

★★ 이슬은 공기 중의 수증기가 액화되어 만들어진 물방울이고, 서리는 공기 중의 수증기가 승화되어 만들어진 얼음이다.

★★★ 맑은 날의 구름은 얇아서 대부분의 빛을 투과, 반사시키기 때문에 하얗게 보이고, 비오는 날의 구름은 두꺼워서 대부분의 빛이 구름을 통과하지 못해 어둡게 보인다.

개념 다지기 192~193쪽

01. (1) ○ (2) ○ (3) × (4) ○
02. ② **03.** 10 **04.** 73.4
05. ㉠ 단열 ㉡ 이슬점 **06.** ㄱ, ㄴ, ㄷ
07. (가)–㉠–②, (나)–㉡–① **08.** 강수량

01. **답** (1) ○ (2) ○ (3) × (4) ○
해설 (3) 포화 수증기량은 포화 상태의 공기 1kg 속에 들어 있는 수증기의 양이다.

02. **답** ②
해설 A 공기 속에 포함되어 있는 수증기의 양은 12g이고, 10℃에서 포화 수증기량은 5g이므로 응결되는 수증기의 양은 12 - 5 = 7(g)이다.

03. **답** 10
해설 현재 공기 1kg 속에 수증기가 9.4g 포함되어 있는데, 9.4g이 포화 상태인 온도는 10℃이다.

04. **답** 73.4
해설

$$\text{상대 습도} = \frac{\text{현재 공기에 포함된 수증기량(g/kg)}}{\text{현재 기온에서의 포화 수증기량(g/kg)}} \times 100 = \frac{9.4(\text{g/kg})}{12.8(\text{g/kg})} \times 100 = 73.4(\%)$$

06. **답** ㄱ, ㄴ, ㄷ
해설 ㄱ, ㄴ, ㄷ 공기가 상승할 때 구름이 만들어진다.
ㄹ. 찬 공기가 따뜻한 공기를 밀어 올릴 때 따뜻한 공기가 상승하면서 구름이 만들어진다.

07. **답** (가) - ㉠ - ②, (나) - ㉡ - ①
해설 (가)는 중위도~고위도에 내리는 찬 비를 설명하는 빙정설이고, (나)는 열대 지방의 따뜻한 비를 설명하는 병합설이다.

유형 익히기 & 하브루타 194~199쪽

[유형 11-1] ②

01. (1) A, B (2) 23.1

02. ㉠ 온도(기온) ㉡ 수증기

[유형 11-2] (1) B (2) E (3) B

03. (1)○ (2)× (3)× **04.** 이슬점

[유형 11-3] (1) A−기온, B−습도, C−이슬점

(2) ① 맑은날 ② 이슬점

05. 7.05 **06.** 22

[유형 11-4] ㉠ 감소 ㉡ 단열 ㉢ 이슬점

07. ㄱ, ㄷ, ㄹ

08. ㉠ 공기 ㉡ 팽창 ㉢ 이슬점

[유형 11-5] ㄱ, ㄹ

09. ①, ②, ⑤ **10.** ㄱ, ㄷ

[유형 11-6] (1) (가) 빙정설 (나) 병합설

(2) (가) 중위도~고위도 (나) 저위도

11. ③ **12.** ④

[유형 11-1] 답 ②

해설 ㄴ. 현재 공기 1kg 속에 9.4g의 수증기가 포함되어 있으므로 5kg 속에는 5 × 9.4 = 47(g)의 수증기가 들어 있다.
ㄷ. 포화 상태의 수증기량이 12.8g이므로 12.8 - 9.4 = 3.4(g)의 수증기를 더 포함할 수 있다.
ㄱ. 15℃에서 포화 수증기량은 12.8g/kg이므로 이 공기는 불포화 상태이다. ㄹ. 온도를 5℃로 냉각시키면 응결 현상이 일어난다.

01. 답 (1) A, B (2) 23.1

해설 (1) 포화 곡선 위에 있는 공기가 포화 상태이므로 A와 B는 포화 상태, C는 불포화 상태이다.
(2) 25℃에서 포화 수증기량은 23.1g/kg이므로 C 공기 1kg이 최대로 포함할 수 있는 수증기의 양은 23.1g이다.

02. 답 ㉠ 온도(기온) ㉡ 수증기

해설 불포화 상태의 공기는 온도를 낮추어 포화 수증기량을 낮추거나 수증기를 더 공급해서 수증기량을 늘리면 포화 상태가 된다.

[유형 11-2] 답 (1) B (2) E (3) B

해설 (1) 수증기의 양이 가장 많은 공기는 가장 위쪽에 있는 B이다.
(2) 이슬점의 온도가 가장 낮은 공기는 수증기의 양이 가장 적은 E이다.
(3) 10℃로 냉각했을 때 응결량이 가장 많은 공기는 수증기의 양이 가장 많은 B이다.

03. 답 (1) ○ (2) × (3) ×

해설 (2) 공기 중에 포함된 수증기량이 많을수록 이슬점이 높다.
(3) 응결량은 현재 공기가 냉각된 온도에서 포화 공기가 되면서 만들어지는 물방울의 양이다.

04. 답 이슬점

해설 공기가 냉각되어 공기 중의 수증기가 물방울로 맺히기 시작할 때의 온도는 이슬점이다.

[유형 11-3] 답 (1) A - 기온, B - 습도 C - 이슬점
(2) ① 맑은 날 ② 이슬점

해설 (1) 햇빛이 비치는 낮에 큰 값을 갖는 A가 기온, 기온과 반대로 나타나는 B가 습도, 하루 중 변화가 거의 없는 C가 이슬점이다.
(2) ① 기온의 일교차가 큰 날은 맑아서 태양 복사 에너지를 많이 받는 맑은 날이다. 하루를 기준으로 변화량이 가장 적은 것은 이슬점이다.

05. 답 7.05

해설

$$\text{상대 습도} = \frac{\text{현재 공기에 포함된 수증기량(g/kg)}}{\text{현재 기온에서의 포화 수증기량(g/kg)}} \times 100$$

$$30 = \frac{x}{23.5} \times 100$$

$$x = 7.05\text{(g/kg)}$$

06. 답 22

해설

습구 온도 (℃)	건구와 습구의 온도 차 (℃)			
	1	2	③	4
15	90	81	73	65
16	90	82	74	66
17	91	82	74	67
18	91	83	75	68
⑲	91	83	⑺⑹ 76	69

건구 온도는 습구 온도와 같거나 높다. 19℃일 때 상대 습도가 76%이면 건구와 습구의 온도 차는 3℃이므로 건구의 온도는 19 + 3 = 22(℃)이다.

[유형 11-4] 답 ㉠ 감소 ㉡ 단열 ㉢ 이슬점

해설 공기 덩어리가 상승하면 기압 감소로 인하여 단열팽창하면서 기온이 내려가 이슬점에 도달하게 된다. 이슬점 도달로 수증기가 응결하여 물방울이 생성되면 구름이 된다.

07. 답 ㄱ, ㄷ, ㄹ

해설 ㄱ, ㄷ, ㄹ 공기 덩어리가 상승하면 주변 기압이 낮아지면서 부피가 단열 팽창해 기압이 낮아지면서 밀도가 작아진다.
ㄴ. 공기가 상승하면 단열 팽창으로 인해 온도가 낮아진다.

08. 답 ㉠ 공기 ㉡ 팽창 ㉢ 이슬점

해설 공기가 상승하면 기압이 감소하면서 단열 팽창으로 기온이 하강하면서 이슬점에 도달해 수증기가 응결되어 물방울이 생성되면서 구름이 만들어진다.

[유형 11-5] 답 ㄱ, ㄹ

해설 ㄱ. 지표면이 부분적으로 가열되면 가열된 부분의 공기가

위로 올라가면서 구름이 만들어진다.
ㄹ. 저기압 중심으로 공기가 모여들면 공기가 상승하면서 구름이 만들어진다.
ㄴ. 찬 공기가 따뜻한 공기를 밀어 올릴 때 따뜻한 공기가 상승하면서 구름이 만들어진다.
ㄷ. 공기가 산의 빗면을 타고 올라갈 때 구름이 만들어진다.

09. 답 ①, ②, ⑤
해설 구름이 생성되는 경우는 공기 덩어리가 상승하는 경우로, 공기가 산비탈을 타고 오를 때, 찬 공기가 따뜻한 공기 밑으로 파고 들어 따뜻한 공기가 상승할 때이다.
③ 지표면적이 부분적으로 가열될 때 공기가 상승하고,
④ 저기압 중심으로 공기가 모여들면 공기가 상승한다.

10. 답 ㄱ, ㄷ
해설 그림은 수직으로 두껍게 생성된 구름으로 공기의 상승 운동이 강할 때 나타나는 적운형 구름이다.

[유형 11-6] 답 (1) (가) 빙정설 (나) 병합설
(2) (가) 중위도 ~ 고위도 (나) 저위도
해설 (가)는 중위도 ~ 고위도에 내리는 찬 비를 설명하는 빙정설이고, (나)는 저위도에서 내리는 따뜻한 비를 설명하는 병합설이다.

11. 답 ③
해설 ③ 빙정에 수증기가 달라 붙으면서 무거워져서 아래로 떨어진다.

12. 답 ④
해설 ㄱ. 그림은 저위도 지방에 내리는 따뜻한 비를 나타내는 병합설을 나타낸 그림이다.
ㄴ. 물방울과 물방울이 충돌하면서 합쳐져 무거워지면 아래로 떨어진다.
ㄷ. 따뜻한 비로는 얼음 알갱이가 만들어지지 않는다.

창의력 & 토론마당 200~203쪽

01 145g

해설 비닐 하우스의 온도가 18℃, 습도가 80%가 되도록 하기 위해서 비닐 하우스 공기에 포함되어야 하는 수증기량은 다음과 같이 구할 수 있다. 온도와 포화 수증기량의 관계를 나타낸 표에서 1kg당 포화 수증기량이 18℃에서 15.4g이므로

$$\text{상대 습도} = \frac{\text{현재 공기에 포함된 수증기량(g/kg)}}{\text{현재 기온에서의 포화 수증기량(g/kg)}} \times 100$$

$$80 = \frac{x}{15.4} \times 100$$

$$x \fallingdotseq 12.3(\text{g/kg})$$

현재 비닐 하우스 기온이 10℃이므로 공기에 포함되어 있는 수증기의 양은 공기 1kg 당 수증기 9.4g이다. 따라서 설정한 온도와 상대 습도에 도달하기 위해서 비닐하우스에 추가로 필요한 수증기의 양은 다음과 같이 구할 수 있다.
1kg 공기 속에 추가되어야 하는 수증기의 양은
12.3 - 9.4 = 2.9(g)
비닐 하우스 전체 공기의 무게가 50kg이므로
2.9 × 50 =145(g)

02 (1)

	A	B	C	D
기온(℃)	20	10	5	25
이슬점(℃)	12	10	5	9

(2) 1km

해설 (1) A→B : 건조한 공기이므로 1km 상승할 때마다 10℃씩 감소한다. A와 B의 높이 차가 1km이므로 온도는 20 - 10 = 10(℃)이다.
B→C : B에서 포화 상태가 되었으므로 1km 상승할 때마다 5℃씩 감소한다. B와 C의 높이 차가 1km이므로 온도는 10 - 5 = 5(℃)이다. 공기는 포화 상태이므로 기온과 이슬점은 같다.
C→D : 포화된 공기가 비를 내리고 C를 지나면서 불포화된 건조한 공기가 된다. 건조한 공기이므로 1km 하강할 때마다 10℃씩 증가한다. C와 D의 높이 차가 2km이므로 온도는 5 + 20 = 25(℃)이다. 이슬점은 1km 하강할 때마다 2℃씩 증가하므로 5 + 4 = 9(℃)이다.
(2) 상승하는 건조한 공기의 온도와 이슬점이 같아져 상대 습도가 100%인 B 지점에서 수증기의 응결이 일어나 구름이 생성된다.

03 (1) A
(2) 온도계 C의 헝겊에서 증발이 더 활발하게 일어났기 때문이다.
(3) ㄴ

해설 (1) 상대 습도는 공기의 습하고 건조한 정도이며 건구와 습구 온도의 차가 작을수록 습도가 높다. D는 건구 온도를 나타내고 A~C는 습구 온도를 나타내고 있으므로 온도 차이가 가장 작게 나는 A의 경우에 상대 습도가 가장 높다.
(2) A와 C의 경우 모두 젖은 헝겊을 씌운 온도계를 설치하여 물이 증발하면서 기화열을 빼앗기게 되므로 온도가 내려간다. 그런데 C에 비하여 A는 덮개를 씌운 비커 속에 온도계를 설치하였으므로 증발이 적게 일어났을 것이다. 증발이 적게 일어나면 그만큼 기화열을 적게 빼앗기게 되므로 온도가 적게 내려간다. 따라서 C보다 A의 경우 온도가 더 높게 나타난다.
(3) C의 온도가 건구 온도에 비하여 낮은 이유는 증발 현상이 일어났기 때문이다. 제시된 〈보기〉에서 증발 현상을 설명한 것은 ㄴ이다.

04

(1) 플라스크 속에 물을 넣는다. 플라스크 속에 향 연기를 넣는다. 큰 공기 펌프를 사용하여 플라스크 안의 압력을 더 높인다.

(2) 단열 팽창 : A, C, D 단열 압축 : B

해설 (1) 플라스크 속에 물을 넣으면 물에서 증발하여 생긴 수증기가 플라스크 내부를 채워서 습도가 높아지기 때문에 온도를 조금만 낮추어도 수증기의 응결이 일어날 수 있다. 또한 향 연기를 넣어 주면 공기 중의 수증기가 응결이 될 수 있도록 도와주는 응결핵 역할을 한다. 큰 공기 펌프를 사용하여 플라스크 안의 압력을 더 크게 높였다가 공기 펌프의 마개를 열면 플라스크 안의 온도 변화가 더 커진다. 따라서 플라스크 속의 변화가 훨씬 더 잘 일어난다.

(2)

단열 팽창	기체가 외부와 열 출입이 없는 상태에서 주위의 기압이 감소하면 부피가 커지게 되는 것으로 이때 기체의 온도는 낮아진다.
단열 압축	기체가 외부와 열 출입이 없는 상태에서 주위의 기압이 증가하면 부피가 작아지게 되는 것으로 이때 기체의 온도는 높아진다.

입을 오므리고 바람을 불면 좁은 입을 통과한 공기가 갑자기 넓은 곳으로 나오면서 공기가 단열 팽창하므로 공기는 열에너지를 일 에너지로 사용하여 온도가 낮아진다. 스프레이도 좁은 통에서 넓은 곳으로 나오면서 공기가 단열 팽창하므로 공기가 지니고 있던 내부 에너지(열에너지)가 소모되므로 스프레이 통은 차가워진다. 또한 풍선에서 바람이 빠질 때 좁은 구멍으로 나온 공기가 갑자기 넓은 곳으로 나오면서 단열 팽창하여 온도가 낮아져 차가운 바람이 나온다. 펌프로 공기에 압력을 가하여 부피를 줄여 타이어로 주입하면 단열 압축되므로 온도가 상승하기 때문에 고무관이 따뜻해진다.

스스로 실력 높이기 204~209쪽

01. 포화 **02.** 1kg **03.** 이슬점
04. ㉠ 상대 ㉡ % **05.** ㉠ 응결 ㉡ 얼음
06. 상승 **07.** 강수 **08.** 빙정설
09. A : 30 B : 25 C : 15 **10.** 68
11. ㉠ 20 ㉡ 18 **12.** 100
13. 모형 : (나), 포화 **14.** 이슬점 **15.** 52
16. ㉠ 증가 ㉡ 낮아짐 ㉢ 흐려짐 **17.** ②
18. ④ **19.** ② **20.** ①, ⑤ **21.** ⑤
22. ②, ③, ④ **23.** B **24.** ②
25. ①, ④ **26.~32.** 〈해설 참조〉

09. 답 A : 30 B : 25 C : 15
해설 이슬점은 현재의 공기가 냉각되어 포화 상태가 되어 응결이 시작되는 온도이다.

10. 답 68
해설 건구와 습구의 온도가 22 - 18 = 4(℃) 이므로 온도 차이와 습구 온도가 만나는 점의 숫자를 읽어준다.

습구 온도 (℃)	건구와 습구의 온도 차 (℃)			
	1	2	3	4
15	90	81	73	65
16	90	82	74	66
17	91	82	74	67
18	91	83	75	68
19	91	83	76	69

11. 답 ㉠ 20 ㉡ 18
해설 현재 온도에서의 포화 수증기량이 30g이므로 공기 1kg 당 30 - 12 = 18(g)의 수증기를 더 넣어주거나 온도를 이슬점 온도인 20℃로 냉각한다.

12. 답 100
해설 이슬점에서는 공기의 수증기량과 포화 수증기량이 같으므로 상대 습도는 100%이다.

13. 답 물방울이 맺히는 순간의 모형 : (나), 포화
해설 공기 중의 수증기가 응결하여 물방울이 생기는 순간은 포화 상태로 증발량과 응결량이 같다.

14. 답 이슬점
해설 공기 중의 수증기가 응결하여 물방울이 생기기 시작한 26.5℃가 이 공기의 이슬점이다.

15. 답 52

해설

$$\text{상대 습도} = \frac{\text{현재 공기에 포함된 수증기량(g/kg)}}{\text{현재 기온에서의 포화 수증기량(g/kg)}} \times 100$$
$$= \frac{20.8(\text{g/kg})}{40.0(\text{g/kg})} \times 100 = 52.0(\%)$$

16. 답 ㉠ 증가 ㉡ 낮아짐 ㉢ 흐려짐

해설 밀폐된 상태에서 피스톤을 잡아당기면 플라스크 안의 공기가 단열 팽창하면서 기온이 낮아져 수증기가 응결하면서 플라스크 속이 뿌옇게 흐려진다.

17. 답 ②

해설 공기가 위로 올라갈수록 기압이 낮아진다.

18. 답 ④

해설 ㄱ. 지표면이 부분적으로 가열되어 가열된 부분의 공기가 상승할 때 공기가 만들어진다.

19. 답 ②

해설 주어진 그림은 얇고 수평하게 만들어진 층운형 구름이다. 공기의 상승이 약할 때 만들어진다.

20. 답 ①, ⑤

해설 ① 찬 비나 눈이 내리는 과정을 설명한 빙정설이다.
⑤ 빙정에 수증기가 달라붙으면서 무거워져 아래로 떨어지면 눈이나 비가 된다.
② 빙정설에 대한 그림이다.
③ 중위도~고위도에 내리는 비나 눈을 설명한다.
④ 작은 물방울들이 충돌하면서 합쳐지는 것은 저위도에 내리는 따뜻한 비가 내리는 과정을 설명한다.

21. 답 ⑤

해설 물의 증발 속도와 응결 속도가 같아 포화 상태일 때, 습도가 100%로 건구와 습구의 온도가 같다. 포화 상태에서는 이슬점과 현재 기온이 같다.

22. 답 ②, ③, ④

해설 ① 이날은 낮에는 기온이 높고 이슬점이 일정하므로 습도가 낮아 맑았을 것이다.
⑤ 기온은 15시 경에 가장 높았다. 태양의 고도가 높은 12시부터 지면이 데워져 15시경에 기온이 가장 높아진다.

23. 답 B

해설 증발이 일어나는 곳은 습도가 가장 낮은 곳으로 습구와 건구의 온도 차이가 가장 많이 나는 곳이다.

24. 답 ②

해설 ㄱ, ㄹ. 공기를 빼내면 풍선 안의 공기가 단열 팽창하면서 부피가 늘어나고 온도는 낮아진다. 온도가 낮아지면서 상대 습도는 증가한다.
ㄴ. 부피가 팽창하면서 압력은 작아진다.
ㄷ. 단열 팽창으로 온도는 낮아진다.

25. 답 ①, ④

해설 ① (가)는 빙정설, (나)는 병합설이다.
④ (가) 부분에서 빙정에 수증기가 달라붙으면서 성장한다.
②, ③ (가)에서는 찬 비나 눈이 내리고, (나)에서는 따뜻한 비가 내린다.
⑤ (나)에서 물방울들이 서로 충돌하면서 성장한다.

26. 답 54.3%

해설 현재 실험실의 기온은 20℃에서 포화 수증기량은 17.3g/kg이고, 이슬점 온도가 10℃이므로 이 공기에 포함된 수증기량은 9.4g/kg이고 상대 습도는 다음과 같다.

$$\text{상대 습도} = \frac{\text{현재 공기에 포함된 수증기량(g/kg)}}{\text{현재 기온에서의 포화 수증기량(g/kg)}} \times 100$$
$$= \frac{9.4(\text{g/kg})}{17.3(\text{g/kg})} \times 100 = 54.3(\%)$$

27. 답 23시부터 다음날 8시까지
이유 : 기온이 이슬점 온도보다 낮을 경우 안개가 발생할 수 있다.

해설 수증기를 많이 포함하고 있는 지표 부근의 공기가 냉각되어 수증기가 응결하여 생긴 작은 물방울들이 지표 부근에 떠 있는 것이 안개이다. 공기가 냉각되어 수증기의 응결이 일어나기 시작할 때의 온도를 이슬점이라고 하며 이는 포화 상태에 도달했을 때의 온도이다. 기온이 이슬점보다 낮으면 수증기가 많이 응결되어 안개가 생긴다.

28. 답 피스톤을 뒤로 빼면 플라스크 안의 공기가 단열 팽창하여 온도가 이슬점까지 내려가서 수증기의 응결이 일어난다.

해설 피스톤을 뒤로 빼내면 밀폐된 플라스크 안의 공기가 단열 팽창되어 온도가 내려간다. 온도가 이슬점까지 내려가면 공기 중의 수증기가 응결하여 플라스크 안이 뿌옇게 흐려진다.

29. 답 1km

해설 구름이 생성되기 위해서는 공기가 포화 상태가 되어야 한다. 포화 상태의 공기는 기온과 이슬점이 같으므로 공기가 상승하면서 온도가 내려가 이슬점과 같아지는 높이를 찾는다.
$25℃ - 10℃ \times x = 15℃ \qquad x = 1(\text{km})$

30. 답 D, 구름이 수직으로 높게 형성되어 빙정이 상하로 움직이면서 크기가 더 커져 우박이 생성된다.

31. 답 동에서 서로 구름이 이동하면서 산을 타고 올라갈 때 고도가 올라가면 기온이 낮아지므로 이슬점이 낮아진다. 따라서 산을 올라가는 중에 이슬점에 도달하여 비를 내리고 산을 넘어간 후에는 고도가 낮아지고 기온이 높아지므로 비가 내리지 않는다.

32. 답 적운형 구름이 더 비를 내릴 가능성이 높다. 적운형은 위로 솟아오르며 두껍게 발달한 구름으로 공기의 상승 운동이 강할 때 형성되어 층운형보다 더 많은 수증기를 머금고 있기 때문이다.

12강. 바람

개념 확인 210~213쪽

1. (1) X (2) X
2. (1) O (2) X
3. 해륙풍
4. 대기 대순환

1. 답 (1) X (2) X

해설 (1) 높이가 높아질수록 기압은 작아진다.
(2) 1기압은 76cm의 수은 기둥이 밑면에 작용하는 압력과 같다.

2. 답 (1) O (2) X

해설 (2) 두 지역의 기압 차이가 클수록 바람이 강하게 분다.

확인+ 210~213쪽

1. ④
2. ㄱ, ㄴ
3. ①
4. ㉠ 자전 ㉡ 3

1. 답 ④

해설 유리관의 기울어진 정도를 다르게 하여도 수은 기둥의 높이는 일정하다.

2. 답 ㄱ, ㄴ

해설 북반구 고기압의 중심부에서는 바람이 시계 방향으로 불어 나가고, 중심부에서는 공기의 하강 기류가 생기므로 구름은 소멸되고, 맑은 날씨가 나타난다.

3. 답 ①

해설 계절풍은 대륙과 해양 사이에서 1년을 주기로 바람의 방향이 바뀌어 부는 바람이다. 지구의 자전과는 관련이 없다.

생각해보기 210~213쪽

★ 수은의 밀도가 물보다 13.6배 크므로 수은 기둥 76cm의 압력은 물기둥 약 10m의 압력과 같기 때문에 밀도가 큰 수은을 사용한 것이다.
★★ 지구의 자전으로 인해 전향력이 발생하고, 그로 인해 북반구의 고기압 지역에서는 바람이 시계 방향으로 불어 나간다.

개념 다지기 214~215쪽

01. ③	02. ④	03. ②
04. ⑤	05. ①	06. ③

01. 답 ③

해설 유리관의 굵기나 기울어진 정도를 다르게 하여도 수은 기둥의 높이는 일정하다. 높이 76cm의 수은 기둥 밑면에 작용하는 대기의 압력은 물기둥 약 10m의 압력이다. 따라서 유리관에 수은 대신 물을 채웠다면 물기둥의 높이는 약 10m가 되었을 것이다.

02. 답 ④

해설 ㄷ. 고기압에서는 바람이 시계 방향으로 불어 나간다.

03. 답 ②

해설 낮에는 모래로 이루어진 육지가 물로 이루어진 바다보다 빨리 가열되어 육지의 기온이 바다의 기온보다 높고, 육지의 기압이 바다의 기압보다 작게 된다. 따라서 육지 쪽의 공기가 상승하고, 바다 쪽의 공기가 육지 쪽으로 이동하여 해풍이 분다.

04. 답 ⑤

해설 대륙과 해양 사이에서 1년을 주기로 바람의 방향이 바뀌어 부는 바람을 계절풍이라고 한다. 그림에서 바람은 대륙에서 해양으로 불고 있으므로 겨울철이다. 겨울철에 기온은 대륙이 해양보다 낮고, 기압은 대륙이 해양보다 높다.

05. 답 ①

해설 지구가 자전하지 않는다면 지구의 대기는 북반구와 남반구에서 각각 1개의 큰 순환을 할 것이다. 그러나 지구가 자전하기 때문에 북반구와 남반구에 각각 3개의 순환이 일어난다.

06. 답 ③

해설 A는 극동풍, B는 편서풍, C는 무역풍이다.

유형 익히기 & 하브루타 216~219쪽

[유형 12-1] ③	01. ①	02. ④
[유형 12-2] ②	03. ③	04. ④
[유형 12-3] ③	05. ⑤	06. ①
[유형 12-4] ⑤	07. ④	08. ⑤

[유형 12-1] 답 ③

해설 수은 기둥의 높이가 76cm이므로 현재 기압은 76cmHg = 1기압이다.
ㄱ. A 부분은 진공 상태이다.
ㄴ. 유리관의 굵기가 달라져도 기압이 1기압으로 일정하다면 수은

기둥의 높이는 76cm이다.
ㄷ. 현재보다 기압이 낮아지면 수은 기둥의 높이도 낮아진다.

01. 답 ①

해설 유리관의 굵기나 기울어진 정도를 다르게 해도 수은 기둥의 높이는 일정하다.

02. 답 ④

해설 1기압 = 1atm = 76cmHg = 1013hPa = 물기둥 약 10m의 압력 = 수은 기둥 76cm에 해당하는 공기의 압력

[유형 12-2] 답 ②

해설 A 지역은 지표면이 주변 지역보다 상대적으로 가열되어 A 지역의 공기는 가벼워져 상승하고, B 지역은 지표면이 주변 지역보다 상대적으로 냉각되어 무거워져 하강한다. 따라서 A 지역 지표면의 기압은 낮아지고, B 지역 지표면의 기압은 높아진다.

03. 답 ③

해설 등압선의 기압을 비교하면 A 지역 쪽으로 갈수록 기압이 커지므로 A 지역은 고기압이다. B 지역은 저기압이고, C 지역 역시 저기압, D 지역은 고기압이다.
① A 지역에서 저기압 지역으로 바람이 불어 나간다.
② 바람은 고기압에서 저기압으로 분다.
③ 고기압인 D 지역에서 저기압인 B나 C 지역으로 바람이 불어 나간다.
④ B 지역의 중심부에서는 공기의 상승 기류가 생긴다.
⑤ D 지역에서는 시계 방향으로 바람이 불어 나간다.

04. 답 ④

해설 지표가 가열되어 공기의 온도가 높아진 곳은 공기가 상대적으로 가벼워져 상승하고, 그로 인해 지표면의 기압은 낮아진다. 지표가 냉각되어 공기의 온도가 낮아진 곳은 공기가 상대적으로 무거워져 하강하고, 지표면의 기압은 높아진다. 바람은 기압 차이에 의해 기압이 높은 곳에서 낮은 곳으로 분다.

[유형 12-3] 답 ③

해설 해안 지역에서 낮에는 육지가 바다보다 빨리 가열되어 육지의 기온이 바다보다 높아지고, 육지의 기압이 바다보다 작아진다. 따라서 육지 쪽의 공기가 상승하여 바다에서 육지 쪽으로 해풍이 분다. 밤에는 육지가 바다보다 빨리 냉각되어 육지의 기온이 바다보다 낮아지고, 육지의 기압이 바다보다 커진다. 따라서 바다 쪽의 공기가 상승하여 육지에서 바다로 바람이 분다.

05. 답 ⑤

해설 물보다 모래의 비열이 작기 때문에 모래가 더 빨리 가열되고, 30분 후 모래의 온도가 물의 온도보다 높다. 따라서 모래 쪽의 공기는 상승하여 모래 쪽의 기압보다 물 쪽의 기압이 더 높게 되고, 바람은 물 쪽에서 모래 쪽으로 불게 된다. 이러한 원리로 해륙풍과 계절풍이 부는 것이다.

06. 답 ①

해설 해양에서 대륙으로 부는 바람은 우리나라 여름철에 부는 남서・남동 계절풍이다. 대륙이 해양보다 빨리 가열되어 대륙 쪽의 공기가 상승하기 때문에 대륙의 기압이 해양의 기압보다 낮아진다. 따라서 해양에서 대륙으로 바람이 분다.

[유형 12-4] 답 ⑤

해설 (가)는 지구가 자전하지 않을 경우의 대기 대순환 모형이다. 지구가 자전하지 않는다면 북반구와 남반구에 각각 1개의 큰 순환이 일어난다.
(나)는 지구가 자전하고 있는 실제 지구의 대기 대순환이다. 지구 자전에 의해 북반구와 남반구에 각각 3개의 순환이 일어난다. 이러한 대기 대순환에 의해 위도 60° ~ 극지방에는 극동풍, 위도 30° ~ 위도 60° 에는 편서풍, 적도 ~ 위도 30°에는 무역풍이 분다.

07. 답 ④

해설 자전하는 지구의 대기 대순환에 의해 위도 60° ~ 극지방에는 극동풍, 위도 30° ~ 위도 60° 에는 편서풍, 적도 ~ 위도 30°에는 무역풍이 분다.

08. 답 ⑤

해설 대기 대순환은 지구 전체 규모로 순환하는 대기의 운동으로 위도에 따른 태양 복사 에너지의 흡수량과 지구 복사 에너지의 방출량 차이 때문에 발생한다. 지구가 자전하지 않을 경우에도 대기 대순환은 발생하며, 지구가 자전하지 않는다면 북반구와 남반구에 각각 1개의 큰 순환만 일어날 것이다. 그러나 실제 지구는 자전하기 때문에 북반구와 남반구의 상공에 각각 3개의 순환이 일어난다.

창의력 & 토론마당 220~223쪽

01

(1) 산 쪽 아래 창문에서 계곡 쪽 위 창문으로 바람이 분다.

(2) 물이 있는 계곡 쪽에서 불어오는 바람은 습기를 많이 포함하고 있기 때문에 적은 양의 공기를 통과시켜 습기를 막아 주기 위해 창문을 작게 만들었다.
(3) 밤에는 산 위의 기온이 더 낮기 때문에 산 위에서 계곡 쪽으로 산풍이 분다. 산쪽에서 차가워진 공기는 비교적 무거우므로 장경각의 산쪽 아래 창문을 통과하고, 상대적으로 습기를 적게 포함하고 있으므로 통풍 효과를 위해 많은 양의 공기를 통과시킨다. 밤에 장경각 안으로 들어온 공기는 따뜻해져서 계곡 쪽의 넓은 위쪽 창문을 통과하여 나가게 된다.

해설 합천 해인사 장경각은 인위적으로 온도나 습도를 조절하지 않고 환기, 채광을 고려해 평면과 입면을 설계했다. 창 크기 조절로 외부의 건조한 공기가 내부에 퍼진 후 빠져나가도록 하는 등 대장경을 자연친화적으로 보존했다.

02

바람의 방향과 항해 방향이 같으면 대서양을 횡단하는 시간을 단축시킬 수 있다는 사실을 알고 스페인에서 아메리카 대륙으로 갈 때는 서쪽으로 부는 북동 무역풍의 도움을 받아 항해하였고, 아메리카 대륙에서 스페인으로 돌아갈 때는 동쪽으로 부는 편서풍의 도움을 받아 항해하였다.

해설 첫번째 항해와 두번째 항해는 경로가 제각각이지만 세번째 항해와 네번째 항해는 경로가 많이 겹치게 된다. 이를 통해 콜럼버스는 대서양을 횡단할 때 힘과 시간을 절약할 수 있는 방법을 찾게 되었는데, 그것이 바로 바람의 방향과 항해 방향을 같게 하는 것이다.

03

(1) 북태평양 해류와 북대서양 해류, 남태평양 해류, 남극 순환류는 편서풍에 의해 서에서 동으로 흐른다.
(2) 저위도의 남는 에너지를 고위도로 이동시켜 전 지구적으로 에너지 균형을 이루게 한다.

해설 (1) 위도 30°~60° 사이에서 흐르는 해류 중 서에서 동으로 흐르는 해류는 거의 편서풍의 영향을 받는다.
(2) 위도별 에너지는 불균형 상태이지만 대기와 해수에 의해 에너지가 이동하여 지구 전체적으로는 에너지 평형을 이룬다.

04

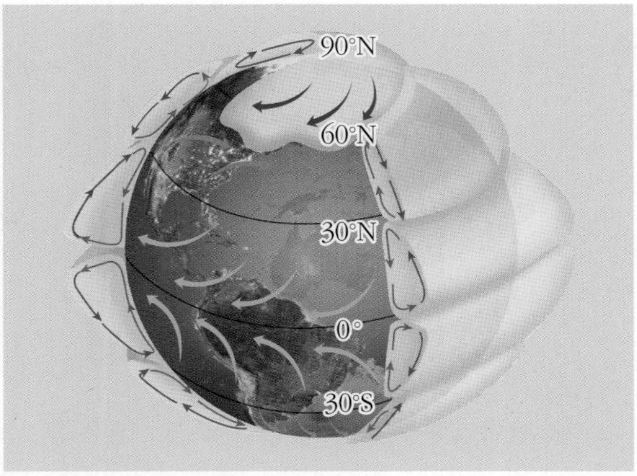

해설 (북반구 기준) 고위도에서 지표면 위에 부는 바람은 위(90°N)에서 아래쪽(60°N)을 향한다. 이 바람을 진행 방향의 오른쪽으로 휘어지게 그린다. 중위도에서 지표면 위에 부는 바람은 아래(30°N)에서 위쪽(60°N)을 향한다. 이 바람 역시 진행 방향의 오른쪽으로 휘어지게 나타낸다. 저위도에서 지표면 위에 부는 바람은 위(30°N)에서 아래쪽(적도)를 향한다. 이 바람도 고위도에서 부는 바람과 같이 진행 방향의 오른쪽으로 휘어지게 그린다.

과제 224~229쪽

01. (1) O (2) X (3) O **02.** (1) O (2) O (3) X
03. ㉠ 바람 ㉡ 등압선 **04.** (1) 저기압 (2) 시계
05. ← **06.** 해풍 **07.** 대륙
08. (1) X (2) O (3) O **09.** (1) X (2) O (3) O
10. A : 극동풍 B : 편서풍 C : 무역풍
11. ③ **12.** ④ **13.** ⑤ **14.** ①
15. ④ **16.** ④ **17.** ⑤ **18.** ④
19. ③ **20.** ④ **21.** ⑤ **22.** ④
23. 편서풍 **24.** ㄱ, ㄷ **25.** ④
26.~32. 〈해설 참조〉

01. 답 (1) O (2) X (3) O
해설 (2) 기압은 모든 방향에서 같은 크기로 고르게 작용한다.

02. 답 (1) O (2) O (3) X
해설 (3) 이 실험에서 수은이 아닌 물로 실험을 했다면 물 기둥의 높이는 약 10m일 것이다.

05. 답 ←
해설 공기가 하강하는 지역은 고기압, 공기가 상승하는 지역은 저기압이 된다. 바람은 고기압에서 저기압으로 분다.

06. 답 해풍
해설 낮에는 바다에서 육지로 해풍이 분다.

07. 답 대륙
해설 바람이 대륙에서 해양 쪽으로 불고 있으므로 대륙이 고기압, 해양이 저기압이다.

08. 답 (1) X (2) O (3) O
해설 (1) 해안 지역에서는 밤에 육지가 바다보다 빨리 냉각되므로 바람은 육지에서 바다 쪽으로 분다.

09. 답 (1) X (2) O (3) O
해설 (1) 지구 전 지역의 태양 복사 에너지의 흡수량과 지구 복사 에너지의 방출량이 차이가 나기 때문에 대기 대순환이 발생한다.

11. 답 ③
해설 ①, ② 수은 기둥의 높이는 모두 같다.
③ 이 실험을 실시한 장소의 기압이 1기압이라면 A ~ C의 높이는 모두 76cm이다.
④ 이 실험을 실시한 장소가 산 정상이라면 1기압보다 기압이 작으므로 A ~ C의 높이는 모두 76cm 이하이다.
⑤ 유리관 안에 물질이 수은이 아닌 물이었다면 A ~ C의 높이는 13.6배 높아질 것이다.

12. 답 ④
해설 ㄱ. 기압은 높이에 반비례한다.
ㄴ. 높이가 높아질수록 위에 쌓인 공기의 양이 감소한다.
ㄷ. 그래프를 통해 기압은 측정 장소에 따라 달라진다는 것을 알 수 있다.

13. 답 ⑤
해설 ① 등압선이 A 지역에 가까워질수록 높아지므로 A지역은 고기압이다.
② B 지역의 기압은 988hpa 이하이다.
③, ④ A지역은 고기압이고, B와 C 지역은 저기압이므로 A지역에서 B와 C 지역으로 바람이 불어 나간다.
⑤ 등압선 간격이 좁을수록 바람이 세게 분다. 따라서 C 지역보다 B 지역에 바람이 더 세게 불어 들어온다.

14. 답 ①
해설 A 지역은 고기압, B, C 지역은 저기압이다. 고기압의 중심부에서는 공기의 하강 기류가 생겨서 구름이 소멸되고, 맑은 날씨가 나타난다. 저기압의 중심부에서는 공기의 상승 기류가 생겨서 구름이 생성되고 비가 내리기도 한다.

15. 답 ④
해설 낮에는 육지가 바다보다 빨리 가열되므로 육지 쪽의 공기가 상승하고, 육지의 기압이 바다의 기압보다 낮아지게 된다. 따라서 바람은 바다에서 육지로 분다.

16. 답 ④
해설 ㄱ. 대륙에서 해양으로 바람이 불고 있으므로 이를 통해 겨울철이라는 것을 알 수 있다.
ㄴ. 바람은 고기압에서 저기압으로 분다.
ㄷ. 대륙이 해양보다 빨리 냉각되므로 대륙의 기온이 해양의 기온보다 낮다.

17. 답 ⑤
해설 ㄱ. 전등을 켜고 가열시키면 비열이 작은 모래의 온도가 물보다 더 빨리 높아지고, 모래 쪽의 공기가 상대적으로 가벼워진다.
ㄴ. 모래와 물의 비열 차이 때문에 모래의 온도가 물보다 더 빨리 변한다.
ㄷ. 전등을 켜고 가열시키면 모래 쪽의 기압이 상대적으로 저기압, 물 쪽의 기압이 상대적으로 고기압이 된다.

18. 답 ④
해설 고위도에서는 흡수하는 태양 복사 에너지보다 방출하는 지구 복사 에너지가 더 많으므로 에너지가 부족하게 된다.

19. 답 ③
해설 ㄱ. A는 극동풍으로 북반구와 남반구 고위도 지역에서 부는 바람이다.
ㄴ. B는 편서풍으로 중위도 지방에서 서쪽 방향으로 치우쳐서 부는 남서풍 바람이다.
ㄷ. C는 저위도 지방에서 부는 무역풍이다.

20. 답 ④
해설 (가)는 지구가 자전하지 않을 경우 북반구와 남반구에 각각 1개의 큰 순환이 일어나는 대기 대순환 모형이고, (나)는 자전하는 실제 지구의 대기 대순환 모형으로 북반구와 남반구에 각각 3개의 순환 세포가 있다.

21. 답 ⑤
해설 ㄱ. 이 지역의 기압이 1기압이라면 수은 기둥의 높이는 76cm일 것이다. 그러나 70cm이므로 기압은 1기압보다 낮다.
ㄴ. 그릇의 수은면에 작용하는 기압과 유리관 속의 수은 기둥이 누르는 압력은 같다.
ㄷ. 수은의 밀도는 물의 13.6배이므로 같은 압력이 작용하려면 물기둥의 높이는 $70 \times 13.6 = 952$cm가 된다.

22. 답 ④
해설 ① 깃발이 바다 쪽으로 날리고 있으므로 육풍이 불고 있다는 것을 알 수 있다.
② 바람은 고기압에서 저기압으로 불기 때문에 육지가 고기압, 바다가 저기압 상태이다.
③ 바다의 온도가 더 높기 때문에 바다 쪽의 공기가 상승하고, 육지 쪽의 공기는 하강해서 육지가 고기압, 바다가 저기압이 된다.
④ 육풍은 주로 밤에 부는 바람으로 오후 6시부터 오전 6시까지 불 가능성이 높다.
⑤ 우리나라 겨울철에는 대륙이 해양보다 더 빨리 냉각되므로 해양 쪽의 공기가 상승해서 대륙의 기압이 해양보다 높아져 대륙에서 해양으로 북서 계절풍이 분다.

23. 답 편서풍
해설 중위도 지역에 영향을 끼치고, 구름이나 저기압, 고기압 등 기상 현상이 서쪽에서 동쪽으로 흘러가도록 하는 것은 편서풍이다.

24. 답 ㄱ, ㄷ
해설 공기가 상승하는 곳(저기압)에서 구름이 생성되고, 비가 내리기도 한다.

25. 답 ④
해설 지구 자전에 의하여 북반구와 남반구에 극 순환, 페렐 순환, 해들리 순환이 일어난다.
㉠은 극 순환으로 극지방에서 냉각된 공기가 하강하여 위도 60° 지역에서 상승하는 순환이다.
㉡은 페렐 순환으로 위도 30° 지역에서 하강한 공기가 위도 60° 부근에서 상승한다. 이 순환에 의해 편서풍이 형성된다.
㉢의 순환은 해들리 순환으로 적도 지방에서 가열된 공기가 상승하여 위도 30° 부근에서 하강한다. 지구가 자전하지 않는다면 북반구와 남반구에 각각 1개의 큰 순환이 일어나게 된다.

26. 답 외부 압력이 변하지 않는다면 유리관의 굵기가 가늘어지거나 굵어져도 수은 기둥의 높이는 변하지 않는다.

27. 답 수은면에 작용하는 기압과 수은 기둥이 누르는 압력, 수은이 떠받치는 압력이 모두 같아질 때 수은 기둥의 높이가 h인 것

이다. 그러므로 수은 기둥의 높이가 h에서 멈춘 것이다.

28. 답 산 정상에서 기압은 더 낮아질 것이므로 수은 기둥이 밑면에 작용하는 압력이 낮아지고, 수은 기둥의 높이는 낮아진다.

29. 답 A 지역은 공기가 가열되어 상승하므로 지표면은 저기압이 되고, B 지역은 공기가 냉각되어 하강하므로 지표면은 고기압이 된다. 따라서 지표면에서의 바람은 고기압인 B에서 저기압인 A로 불게 된다.

30. 답 적도 지방은 흡수한 태양 복사 에너지가 방출한 지구 복사 에너지보다 크므로 공기가 가열되고, 극 지방은 흡수한 태양 복사 에너지보다 방출한 지구 복사 에너지가 많아 공기가 냉각된다. 따라서 적도 지방 공기는 상승하면서 상대적으로 저기압이 되고, 극지방 공기는 하강하면서 상대적으로 고기압이 되어 지표면에서는 극지방에서 적도 지방으로 공기가 이동하게 된다.

31. 답 지상의 공기보다 가벼운 가스로 채워진 풍선은 하늘 높이 올라가면 기압이 낮아져 팽창하려는 힘이 커진다. 따라서 기압이 일정 이하로 떨어지는 높이까지 가면 팽창력을 이기지 못해 풍선이 터져버린다.

32. 답 86cm일 것이다. 수은 기둥이 5cm라면 물기둥의 높이는 $5 \times 13.6 = 68$cm이다. 이때 에탄올은 물의 0.79배의 밀도를 가지고 있으므로 나누어주면 $68 \div 0.79 = 86.075\cdots$ 따라서 에탄올 기둥의 높이는 86cm가 될 것이라고 예측할 수 있다.

13강. 날씨의 변화

개념 확인 230~235쪽

1. 기단
2. 시베리아 기단
3. ㉠ 전선면 ㉡ 한랭
4. 온대 저기압
5. 일기도
6. 여름

확인+ 230~235쪽

1. ②
2. ④
3. ②
4. B
5. ⑤
6. 겨울

1. 답 ②

해설 상승 기류는 기단 하층의 온도가 상승하고, 습해지는 경우에 많이 나타난다. 온난한 기단이 찬 대륙으로 이동할 때는 기단 하층의 온도가 하강하고, 대기가 안정된다.

2. 답 ④

해설 북태평양 기단은 고온 다습한 기단이다.

3. 답 ②

해설 그림은 따뜻한 공기가 찬 공기를 타고 올라가면서 찬 공기 쪽으로 이동하는 온난 전선을 나타낸 것이다. 온난 전선의 이동 속도는 느리다.

4. 답 B

해설 온대 저기압에서 온난 전선과 한랭 전선 사이 지역의 기온이 가장 높다.

5. 답 ⑤

해설 일기 기호를 통해 알 수 있는 바람의 속력은 5m/s이다.

6. 답 겨울

해설 서고동저의 기압 배치를 통해 겨울철 일기도임을 알 수 있다.

생각해보기 230~235쪽

★ 온난한 기단이 따뜻한 대륙으로 이동해도 기온이나 습도에 큰 변화가 없다면 기단의 성질이 변하지 않을 것이다. 그러나 이동하는 과정에서 바다를 지나게 된다면 기단이 습해져서 상승 기류가 나타나 비나 눈이 내릴 수 있다.
★★ 시베리아 기단은 건조한 기단이지만 삼면이 바다로 둘러쌓인 우리나라로 이동을 하면서 습한

기단으로 변질된다. 그리고 기단이 이동하다 장애물인 산을 만나면 멈추지 않고 상승하여 산을 넘게 된다. 상승하는 공기 덩어리는 기압이 낮아지므로 팽창하게 된다. 공기 덩어리가 팽창하려면 에너지를 사용해야 하므로 공기의 기온이 낮아진다. 따라서 공기 덩어리가 높은 산을 오르면 오를수록 기온이 낮아진다. 이때 상승하는 공기가 이슬점에 이르면 응결해 구름이 만들어지는데 그 구름이 더욱 발달하면 비나 눈이 되어 내린다.

★★★ 한랭 전선은 북서풍의 찬 공기가 남서풍의 따뜻한 공기를 만나면서 서에서 동으로 이동한다. 이때 밀도가 작은 따뜻한 공기는 쉽게 상승하고, 그 자리에 밀도가 큰 찬 공기가 밀고 들어오므로 이동 속도가 빠르다. 반면에 온난 전선은 남서풍의 밀도가 작은 따뜻한 공기가 남동풍의 밀도가 큰 찬 공기를 밀면서 서에서 동으로 이동해야 하므로 이동 속도가 느리다. 이처럼 온난 전선과 한랭 전선의 이동 속도가 차이가 나면서 한랭 전선이 온난 전선을 따라 잡아 폐색 전선이 형성되고, 결국 온대 저기압이 소멸하게 되는 것이다.

★★★★ 기상 특보는 단계별로 주의보와 경보가 있다. 주의보는 재해가 일어날 가능성이 있는 경우에 발표하고, 경보는 중대한 재해가 발생할 가능성이 예상될 때 발표한다. 특보의 종류로는 강풍, 풍랑, 호우, 대설, 폭풍 해일, 지진 해일, 한파, 태풍, 황사, 폭염 주의보와 경보가 있다.

★★★★★ 여름철이 되면 바다가 대륙보다 온도가 낮기 때문에 바다 쪽에 고기압이 생기고, 대륙에 저기압이 생기게 되므로 우리나라를 기준으로 남쪽에는 고기압, 북쪽에는 저기압이 자리잡게 된다.

개념 다지기 236~237쪽

01. ① **02.** A - 시베리아, B - 오호츠크 해, C - 양쯔 강, D - 북태평양 **03.** ③ **04.** ③ **05.** ㄷ - ㄴ - ㄱ - ㄹ **06.** ①

01. 답 ①

해설 기단의 성질은 발생지의 성질에 따라 결정된다. 고위도에서 발생한 기단은 기온이 낮고, 저위도에서 발생한 기단은 기온이 높다. 대륙에서 발생한 기단은 건조하고, 해양에서 발생한 기단은 습하다.

02. 답 A - 시베리아, B - 오호츠크 해, C - 양쯔 강, D - 북태평양

해설 한랭 건조한 A는 시베리아 기단, 한랭 다습한 B는 오호츠크 해 기단, 온난 건조한 C는 양쯔 강 기단, 고온 다습한 D는 북태평양 기단이다.

03. 답 ③

해설 찬 공기가 따뜻한 공기를 밀어 올리면서 따뜻한 공기 쪽으로 이동하여 형성된 한랭 전선은 전선의 이동 속도가 빠르고, 적운형 구름을 형성하게 된다. 그로 인해 좁은 지역에 소나기성 비가 내리고, 한랭 전선이 지나간 지역의 기온은 하강하고, 기압은 상승한다.

04. 답 ③

해설 B 지역은 온난 전선과 한랭 전선 사이로 맑은 날씨에 기온이 높고, 남서풍이 분다.

05. 답 ㄷ - ㄴ - ㄱ - ㄹ

해설 기상을 관측하고, 자료를 수집 및 처리를 한다. 그 후 현재 일기도를 작성하고, 예상 일기도를 작성하여 언론사에서 일기 예보를 한다.

06. 답 ①

해설 우리나라는 여름철에 오호츠크 해 기단과 북태평양 기단의 영향을 받는다. 기압 배치는 남고북저형이고, 남동 계절풍이 분다. 날씨는 고온 다습하고, 장마 전선이 형성된다.

유형 익히기 & 하브루타 238~244쪽

[유형 13-1] ⑤
01. ①
02. ㉠ 기온이 낮음 ㉡ 기온이 높음 ㉢ 건조 ㉣ 습함

[유형 13-2] ④
03. (1) 온난 (2) 한랭 (3) 폐색 (4) 정체
04. ③

[유형 13-3] ④ **05.** ⑤ **06.** ③

[유형 13-4] ⑤ **07.** 여름 **08.** ④

[유형 13-1] 답 ⑤

해설 A는 겨울철에 영향을 주는 기단인 시베리아 기단으로 한랭 건조한 기단이다.

B는 초여름에 영향을 주는 기단인 오호츠크 해 기단으로 한랭 다습한 기단이다.

C는 봄과 가을철에 영향을 주는 기단인 양쯔 강 기단으로 온난 건조하다.

D는 여름과 초가을에 영향을 주는 기단인 적도 기단으로 고온 다습하고, 태풍 발생의 기원이 되는 기단이다. E는 여름에 영향을 주는 북태평양 기단으로 고온 다습한 기단이다.

01. 답 ①

해설 기단이 습한 지역을 지나가지 않았기 때문에 습해지지는

않는다. 온난한 기단이 찬 대륙으로 이동하면 기단 하층의 온도가 낮아지고, 대기가 안정된다. 그로 인해 층운형 구름 또는 안개가 생기고, 날씨가 비교적 맑아진다.

02. 답 ㉠ 기온이 낮음 ㉡ 기온이 높음 ㉢ 건조 ㉣ 습함

해설 고위도에서 발생한 기단은 기온이 낮고, 저위도에서 발생한 기단은 기온이 높다. 대륙에서 발생한 기단은 건조하고, 해양에서 발생한 기단은 습하다.

[유형 13-2] 답 ④

해설 (가)는 찬 공기가 따뜻한 공기를 밀어 올리면서 따뜻한 공기 쪽으로 이동하며 형성된 한랭 전선으로, 전선면의 기울기가 크고, 전선 이동 속도가 빠르다. 한랭 전선에 의해 적운형 구름이 생기고, 좁은 지역에 소나기성 비가 내린다.
(나)는 따뜻한 공기가 찬 공기를 타고 올라가면서 찬 공기 쪽으로 이동하며 생긴 온난 전선으로, 전선면의 기울기가 완만하고, 전선 이동 속도가 느리다. 온난 전선에 의해 층운형 구름이 생기고, 넓은 지역에 지속적인 비가 내리게 된다.

03. 답

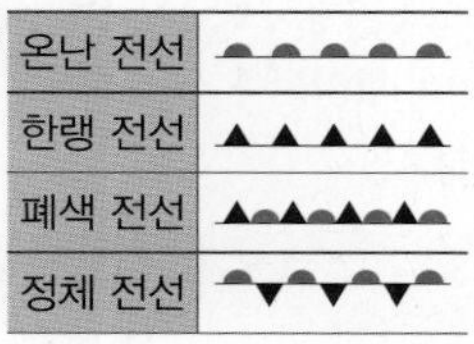

04. 답 ③

해설 ③ 온난 전선의 전선면에는 층운형 구름이 발달한다.
① A는 따뜻한 공기이다.
② B는 찬 공기이다.
④ 넓은 지역에 걸쳐 지속적인 비가 내린다.
⑤ 온난 전선은 따뜻한 공기가 찬 공기를 타고 올라가면서 찬 공기 쪽으로 이동하며 형성되는 전선이다.

[유형 13-3] 답 ④

해설 ㄱ. A 지역은 한랭 전선 뒤로 적운형 구름이 발달하고, 좁은 구역에 소나기성 비가 내린다.
ㄴ. B 지역은 온난 전선과 한랭 전선 사이로 기온이 높고, 날씨가 맑다. C 지역은 온난 전선 앞으로 기온이 낮고, 층운형 구름이 발달하여 넓은 지역에 지속적인 이슬비가 내린다.
ㄷ. 중위도 지방에서 발생하는 온난 전선과 한랭 전선을 동반하는 저기압인 온대 저기압은 편서풍에 의해 서쪽에서 동쪽으로 이동한다.

05. 답 ⑤

해설 중위도 지방에서 발생하는 온난 전선과 한랭 전선을 동반하는 저기압인 온대 저기압은 북쪽의 찬 기단과 남쪽의 따뜻한 기단이 만나 발생한다. 온대 저기압은 편서풍에 의해 서쪽에서 동쪽으로 이동한다. 온난 전선과 한랭 전선 사이의 지역은 날씨가 맑고, 기온이 높다.

06. 답 ③

해설 ㄱ. 찬 공기가 따뜻한 공기를 밀어 올리면서 따뜻한 공기 쪽으로 이동하는 전선은 한랭 전선이고, 따뜻한 공기가 찬 공기를 타고 올라가면서 찬 공기 쪽으로 이동하는 전선은 온난 전선이다.
ㄴ. A 지역은 한랭 전선 뒤로, 북서풍이 불고, 적운형 구름에 의해 소나기성 비가 내린다.
ㄷ. C 지역은 온난 전선 앞으로, 층운형 구름에 의해 넓은 지역에 지속적으로 이슬비가 내린다.

[유형 13-4] 답 ⑤

해설 ① 일기 기호를 통해 현재 우리나라 쪽의 날씨는 흐리다는 것을 알 수 있다.
② 서고동저형 기압 배치를 통해 현재 우리나라의 계절은 겨울이라는 것을 알 수 있다.
③ 겨울철에는 시베리아 기단의 영향을 받는다.
④ 겨울철 우리나라에는 북서 계절풍이 분다.
⑤ 바람은 두 지점의 기압 차이가 클수록 강하게 불기 때문에 등압선의 간격이 좁을수록 바람이 강하게 분다. 따라서 우리나라에는 A 지역보다 강한 바람이 불고 있다.

07. 답 여름

해설 남고북저형 기압 배치를 통해 여름철이라는 것을 알 수 있다.

08. 답 ④

해설 여름에는 오호츠크 해 기단과 북태평양 기단에 의해 장마 전선이 형성된다. 적도 기단 역시 여름에 영향을 주는 기단이나 태풍을 몰고 오는 기단이다.

창의력 & 토론마당 242~245쪽

01 한랭 전선은 북서풍의 찬 공기가 남서풍의 따뜻한 공기를 만나면서 서에서 동으로 이동한다. 이때 밀도가 작은 따뜻한 공기는 쉽게 상승하고 밀도가 큰 찬 공기가 밀고 들어오므로 이동 속도가 빠르다.
온난 전선은 남서풍의 밀도가 작은 따뜻한 공기가 남동풍의 밀도가 큰 찬 공기를 밀면서 서에서 동으로 이동해야 하므로 이동 속도가 느리다.

해설 한랭 전선이 온난 전선을 따라잡아 폐색 전선을 형성하고, 온대 저기압은 폐색 전선의 형성과 함께 소멸된다. 이때 형성되는 폐색 전선은 두 차가운 공기의 상대온도에 따라 '온난형 폐색 전선'과 '한랭형 폐색 전선'으로 나뉘게 된다.

02 온대 저기압의 에너지원 : 더운 기단과 찬 기단이 만나면 밀도가 큰 찬 기단이 밀도가 작은 더운 기단 아래로 내려가면서 섞인다. 차가운 공기가 아래로 내려가면 전체 공기의 무게 중심이 이전보다 낮아져 위치

에너지가 감소하고, 감소한 위치 에너지는 운동 에너지로 전환되어 온대 저기압에 에너지를 공급한다.
열대 저기압의 에너지원 : 열대 해상으로부터 상승하는 공기는 많은 양의 수증기를 포함하는데 상승하던 공기가 단열 팽창에 의해 냉각되면 수증기가 응결되고 이때 발생하는 잠열이 태풍(열대 저기압)의 에너지원이다.

해설 역학적 에너지는 물체의 속력에 따라 결정되는 운동 에너지와 물체의 위치에 따라 결정되는 위치 에너지의 합으로 이루어진다. 마찰이나 공기의 저항 등으로 손실되는 에너지가 없다면 위치 에너지가 감소하는 양과 운동 에너지가 증가하는 양은 같다.

03 (1) 현재 우리나라는 고기압의 가장자리에 위치하여 바람이 없고, 맑은 날씨를 보이고 있다.
(2) 우리나라의 날씨에 영향을 줄 수 있는 요인은 남해안의 장마 전선, 일본 남서해 상의 태풍이다. 남해안에 놓여있는 장마 전선은 경우에 따라 북상하여 우리나라에 영향을 주어 지속적인 비를 내리게 할 수 있다. 일본 남서 해상에 위치한 태풍도 북상하여 우리나라에 영향을 주기 시작하면 강한 바람과 많은 비를 내릴 수 있다.
(3) 여름철의 일기도이다. 남고북저형의 기압 배치, 장마 전선, 태풍이 이 일기도가 여름철의 일기도임을 말해 준다.

해설 (1) 일기 기호를 통해 우리나라의 날씨가 맑고, 바람이 없다는 것을 알 수 있고, 등압선을 통해 고기압과 저기압의 사이라는 것을 알 수 있다.
(2) 남해안의 장마 전선과 일본 남서해 상의 태풍, 그리고 남고북저형의 기압 배치로 앞으로의 날씨를 예측할 수 있다.
(3) 우리나라에 장마 전선과 태풍이 북상하는 계절은 여름철이다.

04 (1) ㉠ 이슬점 ㉡ 안개 ㉢ 1014.2 hPa ㉣ 남서풍
(2) ㄱ. 내일은 한반도의 전역에 걸친 기압골의 영향으로 흐리고, 비가 오는 날씨가 될 것입니다.
ㄷ. 내일은 새벽에 안개가 끼고, 낮이 되면 바람과 구름이 없는 맑은 날이 될 것입니다.

해설 (2) ㄱ. 기압골은 고기압과 고기압 사이의 기압이 낮은 골짜기를 말한다.
ㄷ. 일반적으로 안개가 끼면 비가 오지 않는다. 새벽에 안개가 낀다는 것은 밤 사이 온도가 많이 떨어졌음을 의미한다. 바람과 구름이 없는 맑은 날일수록 밤에 지표면이 냉각되어 하층 대기의 기온이 내려가 새벽녘에 안개가 생긴다. 즉, 새벽 안개는 주로 날씨가 맑은 날 생기게 된다.

스스로 실력 높이기 246~251쪽

01. (1) X (2) O (3) O **02.** B, D, E
03. A **04.** D **05.** (1) 정체 (2) 한랭
06. 온난 **07.** 온대 **08.** B
09. ㄱ - ㄴ - ㄹ - ㄷ **10.** 여름
11. ③ **12.** ④ **13.** ④ **14.** ①
15. ④ **16.** ⑤ **17.** ⑤ **18.** ②
19. ③ **20.** ④ **21.** D, 적도 기단
22. ⑤ **23.** ② **24.** ⑤ **25.** ④
26.~32. 〈해설 참조〉

01. 답 (1) X (2) O (3) O
해설 (1) 기단은 발생지와 성질이 다른 곳으로 이동하면서 기온과 습도가 변해 성질이 변할 수 있다.

02. 답 B, D, E
해설 바다를 통과하는 기단은 습도가 높다.

04. 답 D
해설 태풍을 발생시키는 기단은 적도 기단이다.

08. 답 B
해설 온대 저기압에서 한랭 전선과 온난 전선 사이의 지역은 날씨가 맑다.

10. 답 여름
해설 여름에는 육지가 바다보다 빨리 온도가 높아지고, 공기가 상승하여 저기압이 되고, 바다는 상대적으로 고기압이 되어 남고북저형 기압 배치를 이룬다.

11. 답 ③
해설 온난한 기단이 찬 대륙으로 이동하면 기단 하층의 온도는 낮아진다.

12. 답 ④
해설 A는 시베리아 기단, B는 오호츠크 해 기단, C는 양쯔 강 기단, D는 적도 기단, E는 북태평양 기단이다.

13. 답 ④
해설 ㄱ. A 기단은 시베리아 기단으로 한랭 건조한 성질을 띤다.
ㄴ. 오호츠크 해 기단(B)과 북태평양 기단(E)이 만나 장마 전선을 형성한다.
ㄷ. 태풍을 발생시키는 기단은 적도 기단(D)이다.

14. 답 ①

해설 (가)는 찬 공기가 따뜻한 공기를 밀어 올리면서 따뜻한 공기 쪽으로 이동하는 한랭 전선, (나)는 따뜻한 공기가 찬 공기를 타고 올라가면서 찬 공기 쪽으로 이동하는 온난 전선이다.

15. **답** ④
해설 온난 전선이 형성된 곳에서는 넓은 지역에 걸쳐서 지속적인 비가 내린다.

16. **답** ⑤
해설 ㄱ. 폐색 전선은 두 전선이 겹쳐져서 형성되는 전선이다.
ㄴ. 폐색 전선은 한랭 전선이 온난 전선보다 이동 속도가 빨라 두 전선이 겹쳐지면서 형성되는 전선이다.
ㄷ. 정체 전선은 찬 공기와 따뜻한 공기의 세력이 비슷하여 전선이 이동하지 않고 한 곳에 머물러 있는 전선으로 장마 전선이 이에 해당한다.

17. **답** ⑤
해설 A 지역은 한랭 전선 뒤로 적운형 구름이 형성되고, 좁은 구역에 소나기성 비가 내린다. B 지역은 온난 전선과 한랭 전선 사이로 날씨가 맑고, 기온이 높다. C 지역은 온난 전선 앞으로 층운형 구름이 떠있고, 지속적인 비가 내릴 것이다. 그러나 온대 저기압이 편서풍에 의해 서쪽에서 동쪽으로 이동하면서 C 지역의 날씨는 곧 B 지역의 날씨가 될 것이다.

18. **답** ②
해설 시간이 지남에 따라 C 지역에는 B 지역의 날씨, A 지역의 날씨가 순차적으로 나타난다. 따라서 남동풍 → 남서풍 → 북서풍이 불게 된다.

19. **답** ③
해설 ㄱ. 전선 (가)는 한랭 전선이고, 전선 (나)는 온난 전선이다.
ㄴ. B 지역은 한랭 전선과 온난 전선 사이로 현재 날씨가 맑다.
ㄷ. C 지역은 온난 전선 앞 쪽으로 남동풍이 불고 있다.

20. **답** ④
해설 ㄱ. (가)와 (다)는 봄과 가을로 이동성 고기압과 저기압이 교대로 우리나라를 통과하여 일기 변화가 심하다.
ㄴ. (나)는 남고북저형 기압 배치를 이루고 있으므로 여름이다. 여름에는 남동 또는 남서 계절풍이 분다.
ㄷ. (라)는 서고동저형 기압 배치를 이루고 있으므로 겨울이다. 겨울에는 시베리아 기단의 영향을 받고, 북서 계절풍이 분다.

21. **답** D, 적도 기단
해설 (나)의 모습은 태풍이 우리나라 쪽으로 북상하는 모습이다. 적도 기단은 고온 다습한 기단으로 태풍을 몰고 온다.

22. **답** ⑤
해설 (가)는 온난하고 건조한 양쯔 강 기단이다.
(나)는 고온이고 습도가 높은 북태평양 기단이다.
(다)는 한랭 건조한 시베리아 기단이다.
(라)는 한랭 다습한 오호츠크 해 기단이다. 북태평양 기단과 오호츠크 해 기단이 여름에 우리나라에서 만나 장마 전선을 형성한다.

23. **답** ②
해설 A는 온대 저기압이고, B는 열대 저기압인 태풍이다.
① A는 편서풍에 의해 서쪽에서 동쪽으로 이동한다.
② 저기압의 중심부에는 공기의 상승 기류가 생긴다.
③ 일기 기호가 태풍을 나타내므로 열대 저기압 중심 부근의 최대 풍속이 17m/s 이상이다.
④ 등압선의 간격이 A보다 B가 더 좁으므로 B가 A보다 더 강한 바람을 동반한 저기압이라는 것을 알 수 있다.
⑤ 태풍은 적도 기단에 의해 우리나라와 일본 쪽으로 북상한다.

24. **답** ⑤
해설 온대 저기압이 소멸되는 이유는 한랭 전선의 이동 속도가 온난 전선보다 빨라서 두 전선이 겹쳐져 폐색 전선이 되면서 에너지가 소비되기 때문이다.

25. **답** ④
해설 ㄱ. 시베리아 기단이 확장되어 발생하는 자연 재해로는 폭설이 있다.
ㄴ. 강한 상승 기류에 의해 폭설이 생긴다.
ㄷ. 층운형 구름보다 적운형 구름이 생성될 때 잘 일어난다.

26. **답** 차고 건조한 기단이 따뜻한 바다 위를 통과하면서 기단 하층의 온도가 상승하고, 습해진다. 이로 인해 상승 기류가 나타나고 적운형 구름이 발생하여 강한 비 또는 눈을 내리는 기단으로 변질된다.

27. **답** 고위도의 바다에서 발생한 기단은 기온이 낮고, 습하다. 반면에 저위도 육지에서 발생한 기단은 기온이 높고, 건조한 성질을 가진다.

28. **답** 여름철에 영향을 주는 기단으로는 오호츠크 해 기단과 북태평양 기단, 그리고 적도 기단이 있다. 이 중 동해안 지역의 저온 현상과 관련이 있는 기단은 한랭 다습한 오호츠크 해 기단이다.

29. **답** 온대 저기압은 중위도 지방에서 발생하는 온난 전선과 한랭 전선을 동반하는 저기압으로 편서풍에 의하여 서쪽에서 동쪽으로 이동한다.

30. **답** (가)에서는 A 지역에 소나기성 비가 좁은 지역에 걸쳐서 내린다. (나)에서는 D 지역에 지속적인 비가 넓은 지역에 걸쳐서 내린다.

31. **답** 겨울철이 되면 바다가 대륙보다 온도가 높기 때문에 바다 쪽에 저기압이 생기고, 대륙에 고기압이 생기게 되므로 우리나라를 기준으로 서쪽에는 고기압, 동쪽에는 저기압이 자리 잡게 된다.

32. **답** 기온은 10℃이고 이슬점은 9℃이다. 뇌우가 치고 있으며 구름이 많이 껴 날씨가 흐리다. 바람은 25m/s의 속력으로 불고, 바람의 방향은 북동풍이다. 기압은 1014.5hPa이다.

14강. Project 4

서술 252~253쪽

01 아이오딘화 은이나 드라이아이스 가루와 같은 냉매는 빙정핵의 역할을 하여 공기 중의 수증기가 잘 응결되게 한다. 이러한 알갱이 주위에 미세한 수분 알갱이는 주변의 찬공기로 인하여 응고하여 얼음 알갱이가 되고, 이 알갱이들이 무거워 떨어지거나 떨어지면서 녹아서 눈이나 비가 내리게 되는 것이다.

해설 비를 내리게 할 수 있는 구름은 수증기를 많이 함유하고 있어야 하며, 빙정을 형성할 만큼 낮은 온도와 강수를 발달시킬 수 있을 만큼 긴 수명이 필요하다. 이때 구름이 잘 생성되려면 수증기의 응결을 도와주는 응결핵(작은 입자나 먼지)이 많을수록 좋다. 인공 강우란 구름 속에 이러한 빙정핵의 역할을 하는 물질을 뿌려주어 비가 생성될 수 있는 조건을 충족시켜 주는 것이다.

탐구-1 구름의 발생 254~255쪽

가설 설정

공기가 상승하면서 주위의 기압이 낮아짐에 따라 부피가 팽창하여 기온이 낮아지고, 수증기가 응결하여 구름이 생성되는 원리를 알아보기 위한 것이다.

결과 해석

과정		플라스크 내부 공기 부피 변화
향 연기를 넣지 않았을 때	피스톤을 잡아당겼을 때	늘어난다
	피스톤을 밀어넣었을 때	줄어든다
향 연기를 넣었을 때	피스톤을 잡아당겼을 때	늘어난다
	피스톤을 밀어넣었을 때	줄어든다

기온 변화		플라스크 속 변화
처음 온도(℃)	나중 온도(℃)	
21.5	20.3	안이 약간 흐려짐
20.3	21.5	별다른 변화가 없음
21.6	20.2	안이 순간적으로 뿌옇게 흐려짐
20.2	21.6	다시 맑아짐

탐구 문제

1. 단열 팽창, 응결핵
2. ㄴ, ㄹ

해설 공기가 주위의 공기와 열을 주고 받지 않으면서 부피가 팽창되거나 압축됨에 따라 온도가 변하는 것을 단열 변화(단열 팽창, 단열 압축)라고 한다. 구름 발생 실험에서 피스톤을 당기면 플라스크 내부의 공기 부피가 늘어나기 때문에 기압이 낮아지고 단열 팽창이 일어나 기온이 낮아진다. 공기가 단열 팽창하면 공기가 냉각되어 공기의 온도가 이슬점까지 낮아지면서 수증기가 응결하기 시작하고 구름이 만들어진다. 또한 향 연기를 넣어주면 향 연기가 응결핵 역할을 하여 수증기의 응결이 잘 일어나도록 도와준다.

< 생활 속 간편 실험 > -255쪽

병을 누르면 병 속의 공기가 단열 압축이 되면서 투명해지고, 눌렀던 손을 놓으면 단열 팽창이 되면서 뿌옇게 흐려진다.

탐구-2 복사 평형 256~257쪽

결론 도출

1. 알루미늄 컵 속의 공기 온도는 전등을 켠 직후에는 상승하다가 나중에는 일정하게 된다. 처음에는 알루미늄 컵이 전등으로부터 받은 복사 에너지의 양이 방출하는 복사 에너지의 양보다 크기 때문에 온도가 상승한다. 그러나 온도가 높아지면서 방출되는 에너지의 양이 점점 많아지면서 알루미늄 컵이 흡수하는 복사 에너지와 바깥 공기 중으로 방출하는 복사 에너지의 양이 서로 같아져서 알루미늄 컵의 온도는 일정해져 복사 평형 온도에 도달한다.
2. 전등으로부터 거리가 멀어질수록 에너지의 흡수량이 적기 때문에 복사 평형 온도는 낮아진다.

일반화

지구는 태양으로부터 받은 복사 에너지의 양과 똑같은 양의 복사 에너지를 우주로 방출하여, 지구에서의 열 출입의 합이 0이 되므로 온도 변화가 나타나지 않는다. 따라서 지구의 연평균 기온이 항상 일정하게 나타나는 것이다.

1. 해설 이 실험은 지구가 복사 평형을 이루는 원리를 알아보는 것이다. 검은색은 모든 파장의 빛에너지를 흡수하기 때문에 에너지 흡수와 방출이 쉽도록 알루미늄 컵을 검게 칠하는 것이다.

2. 해설 전등에서 멀어질수록 복사 평형이 이루어지는 온도는 낮아지고, 복사 평형을 이루는 시간도 길어지는 것을 그래프를 통해 알 수 있다.

MEMO

세페이드 시리즈

창의력과학의 결정판, 단계별 과학 영재 대비서

1F	중등 기초	**물리(상,하)** **화학(상,하)**	 중학교 과학을 처음 접하는 사람 / 과학을 차근차근 배우고 싶은 사람 / 창의력을 키우고 싶은 사람
2F	중등 완성	**물리(상,하)** **화학(상,하)** **생명과학(상,하)** **지구과학(상,하)**	 중학교 과학을 완성하고 싶은 사람 / 중등 수준 창의력을 숙달하고 싶은 사람
3F	고등 I	**물리(상,하)** **물리 영재편(상, 하)** **화학(상,하)** **생명과학(상,하)** **지구과학(상,하)**	 고등학교 과학 I을 완성하고 싶은 사람 / 고등 수준 창의력을 키우고 싶은 사람
4F	고등 II	**물리(상,하)** **화학(상,하)** **생명과학(영재학교편,심화편)** **지구과학 (영재학교편,심화편)**	 고등학교 과학 II을 완성하고 싶은 사람 / 고등 수준 창의력을 숙달하고 싶은 사람
5F	영재과학고 대비 파이널	**물리 · 화학** **생명 · 지구과학**	 고급 문제, 심화 문제, 융합 문제를 통한 각 시험과 대회를 대비하고자 하는 사람

세페이드 모의고사	 내신 + 심화 + 기출, 시험대비 최종점검 / 창의적 문제 해결력 강화	세페이드 고등 통합과학	 고1 내신 기본서	세페이드 고등학교 물리학 I (상,하)	 고등학교 물리 I (2권) 내신 + 심화

* **무한상상의 〈세페이드 과학 시리즈〉는 국내 최초로 중고등과정의 과학의 전부와 과학 창의력 문제의 전부를**
1F [중등기초] - 2F [중등완성] - 3F [영재학교 I] - 4F [영재학교 II] - 실전 문제 풀이의 **5단계로 구성하였습니다.**
창의력과학 세페이드시리즈와 함께 이제 편안하게 과학 공부를 즐길 수 있습니다. cafe.naver.com/creativeini

무한상상

창의력과학

세페이드

시리즈

세페이드

무한상상 교재 활용법

무한상상은 상상이 현실이 되는 차별화된 창의교육을 만들어갑니다.

아이앤아이 시리즈

특목고, 영재교육원 대비서

	아이앤아이 영재들의 수학여행		아이앤아이 꾸러미	아이앤아이 꾸러미 120제	아이앤아이 꾸러미 48제	아이앤아이 꾸러미 과학대회	창의력과학 아이앤아이 I&I
	수학 (단계별 영재교육)		수학, 과학	수학, 과학	수학, 과학	과학	과학
6세~초1	출시 예정	수, 연산, 도형, 측정, 규칙, 문제해결력, 워크북 (7권)					
초 1~3		수와 연산, 도형, 측정, 규칙, 자료와 가능성, 문제해결력, 워크북 (7권)					
초 3~5		수와 연산, 도형, 측정, 규칙, 자료와 가능성, 문제해결력 (6권)		수학, 과학 (2권)	수학, 과학 (2권)		
초 4~6	출시 예정	수와 연산, 도형, 측정, 규칙, 자료와 가능성, 문제해결력 (6권)				과학토론 대회, 과학산출물 대회, 발명품 대회 등 대회 출전 노하우	
초 6							
중등	출시 예정	수와 연산, 도형, 측정, 규칙, 자료와 가능성, 문제해결력 (6권)		 수학, 과학 (2권)	 수학, 과학 (2권)		 물리(상,하), 화학(상,하), 생명과학(상,하), 지구과학(상,하) (8권)
고등						과학토론 대회, 과학산출물 대회, 발명품 대회 등 대회 출전 노하우	